高等教育立体化精品系列规划教材

Word Excel PowerPoint 2010 三合一办公自动化综合教程

◎ 夏帮贵 刘凡馨 主编
◎ 白春玲 刘子艳 孟范立 副主编

人民邮电出版社
北京

图书在版编目（CIP）数据

Word Excel PowerPoint 2010三合一办公自动化综合教程 / 夏帮贵，刘凡馨主编. -- 北京 : 人民邮电出版社，2016.3（2022.6重印）
高等教育立体化精品系列规划教材
ISBN 978-7-115-40863-1

Ⅰ. ①W… Ⅱ. ①夏… ②刘… Ⅲ. ①文字处理系统－高等学校－教材②表处理软件－高等学校－教材③图形软件－高等学校－教材 Ⅳ. ①TP391

中国版本图书馆CIP数据核字(2016)第065284号

内容提要

本书主要讲解 Word/Excel/PowerPoint 基本操作，其中主要包括 Word 2010 基础知识，编辑文档格式，美化文档，排版和打印文档，制作长文档，新建模板文档；Excel 2010 基础知识，设置与美化 Excel 表格，计算 Excel 数据，管理与分析 Excel 数据；PowerPoint 2010 基础知识，美化 PowerPoint 演示文稿，设计模板和母版，放映与输出演示文稿等知识。本书在附录中还设置了有关 Office 办公软件使用的 4 个综合实训，以进一步提高学生对知识的应用能力。

本书由浅入深、循序渐进，采用案例式讲解，基本上每一章均以情景导入、实例讲解、实训、常见疑难解析及习题的结构进行讲述。全书通过大量的实例和习题，着重于对学生实际应用能力的培养，并将职业场景引入课堂教学，让学生提前进入工作的角色中。

本书适合作为高等教育院校计算机办公相关课程的教材，也可作为各类社会培训学校相关专业的教材，同时还可供 Office 办公软件初学者自学使用。

◆ 主　　编　夏帮贵　刘凡馨
副 主 编　白春玲　刘子艳　孟范立
责任编辑　马小霞
责任印制　焦志炜

◆ 人民邮电出版社出版发行　　北京市丰台区成寿寺路 11 号
邮编　100164　　电子邮件　315@ptpress.com.cn
网址　http://www.ptpress.com.cn
固安县铭成印刷有限公司印刷

◆ 开本：787×1092　1/16
印张：17　　　　2016 年 3 月第 1 版
字数：411 千字　　　　2022 年 6 月河北第 10 次印刷

定价：49.80 元（附光盘）

读者服务热线：(010) 81055256　印装质量热线：(010) 81055316
反盗版热线：(010) 81055315
广告经营许可证：京东市监广登字20170147号

前 言 PREFACE

近年来，随着高等教育的不断改革与发展，高等教育的规模在不断扩大，课程的开发逐渐体现出侧重职业能力的培养、教学职场化和教材实践化的特点，同时随着计算机软硬件日新月异的升级，市场上很多教材的软件版本、硬件型号以及教学结构等内容都已不再适应目前的教授和学习。

鉴于此，我们认真总结已出版教材的编写经验，用了2~3年的时间深入调研各地、各类高等教育院校的教材需求，组织了一批优秀的、具有丰富的教学经验和实践经验的作者团队编写了本套教材，以帮助高等教育院校培养优秀的职业技能型人才。

本着“提升学生的就业能力”为导向的原则，我们在教学方法、教学内容和教学资源3个方面体现出自己的特色。

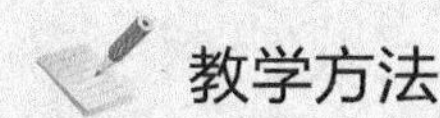

教学方法

本书精心设计“情景导入→实例讲解→实训→常见疑难解析→习题”5段教学法，将职业场景引入课堂教学，激发学生的学习兴趣；然后在职场实例的驱动下，实现“做中学，做中教”的教学理念；最后有针对性地解答常见问题，并通过课后习题全方位帮助学生提升专业技能。

- **情景导入**：以主人公“小白”的实习情景模式为例引入本章教学主题，并贯穿于课堂案例的讲解中，让学生了解相关知识点在实际工作中的应用情况。
- **实例讲解**：以来源于职场和实际工作中的案例为主线，强调“应用”。每个案例先指出实际应用环境，再分析制作的思路和需要用到的知识点，然后通过操作并结合相关基础知识的讲解来完成该案例的制作。讲解过程中穿插有“知识提示”“多学一招”和“职业素养”3个小栏目。
- **实训**：先结合实例讲解的内容和实际工作需要给出实训目标，进行专业背景介绍，再提供适当的操作思路及步骤供其参考，要求学生独立完成操作，充分训练动手能力。
- **常见疑难解析**：针对学生在实际操作和学习中经常会遇到的问题进行答疑解惑，让学生可以深入地了解一些提高性的应用知识。
- **习题**：对本章所学知识进行小结，再结合本章内容给出难度适中的上机操作题，可以让学生强化巩固所学知识。

教学内容

本书的教学目标是循序渐进地帮助学生掌握Word/Excel/PowerPoint的基础知识，使其以实例的形式让学生贴近生活并用于生活。全书共13章，可分为以下几个方面的内容讲解。

- **第1~4章**：主要讲解Word 2010的基本操作、新建模板、形状的新建与长文档的编辑以及邀请函的制作方法，并通过实例让学生了解会议记录、宣传手册、员工规章制度、邀请函的具体内容以及背景知识。
- **第5~8章**：主要讲解Excel 2010的基础知识、表格的设置与美化、数据的计算、管理和分析数据等知识，通过该学习让学生认识日常生活中员工档案表、员工工资表、固定资产统计表、员工销售额分析图的组成方式及基本常识，并通过该学习认识该类表格的制作方法。
- **第9~12章**：主要讲解PowerPoint 2010的基础知识、演示文稿的美化、PowerPoint模板、母版设计、动画的设置以及幻灯片放映与输出的操作。并通过实例让学员了解工作计划、产品推广、教学课件、电话营销培训的背景知识和制作方法。
- **第13章**：讲解了使用 Word/Excel/PowerPoint协同制作“旅游活动方案”演示文稿的方法，进一步巩固前面所学知识。

教学资源

本书的教学资源包括以下3方面的内容。

（1）配套光盘

本书配套光盘中包含图书中实例涉及的素材与效果文件、各章节实训及习题的操作演示动画以及模拟试题库3方面的内容。模拟试题库中含有丰富的关于 Word/Excel/PowerPoint的相关试题，包括填空题、单项选择题、多项选择题、判断题、问答题和操作题等多种题型，读者可自动组合出不同的试卷进行测试。另外，光盘中还提供了两套完整模拟试题，以便读者测试和练习。

（2）教学资源包

本书配套精心制作的教学资源包，包括PPT教案和教学教案（备课教案、Word文档），以便老师顺利开展教学工作。

（3）教学扩展包

教学扩展包中包括方便教学的拓展资源以及每年定期更新的拓展案例两方面的内容。其中拓展资源包含Word教学素材和模板、Excel教学素材和模板、PowerPoint教学素材和模板、Office精选技巧和Office常用快捷键等。

特别提醒：上述第（2）、（3）项教学资源可访问人民邮电出版社教学服务与资源网（http:// www.ptpedu.com.cn）搜索下载，或者发电子邮件至dxbook@qq.com索取。

本书由西华大学夏帮贵、刘凡馨任主编， 白春玲、刘子艳、孟范立任副主编，其中夏帮贵编写第1~4章，刘凡馨编写第5~8章，白春玲编写第9~11章，刘子艳编写第12、13章，孟范立编写附录。虽然编者在编写本书的过程中倾注了大量心血，但恐百密之中仍有疏漏，恳请广大读者不吝赐教。

编者

2015年12月

目 录 CONTENTS

第1章 制作会议记录 1

第2章 制作公司宣传手册 23

第3章 制作企业规章制度 47

第4章 制作邀请函 65

第5章 制作员工档案表 81

第6章 制作员工工资表 103

第7章 制作固定资产统计表 125

第8章 制作员工销售额分析图 145

第9章 制作“工作计划”演示文稿 165

第10章 制作“产品推广”演示文稿 183

第11章 制作“教学课件”演示文稿 205

第12章 制作“电话营销培训”演示文稿 221

第13章 综合案例——旅游活动方案 239

PART 1

第1章 制作会议记录

情景导入

小白所在公司将召开一次全体员工大会，在大会中会对公司的相关问题进行总结。但由于部门人手紧缺，领导决定让新人小白负责本次会议的记录，为后续的工作展开做准备，并让老张协助小白完成工作。

知识技能目标

- 熟练掌握输入文本的方法。
- 熟练掌握选择文本、查找并替换文本的方法。
- 熟练掌握设置字体与段落格式的方法。

- 了解会议记录类文本的编辑方法。
- 掌握“会议记录”文档的制作和编辑方法。

实例展示

梦之蓝公司销售部2015年4月工作会议记录

时间：2015年4月1日

地点：梦之蓝公司五楼会议大厅

主持人：杨月经理

出席人：梦之蓝公司销售部经理杨月、销售部经理助理杨明、销售人员唐甜、陈果、王锋、蔡月月

记录人：蔡月月

会议议题：

❶2015年第一季度销售总结

❷对3月销售低谷的反思和探讨

❸公布西部市场消费能力调查结果

❹公布2015年第一季度销售计划

会议结果：

- 由梦之蓝公司销售部经理杨月宣读2015年第一季度销售情况总结报告。
- 对于3月销售低谷，销售部经理助理杨明做了相应分析，主要由于气候与销售力度的内外因素促使销售机会把握的不足，以及宣传不到位造成。
- 唐甜公布西部市场消费能力调查结果，结果表明，西部市场的主要消费领域在生活消耗品和农业用具。
- 会议中公布了2015年第二季度销售计划，详情参见*《梦之蓝公司2015年第二季度销售计划》*。

主持人：杨月经理

记录人：蔡月月

2015年4月1日

1.1 实例目标

中午，小白接到了到公司的第一个任务，是对下午的会议进行记录，并制作会议记录表，该任务需要用Word来完成，老张告诉他，在制作时，需要先创建文档，然后输入对应的内容，而内容包括时间、地点、主持人、参加人、会议提要等。完成后还需要进行编辑美化使其格式更加符合需要。

图1-1所示为将要制作的“会议记录”文档的最终效果。通过对本例效果的预览，可以了解会议记录的要点与其对应的格式需求，主要包括新建文档、输入文档内容、选择文本、查找并替换文本、设置字体与段落样式等操作。

效果所在位置 **光盘:\效果文件\第1章\会议记录.docx**

梦之蓝公司销售部 2015 年 4 月工作会议记录

时间： 2015 年 4 月 1 日

地点： 梦之蓝公司五楼会议大厅

主持人： 杨月经理

出席人： 梦之蓝公司销售部经理杨月、销售部经理助理杨明、销售人员唐甜、陈果、王锋、蔡月月

记录人： 蔡月月

会议议题：

❶2015 年第一季度销售总结

❷对 3 月销售低谷的反思和探讨

❸公布西部市场消费能力调查结果

❹公布 2015 年第一季度销售计划

会议结果：

- 由梦之蓝公司销售部经理杨月宣读 2015 年第一季度销售情况总结报告。
- 对于 3 月销售低谷，销售部经理助理杨明做了相应分析，主要由于气候与销售力度的内外因素促使销售机会把握的不足，以及宣传不到位造成。
- 唐甜公布西部市场消费能力调查结果，结果表明，西部市场的主要消费领域在生活消耗品和农业用具。
- 会议中公布了 2015 年第二季度销售计划，详情参见*《梦之蓝公司 2015 年第二季度销售计划》*。

主持人：杨月经理

记录人：蔡月月

2015 年 4 月 1 日

图1-1 “会议记录”文档最终效果

在日常工作中制作会议记录，撰写会议提要和会议的内容尤为重要，有会议提要，会议的要点才会明确，记录了会议内容，才知道下一步的具体操作，而且会议记录不仅要简单明确，还应真实可信。

1.2 实例分析

老张告诉小白，要完成本例会议记录的制作，必须了解会议记录的准备工作、写作技巧、制作的基本要求等，这样才能制作出符合要求的会议记录，并达到举一反三的目的，下面将对会议记录的的制作方法进行具体分析。

1.2.1 会议记录的准备工作

记录人员在开会前需要提前到达会议地点，并落实好会议记录的位置。安排记录席位时要注意尽可能靠近主持人、发言人或者扩音设备，以便于准确清晰地聆听他们的讲话内容。从某种程度上讲，记录人员比一般参与会人员更为重要，安排记录席位要充分考虑其工作的便利性。

1.2.2 制作会议记录的基本要求

会议记录人员作为会议中的特殊部分，具有特定的职能。在制作会议记录的过程中，需要根据一定的要求进行，下面将对会议记录的基本要求进行介绍。

- 准确写明会议名称（要写全称），开会时间、地点，会议性质。
- 详细记下会议主持人、出席会议应到和实到人数，缺席、迟到或早退人数及其姓名、职务，记录者姓名。如果是群众性大会，只需记录参加的对象和总人数，以及出席会议的较重要的领导成员即可。如果是某些重要的会议，出席对象来自不同单位，应设置签名簿，请出席者签署姓名、单位、职务等。
- 重视记录会议上的议题、发言、有关动态。会议发言的内容是记录的重点。其他会议动态，如发言中插话、笑声、掌声、临时中断以及其他重要的会议会场情况等，也应对其进行记录。
- 记录会议的结果，如会议的决定、决议、表决等情况。会议记录要求忠于事实，不能夹杂记录者的任何个人情感，更不允许有意增删发言内容。会议记录一般不公开发表，如需发表，应征得发言者的审阅同意。

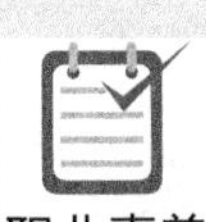

职业素养

记录发言可分摘要与全文两种。多数会议只需记录发言要点，即把发言者讲的每个问题、每个问题的基本观点与主要事实、结论、别人发言的态度等，做摘要式的记录，不必“有闻必录”。某些特别重要的会议或特别重要人物的发言，需要记下全部内容。有录音机的，可先录音，会后再整理出全文；若没有录音，应由速记人员担任记录；若没有速记人员，可以多配几个记录速度快的人担任记录，以便会后互相校对补充。

1.2.3 会议记录的写作技巧

会议记录作为查阅会议情况的文字依据，并具体反映了会议的主要精神和决定事项文本体现，在会议中占据至关重要的作用，下面将对会议记录的写作技巧进行讲解，使其具有完整性。常用的技巧可简化为一快、二要、三省、四代4条原则，下面分别进行介绍。

- **一快**：记得快。字要写得小一些、轻一点，多写连笔字。要顺着肘、手的自然趋势，斜一点写。当然，现在社会很多公司已经用计算机代替了手写，在使用计算机记录时，也应注意打字的准确性和打字的速度。

- **二要**：择要而记。就记录一次会议来说，要围绕会议议题，会议主持人和主要领导同志发言的中心思想，与会者的不同意见或有争议的问题，结论性意见、决定或决议等做记录；就记录一个人的发言来说，要记其发言要点、主要论据和结论，论证过程可以不记。总而言之，要记住这句话的中心词，修饰语一般可以不记。要注意上下句子的连贯性、可讯性，一篇好的记录应当独立成篇。
- **三省**：在记录中正确使用省略法。如使用简称、简化词语、统称。省略词语和句子中的附加成分，如“但是”只记“但”；省略较长的成语、俗语、熟悉的词组，句子的后半部分，画一曲线代替；省略引文，记下起止句或起止词即可，会后查补。
- **四代**：用较为简便的写法代替复杂的写法。一可用姓代替全名，二可用笔画少易写的同音字代替笔画多难写的字，三可用一些数字和国际上通用的符号代替文字，四可用汉语拼音代替生词难字，五可用外语符号代替某些词汇等。但在整理和印发会议记录时，均应按规范要求办理。

1.3 制作思路

小白没想到制作一份会议记录还有这么多的讲究，老张告诉小白，整理好会议记录基本要求和内容后，便可在Word中新建文档，输入并编辑会议记录的内容，并对文本进行格式设置，完成后对文档进行保存操作。制作本例的具体思路如下。

（1）通过“开始”按钮启动并新建Word文档，在其中输入会议记录的全部内容，并插入特殊符号，如图1-2所示。

（2）对输入的文本进行编辑操作，包括修改、查找、替换等，使文档更加完整，如图1-3所示。

梦之蓝公司销售部 2015 年 4 月工作会议记录
时间：2015 年 4 月 1 日
地点：梦之蓝公司 5 楼会议大厅
主持人：杨月经理
出席人：雨蓝公司销售部经理杨月、销售部经理助理杨明、销售人员唐甜、陈果、陆军、王锋、蔡月月
记录：蔡月月
会议议题：
❶2015 年第一季度销售总结
❷对 3 月销售低谷的反思和探讨
❸公布西部市场消费能力调查结果
❹公布 2015 年第一季度销售计划
会议结果：
由梦之蓝公司销售部经理杨月宣读 2015 年第一季度销售情况总结报告。
对于 3 月销售低谷，销售部经理助理杨明做了相应分析，主要由于气候与销售力度的内外因素促使销售机会把握的不足，以及宣传不到位造成。
唐为公布西部市场消费能力调查结果，结果表明，西部市场的主要消费领域在生活消耗品和农业用具。
会议中公布了 2015 年第二季度销售计划，详情参见《梦之蓝公司 2015 年第二季度销售计划》
主持人：杨月经理
记录人：蔡月月

图1-2　输入文本

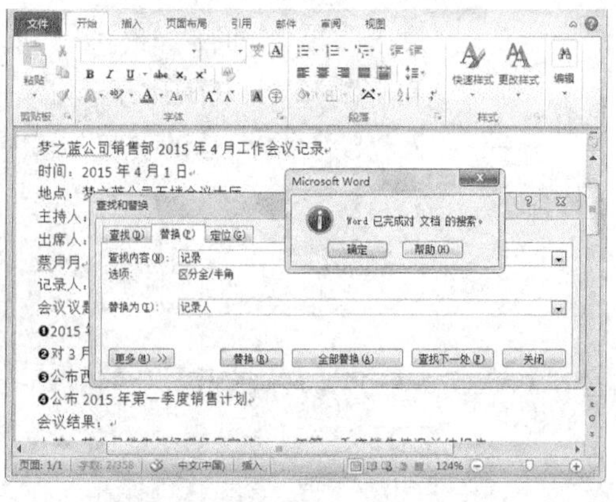

图1-3　编辑文本

（3）当遇到重点的内容还应为重点内容设置底纹和边框，进行文档字体、段落、项目符号的设置，使其更加简洁美观，参考效果如图1-4所示。完成后，对其进行拼写和语法检

查等操作，参考效果如图1-5所示。完成文档的制作后，还应保存制作的文档。

图1-4　设置字体与段落样式

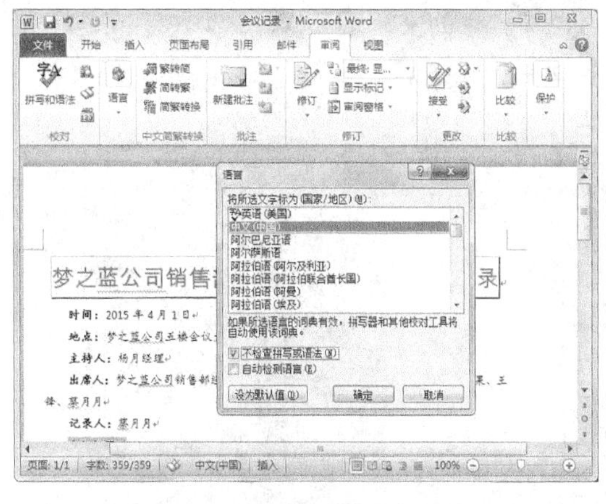

图1-5　进行拼写和语法的设置

职业素养

会议记录应突出的重点有以下6点。

① 会议中心议题以及围绕中心议题展开的有关活动。

② 会议讨论、争论的焦点，各方的主要见解。

③ 权威人士或代表人物的言论。

④ 会议开始时的定调性言论和结束前的总结性言论。

⑤ 会议已议决的或议而未决的事项。

⑥ 对会议产生较大影响的其他言论或活动。

1.4　制作过程

小白根据会议记录的基本要求，对会议提要进行编辑整理，再具体提取会议中的提要，并对会议结果进行编辑后，小白把完成后的会议记录给老张看时，老张交代小白应注意数据的完整度，并且在设置字体格式时不要使用花哨的字体效果，尽量使文档严谨、朴实。

1.4.1　新建文档

当了解了会议记录的格式和基本要求后，即可进行文档的制作，在制作前需新建文档，在根据需要对文档创建进行调整，并对新建的文档进行保存，其具体操作如下（微课：光盘\微课视频\第1章\新建文档.swf）。

STEP 1 将鼠标指针移动到桌面左下角，单击“开始”按钮，在打开的菜单中选择【所有程序】/【Microsoft Office】/【Microsoft Word 2010】菜单命令，如图1-6所示。

STEP 2 打开Word 2010操作界面，在界面右下角单击“缩放级别”按钮 82% ，打开“显示比例”对话框，此时可以设置文档窗口的显示比例，这里在“显示比例”栏中单击选中“整页”单选项，单击 确定 按钮，如图1-7所示。

多学一招

除了通过“开始”按钮启动Word外，还可双击Word 2010制作完成后的文档启动Word 2010，或是在桌面上单击鼠标右键，在弹出的快捷菜单中选择【新建】/【Microsoft Word】命令，也可启动Word并打开操作界面。

图1-6　启动Word文档

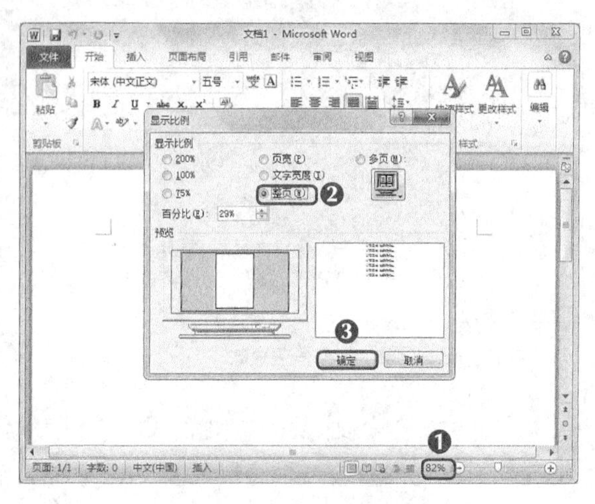

图1-7　设置显示比例

STEP 3 返回Word操作界面，在窗口中可以看到调整显示比例后的效果，并查看Word 2010各组成部分，如图1-8所示。

STEP 4 选择【文件】/【保存】菜单命令，打开“另存为”对话框，在“另存为”下拉列表中选择文档的保存位置，在“文件名”文本框中输入文件名“会议记录”，并单击保存(S)按钮，将该文档保存，如图1-9所示。

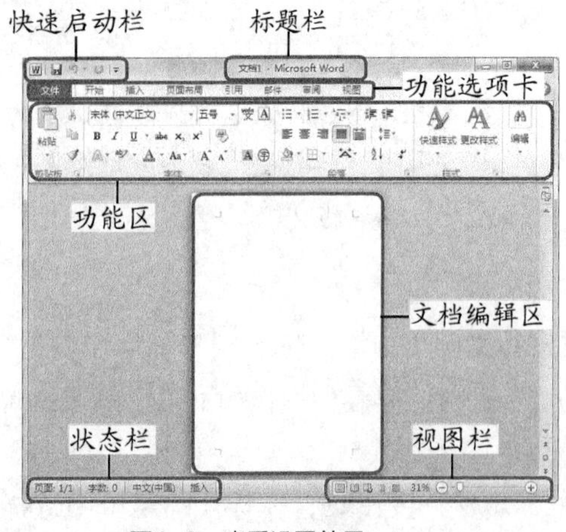

图1-8　查看设置效果

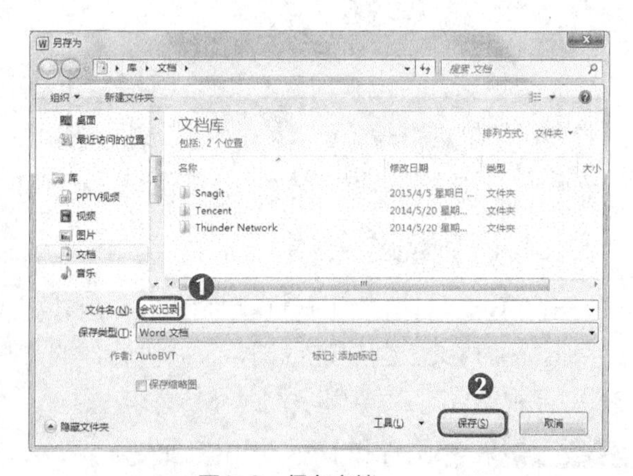

图1-9　保存文档

多学一招

当需要保存修改后的文档时，可通过“另存为”命令来完成，只需选择【文件】/【另存为】菜单命令，在打开的“另存为”对话框中设置保存的其他位置或输入其他的文件名，单击保存(S)按钮即可另存文档。

1.4.2 输入文档内容

当输入文件名并保存文档后，即可在打开的文档中输入对应的文档内容，包括输入普通文本和特殊符号，其具体操作如下（微课：光盘\微课视频\第1章\输入文档内容.swf）。

STEP 1 切换至中文输入法状态，将鼠标光标移动到文本编辑区左上角，当其变成I≡形状时，双击鼠标左键定位光标插入点，此时即可直接输入标题文本，这里输入“梦之蓝公司销售部2015年4月工作会议记录”，如图1-10所示。

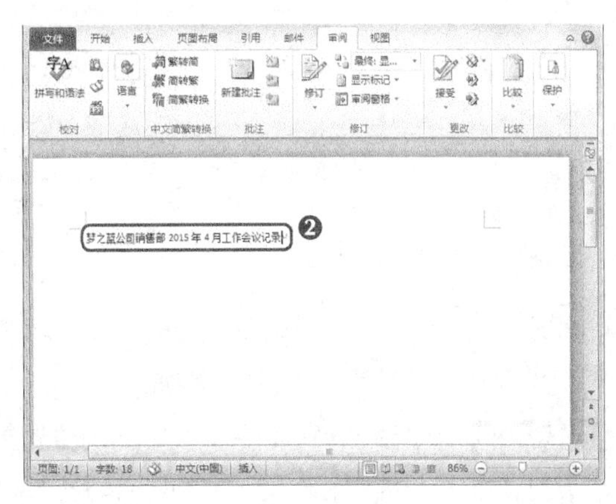

图1-10　输入标题文本

STEP 2 按【Enter】键换行，并输入“时间：2015年4月1日”，如图1-11所示。

STEP 3 将鼠标光标移至下一行左侧双击，输入地点信息，再按【Enter】键换行。依次输入其他信息，如图1-12所示。

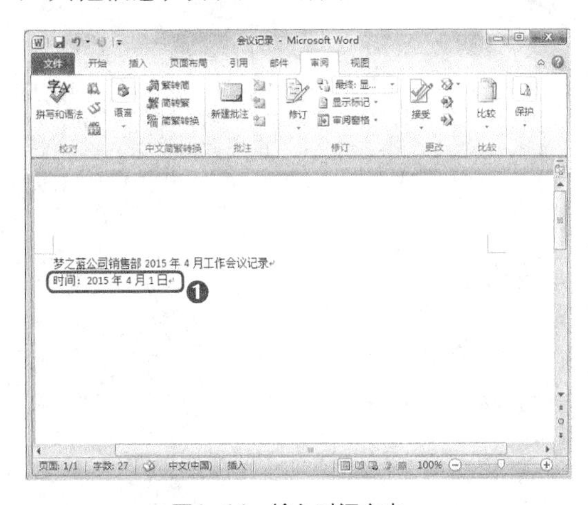

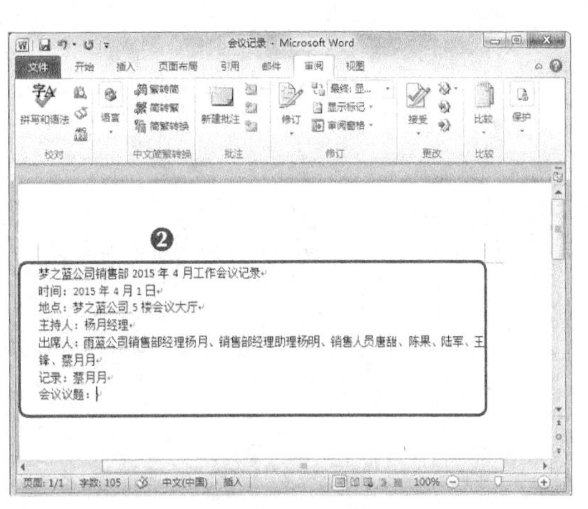

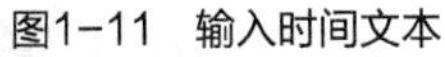

图1-11　输入时间文本　　图1-12　输入其他文本

STEP 4 在段落后的下一行行首双击鼠标，将鼠标光标定位到此处，选择【插入】/【符号】组，单击“符号”按钮Ω右侧的下拉按钮·，在打开的下拉列表中选择“其他符号”选项，如图1-13所示。

STEP 5 打开“符号”对话框，在“字体”下拉列表中选择符号的字体，这里选择“Wingdings”选项，并在其下的列表框中选择需要的符号“❶”，然后单击插入(I)按钮，即可在编辑区的光标插入点处插入选择的符号，单击［关闭］按钮关闭对话框，如图1-14所示。

STEP 6 在其后继续输入文本，并插入需要的符号，效果如图1-15所示。

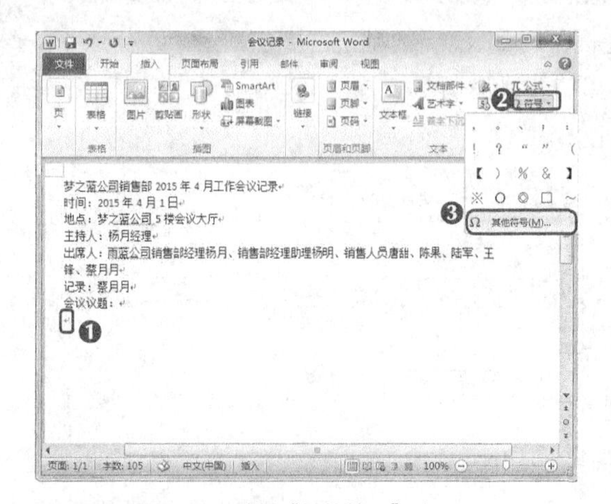

图1-13 选择“其他符号”选项

图1-14 选择需要的符号

STEP 7 在文档最后需要插入日期的位置处单击鼠标，定位插入点，选择【插入】/【文本】组，单击“日期和时间”按钮，打开“日期和时间”对话框。

STEP 8 在“语言”下拉列表框中选择“中文（中国）”选项，在“可用格式”列表框中选择“2015年4月1日”选项，并撤销选中“自动更新”复选框，取消日期自动更新。单击［确定］按钮，如图1-16所示。

梦之蓝公司销售部 2015 年 4 月工作会议记录
时间：2015 年 4 月 1 日
地点：梦之蓝公司 5 楼会议大厅
主持人：杨月经理
出席人：雨蓝公司销售部经理杨月、销售部经理助理杨明、销售人员唐甜、陈果、陆军、王锋、蔡月月
记录：蔡月月
会议议题：
❶2015 年第一季度销售总结
❷对 3 月销售低谷的反思和探讨
❸公布西部市场消费能力调查结果
❹公布 2015 年第一季度销售计划
会议结果：
由梦之蓝公司销售部经理杨月宣读 2015 年第一季度销售情况总结报告。
对于 3 月销售低谷，销售部经理助理杨明做了相应分析，主要由于气候与销售力度的内外因素促使销售机会把握的不足，以及宣传不到位造成。
唐为公布西部市场消费能力调查结果，结果表明，西部市场的主要消费领域在生活消耗品和农业用具。
会议中公布了 2015 年第二季度销售计划，详情参见《梦之蓝公司 2015 年第二季度销售计划》
主持人：杨月经理
记录人：蔡月月

图1-15 输入文本

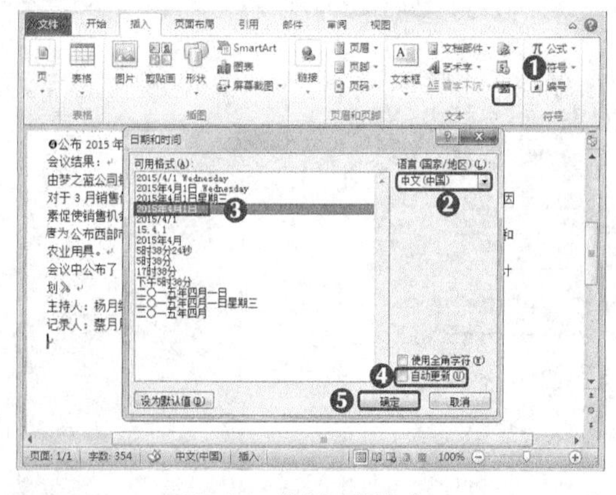

图1-16 选择日期格式

知识提示

在插入日期时，如果单击选中“自动更新”复选框，当下次打开该文档时，插入的日期将随系统时间自动更新。

1.4.3 编辑文本

当完成会议记录的文本输入后，若出现输入的文本错误或不完善的情况时，可对输入的

文本进行编辑，包括修改、移动、查找、替换等操作，其具体操作如下（微课：光盘\微课视频\第1章\编辑文本.swf）。

STEP 1 选择需要修改的文本“5楼”，然后直接输入文本“五楼”，如图1-17所示。

STEP 2 将光标插入点定位到需要删除的文本“陆军、”后，按【Backspace】键将其删除，如图1-18所示。

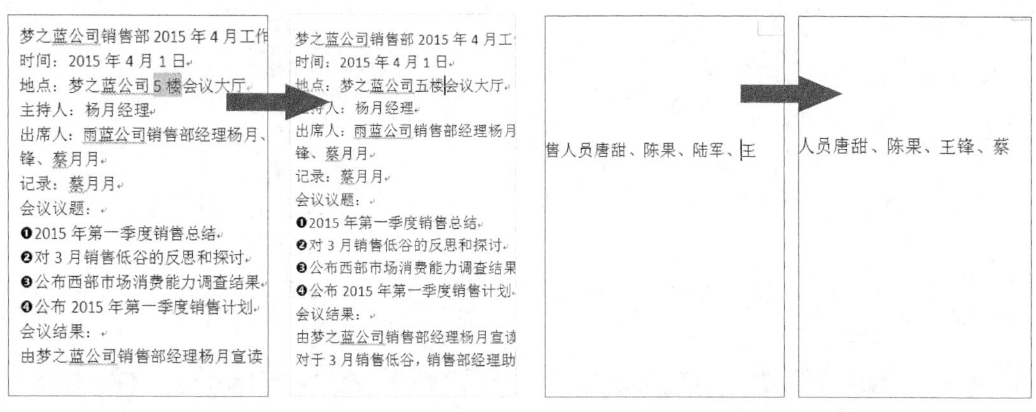

图1-17 修改文本前后对比　　　图1-18 删除文本前后对比

多学一招 将鼠标光标移动至文本编辑区左侧，当其呈♐形状显示时，单击鼠标左键，即可选择该行文本；双击鼠标左键，即可选择该段落；连续单击3次鼠标左键，即可选择全部文本。

STEP 3 选择需要复制的文本，选择【开始】/【剪贴板】组，单击“复制”按钮，选择需要粘贴的文本，单击鼠标右键，在弹出的快捷菜单中选择“粘贴选项”命令下方的列表中的“只保留文本”选项，如图1-19所示。

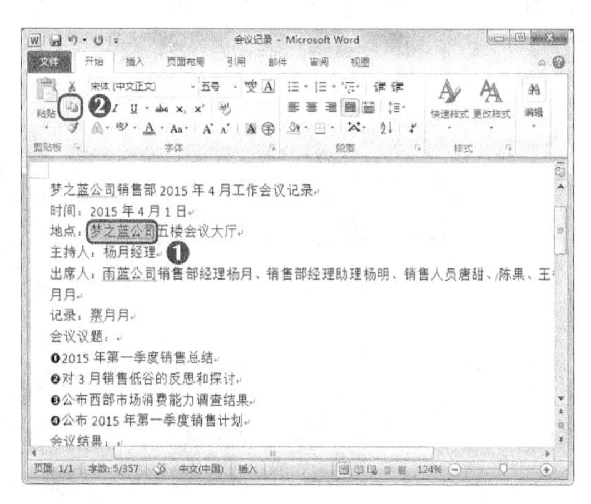

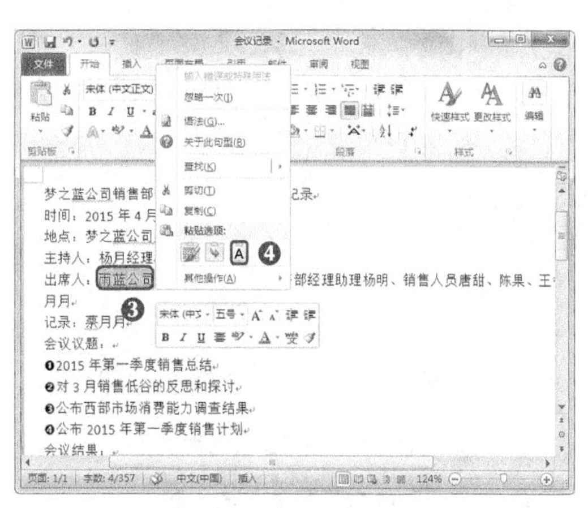

图1-19 复制粘贴文字

STEP 4 将光标插入点定位到文档开始处，选择【开始】/【编辑】组，单击“查找”按钮右侧的下拉按钮，在打开的下拉列表中选择“高级查找”选项。

STEP 5 打开“查找和替换”对话框，在“查找内容”文本框中输入需要查找的文本内容“记录”，单击[查找下一处(F)]按钮，Word将自动查找文档的指定文本，如图1-20所示。

STEP 6 单击“替换”选项卡，在“替换为”文本框中输入替换后的文本，这里输入“记录人”，单击[替换(R)]按钮，在打开的提示对话框中单击[确定]按钮，返回“查找和退换”对话框，单击[关闭]按钮，如图1-21所示。

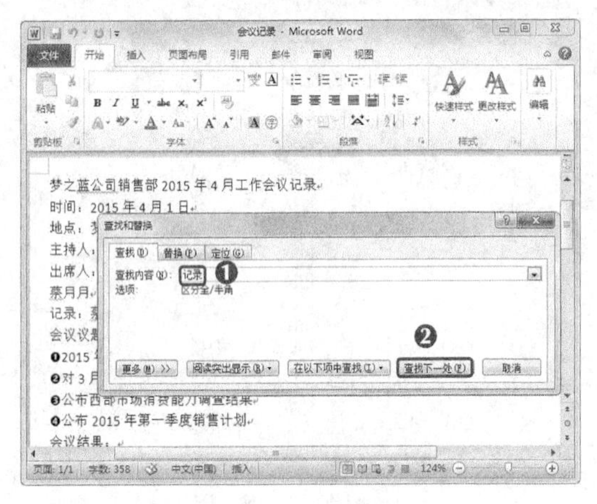

图1-20 输入查找内容

图1-21 替换文本

STEP 7 在文档中按【Ctrl+F】组合键，打开“导航”面板，在其文本框中输入“唐为”，此时右侧文档编辑区中“唐为”将以黄色底纹显示，如图1-22所示。

STEP 8 在编辑区中将该文本修改为“唐甜”，单击“关闭”按钮×，关闭“导航”面板，完成编辑文本的操作，如图1-23所示。

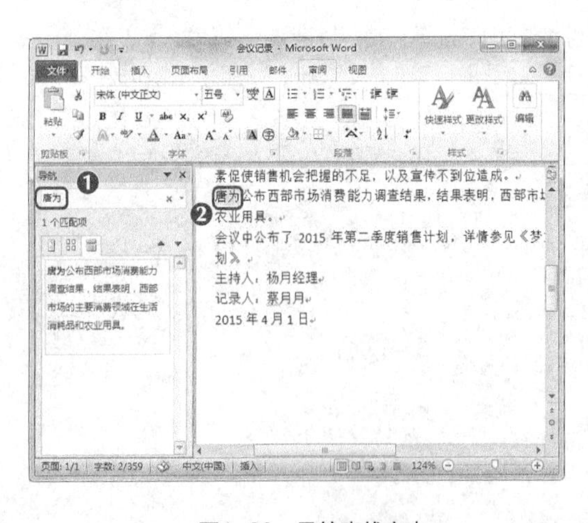

图1-22 导航查找文本

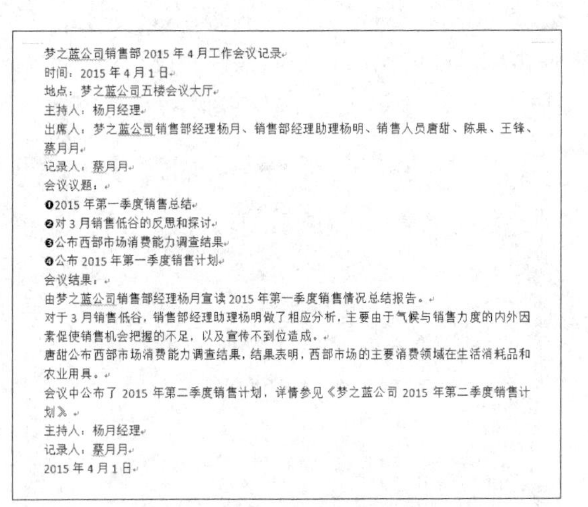

图1-23 文本编辑

1.4.4 设置字体格式

设置字体格式主要包括对字体、字号、字形等进行设置，主要通过“字体”工具栏和“字体”对话框进行设置，其具体操作如下（微课：光盘\微课视频\第1章\设置字体格式.swf）。

STEP 1 选择标题文本，在【开始】/【字体】组的“字体”下拉列表中选择“方正粗黑宋简体”选项，在“字号”下拉列表中选择“20”选项，如图1-24所示。

STEP 2 保持文本的选择状态，在“字体”组中单击“字体颜色”按钮A右侧的下拉按钮·，在打开的下拉列表中选择“红色”选项，如图1-25所示。

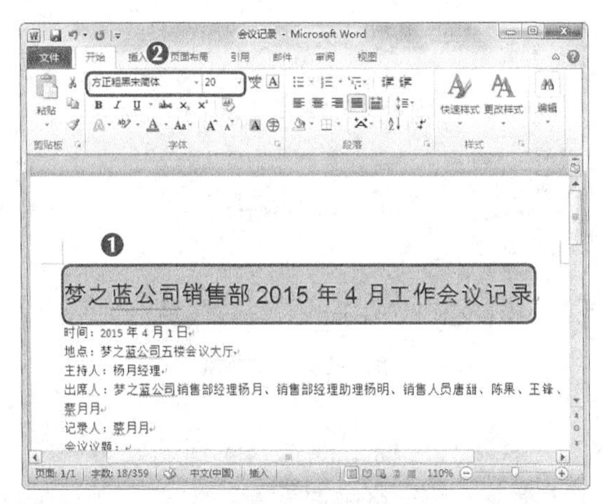

图1-24　设置字体大小

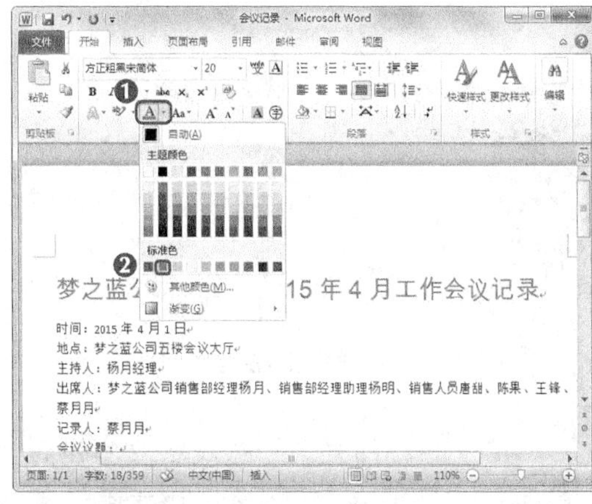

图1-25　设置字体颜色

STEP 3 选择正文文本，单击鼠标右键，在弹出的快捷菜单中选择“字体”命令，打开“字体”对话框，如图1-26所示。

STEP 4 选择“字体”选项卡，在“中文字体”下拉列表中选择“楷体”选项，在“字形”下拉列表中选择“常规”选项，在“字号”下拉列表中选择“五号”选项，单击 确定 按钮，如图1-27所示。

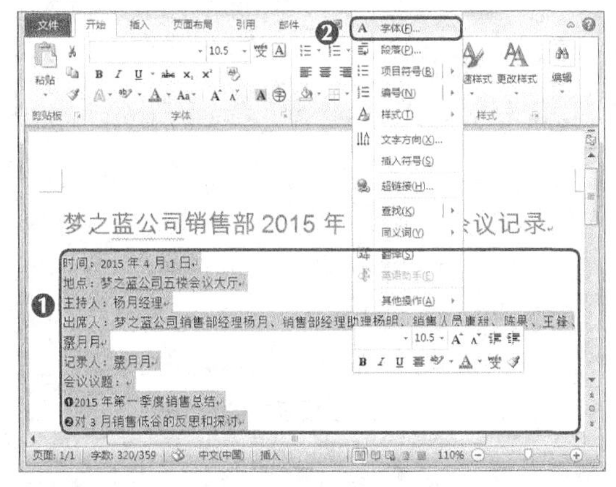

图1-26　选择正文文本

图1-27　设置字体样式

STEP 5 选择“时间：”文本，按住【Ctrl】键依次选择所有冒号前（包括冒号）的文本，如图1-28所示。

STEP 6 单击鼠标右键，在打开的快捷菜单中单击“加粗”按钮B，将选择的文本加粗，如图1-29所示。

STEP 7 选择落款文字，单击“加粗”按钮B，将选择的文字加粗，并单击“缩小字体”按钮A˅，将字体缩小一个字符，如图1-30所示。

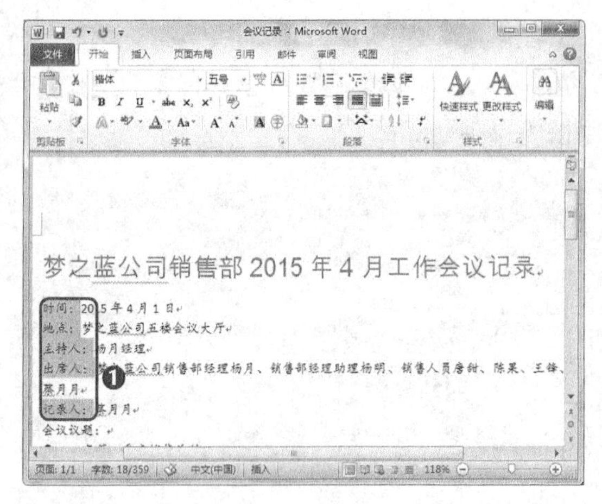

图1-28　选择冒号前的文本

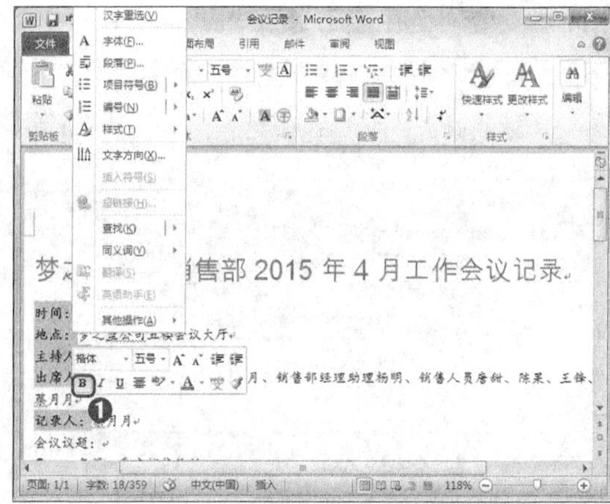

图1-29　文字加粗

多学一招

如果不知道应将文本设置为多大的字号，而依次选择不同的字号比较费时，可以先选择文本，然后按【Ctrl+]】组合键逐渐放大字号，或按【Ctrl+[】组合键逐渐缩小字号。

STEP 8 返回文本编辑区，可查看文本格式设置完成后的效果，如图1-31所示。

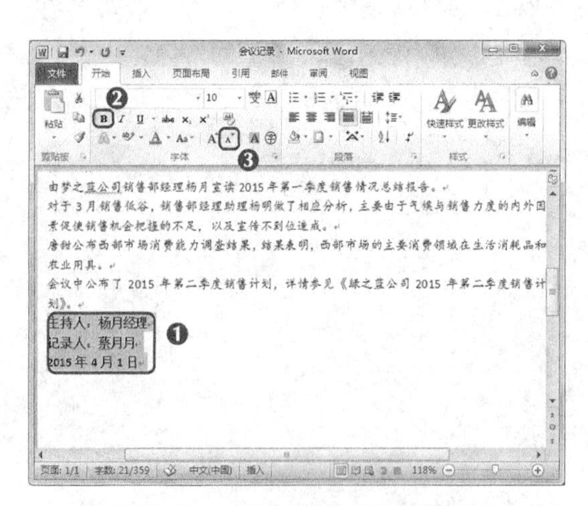

图1-30　对落款文字进行字体设置

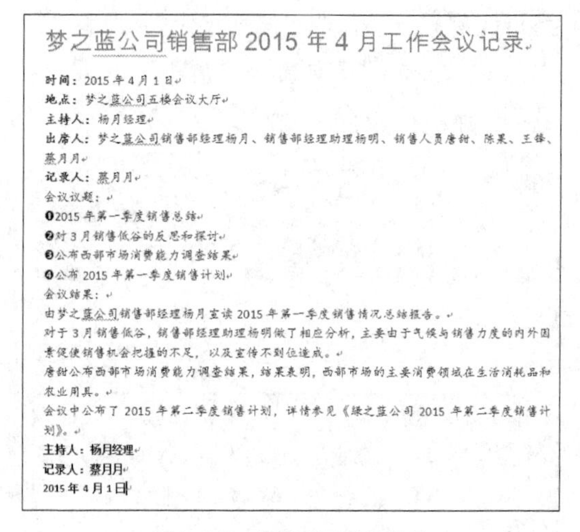

图1-31　查看设置后的效果

知识提示

在Word中输入文本时，其默认的中文字体为“宋体”，英文字体为“Calibri”，通常为了文档的美观，会将英文字体设置为常规文字，字号为“5号”。

1.4.5　设置边框和底纹

设置边框和底纹的目的是为了使文档更加美观，通过“边框和底纹”对话框可以为选择的文本设置边框和底纹格式，其具体操作如下（微课：光盘\微课视频\第1章\设置边框和底纹.swf）。

STEP 1 选择需要设置边框和底纹的文本，这里选择标题文本，单击“边框”按钮右侧的下拉按钮，在打开的下拉列表中选择“边框和底纹”选项，如图1-32所示。

STEP 2 打开“边框和底纹”对话框，选择“边框”选项卡，在“设置”列表中选择“阴影”选项，在“样式”列表框中选择第一种样式，在“颜色”下拉列表中选择“白色，背景1，深色5%”选项，单击 确定 按钮，如图1-33所示。

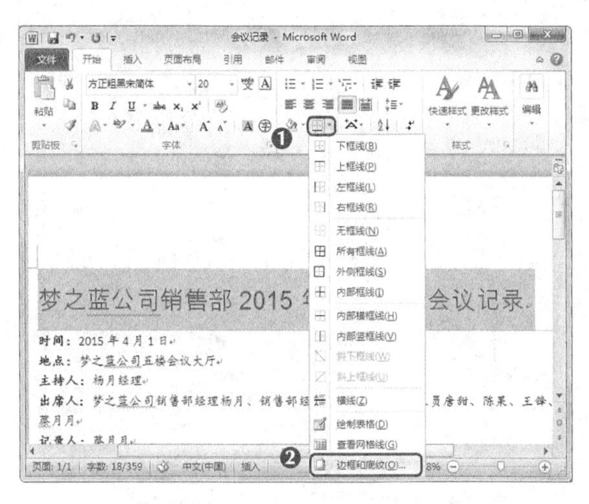

图1-32　选择“边框和底纹”选项

图1-33　设置边框样式

STEP 3 选择需要设置底纹的小标题文本，如“会议议题：”，在【开始】/【段落】组中单击“底纹”按钮右侧的下拉按钮，在打开的下拉列表中选择“白色，背景1，深色25%”选项，使用相同的方法，为“会议结果：”添加底纹，其完成后的效果如图1-34所示。

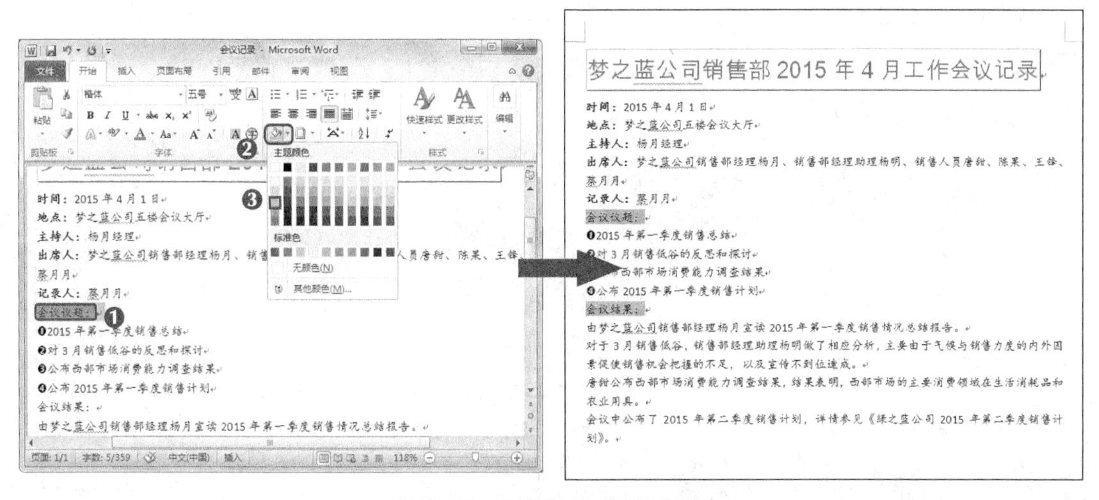

图1-34　完成边框与底纹的设置

1.4.6　设置段落格式

会议记录文档的标题应该为居中对齐，而正文为左对齐，落款为右对齐，并根据内容设置行距和段间距，使文档的层次更加分明，重点更加突出，其具体操作如下（微课：光盘\微课视频\第1章\设置段落格式.swf）。

STEP 1 选择需要设置缩进的段落，这里选择除标题外的所有文本，单击鼠标右键，在弹出的快捷菜单中选择“段落”命令，打开“段落”对话框，如图1-35所示。

STEP 2 在“缩进”栏中的“特殊格式”下拉列表中选择“首行缩进”选项，在“磅值”文本框中输入“2字符”，在“间距”栏的“行距”下拉列表中选择“多倍行距”选项，然后在“设置值”数值框中输入行距“1.2”，单击 确定 按钮，如图1-36所示。

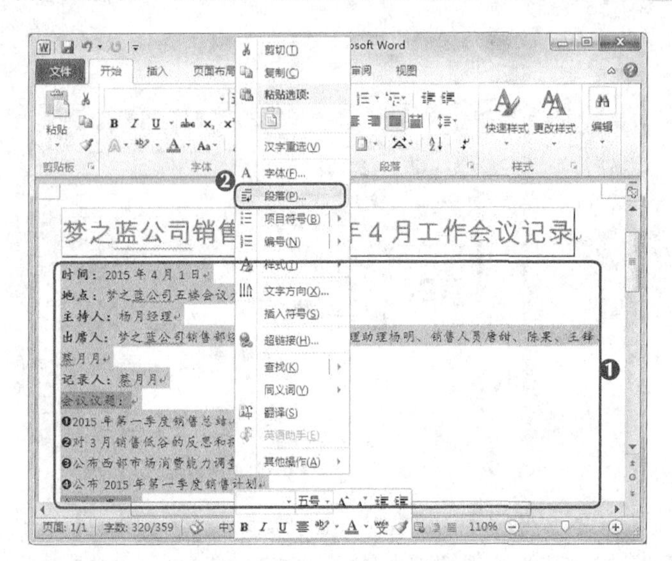

图1-35 选择“段落”命令

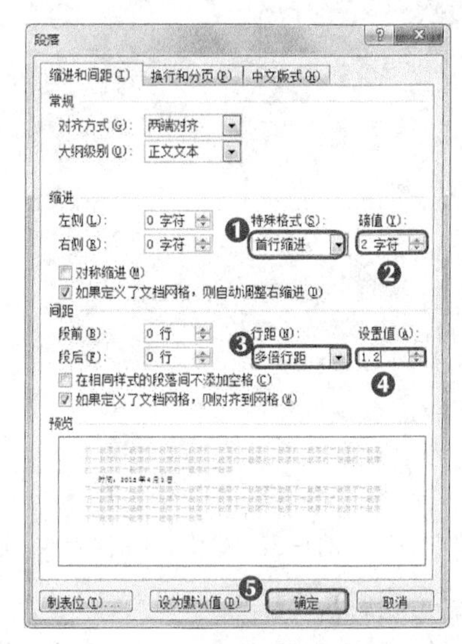

图1-36 设置段落缩进

STEP 3 选择标题段落，在【开始】/【段落】组中单击“居中”按钮，使标题居中显示，如图1-37所示。

STEP 4 选择落款段落，在【开始】/【段落】组中单击“右对齐”按钮，使落款段落右对齐显示，如图1-38所示。

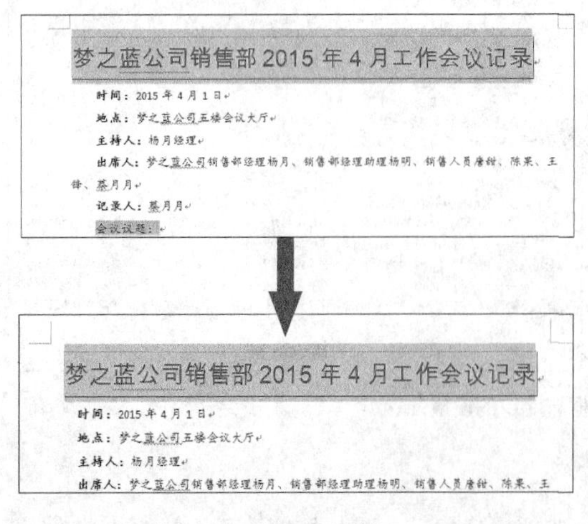

图1-37 设置居中对齐

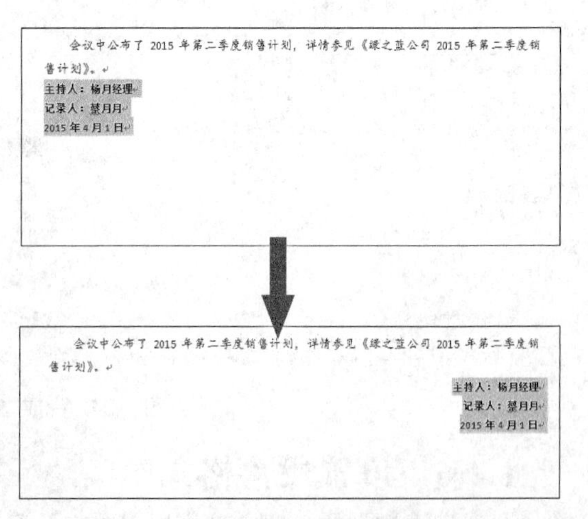

图1-38 设置右对齐

多学一招

除了通过前面介绍的方法调整对齐方式外，还可通过快捷键进行对齐方式的调整，左对齐为【Ctrl+L】组合键；居中对齐为【Ctrl+E】组合键；右对齐为【Ctrl+R】组合键；两端对齐为【Ctrl+J】组合键；分散对齐为【Ctrl+Shift+J】组合键。

1.4.7 设置项目符号

项目符号常用于表现具有并列关系的段落，而编号主要用于设置具有前后顺序关系的段落。当认识了段落格式的使用方法后，即可对文档进行项目符号和编号的设置，其具体操作如下（微课：光盘\微课视频\第1章\设置项目符号.swf）。

STEP 1 选择需要添加项目符号的段落，选择【开始】/【段落】组，单击“项目符号”按钮右侧的下拉按钮，在打开的列表中选择从左向右第5个样式，如图1-39所示。

STEP 2 选择另一段需要添加项目符号的段落，单击鼠标右键，在弹出的快捷菜单中选择“项目符号”命令，在打开的列表中选择从左向右第5个选项，如图1-40所示。

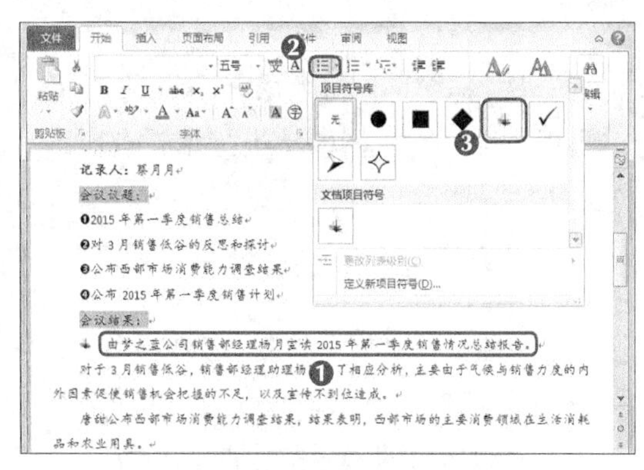

图1-39 添加项目符号

图1-40 设置其他段落项目符号

STEP 3 将光标插入点定位到已插入项目符号的段落，选择【开始】/【剪贴板】组，单击“格式刷”按钮，此时光标将变为形状，如图1-41所示。

STEP 4 拖动鼠标选择需要添加段落符号的段落，即可对段落添加项目符号，如图1-42所示。

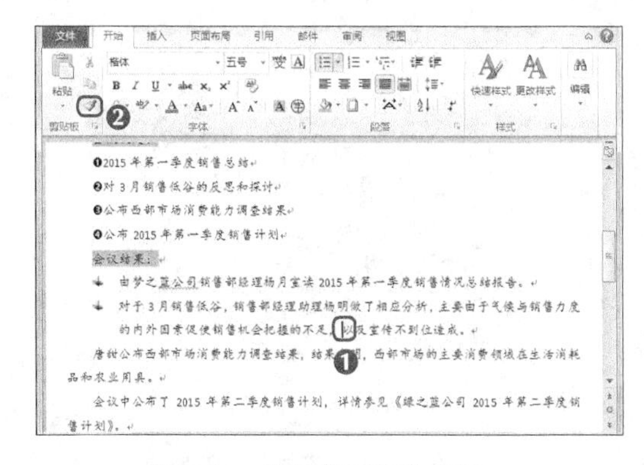

图1-41 单击“格式刷”按钮

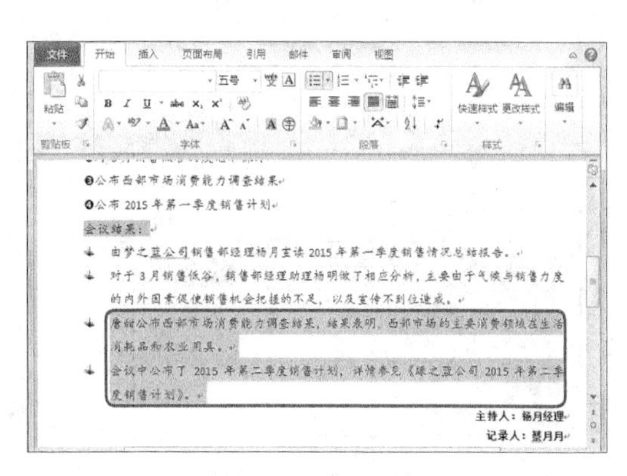

图1-42 复制格式

STEP 5 选择“《梦之蓝公司2015年第二季度销售计划》”文本，在“字体”组中设置“文本颜色”为“红色”，并单击“倾斜”按钮，将文字设置为倾斜，查看并调整整个文档的显示效果，如图1-43所示。

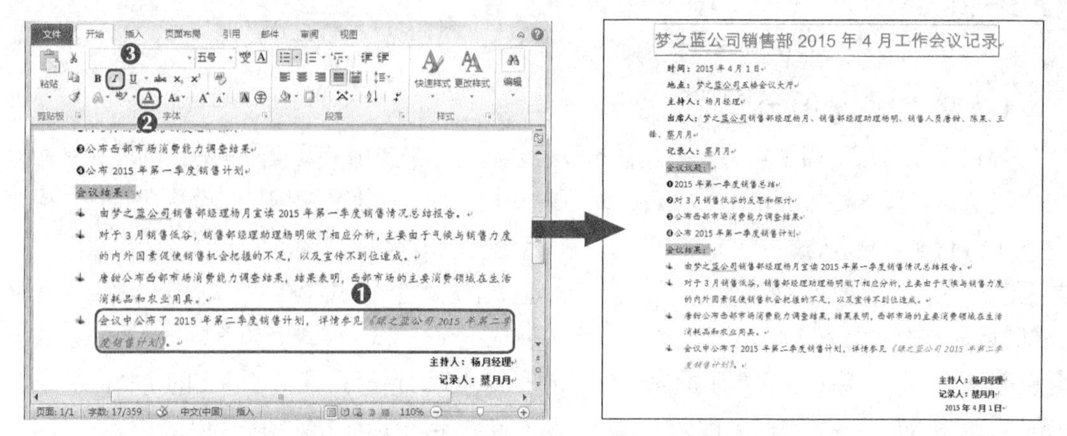

图1-43 设置批注样式

多学一招

单击“格式刷”按钮，只能刷一次格式而不能运用于不同段落格式，此时可双击“格式刷”按钮，再根据需要对不同段落进行相同格式的运用。

1.4.8 设置拼写和语法检查

在制作文档过程中会发现文档中出现了红色或是绿色的下画线，这是因为Word具有自动检测文本的拼音和语法的原因，下面将讲解语法和拼音的检测方法，并取消该类下画线的显示，其具体操作如下（微课：光盘\微课视频\第1章\设置拼写和语法检查.swf）。

STEP 1 按【Ctrl+A】组合键，选择全部文字，在【审阅】/【语言】组中单击“语言”按钮，在打开的列表中选择【语言】/【设置校对语言】选项，如图1-44所示。

STEP 2 打开“语言”对话框，在“将所选文字标为（国家/地区）”栏中选择“中文（中国）”选项，如图1-45所示。

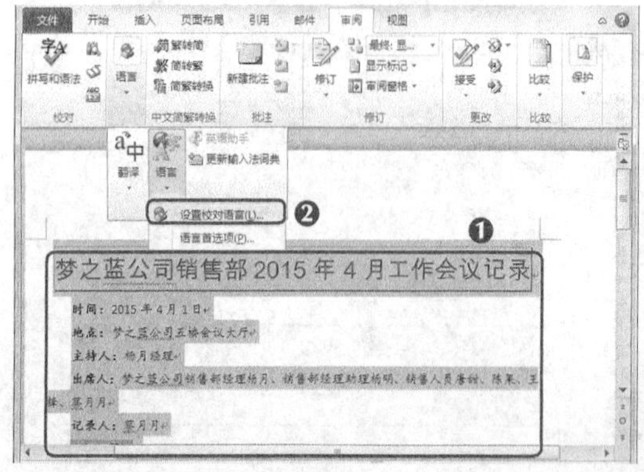

图1-44 单击“语言”按钮

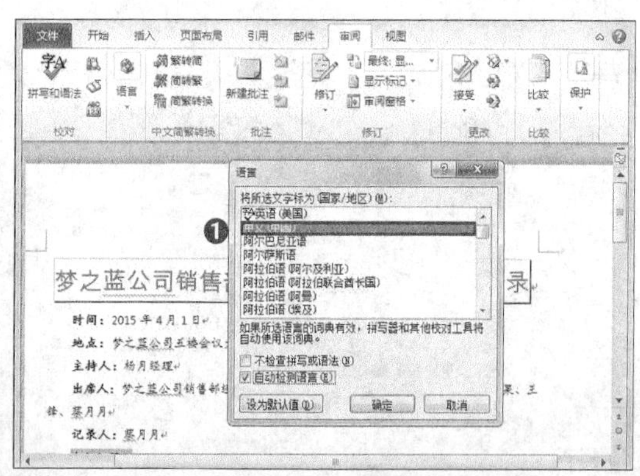

图1-45 打开“语言”对话框

STEP 3 撤销选中“自动检测语言”复选框，并单击选中“不检查拼写或语法”复选框，单击 确定 按钮，完成拼写与语法的设置，如图1-46所示。

STEP 4 完成后按【Ctrl+S】组合键，保存设置后的文档，并查看完成后的效果，如图1-47所示。

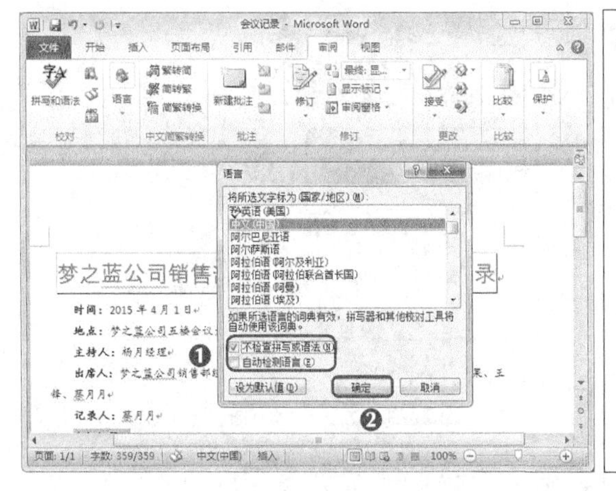

图1-46　设置不检查拼写或语法

梦之蓝公司销售部2015年4月工作会议记录

时间：2015年4月1日

地点：梦之蓝公司五楼会议大厅

主持人：杨月经理

出席人：梦之蓝公司销售部经理杨月、销售部经理助理杨明、销售人员唐钟、陈果、王锋、蔡月月

记录人：蔡月月

会议议题：

❶2015年第一季度销售总结

❷对3月销售低谷的反思和探讨

❸公布西部市场消费能力调查结果

❹公布2015年第一季度销售计划

会议结果：

- 由梦之蓝公司销售部经理杨月宣读2015年第一季度销售情况总结报告。
- 对于3月销售低谷，销售部经理助理杨明做了相应分析，主要由于气候与销售方式的内外因素促使销售机会把握的不足，以及宣传不到位造成。
- 唐钟公布西部市场消费能力调查结果，结果表明，西部市场的主要消费领域在生活消耗品和农业用具。
- 会议中公布了2015年第二季度销售计划，详情参见《梦之蓝公司2015年第二季度销售计划》。

主持人：杨月经理
记录人：蔡月月
2015年4月1日

图1-47　保存文件数据

1.5　实训——制作“会议通知”文档

1.5.1　实训目标

本实训的目标是制作一份“会议通知”文档，要求掌握输入并保存文本的方法，掌握字符的字体、字号、字形、颜色的设置方法，掌握文档段落的缩进、对齐、段行间距、项目符号的设置方法，图1-48所示为“会议通知”文档编辑前后的对比效果。

效果所在位置　光盘:\效果文件\第1章\实训\会议通知.doc

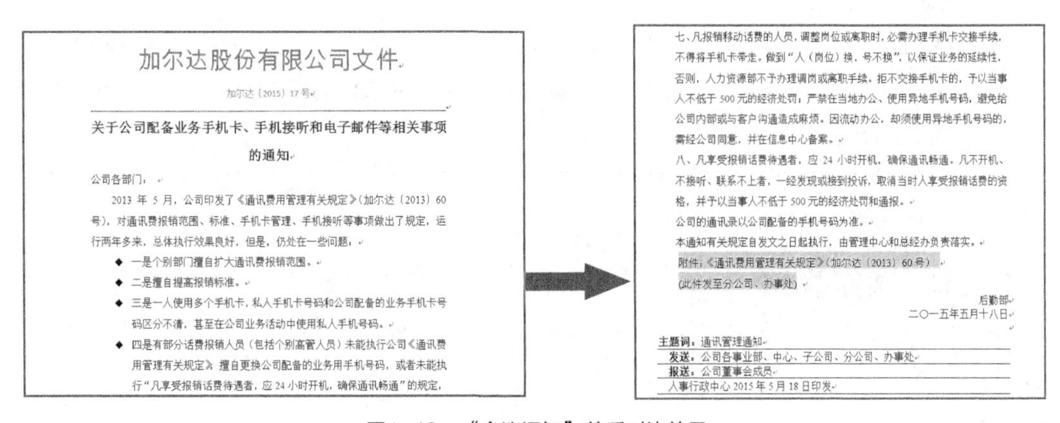

加尔达股份有限公司文件

加尔达〔2015〕17号

关于公司配备业务手机卡、手机接听和电子邮件等相关事项的通知

公司各部门：

2013年5月，公司印发了《通讯费用管理有关规定》(加尔达〔2013〕60号)，对通讯费报销范围、标准、手机卡管理、手机接听等事项做出了规定，运行两年多来，总体执行效果良好，但是，仍处在一些问题：

- 一是个别部门擅自扩大通讯费报销范围。
- 二是擅自提高报销标准。
- 三是一人使用多个手机卡，私人手机卡号码和公司配备的业务手机卡号码区分不清，甚至在公司业务活动中使用私人手机号码。
- 四是有部分话费报销人员（包括个别高管人员）未能执行公司《通讯费用管理有关规定》，擅自更换公司配备的业务用手机号码，或者未能执行“凡享受报销话费待遇者，应24小时开机，确保通讯畅通”的规定，

七、凡报销移动话费的人员，调整岗位或离职时，必需办理手机卡交接手续，不得将手机卡带走，做到“人（岗位）换，号不换”，以保证业务的延续性，否则，人力资源部不予办理调岗或离职手续。拒不交接手机卡的，予以当事人不低于500元的经济处罚；严禁在当地办公、使用异地手机号码，避免给公司内部或与客户沟通造成麻烦。因流动办公，却须使用异地手机号码的，需经公司同意，并在信息中心备案。

八、凡享受报销话费待遇者，应24小时开机，确保通讯畅通。凡不开机、不接听、联系不上者，一经发现或接到投诉，取消当时人享受报销话费的资格，并予以当事人不低于500元的经济处罚和通报。

公司的通讯录以公司配备的手机号码为准。

本通知有关规定自发文之日起执行，由管理中心和总经办负责落实。

附件：《通讯费用管理有关规定》(加尔达〔2013〕60号)

(此件发至分公司、办事处)

后勤部
二〇一五年五月十八日

主题词：通讯管理通知
发送：公司各事业部、中心、子公司、分公司、办事处
报送：公司董事会成员
人事行政中心2015年5月18日印发

图1-48　“会议通知”前后对比效果

1.5.2 专业背景

通知是运用广泛的知照性公文，用来发布法规、规章，转发上级机关、同级机关、不相隶属机关的公文，批转下级机关的公文，要求下级机关办理某项事务等。通知的作用与写作特点如图1-49所示。

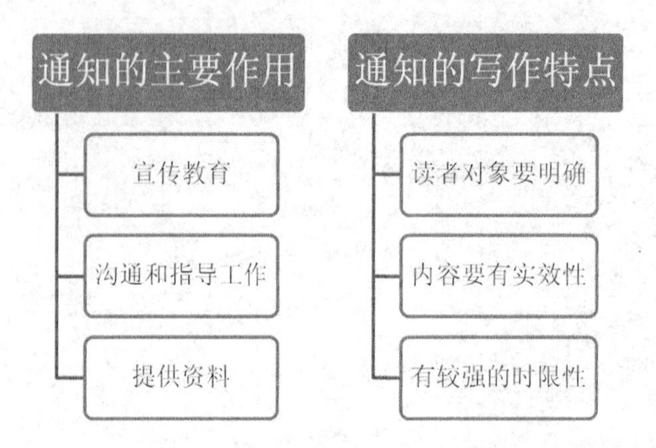

图1-49 工作总结的组成部分

根据适用范围和内容的不同，通知可分为以下6类。

- **指示性通知**：用于上级机关对下级机关布置任务、指示和安排时使用的通知，如《国务院关于今年下半年各级政府不再出台新的调价措施的通知》等。
- **颁发性通知**：国家机关发布（印发、下达）有关规定、办法、实施细则等规章和发布有关重要文件时使用的通知。所发布的规章名称要出现在主标题中，并使用书名号，如“林业部发布关于《中华人民共和国陆生野生动物保护实施条例》的通知”等。
- **批转性通知**：将有关公文作为附件下发的通知，主要用于批准下级机关，再转发给其他下级机关或有关单位贯彻执行时使用的通知，如《省政府办公厅转发省教育厅等部门关于进一步做好生源地信用助学贷款工作意见的通知》等。
- **转发性通知**：用于转发上级机关和不相隶属的机关的公文给所属人员，让其周知或执行，如《××镇人民政府转发××县人民政府关于做好乡村环境卫生综合治理工作总结的通知》等。
- **任免性通知**：用于上级机关任免下级机关的领导人或上级机关在需要下达有关任免事项却不宜用任免命令时使用的通知，如《××县人民政府关于×××等同志职务任免的通知》等。
- **事务性通知**：指关于一般事项的通知，主要用于处理日常工作中带事务性的事件，常把有关信息或要求用通知的形式传达给有关机构或群众。

1.5.3 操作思路

完成本实训需要先新建文档并在其中输入文本，然后对文本进行相应的编辑，其操作思路如图1-50所示。

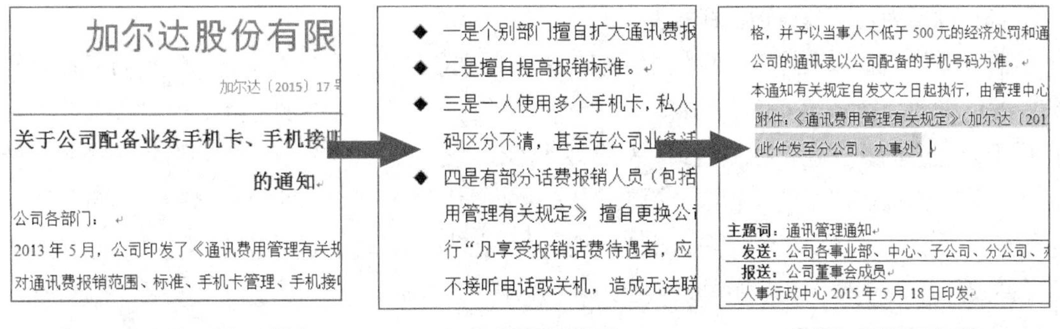

① 输入文本并设置标题样式　　② 设置项目符号　　③ 添加底纹和下画线

图1-50　“会议通知”文档的制作思路

【步骤提示】

STEP 1 新建文档并将其以“会议通知”为名进行保存，输入通知的全部内容，注意换行和分段），为文字设置字符格式，包括字体、字号，其中将标题文字设置为“方正粗黑宋简体、28号、红色”。

STEP 2 设置段落格式，包括居中对齐、右对齐、首行缩进、行距、段间距等，并为特殊段落添加项目符号。

STEP 3 为重点内容设置底纹，并为主题词部分添加下画线，完成内容编辑后，对其进行拼写和语法检查，并保存设置的文档。

1.6 常见疑难解析

问：在Word中可以自定义项目符号样式吗？

答：Word中默认提供了几种项目符号样式，要使用其他符号或电脑中的图片文件作为项目符号，其方法：单击“段落”组中的“项目符号”按钮右侧的下拉按钮，在打开的下拉列表中选择“定义新项目符号”命令，然后在打开的对话框中单击“符号(S)...”按钮，打开“符号”对话框，选择符号并确认设置即可，如图1-51所示；若单击“图片(P)...”按钮，再在打开的对话框中单击“导入(I)...”按钮，则可选择电脑中的图片文件作为项目符号。

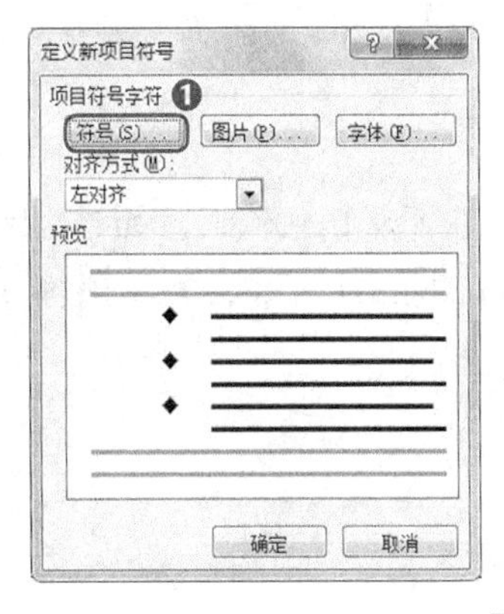

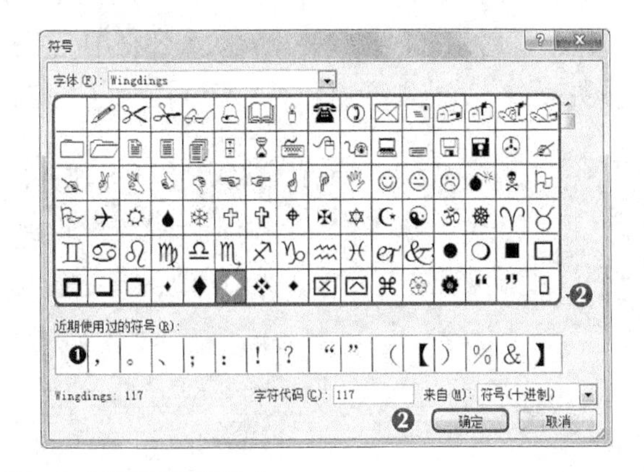

图1-51　自定义项目符号样式

问：如何为页面设置边框样式？

答：在“边框和底纹”对话框中不仅可以设置文字的边框和底纹，还可以为页面设置相应的边框样式。需打开“边框和底纹”对话框，单击“页面边框”选项卡，在“设置”栏选择用于设置边框的样式；在“样式”栏选择用于设置边框的线型；在“颜色”栏选择用于设置边框的颜色；在“宽度”栏选择用于设置边框的宽度；在“艺术型”栏选择用于设置边框的显示样式；在“预览”栏可显示设置边框后的效果；单击选项(O)...按钮，还可打开“边框和底纹选项”对话框，在其中可设置边距和预览样式，如图1-52所示。

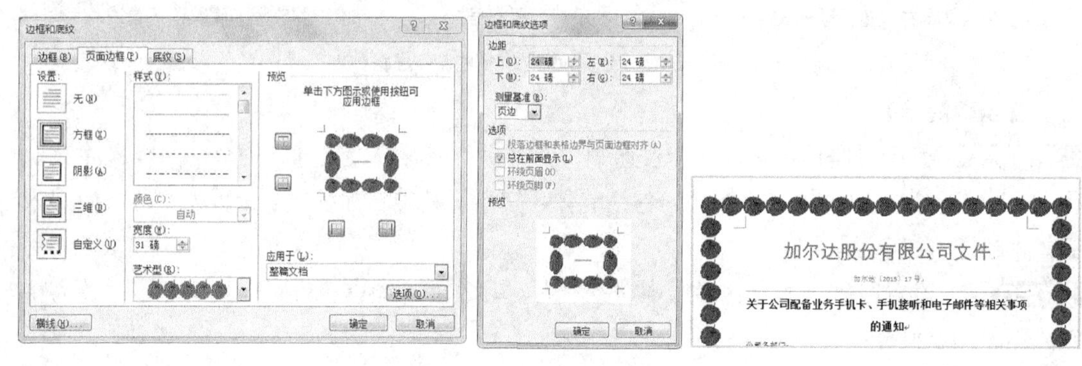

图1-52　设置页面边框样式

问：“字号”下拉列表框中最大字号为“初号”，此时，还可将其设置为更大字号吗？

答：选择需要进行字号缩放的文字，按住【Ctrl】键不放，在键盘上连续按【】】键，可增大字号，如需要减小字号，可按住【Ctrl】键不放，在键盘上连续按【【】键，进行减小操作。

问：在编辑文档的过程中不知按了什么键，行间距变得很大，这是怎么回事？

答：这可能是因为不小心按到了设置行距的快捷键。选择段落后，按【Ctrl+2】组合键可以设为两倍行距；按【Ctrl+5】组合键可以设为1.5倍行距。若要恢复到默认行距，可选择段落，然后按【Ctrl+1】组合键将行距设为1倍。

问：在编辑过程中还有其他对拼写和语法进行检查的方法吗？

答：还可在【省略】/【校对】组中单击“拼写和语法”按钮，打开“拼写和语法：中文（中国）”对话框，在“易错词”列表框中显示可能有错的词句，单击更改(C)按钮，即可自动更改错字，当打开提示对话框并提示已经完成检查后，单击确定按钮。

知识提示

虽然Word 2010能检查出绝大部分常见的拼写和语法错误，如错别字、标点符号等，但当语句不通或不完整时，Word 2010可能检查不出这些问题，因此还需要审校人员从头到尾进行错误检查。

1.7　习题

本章主要介绍了新建文档、输入文档内容、编辑文本、设置字体和段落格式的方法，包括设置新建文档，输入文本，设置文本字符格式、段落格式、项目符号、边框和底纹，拼写和语法检查、会议记录的准备工作、写作技巧等知识。对于本章的内容，读者应认真学习和掌握，为后面制作文档打下良好的基础。

效果所在位置 **光盘:\效果文件\第1章\习题\培训通知.docx、会议纪要.docx**

（1）最近公司正在商讨“关于举办2015年实务培训班”的相关事宜，在执行前需要拟定一份通知，要求先拟定好通知内容，然后再对其进行格式设置，参考效果如图1-53所示。

- 弄清楚该培训的具体内容，并在通知上写明。
- 制作时要注意通知内容的拟定，如主办方、培训时间、地点、注意事项、主题词等内容。

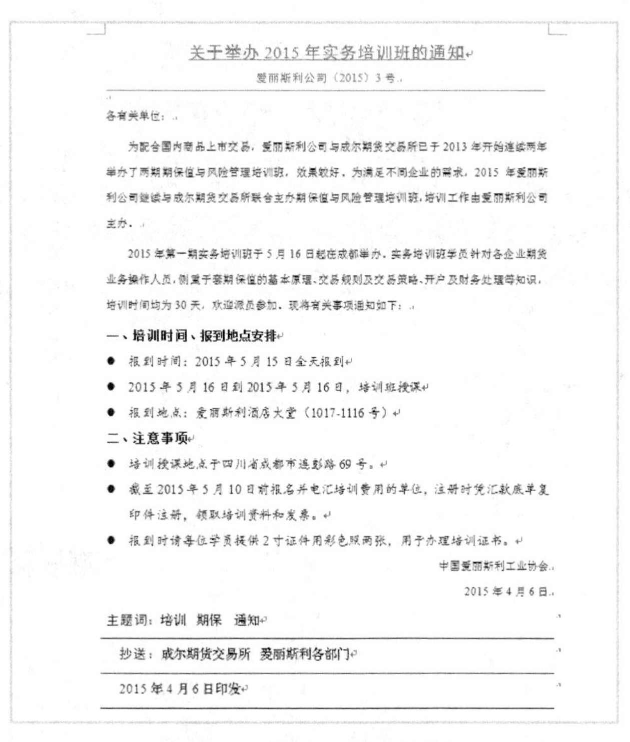

关于举办2015年实务培训班的通知

爱丽斯利公司（2015）3号

各有关单位：

为配合国内商品上市交易，爱丽斯利公司与成尔期货交易所已于2013年开始连续两年举办了两期期保值与风险管理培训班，效果较好，为满足不同企业的需求，2015年爱丽斯利公司继续与成尔期货交易所联合主办期保值与风险管理培训班，培训工作由爱丽斯利公司主办。

2015年第一期实务培训班于5月16日起在成都举办，实务培训班学员针对各企业期货业务操作人员，侧重于套期保值的基本原理、交易规则及交易策略、开户及财务处理等知识，培训时间均为30天，欢迎派员参加，现将有关事项通知如下：

一、培训时间、报到地点安排

- 报到时间：2015年5月15日全天报到
- 2015年5月16日到2015年5月16日，培训班授课
- 报到地点：爱丽斯利酒店大堂（1017-1116号）

二、注意事项

- 培训授课地点于四川省成都市逸影路69号。
- 截至2015年5月10日前报名并电汇培训费用的单位，注册时凭汇款底单复印件注册，领取培训资料和发票。
- 报到时请每位学员提供2寸证件用彩色照两张，用于办理培训证书。

中国爱丽斯利工业协会

2015年4月6日

主题词：培训　期保　通知

抄送：成尔期货交易所　爱丽斯利各部门

2015年4月6日印发

图1-53　“培训通知”最终效果

（2）会议召开后，还需根据会议内容制作会议纪要文档，并在文档中增加会议讨论结果。请根据实际情况拟定一份会议记要，参考效果如图1-54所示。

- 会议纪要是在会议过程中，由记录人员把会议的组织情况和具体内容记录下来，并进行制作的规范性文档。
- 会议纪要需准确写明会议名称（要写全称）、开会时间、地点、会议性质，要仔细记录下会议中心议题以及围绕中心议题展开的与会议相关的重点内容。

下半年工作计划会议纪要

时间： 2015 年 5 月 10 日

地点： 一会议室

主持人： 张主任

参加人： 董事长李明、销售部孙经理、生产部艾部长、后勤部安部长、设计部达科长、市场部付经理、宣传部刘部长和秘书部韩部长

会议议题：

- 重视销售人员的职务地位；
- 提倡销售人员熟悉公司产品；
- 了解同类产品和相关竞争力；
- 增强公司员工向心力；
- 提升员工办公技术的能力；

讨论结果：

- 给予销售人员，尤其是售前人员积极的肯定。
- 建议销售人员从了解公司运作、开发能力、企业优势和劣势等方面着手。
- 了解项目的前期技术构架，阅读新的产品资料。
- 销售人员、售前人员、设计人员和售后服务人员等密切配合、大力协助，共同提升公司业绩。
- 熟练使用文本和图形编辑器进行方案、标书的编写，进行项目招投标程序的培训，熟悉招投标工作的运作。

秘书部

2015 年 5 月 10 日

图1–54 “会议纪要”最终效果

课后拓展知识

在Word中除了可新建空白文档外，还可使用模板进行文档的编辑与制作，只需启动Word 2010，选择【开始】/【新建】组，然后选择“样板模板”选项，在打开的“可用模板”窗口中选择需要的模板即可，完成后单击“创建”按钮即可完成模板的创建并应用，如图1–55所示。

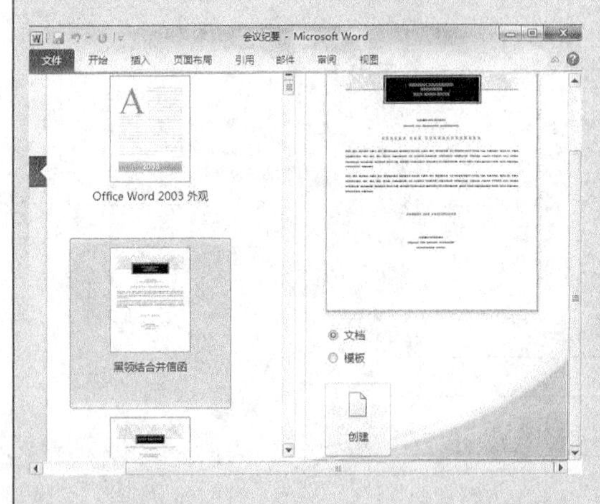

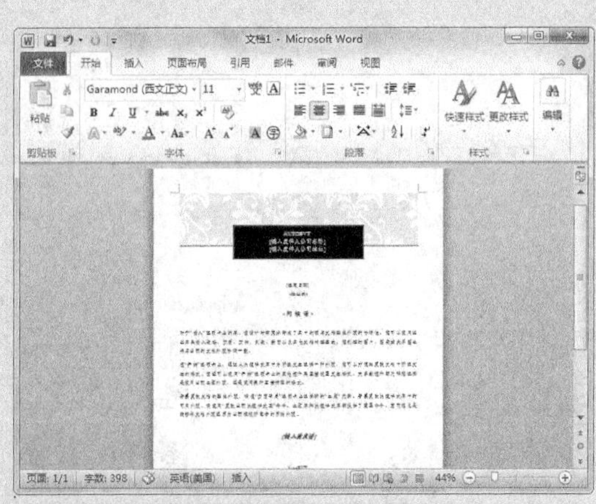

图1–55 创建模板

PART 2

第2章 制作公司宣传手册

情景导入

当小白完成了“会议记录”文档的制作后，又接到了公司的任务，那就是制作公司宣传手册。对于这个完全不懂的领域，小白请教了老张，并根据老张的介绍进行宣传文档的制作与美化。

知识技能目标

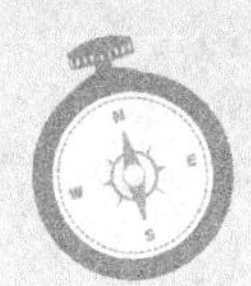

- 熟练掌握设置主题的方法。
- 熟练掌握插入图像的方法。
- 熟练掌握插入并编辑形状的方法。
- 熟练掌握插入并编辑文本的方法。

- 了解公司宣传手册的设计特点。
- 掌握公司宣传手册的设计作用。

实例展示

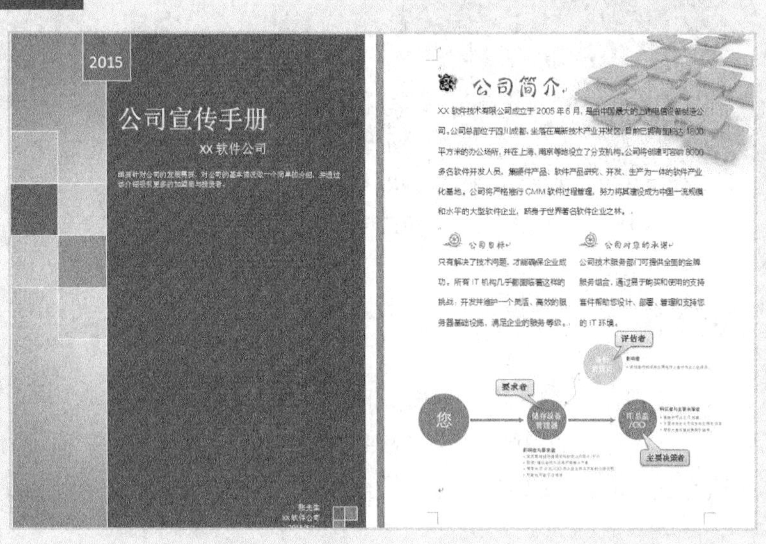

2.1 实例目标

制作公司宣传手册是Word文档制作的典型，它也属于长文档范畴，所以在制作这类文档时，除了为文档应用样式外，还包括很多其他操作。小白在学习公司宣传手册的制作方法时，学习了包括图片、艺术字、形状和表格的相关操作，进一步提升了这类文档的编排水平。

图2-1所示为将要制作的“公司宣传手册”文档效果，主要涉及的知识包括新建模板文档，在模板的基础上新建文档，编写公司宣传的文本内容，插入图片、形状、艺术字等操作。

素材所在位置　光盘:\素材文件\第2章\1.jpg、2.jpg、3.jpg

效果所在位置　光盘:\效果文件\第2章\公司宣传手册.docx、公司宣传模板.dotx

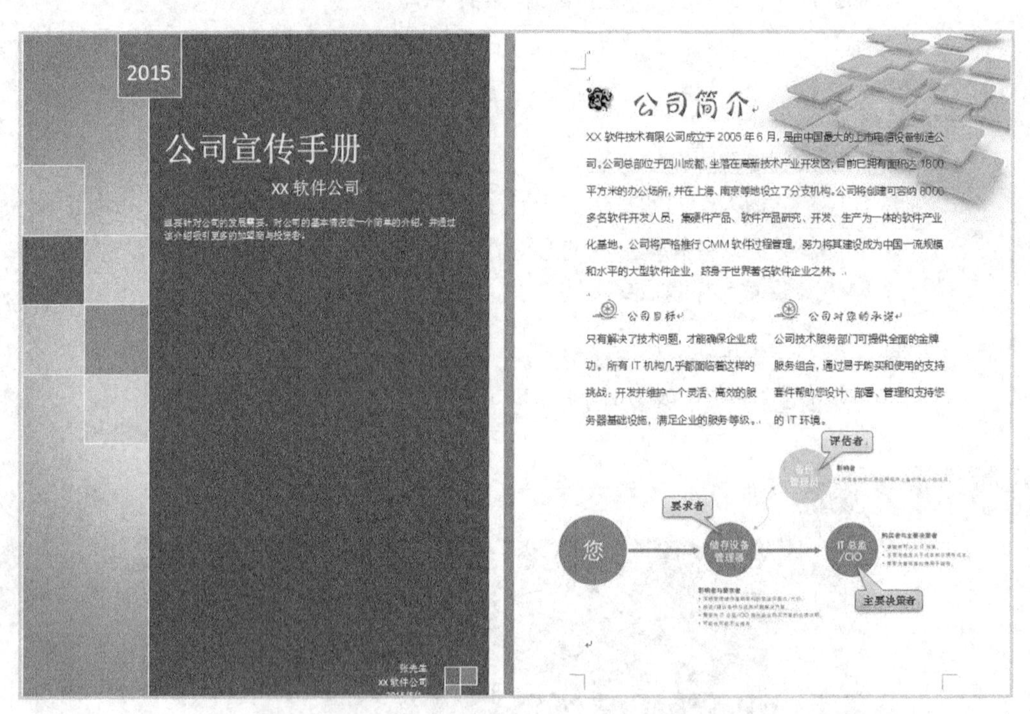

图2-1　“公司宣传手册”文档最终效果

2.2 实例分析

老张拿出公司之前制作的宣传文档给小白，让他以该文档为参考，来完成本次文档的制作。宣传册的制作没有特定规则，主要根据公司的不同特征来进行。在制作此文档前，还需对宣传类文档的设计特点、组成、版式进行学习。下面将对公司宣传手册的制作进行具体分析。

2.2.1 公司宣传手册的设计特点

公司宣传手册一般以纸质材料为直接载体，以公司文化、公司产品为传播内容，制作时需结合公司特点。清晰表达宣传册中的内容，快速传达宣传册中的信息，是宣传册设计的重点。一本好的宣传册包括环衬、扉页、前言、目录、内页等，还包括封面封底的设计。下面将讲解公司宣传手册的设计特点。

- **宣传准确真实**：宣传手册与招贴广告同属视觉形象化的设计，都是通过形象的表现技巧，在广告作品中塑造出真实感人、栩栩如生的产品艺术形象来吸引消费者，通过广告宣传的方式，以达到准确介绍商品、促进销售的目的。与此同时，公司宣传手册还可以附带公司生产或宣传的产品实样，如纺织面料、特种纸张、装饰材料、洗涤用品等，这样更具有直观的宣传效果。
- **介绍仔细翔实**：提示性的招贴广告，以流动的消费者为主要诉求对象，因此追求的是瞬间的视觉感染作用，强调其注目率和强烈的视觉冲击力。而公司宣传手册则与招贴广告不同，它是以公司作为主体，在宣传公司的同时对特定的产品性能、特点、使用方法进行简单的介绍，使合作者或消费者，对公司和产品有简单的了解。
- **印刷精美别致**：宣传手册有着近似杂志广告的媒体优势，即印刷精美、精读率高，相对来说，这一点是招贴广告所不具备的。因此宣传手册要充分利用现代先进的印刷技术通过印制的影像逼真、色彩鲜明的产品和劳务信息来吸引合作者。同时通过语言生动、表述清楚的广告文案使宣传手册以图文并茂的视觉优势，有效地传递信息，说服合作者或消费者，使其对公司留下深刻的印象。
- **散发流传广泛**：宣传手册可以被大量印发、邮寄到代销商或随商品发到用户手中；或通过产品展销会、交易会分发给到会观众，这样就可以使广告产品或劳务信息广为流传。由于宣传手册开本较小，因此便于邮寄和携带。

2.2.2 公司宣传手册组成和版式

公司宣传手册的设计软件非常多，常见的有Photoshop、Illustrator、CorelDRAW等，专业人士喜欢用这些软件进行制作和设计，使用这些软件不仅可以设计出个性方案，还能搭配出独特的设计风格。图2-2所示为使用专业软件制作宣传册的效果。

图2-2 使用专业软件制作的宣传册

然而，使用Word 2010也能制作出优秀的宣传手册和海报，虽然它不像专业设计软件那样多元化，但对于不会使用设计软件且对文档专业性要求不高的人群来说，Word软件也是制作类似文档不错的选择。

宣传册包括展示型宣传册、解决型宣传册、思想型宣传册3种，展示型宣传册包括企业简介、产品优势、销售和售后服务等内容，适用于一般企业，而思想型宣传册的内容更多注重思想的深度，一般适用于银行、学校、社区等宣传。

宣传手册的目的性非常强顾名思义，制作宣传册是为了达到宣传的目的，所以它的组成部分和版式都有既定的要求。宣传册设计讲求一种整体感，其视觉要求尤为重要。

总体来说，宣传手册是由文字、图像、色彩组成的，在编排宣传册时应强调整体风格和色彩基调的设计。制作宣传册时，除了注意各组成部分的协调配合外，还应做到以下几点要求。

- **外表大方美观**：封面和封底给人大方阔气的视觉效果，其产生的效益不容忽视。
- **体现公司实力**：宣传册是用来宣传企业和产品的，可以把企业要执行或正在研究发行的产品进行简单介绍。当然更重要的是要体现企业的实力和前景。
- **内页不要太多**：内页保持在3~6页就好，内页太多会给人累赘的感觉，有可能导致阅读者对各版面的内容失去兴趣。
- **增加信息量**：可将公司网站或与公司产品相关的网站添加到宣传册中，方便大家对公司和产品进行拓展了解，达到最大化宣传的目的。
- **语言简洁明了**：语言尽量简洁，内容通俗易懂，以扩大阅读者的范围。
- **彩色印刷**：宣传册代表了公司形象和产品形象，好的色彩不仅能给宣传加分，还能提高公司形象。

2.3 制作思路

小白没想到制作一份宣传册竟有如此多的学问，老张告诉小白，整理好制作宣传册需要的内容和格式后，便可在Word中新建文档，输入并编辑宣传册的内容，并对文本进行排版、插入艺术字、插入图片、插入形状等操作，完成后将其保存并打印。制作本例的具体思路如下。

（1）新建模板文档，制作产品宣传手册模板，并将制作的模板进行保存操作，参考效果如图2-3所示。

（2）在文档中输入宣传内容，并对文档插入图片，再对图片进行美化操作。参考效果如图2-4所示。

（3）在插入的图片上插入形状，并对插入的形状进行编辑，然后在结尾部分插入并编辑艺术字，参考效果如图2-5所示。

（4）完成后插入封面，并对封面进行颜色与内容的编辑，完成本例的制作，如图2-6所示。

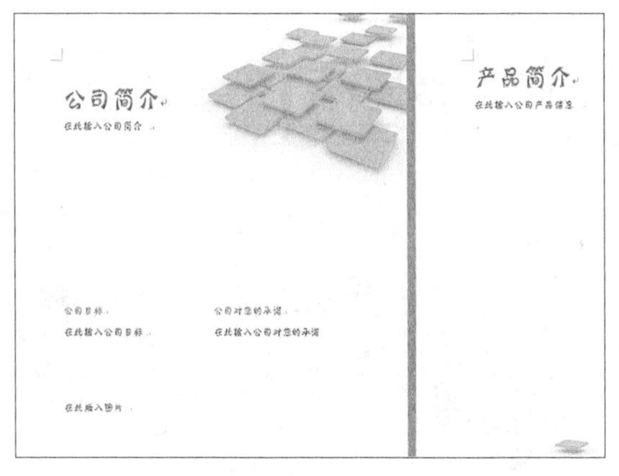

图2-3 设计模板

图2-4 插入并编辑图片

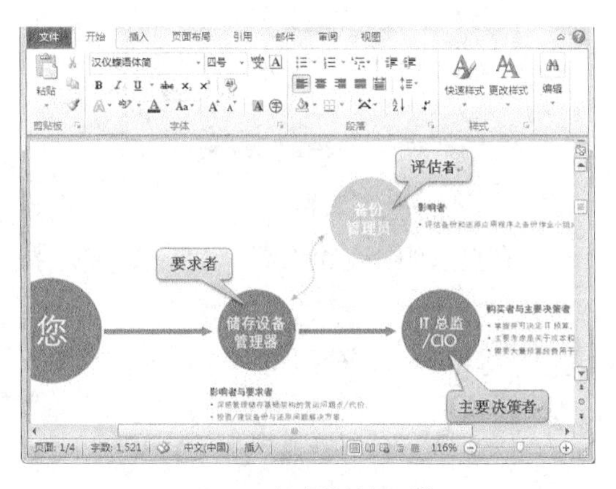

图2-5 插入并编辑形状

图2-6 插入封面

2.4 制作过程

老张看过小白拟定的制作思路后非常满意，决定把制作宣传手册的任务交给小白独立完成，而对公司宣传手册的制作有一定理解后的小白也信心满满。当小白确认注意事项后，即按预先制订的文档制作思路开始进行公司宣传手册的制作，包括新建模板、插入图像、插入形状等操作。

2.4.1 新建模板

为了方便下次制作相同类型的文档，可新建公司宣传手册模板并对其进行页面设置、添加水印等操作。

1．添加模板与水印

设置字体格式主要包括对字体、字号、字形等进行设置，主要通过“字体”工具栏和“字体”对话框进行设置，其具体操作如下（微课：光盘\微课视频\第2章\添加模板与水印.swf）。

STEP 1 启动Word 2010，选择【文件】/【新建】菜单命令，在中间的列表框中选择

“我的模板”选项，打开“新建”对话框，如图2-7所示。

STEP 2 选择“空白文档”选项，在右侧的“新建”栏中单击选中“模板”单选项，单击确定按钮，系统自动创建名为“模板1”的空白模板，如图2-8所示。

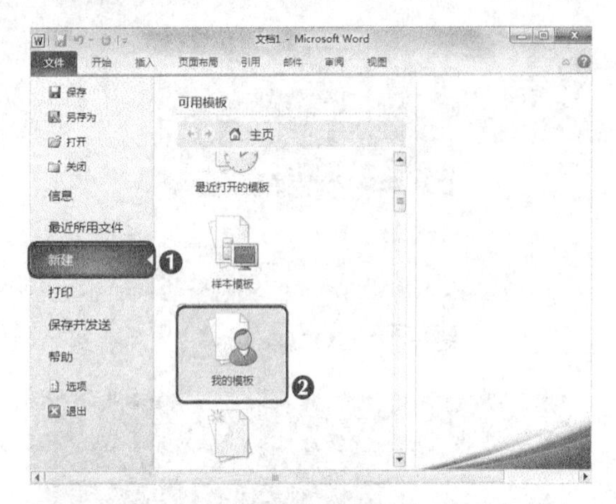

图2-7 选择“我的模板”选项

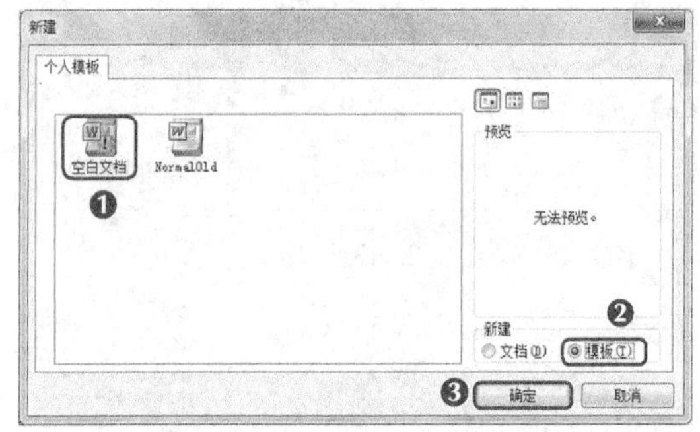

图2-8 新建个人模板

STEP 3 在【页面布局】/【页面设置】组中单击“页面设置”按钮，打开“页面设置”对话框，设置上、下页边距为“2.5厘米”，左、右页边距为“3厘米”，单击确定按钮，如图2-9所示。

STEP 4 返回文档，在【页面布局】/【页面设置】组中单击“分隔符”按钮，在打开的下拉列表中选择“下一页”选项，如图2-10所示。

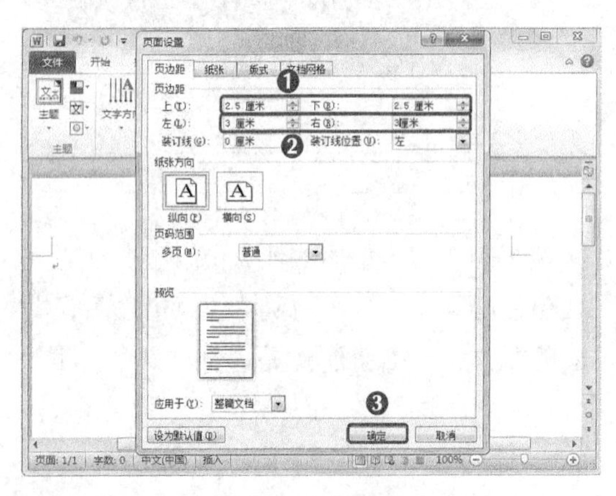

图2-9 页面设置

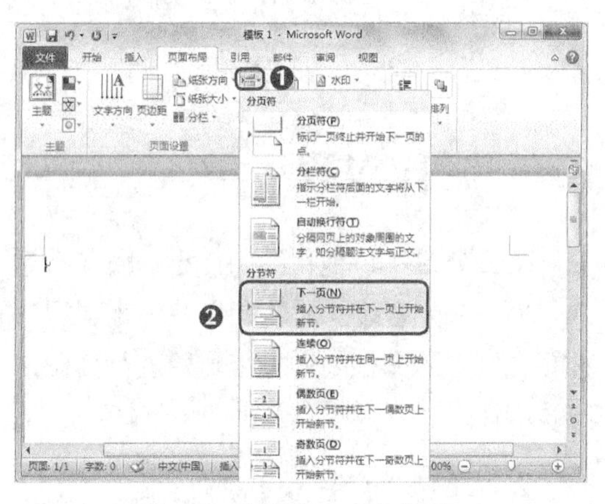

图2-10 选择“下一页”选项

STEP 5 在【页面布局】/【页面背景】组中单击“水印”按钮，在打开的列表中选择“自定义水印”选项，打开“水印”对话框。如图2-11所示。

STEP 6 单击选中“图片水印”单选项，撤销选中“冲蚀”复选框，单击选择图片(P)...按钮，如图2-12所示。

STEP 7 打开“插入图片”对话框，选择水印图片保存的路径，并选择需要添加的图片，这里选择“1”水印图片，单击插入(S)按钮进行插入，如图2-13所示，返回“水印”对话框，单击确定按钮返回文档。

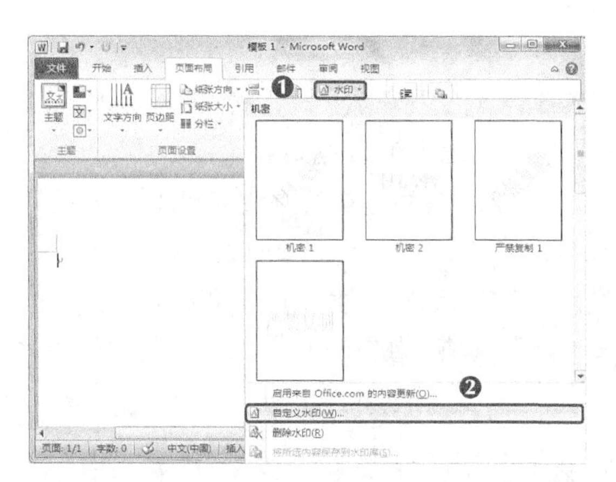

图2-11 自定义水印

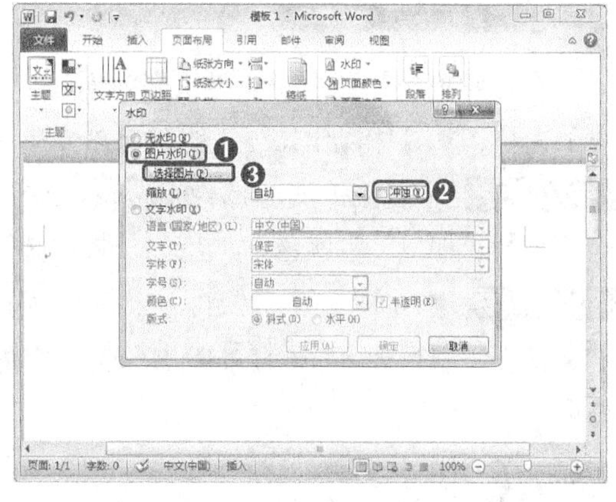

图2-12 选择图片

STEP 8 双击页眉区，进入页眉和页脚编辑状态，选择图片，拖动图片使其位于页面右上角并旋转调整其位置，在【设计】/【选项】组中单击选中“奇偶页不同”复选框，并在“边框和底纹”对话框中取消下边框线，完成后单击“关闭”按钮退出编辑状态，效果如图2-14所示。

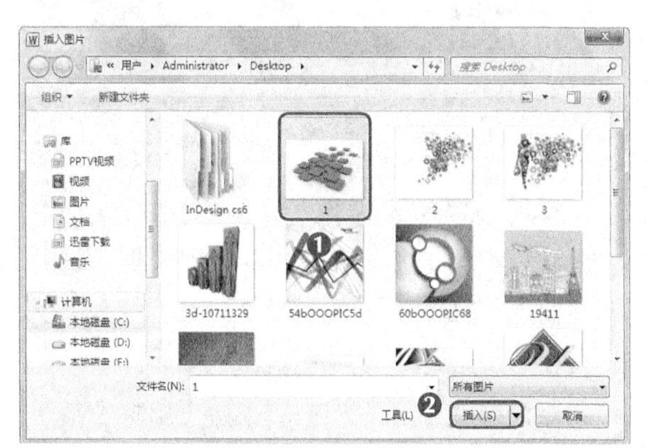

图2-13 选择插入水印图片

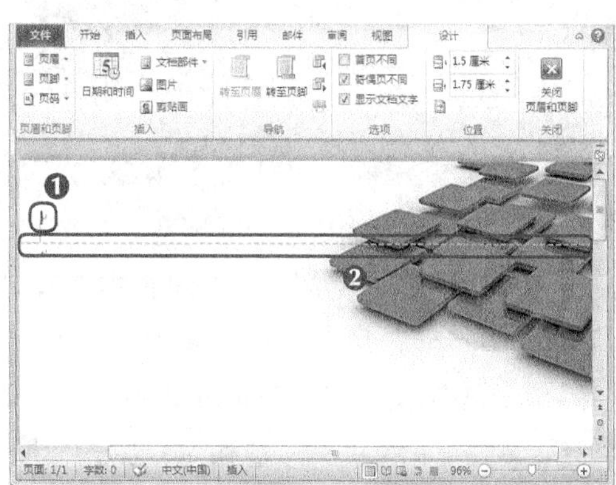

图2-14 调整水印位置

STEP 9 在【插入】/【页】组中单击“空白页”按钮，系统自动为偶数页添加水印，进入页眉和页脚的编辑状态。调整图片至左下角，插入后的效果如图2-15所示。

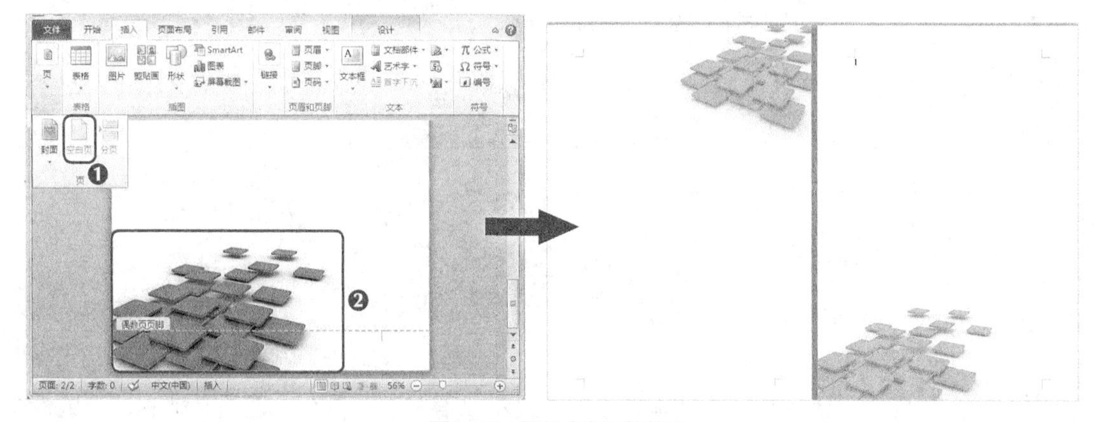

图2-15 添加水印后的效果

2．设置域

在创建模板的过程中，不仅需要添加水印，还需要对文档添加并设置域，使其表现形式更加多样，其具体操作如下（微课：光盘\微课视频\第2章\设置域.swf）。

STEP 1 在文档的起始位置输入“公司简介”文本，设置其字符格式为“汉仪蝶语体简、小初、加粗”，颜色为“蓝色，强调文字颜色1，深色25%”，如图2-16所示。

STEP 2 按【Enter】键换行，设置段落字号为“小三”，在【插入】/【文本】组中单击“文档部件”按钮，在打开的下拉列表中选择“域”选项，如图2-17所示，打开“域”对话框。

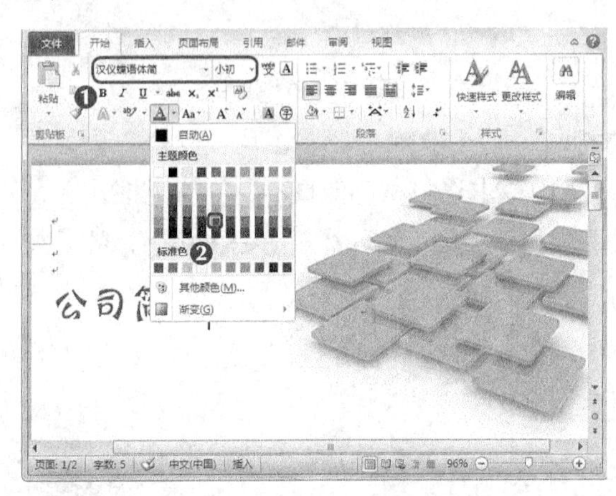

图2-16 设置标题样式

图2-17 选择“域”选项

STEP 3 在“类别”下拉列表中选择“文档自动化”选项，在“域名”列表框中选择“MacroButton”选项，在“显示文字”文本框中输入“在此输入公司简介”文本，在“宏名”列表框中选择“DoFieldClick”选项。单击 确定 按钮返回文档，如图2-18所示。

STEP 4 复制两次标题和域，更改标题文本和字符样式，在添加的域上单击鼠标右键，在弹出的快捷菜单中选择“编辑域”命令，打开“域”对话框，如图2-19所示。

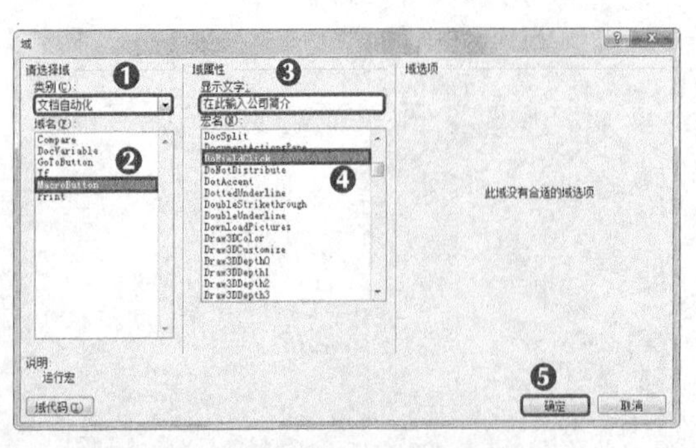

图2-18 设置域

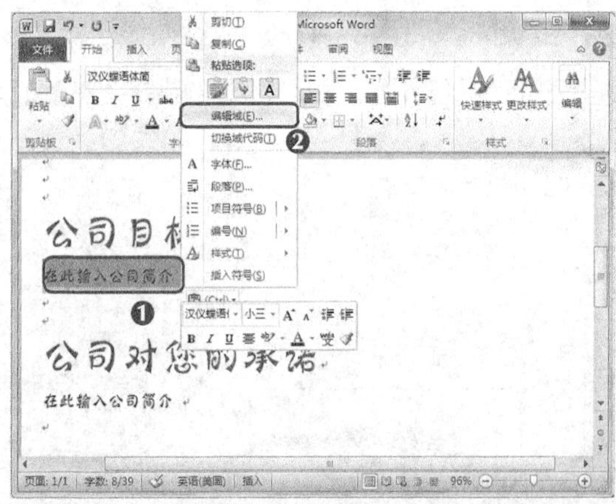

图2-19 编辑域

STEP 5 分别在“显示文字”文本框中输入提示语言并进行保存，返回文档后，设置标题字号为“小三”，提示域字号为“四号”，设置后的效果如图2-20所示。

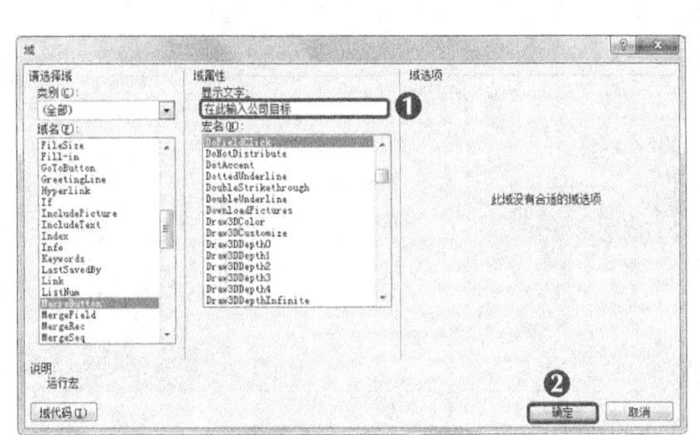

图2-20　完成域的编辑

3．设置分栏显示

在创建域中会发现所有域都是单栏显示的，当需要同时显示对应文字时，可设置分栏显示，其具体操作如下（微课：光盘\微课视频\第2章\设置分栏显示.swf）。

STEP 1 选择复制的两个标题和域，在【页面布局】/【页面设置】组中单击“分栏”按钮，在打开的列表中选择“更多分栏”选项，打开“分栏”对话框，在“预览”栏中选择“更多分栏”选项，在“栏数”数值框中输入“2”，撤销选中“分隔线”复选框，取消分隔线，单击确定按钮，查看其效果，如图2-21所示。

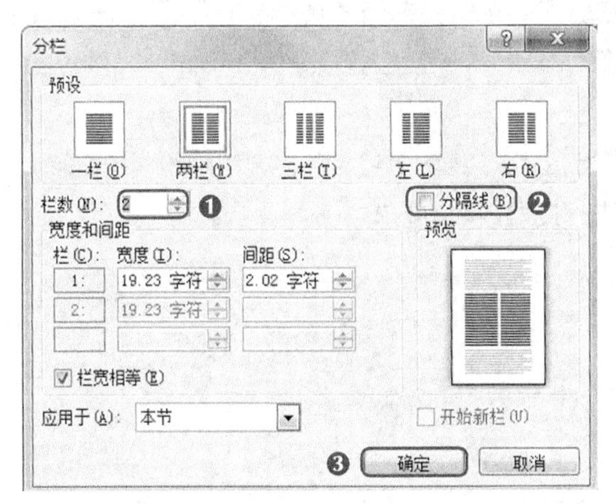
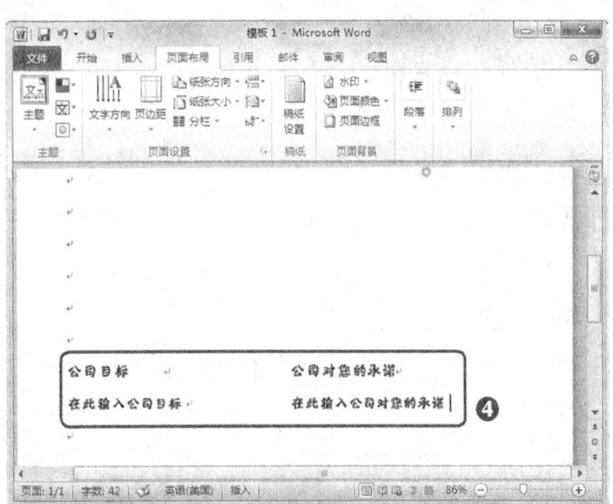

图2-21　设置分栏显示效果

STEP 2 双击页面下方空白处，将光标定位到文档下方部分，复制文本框中的提示域到该文本处，更改显示文字为“在此插入图片”，单击确定按钮返回文档，效果如图2-22所示。

STEP 3 利用相同的方法，在第2页中设计版式布局，并添加提示域，并以“公司宣传模板”为名进行模板的保存，创建后的模板如图2-23所示。

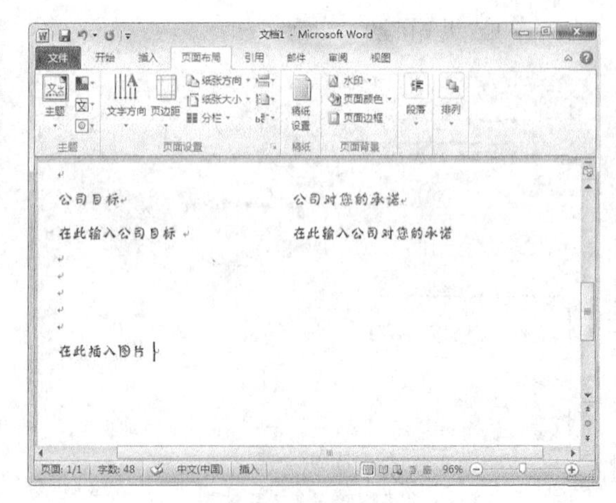

图2-22 编辑其他域

图2-23 完成模板的创建

2.4.2 插入图像

当模板编辑完成后，即可对公司宣传手册进行编辑了，在编辑前需输入对应的文字，并插入剪贴画和计算机中的图片，其具体操作如下。

1. 插入剪贴画

剪贴画指计算机中自带的图片。它根据名称、性质的不同分为不同样式的图片，当完成字体的输入后，即可插入剪贴画使制作的文档更加美观（微课：光盘\微课视频\第2章\插入剪贴画.swf）。

STEP 1 打开模板文档，单击“保存”按钮，将文档保存为“公司宣传手册.docx”文档。在对应文本框中输入宣传册内容，设置字符格式为“方正兰亭黑简体、小四”，颜色与标题颜色一致，如图2-24所示。

STEP 2 将文本插入点定位到标题前，选择【插入】/【插图】组，单击“剪贴画”按钮，打开“剪贴画”窗格，单击搜索按钮，系统自动进行搜索，如图2-25所示。

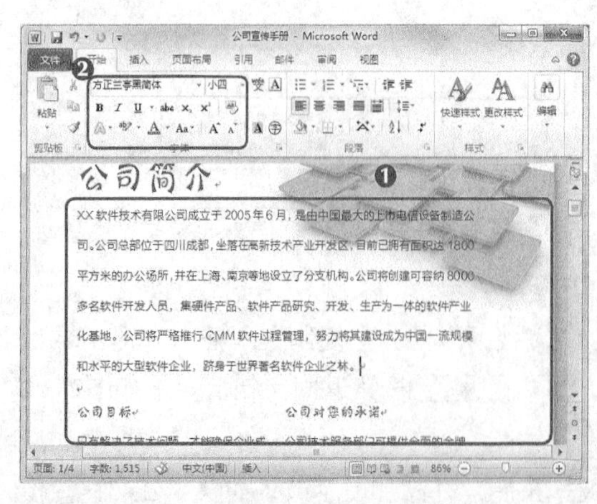

图2-24 设置字体

图2-25 搜索剪贴画

STEP 3 在“剪贴画”窗格中选择需要的剪贴画选项，系统自动在文档中插入原始大小的剪贴画，拖动其四周的控制点调整大小，如图2-26所示。

STEP 4 使用相同的方法，将文本插入点定位到“公司目标”文本前，插入剪贴画，并进行缩放，如图2-27所示，使用相同的方法插入其他剪贴画，并调整其大小，单击“关闭”按钮，关闭“剪贴画”窗格。

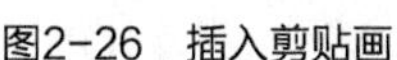
图2-26 插入剪贴画

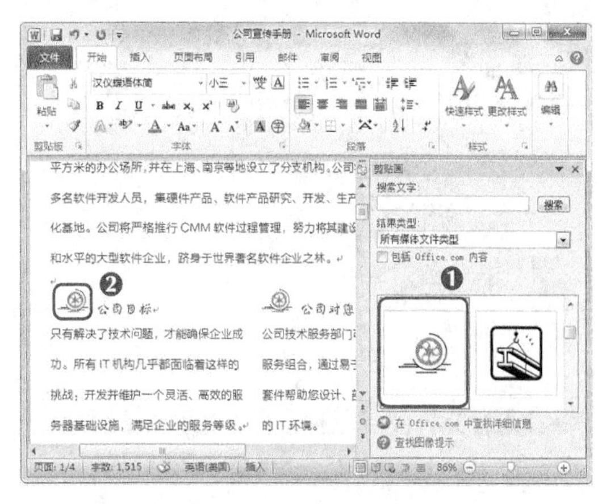

图2-27 插入其他剪贴画

2. 插入计算机中的图片

计算机中有些图片不像剪贴画那样是计算机中自带的，它需要插入才能应用于Word中。下面将具体讲解插入计算机中的图片的方法（**微课**：光盘\微课视频\第2章\插入电脑中的图片.swf）。

STEP 1 删除插入图片的提示域，选择【插入】/【插图】组，单击“图片”按钮，打开“插入图片”对话框，选择“2”图片，单击 插入(S) 按钮，如图2-28所示。

STEP 2 选择【格式】/【排列】组，单击“自动换行”按钮，在打开的列表中选择“四周型环绕”选项，如图2-29所示。

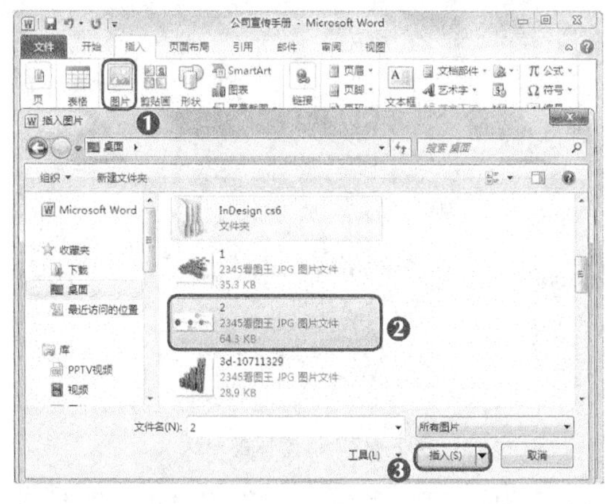

图2-28 插入图片

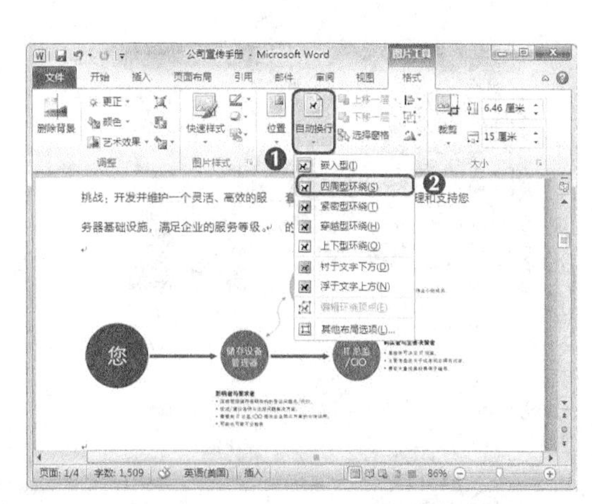

图2-29 调整图片的环绕方式

STEP 3 选择【格式】/【调整】组，单击“颜色”下拉按钮，在打开的列表中的“重新着色”栏中选择“蓝色，强调文字颜色1，浅色”选项，如图2-30所示。

STEP 4 定位光标插入点到第2页标题前，继续插入“3”图片，选择图片后，在【格式】/【大小】组中单击“裁剪”按钮。图片进入编辑状态，在控制点上拖曳鼠标进行裁剪，再次单击“裁剪”按钮完成裁剪操作，如图2-31所示。

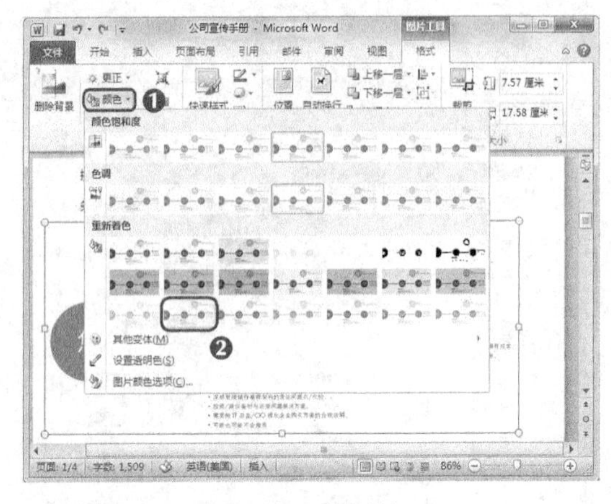

图2-30 重新着色

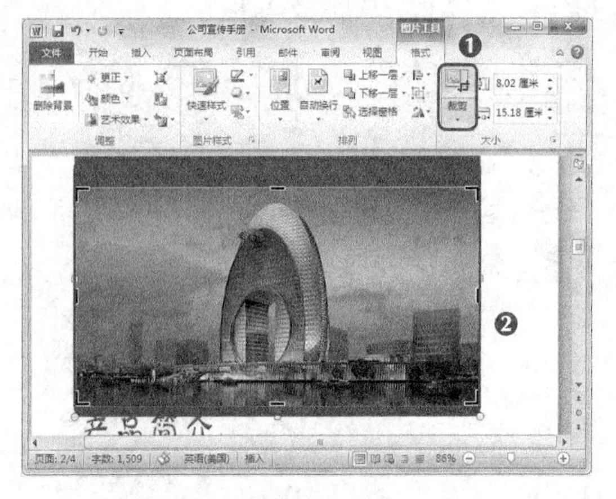

图2-31 裁剪图片

知识提示

插入图片不仅能进行裁剪操作，还可设置尺寸大小，只需在【格式】/【大小】组中输入图片的高度、宽度即可，但是需注意尺寸不能大于版面，否则将无法显示。

STEP 5 选择裁剪后的图形，选择【格式】/【调整】组，单击“艺术效果”按钮，在打开的下拉列表中选择“蜡笔平滑”选项，将其应用效果，如图2-32所示。

STEP 6 选择【格式】/【图片样式】组，单击“快速样式”按钮，在打开的下拉列表中选择“旋转，白色”选项，调整其样式，如图2-33所示。

图2-32 应用艺术效果

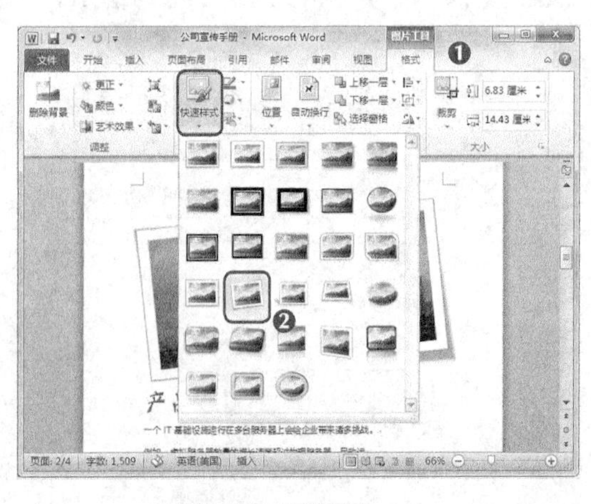

图2-33 调整样式

STEP 7 选择【格式】/【图片样式】组，单击“图片效果”按钮，在打开的下拉列表中，选择【发光】/【蓝色，5 pt发光，强度文字颜色1】选项，如图2-34所示，为图片添加发光效果，完成图片的设置，效果如图2-35所示。

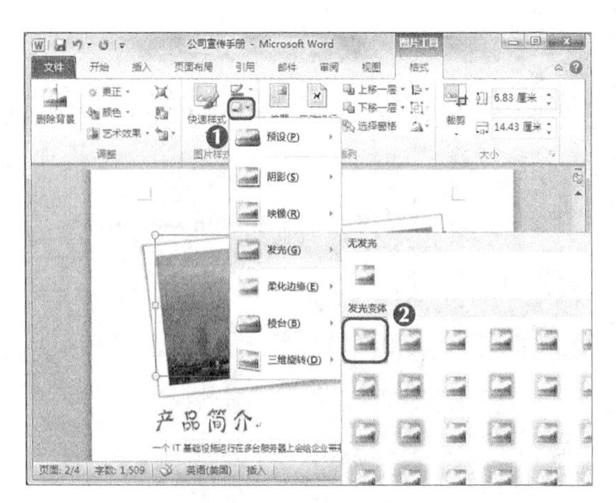

图2-34 添加发光样式

图2-35 查看完成后的效果

2.4.3 插入并编辑形状

形状工具也是制作宣传手册的常用工具之一，使用它可让文档表现更加具体，并且达到美观的效果。下面将在设置项目符号后对文档图片部分添加形状，使其表现更加完整，其具体操作如下（微课：光盘\微课视频\第2章\插入并编辑形状.swf）。

STEP 1 选择产品介绍后的所有正文内容，在【页面布局】/【页面设置】组中单击“分栏”按钮，在打开的列表中选择“两栏”选项，如图2-36所示。

STEP 2 选择“新特性性能”文本，单击鼠标右键，在弹出的快捷菜单中选择“项目符号”命令，在打开的子菜单中选择“项目符号库”栏第二排第二个选项，并对该文字加粗，如图2-37所示。

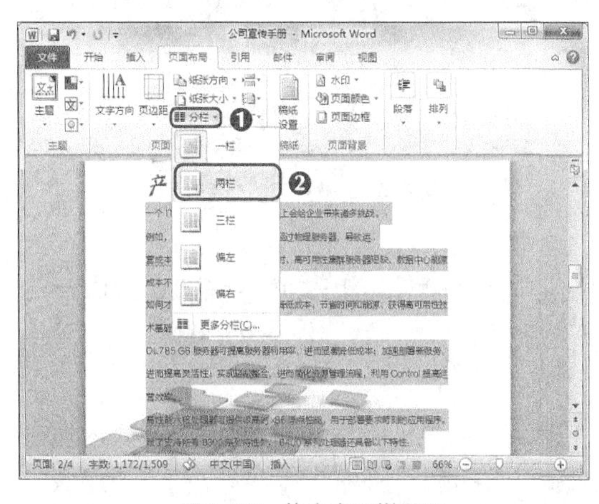

图2-36 将文字双栏显示

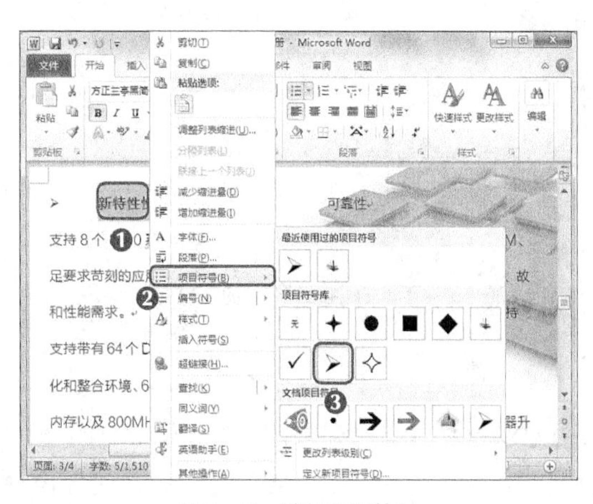

图2-37 选择项目符号

STEP 3 使用相同的方法为正文添加项目符号，重点部分加粗显示，如图2-38所示。

STEP 4 选择第一张插入图，选择【插入】/【插图】组，单击“形状”按钮，在打开列表中的“标注”栏中选择“圆角矩形标注”选项，如图2-39所示。

图2-38　插入其他项目符号

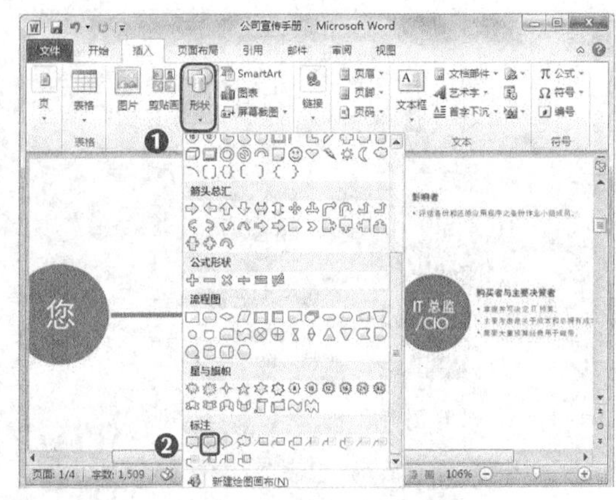

图2-39　选择形状样式

STEP 5 拖曳鼠标指针在文档中绘制形状，并将其移动到适当位置，如图2-40所示。

STEP 6 选择【格式】/【形状样式】组，单击“形状填充”按钮，在打开的列表中选择“无填充颜色”选项，完成注释框的绘制，如图2-41所示。

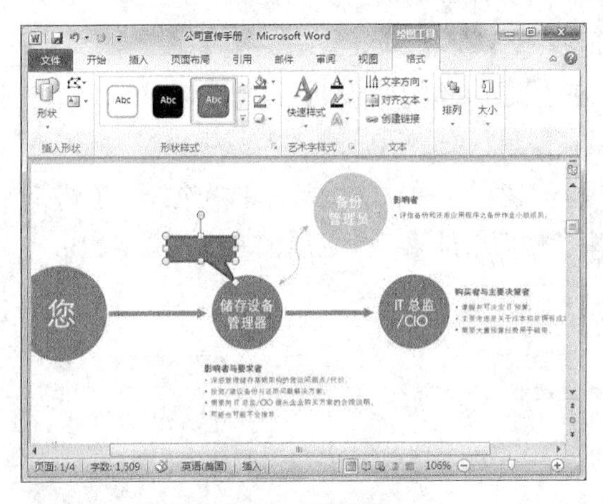

图2-40　绘制形状

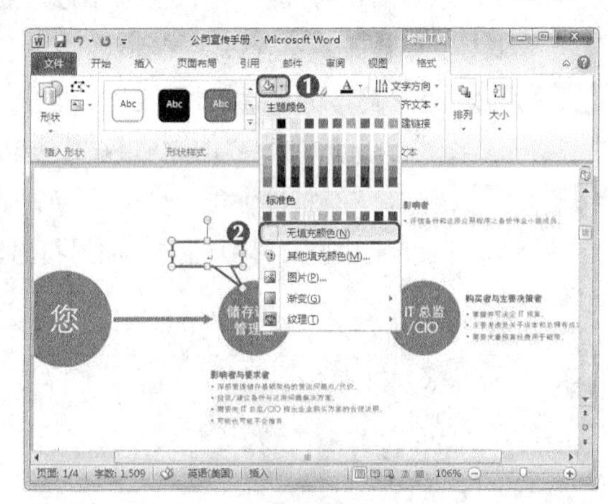

图2-41　设置无填充色

多学一招

在调整绘制形状大小时，可拖动黄色控制点，对指示角进行调整，其方法与调整形状大小相同。

STEP 7 在注释框中输入文字，由于新注释框有背景颜色的原因，文字颜色默认为白色，设置文本颜色和正文颜色一致，这里设置字体为“宋体、小四”，字体颜色为“深蓝，文字2，深色25%”，如图2-42所示。

STEP 8 选择【格式】/【形状样式】组，单击下拉按钮，在打开的下拉列表中选择“细微效果—蓝色，强调颜色1:”选项，如图2-43所示。

STEP 9 使用相同的方法，绘制注释框并输入对应文本，再根据需要调整其位置，如图2-44所示。

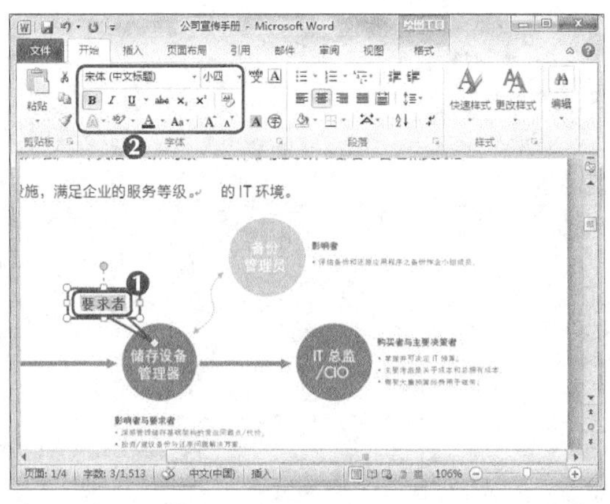

图2-42 输入并设置字体样式

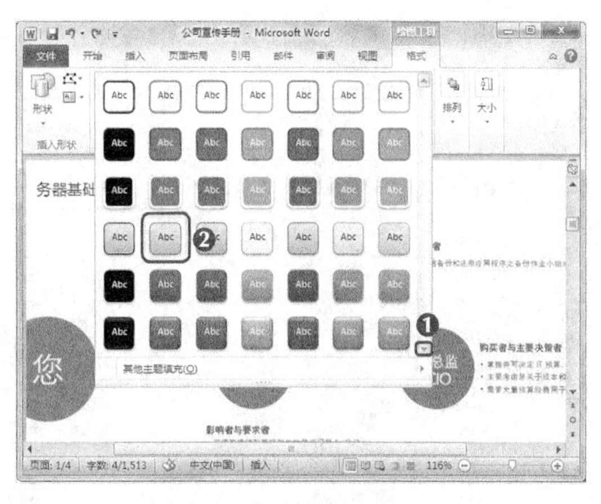

图2-43 设置形状样式

STEP 10 按住【Shift】键选择所有绘制的注释框，单击鼠标右键，在弹出的快捷菜单中选择【组合】/【组合】命令，完成形状的组合，如图2-45所示。

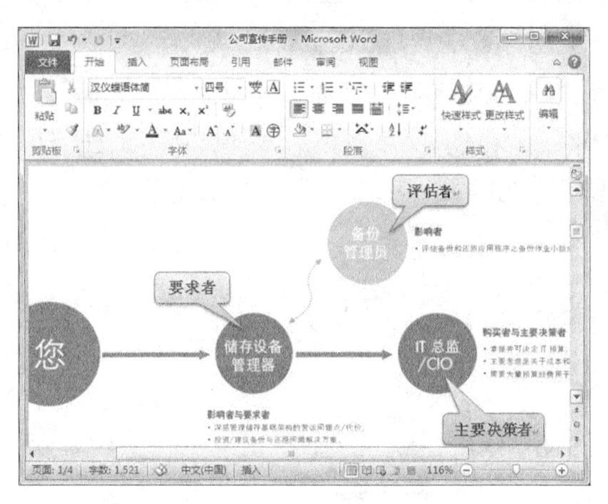

图2-44 绘制其他形状

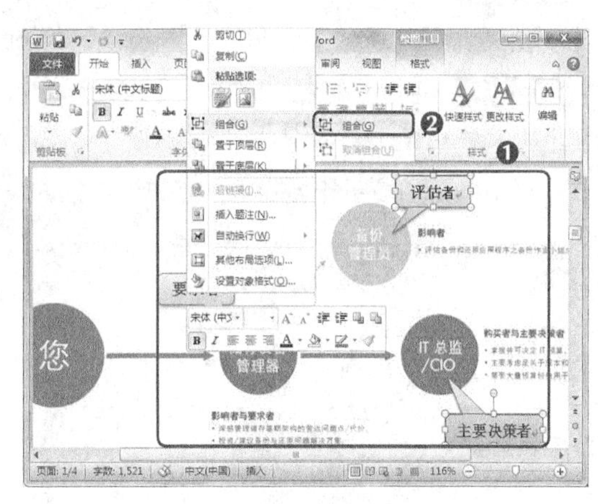

图2-45 将形状组合

多学一招

在形状栏中除了前面讲解的标准形状外，还可添加线条、基本几何形状、箭头、公式形状、流程图形状、星、旗帜，在添加一个或多个形状后，可以在其中添加文字、项目符号、编号、快速样式。若需要更改形状样式，还可单击“编辑形状”按钮，对形状进行编辑。

2.4.4 插入并编辑表格

当完成形状工具的插入后，还需对表格文档进行编辑。在Word中，表格常用于显示同一个分类的不同名称，或对内容进行解析。下面将具体讲解插入与编辑表格的方法，其具体操作如下（微课：光盘\微课视频\第2章\插入并编辑表格.swf）。

STEP 1 将文本插入点定位到产品介绍的段尾，选择【插入】/【表格】组，单击“表格”按钮，在打开的下拉列表中选择“插入表格”选项，如图2-46所示。

STEP 2 打开“插入表格”对话框，在“列数”和“行数”数字框中分别输入“2”和

“6”，单击 确定 按钮，如图2-47所示。

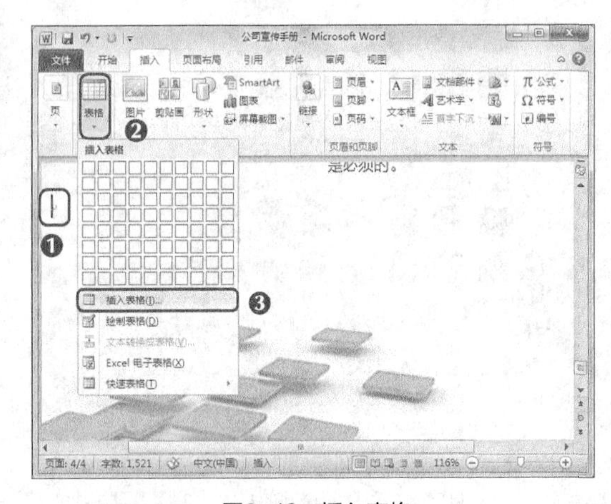

图2-46 插入表格

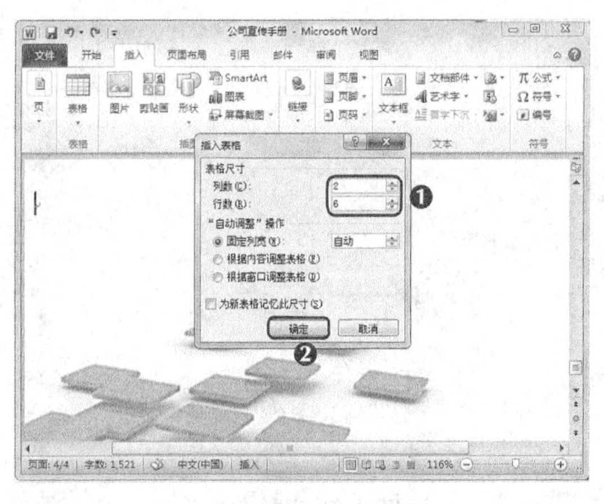

图2-47 设置行数和列数

STEP 3 选择全部表格，选择【设计】/【表格样式】组，单击“边框”按钮，在打开的下拉列表中选择“边框和底纹”选项，如图2-48所示。

STEP 4 打开“边框和底纹”对话框，在“设置”栏中选择“方框”选项，在“样式”列表框中选择第10个选项，在“颜色”栏中设置颜色为“深蓝，文字颜色2，深色25%”，在“预览”栏中单击按钮和按钮，完成外边框的设置，单击 确定 按钮，如图2-49所示。

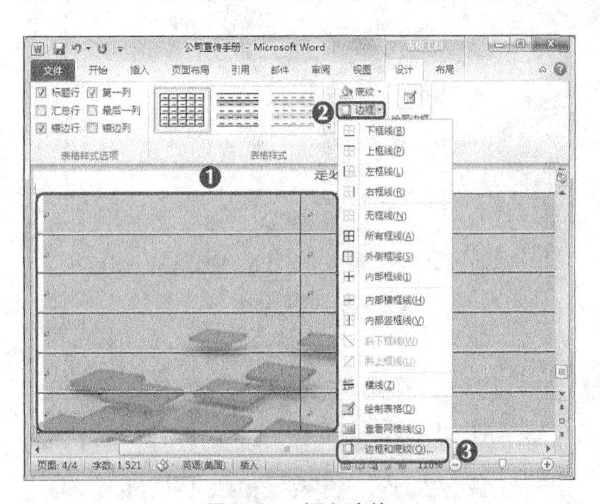

图2-48 插入表格

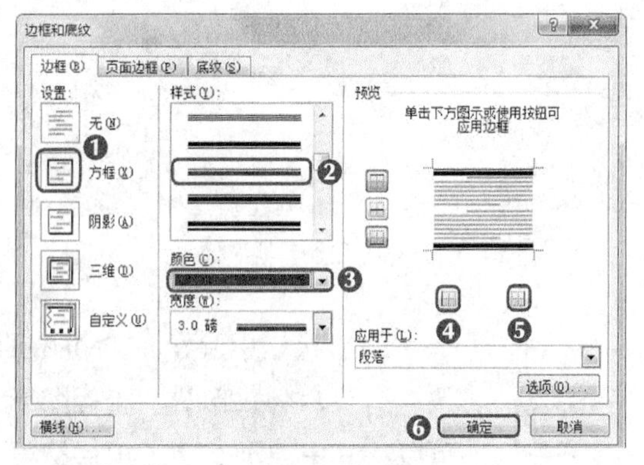

图2-49 设置行数和列数

STEP 5 将文本插入点定位到表格，在【设计】/【绘图边框】组中将“笔样式”设置为第一个样式，再单击“绘制表格”按钮，如图2-50所示。

STEP 6 此时光标将变为形状，单击表格的一端端点，对表格进行绘制，其绘制的线条为直线，如图2-51所示。

STEP 7 使用相同的方法绘制其他表格。当绘制的表格出现错误时，可单击“擦除”按钮，擦除错误表格，如图2-52所示。

STEP 8 在表格中输入对应的数据，并查看表格设置后的效果，如图2-53所示。

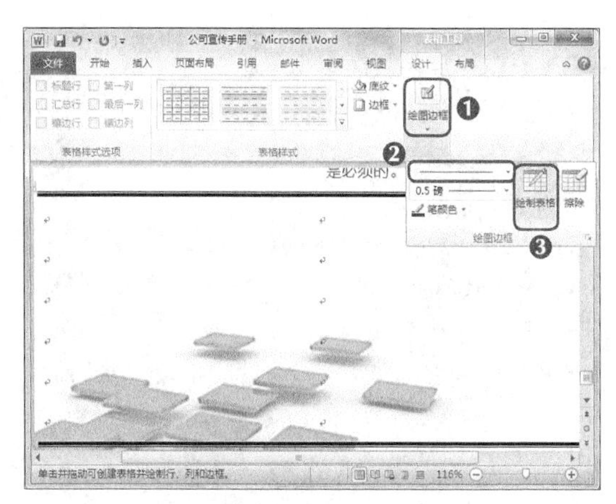

图2-50 单击“绘制表格”按钮

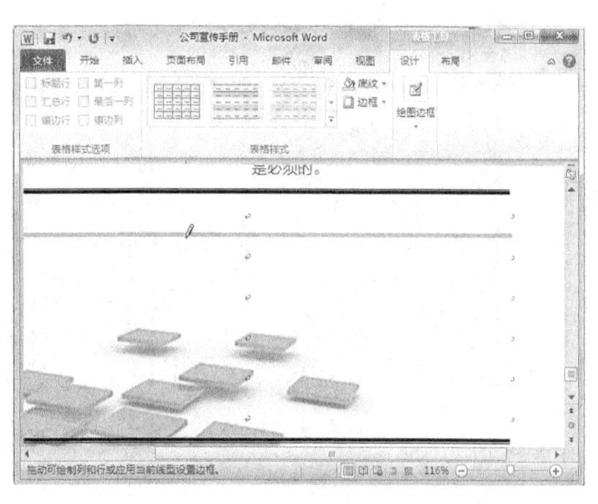

图2-51 绘制表格

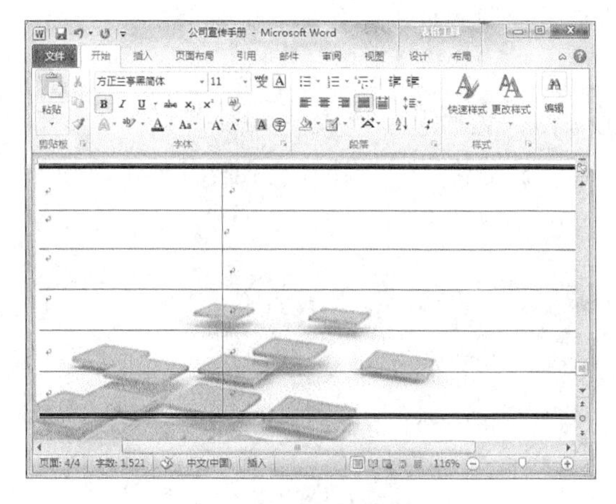

图2-52 完成表格的绘制

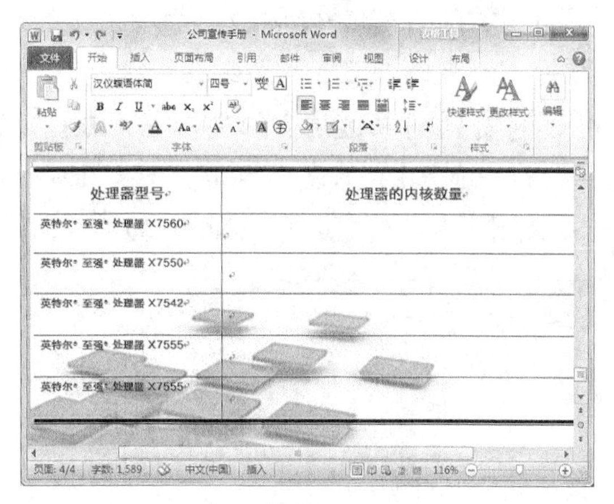

图2-53 输入表格文字

职业素养

公司宣传册除了使用纸质的宣传册外，还有电子宣传册，公司电子宣传册就是把公司精心制作的宣传册制成电子版本发布到网络上，是将图片、视频、声音、文字集合在一起的一种全新企业网络推广技术，具有传统宣传册的翻书效果，企业宣传册在现代企业的商务流程中的功效已为广大企业认同并接纳。

2.4.5 插入并编辑艺术字

艺术字就是在文档中插入具有特殊艺术效果的文字，当将艺术字插入到文档后，即可对其进行编辑，使其呈现不同的效果。下面将具体讲解插入并编辑艺术字的方法，其具体操作如下（微课：光盘\微课视频\第2章\插入并编辑艺术字.swf）。

STEP 1 插入新的空白页，并在其中输入文字，再根据前面的字体样式设置该字体并设置项目符号，效果如图2-54所示。

STEP 2 在【插入】/【文本】组中单击“艺术字”按钮，在打开的下拉列表中选择第六列第五个选项，如图2-55所示。

图2-54 输入文字

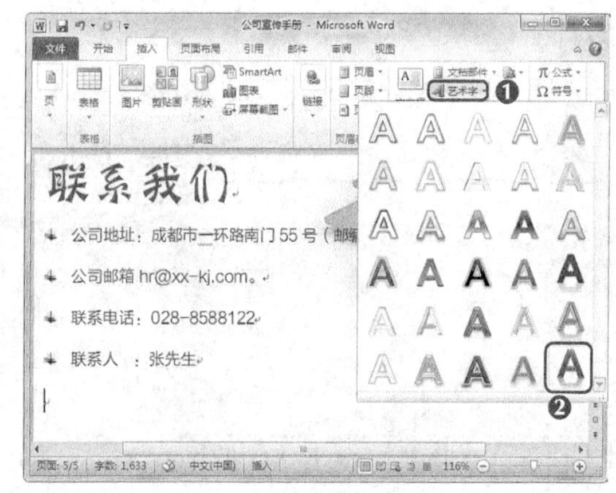

图2-55 选择艺术字样式

STEP 3 系统将自动在文档中插入一个文本框，在文本框中输入产品广告语，设置字体为“汉仪碟语体简”，如图2-56所示。

STEP 4 选择艺术字的文本框，进行复制操作，更改艺术字文本，设置字号为“一号”，并选择【格式】/【艺术字样式】组，单击“快速样式”按钮，在打开的下拉列表中选择第三列第一个选项，如图2-57所示。

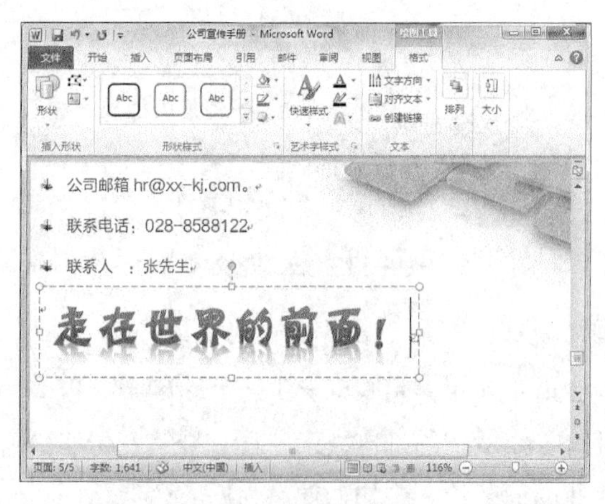

图2-56 输入广告语

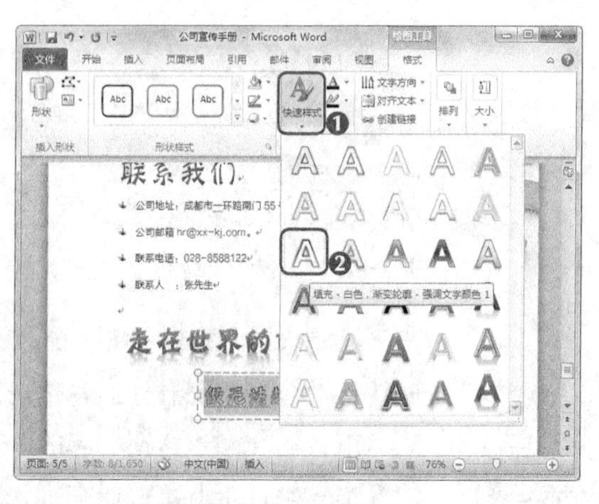

图2-57 选择艺术字样式

STEP 5 单击“文本轮廓”按钮右侧的下拉按钮，在打开的下拉列表中选择【粗细】/【1.5磅】选项，调整字体的位置，完成艺术字的插入与编辑。

2.4.6 插入并编辑封面

一个完整的文档，除了有内容外，还需要有个完整的封面，下面将讲解封面的插入与编辑方法，其具体操作如下（微课：光盘\微课视频\第2章\插入并编辑封面.swf）。

STEP 1 将文本插入点定位到文档开头，选择【插入】/【页】组，单击“封面”按钮，在打开的下拉列表中选择“拼板型”选项，如图2-58所示。

STEP 2 在对应的文本框中输入如图2-59所示的文字。

STEP 3 双击鼠标，选中中间色块，选择【格式】/【形状样式】组，单击“形状填充”

按钮🖌，在打开的下拉列表中选择“蓝色，强调文字颜1，深色25%”选项，对其修改颜色，如图2-60所示。

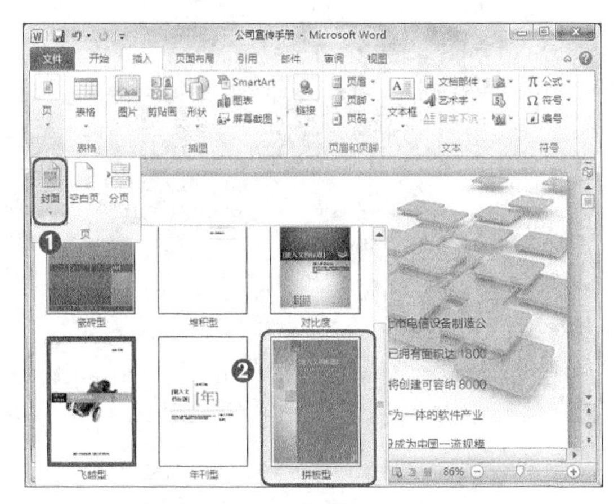

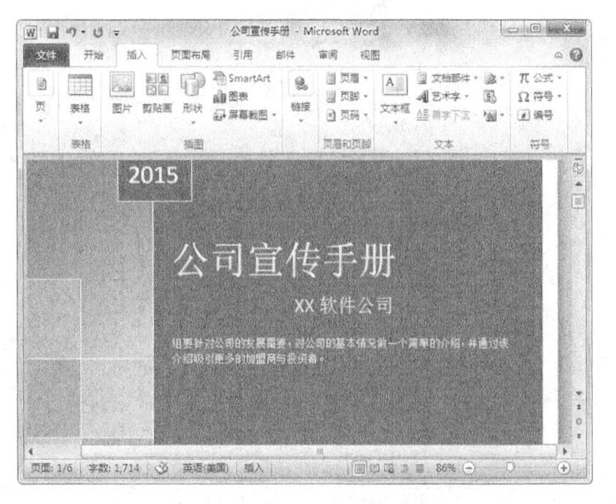

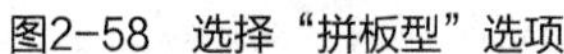

图2-58 选择“拼板型”选项

图2-59 输入封面文字

STEP 4 使用相同的方法，修改其他色块的颜色，完成本例的制作，如图2-61所示。

图2-60 设置色块形状样式

图2-61 设置其他色块颜色

2.5 实训——制作“招聘简章”文档

2.5.1 实训目标

本实训的目标是制作“招聘简章”文档，完成该目标要求的熟练掌握水印的设置与插入方法、形状的插入与编辑方法，以及艺术字的设置方法；根据需要插入表格，并了解编辑表格的方法；再根据需要添加文字，并对其进行编辑。图2-62所示为“招聘简章”文档编辑后的效果。

素材所在位置 光盘:\素材文件\第2章\实训\背景1.jpg

效果所在位置 光盘:\效果文件\第2章\实训\招聘简章.docx

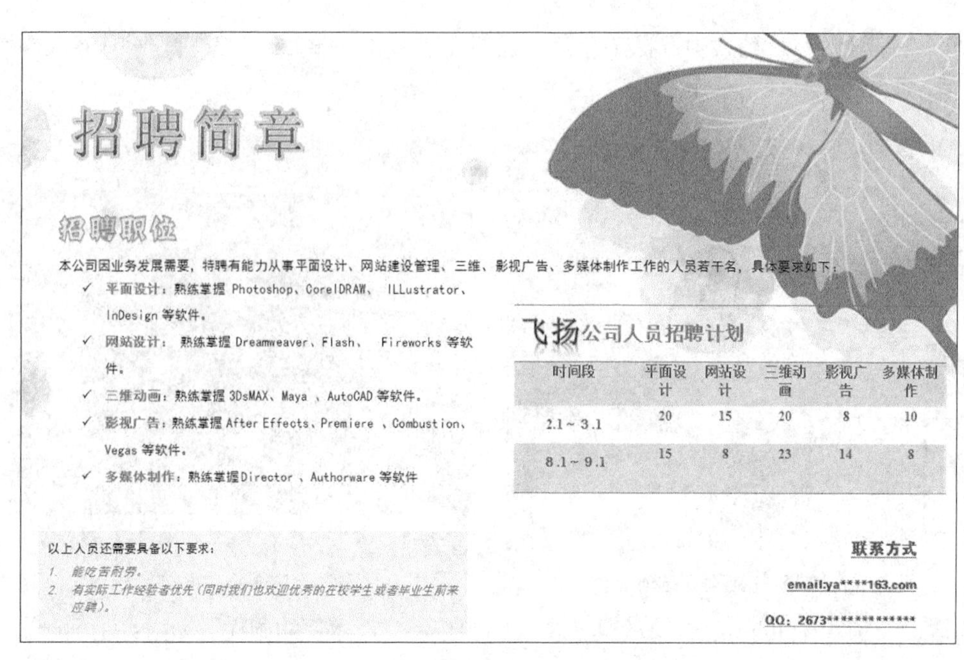

招聘简章

招聘职位

本公司因业务发展需要，特聘有能力从事平面设计、网站建设管理、三维、影视广告、多媒体制作工作的人员若干名，具体要求如下：

- ✓ 平面设计：熟练掌握 Photoshop、CorelDRAW、 ILLustrator、InDesign 等软件。
- ✓ 网站设计： 熟练掌握 Dreamweaver、Flash、 Fireworks 等软件。
- ✓ 三维动画：熟练掌握 3DsMAX、Maya 、AutoCAD 等软件。
- ✓ 影视广告：熟练掌握 After Effects、Premiere 、Combustion、Vegas 等软件。
- ✓ 多媒体制作：熟练掌握Director 、Authorware 等软件

飞扬公司人员招聘计划

时间段	平面设计	网站设计	三维动画	影视广告	多媒体制作
2.1 ~ 3.1	20	15	20	8	10
8.1 ~ 9.1	15	8	23	14	8

以上人员还需要具备以下要求：

1. 能吃苦耐劳。
2. 有实际工作经验者优先（同时我们也欢迎优秀的在校学生或者毕业生前来应聘）。

联系方式

email:ya****163.com

QQ：2673************

图2-62 “招聘简章”文档编辑后的效果

2.5.2 专业背景

招聘计划是人力资源部门根据用人部门的增员申请，结合企业的人力资源规划和职务描述书，明确一定时期内需招聘的职位、人员数量、资质要求等因素，并制订具体的招聘活动的执行方案，招聘简章就是根据招聘计划制作的招聘简报。

招聘计划主要从人力规划、方案、程序、内容4个环节考虑。正是通过招聘计划逐步递进和方法的运用，从而获得从规划与策略到实施的过程检验，其资源条件、客观环境与程序的评估，是相对企业当前用人的必备条件（工作分析中所对应的要求、经验、学识、能力、潜质）和择优条件（同等条件下谁更适合的人选）进行的。

招聘计划实施时，应从规划上入手，在从内容上的具体化与选择性确认；然后从程序上进行的支持和操作，达成预期与实际的目标。下面将从3个方面解释制作招聘计划的方法。

- **从规划上**：以决策层→职能层→专责部门的自下而上传导，体现招聘计划策动的实施方案，包括地点、时间、渠道、方法、宣导、流程等项目文本。
- **从内容上**：因为内容是实施方案的框架，该内容不但要与项文本相对应更为细化的管理项目和具体操作起指引作用。如招聘人数、招聘标准、相对条件、费用预算、人员配备等。
- **从程序上**：不但要检验计划与内容，而且要把内容落实在行动上，如招聘确认、发布信息、面试沟通、录用决策、检查评估等。

2.5.3 操作思路

完成本实训实施步骤：设置页面→插入水印→进行编辑→插入艺术字→在其中输入文字→插入形状→插入表格等。其操作思路如图2-63所示。

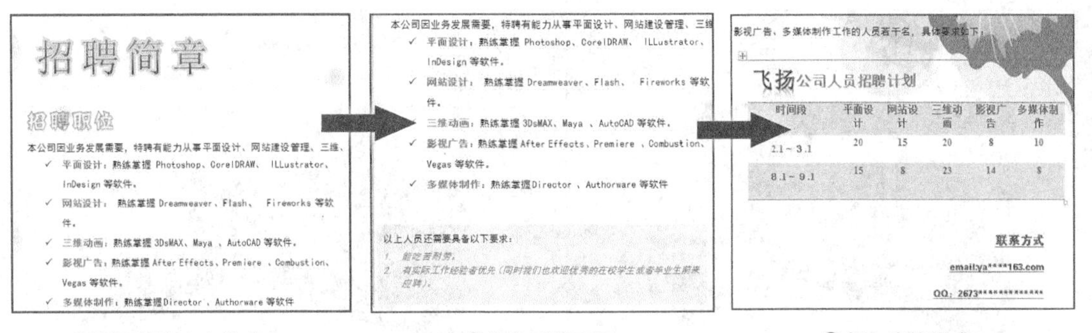

① 设置标题文本格式　　② 插入形状工具　　③ 插入表格样式

图2-63　“招聘简章”文档的制作思路

STEP 1 新建文档并对页面进行设置，其中页边距均设为“1.27厘米”，将标题使用艺术字并进行设置。

STEP 2 输入其他文字，并对字体进行设置，然后为要求部分添加项目符号，并使用“两栏”显示。

STEP 3 插入矩形形状，在其中输入文字，并对文字进行设置。

STEP 4 插入表格，对表格进行设置；再根据需要在其中添加文字，并对其中的文字进行设置与调整，完成本例的制作。

2.6　常见疑难解析

问：能删除在Word中添加的水印吗？

答：可以的，只需在水印菜单中进行操作。单击“水印”按钮，在打开的列表中直接选择“删除水印”选项即可。如果在文档中插入的是图片水印，该图片存在于页眉和页脚处，若对图片水印进行编辑可打开页眉和页脚的编辑状态，选择图片后按【Delete】键即可。

问：水印中除了可插入图片水印外，还可插入文字水印吗？

答：可以的，只需选择【页面布局】/【页面背景】组，单击“水印”按钮，在打开的下拉列表中选择“自定义水印”选项，打开“水印”对话框，单击选中“文字水印”单选项，在其中输入需要设置的文字及样式即可，完成后单击 确定 按钮，返回页面即可查看效果。

问：插入图片过程常常需要裁剪插入的图片，当发现裁剪了多余图片，还可找回吗？

答：可以的，在Word中插入的图片往往不能直接达到效果，通常需要对其进行相应的设置。若要恢复裁剪的图片，可选择需要恢复的图片，进入图片编辑状态，再对其进行编辑操作。或是在【格式】/【大小】组中单击“裁剪”按钮，利用拖曳控制点的方法，恢复图片边缘节点，从而恢复被裁剪的部分，如图2-64所示。

图2-64　取消裁剪图像

问：在表格完成后还可将表格的内容转换为普通文本吗？

答：可以的，只需选择要转换成段落的行或表格，选择【布局】/【数据】组，单击“转换为文本”按钮，在打开的“表格转换为文本”对话框中选择用于代替列编辑的分隔符，再确认操作即可，如图2-65所示。

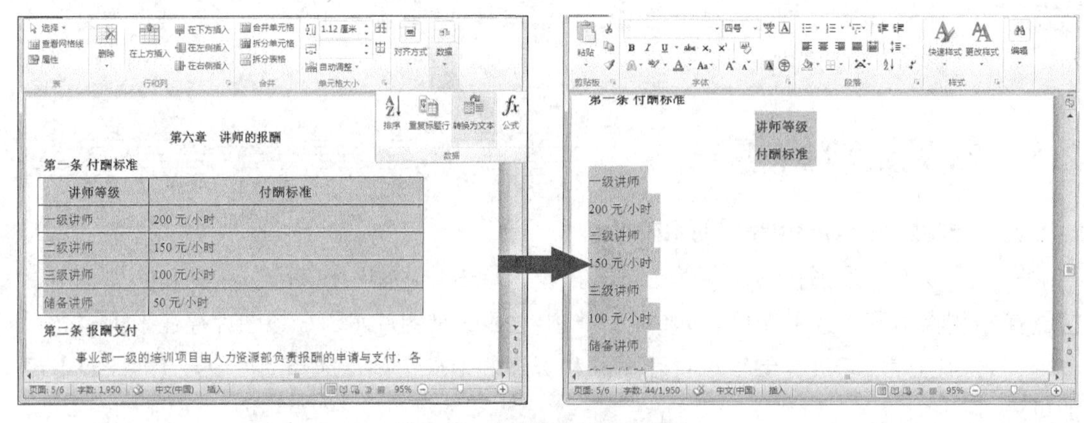

图2-65　将表格转换为普通文本

2.7　习题

本章主要介绍了模板、图片、形状的相关操作，包括新建模板、插入图像、插入形状、插入表格、插入艺术字的相关知识。对于本章的内容，读者应认真学习和掌握，为后面制作文档打下良好的基础。

素材所在位置　光盘:\素材文件\第2章\习题\马尔代夫\
效果所在位置　光盘:\效果文件\第2章\习题\旅游宣传手册.docx、招聘启事.docx

（1）因为公司最近会去马尔代夫旅游，在此之前需要对景点进行了解，并对其以Word

文档的方式进行总结，在制作景点宣传手册时需要先插入图片，再对图片进行编辑操作，然后插入形状再在其中插入文字和艺术字，参考效果如图2-66所示。

- 插入图片和形状，并对形状添加文字。
- 输入艺术字，并对插入的图片进行编辑操作。

图2-66　“旅游宣传手册”最终效果

（2）招聘启事与招聘简章类似，都是用于招聘的文档，在其中需要输入招聘的要求与公司的介绍，并插入需要的图片并对其进行编辑操作，完成后添加边框并对其进行美化操作，参考效果如图2-67所示。

- 招聘启事主要用于招聘人才，常以海报的方式进行显示，在其中显示公司的基本信息并显示招聘的内容。
- 在其中要体现应聘人员的标准与要求，在最后还应体现报名地点、联系方式，如邮箱等内容。

诚聘英才

长樱德兰灯饰有限责任公司是一家集产品设计、开发、装配于一体的大型专业灯具生产企业，占地面积4100平方米，建筑面积2500平方米。

公司从1992年创建之初起，就一直以亮化和美化城市为己任，以发展绿色照明为重点，发展至今，企业总资产已逾千万元，被当地政府列为重点骨干企业。

公司经过多年的研制与创建，目前已拥有十大系列、上千种品种及规格的灯具，主要包括：路灯灯具、投光灯具、商业灯具、庭院灯具、草坪灯具、隧道灯具、高杆灯具、防腐灯具、埋地灯具等。同时，公司积极吸取国外先进产品的特点与优点，不断开发出节能、环保、美观而又实用的新产品，采用CAD辅助设计，在设计上达到合理、规范、准确、快速。公司的所有产品均通过3C质量体系认证，生产采用完善的质保体系，辅以先进的检测手段，使本企业的产品畅销国内市场。

因生产经营发展需要，拟招聘一定数量的材料管理人员，现将有关事宜通知如下：

图2-67　制作“招聘启事”最终效果

课后拓展知识

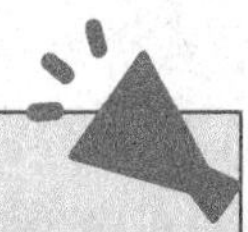

1. 添加横排文本框

文本框主要用于在文档中建立特殊文本，它可以被放在页面的任意位置，与图像和艺术字一样，可对其设置边框、阴影等操作。横排文本框只按平常书写习惯从左到右输入文本内容，可在【插入】/【文本】组中单击“文本框”按钮，在打开的下拉列表中选择“绘制文本框”选项，可手动绘制文本框，还可在其中选择Word 2010内置的文本框样式。

2. 添加竖排文本框

竖排文本框与横排类似，它是按照中国古代的书写方式从上到下、从右至左的方式输入文本内容。其方法是在【插入】/【文本】组中单击“文本框”按钮，在打开的下拉列表中选择“绘制竖排文本”选项，手动绘制文本框。

PART 3

第3章 制作企业规章制度

情景导入

企业规章制度是为了约束企业员工的各项工作和行为而产生的文档，因为小白目前处于文档制作的学习阶段，所以老张将此次工作交给小白，让他多练习，从而提高文档的制作水平。

知识技能目标

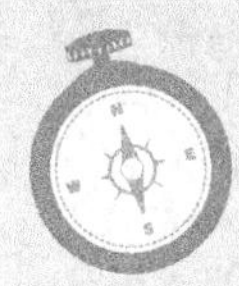

- 认识在大纲视图中查阅和修改文档内容的方法。
- 认识添加标注的方法
- 熟练修订文档的方法。

- 了解企业规章制度的含义和种类。
- 掌握排版长文档的一般操作顺序。

实例展示

XXX有限责任公司

3.1 实例目标

小白到企业后，便即刻开始准备员工规章制度的相关资料，老张告诉小白，企业规章制度每隔一段时间将重新制作，需添加或删除一些条款以完善企业制度，小白听后觉得自己可以胜任这一份工作，于是就开始文档的编辑了。

图3-1所示为将要制作的“企业规章制度”文档效果，左侧为文档第一页的效果，右侧为文档第二页的效果。通过对本例效果的预览，可以知道要完成该任务，其重点是对文档封面的制作和排版，其中主要涉及的新知识和新操作为自动编号标题的创建、大纲的使用、图注与题注的使用等。要求通过本章的学习，学会利用此类操作编排企业规章制度文档，最终提高文档制作和编排的技能。

素材所在位置　光盘:\素材文件\第3章\企业规章制度.docx、素材.jpg
效果所在位置　光盘:\效果文件\第3章\企业规章制度.docx

XXX有限责任公司

企业规章制度

第一篇 公司管理制度

第一章 人力资源部管理制度

一、公司全体员工档案由人力资源部管理。

二、经理以下人员调整，任命由直属单位任命，经理以上由公司人力资源部任聘。

三、单位部门人事调动由人力资源负责，总办同意。

四、干部任职条件：进入后备人才库，经过拟订岗位制度，技能考核合格及考评及格。

五、人事编制，组织结构由人力资源部制定。

六、高级管理人员由总裁决定，人力资源部执行。

七、坚决服从副总经理的统一指挥，认真执行其工作指令，一切管理行为由主管领导负责。

八、严格执行公司规章制度，认真履行其工作职责。

九、负责组织对人力资源发展，劳动用工，劳动力利用程度指标计划的拟订、检查、修订及执行。

十、负责制定公司人事管理制度，设计人事管理工作程序、研究、分析并提出改进工作意见和建议。

十一、　负责对本部门工作目标的拟订、执行及控制。

十二、　负责合理配置劳动岗位控制劳动力总量，组织劳动定额编制，做好公司各部门车间及有关岗位定员定编工作，结合生产实际，合理控制劳动力总量及工资总额，及时组织定额的控制、分析、修订、补充、确保劳动定额的合理性和准确性，杜绝劳动力的浪费。

十三、　负责人事考核，考查工作，建立人事档案资料库，规范人才培养考查选拔工作程序，组织定期或不定期的人事考证，考核，考查的选拔工作。

十四、　编制年、季、月度劳动力平衡计划和工资计划，抓好劳动力的合理流动和安排。

十五、　制定劳动人事统计工作制度，建立健全人事劳资统计核算标准，定期编制劳资人事等有关的统计报表，定期编写上报年、季、月度劳资、人事综合或专题统计报告。

十六、　负责做好公司员工劳动纪律管理工作，定期或不定期抽查公司劳动纪律执行情况，及时考核，负责办理考勤、奖惩、差假及调动等管理工作。

十七、　严格遵守“劳动法”及地方政府劳动用工政策和公司劳动管理制度，负责招聘，录用，辞退工作，组织签订劳动合同，依法对员工实施管理。

图3-1　“企业规章制度”文档最终效果

3.2 实例分析

老张告诉小白，要完成企业规章制度的制作，必须了解企业规章制度的含义和种类，以及排版长文档的一般顺序。下面将对企业规章制度的制作进行具体分析，为后续的制作做准备。

3.2.1 企业规章制度的含义和种类

在讲解企业规章制度的类型之前，首先需要了解企业规章制度的含义与种类，下面分别进行介绍。

1．企业规章制度的含义

企业规章制度是为进一步深化企业管理，充分调动发挥企业员工的积极性和创造力，切实维护企业利益，保障员工的合法权益，规范企业全体员工的行为和职业道德，并结合《企业法》和《劳动法》等相关法律法规而建立的一套管理制度。其目的是为了促使企业从经验管理型模式向科学管理型模式转变。

2．企业规章制度的种类

企业规章种类繁多，不同的企业对规章的需求也不同，从规章制度的管理对象上可将其分为4大类：人事管理规章、行政事务规章、生产经营规章、财务管理规章。

- **人事管理规章：**人事管理规章涉及员工的利益，包括录用员工、员工晋级、员工奖惩、员工培训等方面，管理的目的是最大限度地调动员工的积极性和创造性。
- **行政事务规章：**行政事务规章包括企业的办公制度、行文制度、后勤制度等，是企业进行运作的基础。
- **生产经营规章：**生产经营规章属于技术性规章，目的是为了保证产品质量、市场营销活动顺利进行，是企业实现经济效益的保证。
- **财务管理规章：**财务管理规章是企业必备的规章，目的是加强对财务工作的制度化管理，降低成本，提高效率。

企业规章制度涉及面广，若将其细分，还应包括多种类型，如图3-2所示。

每种制度的作用都不相同，且不一定每个企业都必须拥有所有的规章制度，企业要根据自身的实际情况来制作合适的规章制度。

企业管理制度	组织机构管理制度	办公总务管理制度	财务管理制度
员工培训制度	员工福利管理制度	生产管理制度	设备管理制度
销售管理制度	代理连锁业务管理制度	广告策划制度	CI 管理制度
会计管理制度	质量管理制度	进出口管理制度	人事管理制度
员工勤务管理制度	采购管理制度	仓储管理制度	工程管理制度

图3-2 其他规章制度

3.2.2 排版长文档的一般顺序

日常工作中，经常涉及各类长文档的制作，对于文字功底较好的人来说，文档的编写并不困难，而文档的排版可能存在问题。很多人认为长文档的排版工作非常繁杂，如设置多级标题的编号格式、文档字符样式、页眉页脚的制作、文档目录的提取、检阅长文档正确性等操作。

在排版长文档前，需确定文档排版的顺序，有了明确的操作步骤后，再按步骤一一实现即可快速排版。下面讲解排版长文档的一般顺序。

- 规划好各种设置，尤其是样式设置。长文档的内容经常被分为“XX篇”“XX章”“XX节”等级别样式，由于长文档分类较细，因此需先规划并设置分级标题，添加样式快捷键，以便快速设置文档每个级别标题的样式。

- 文档排版涉及的样式有多种，如文档中的大标题，“XX章”应用“标题1”样式，其下的子标题依次应用“标题2”“标题3”…样式。文档中的说明文字应用“首行缩进、2字符”段落样式，文档中图和图号说明用“注释说明”样式，如图3-3所示。
- 文档的新篇章有时需要另起一页开始，这时一定要分节，而不是分页。很多人会通过按【Enter】键添加多个空行的方式使新内容在另一页显示，这种方法在修改文档后可能出现跳版现象，以至于浪费更多时间来调整版面，若插入分节符就不会出现这类现象，如图3-4所示。
- 确定文档打印的方式和页码格式。文档的打印方式是指文档单面或双面打印，如果双面打印，可在奇偶页添加不同的页眉和页脚，同时还需设置不同的页码格式。

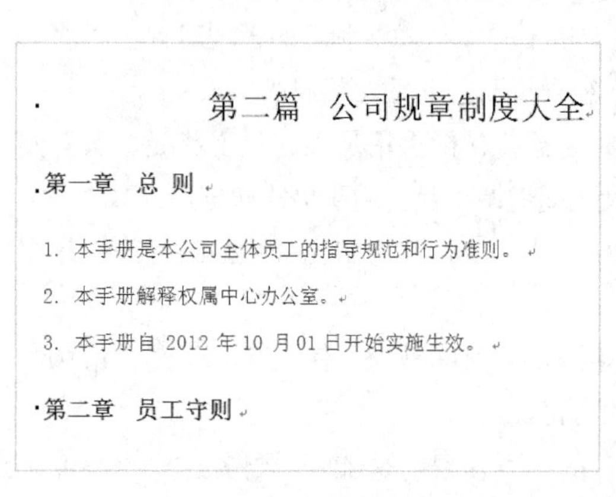

图3-3　标题样式

图3-4　插入分页符

职业素养

对于新设立的公司来说，其基本的规章主要是生产经营和财务管理方面；而对于传统型的企业来说，规章涉及的内容则要丰富得多。

3.3　制作思路

小白看见制作规章制度有这么多要求，顿时感觉很紧张，老张告诉小白，其实制作企业规章制度的方法与制作宣传手册类似，只要条款清晰，并根据制作思路拟定详细的制作流程，并进行文档的制作即可。制作本例的具体思路如下。

（1）打开素材文档，创建自动编号样式，设置样式的字符格式和段落格式，修改样式的自定义编号格式和快捷键，参考效果如图3-5所示。

（2）为文档的各级标题依次应用修改后的标题样式，最后在“大纲视图”中查阅文档内容，并修改应用错误的标题样式，参考效果如图3-6所示。

（3）设置页眉和页脚，并将企业的标志添加到页眉，再设置文档页码格式，参考效果如图3-7所示。

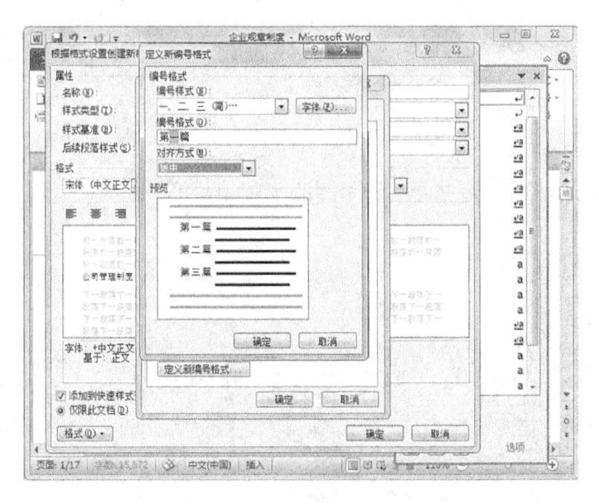

图3-5 自定义编号样式

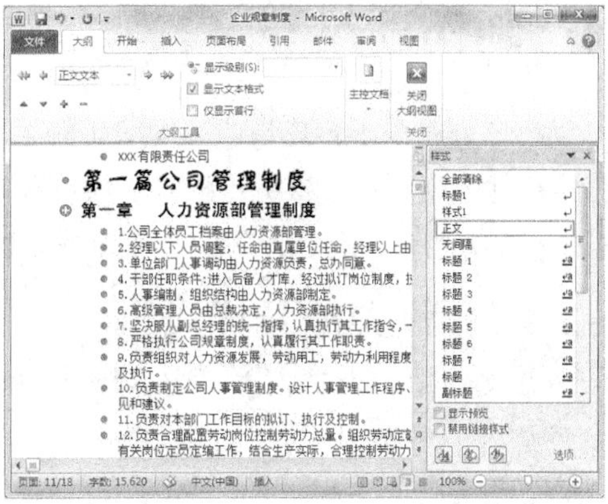

图3-6 使用大纲视图

（4）制作文档的封面，并提取目录，参考效果如图3-8所示。

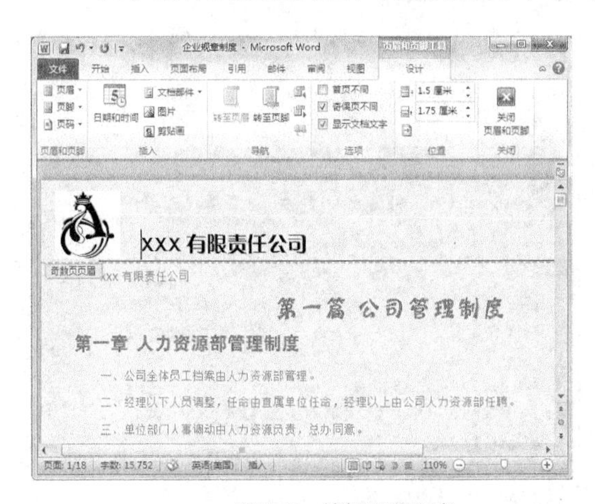

图3-7 编辑页眉页脚

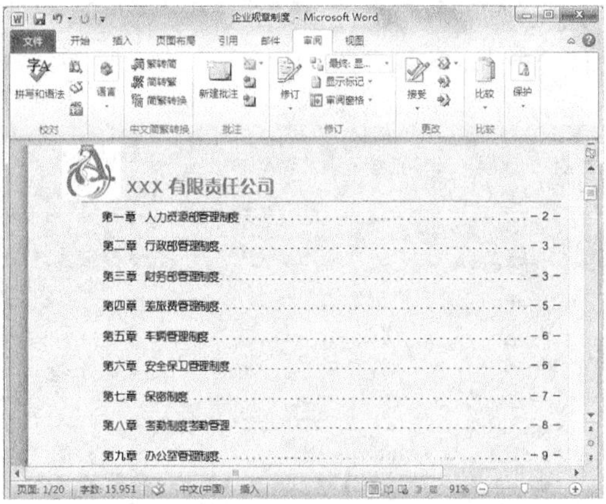

图3-8 提取目录

（5）检查文档，查看文档中是否有需要补充说明的内容，并添加批注进行文字说明，参考效果如图3-9所示。

（6）打印企业规章制度文档，然后装订成册即可，参考效果如图3-10所示。

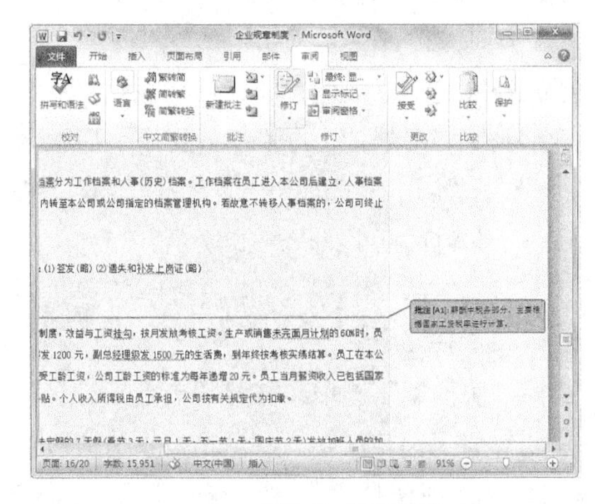

图3-9 添加批注

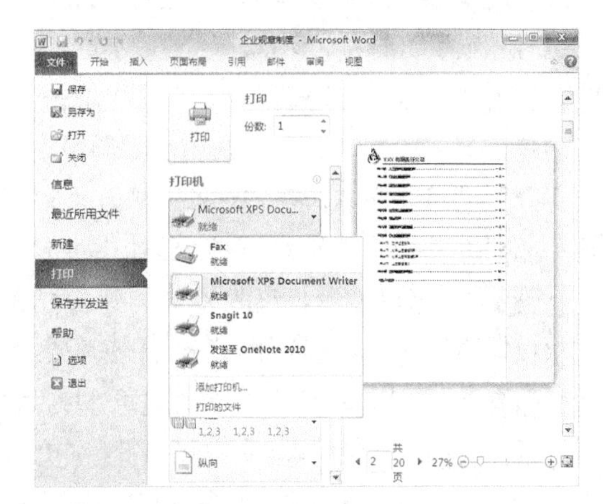

图3-10 打印文档

3.4 制作过程

当小白理清楚了企业规章制度的制作思路后便开始制作企业规章制度文档，在制作时，老张告诉他主要通过设置编号样式、大纲视图的使用、添加页眉页脚、设置页码格式、提取目录、添加批注、制作目录等操作来制作。

3.4.1 设置编号样式

在长文档中，当文档主要内容输入完成后，即可对其进行编排，而编排中设置编号样式是编排的重要操作，其具体操作如下（微课：光盘\微课视频\第3章\设置编号样式.swf）。

STEP 1 打开“企业规章制度.docx”素材文档，如图3-11所示。

STEP 2 在【开始】/【样式】组中单击“样式”按钮，打开“样式”窗格。在“样式”窗格下方单击“新建样式”按钮，如图3-12所示，打开“根据格式设置创建新样式”对话框。

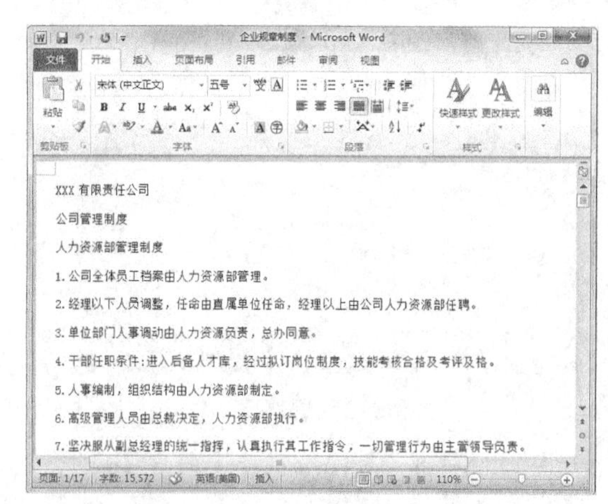

图3-11 打开素材文件

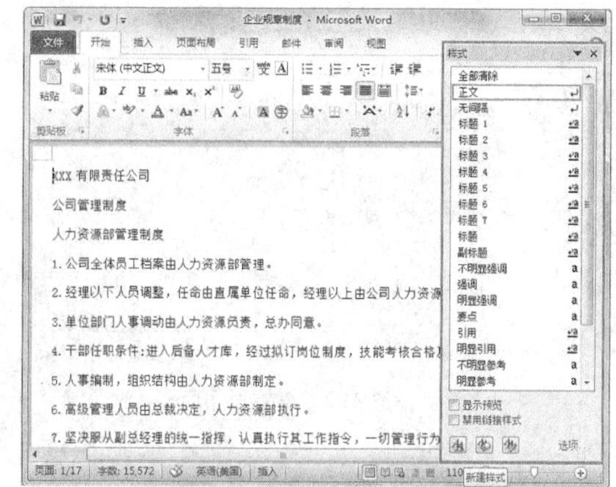

图3-12 新建样式

STEP 3 单击格式(O)按钮，在打开的列表中选择“编号”选项，如图3-13所示，打开“编号和项目符号”对话框。

STEP 4 单击定义新编号格式...按钮，打开“定义新编号格式”对话框，在“编号样式”下拉列表中选择“一，二，三（简）...”选项，在“编号格式”文本框的“一”文本前后输入“第”和“篇”文本，在“对齐方式”下拉列表中选择“居中”选项。依次单击确定按钮关闭“定义新编号格式”对话框和“编号和项目符号”对话框，如图3-14所示。

STEP 5 返回“根据格式设置创建新样式”对话框，在“格式”栏中设置字符样式为“汉仪蝶语体简、二号、加粗”，并使其居中显示，如图3-15所示。

STEP 6 单击格式(O)按钮，在打开的列表中选择“快捷键”选项，打开“自定义键盘”对话框，在键盘上按【Ctrl】键和小键盘中的【0】键，键名将自动输入到“请按新快捷键”文本框中，单击指定(A)按钮将设置的快捷键添加到“当前快捷键”列表框中，依次单击关闭和确定按钮，关闭所有对话框，完成设置，如图3-16所示。

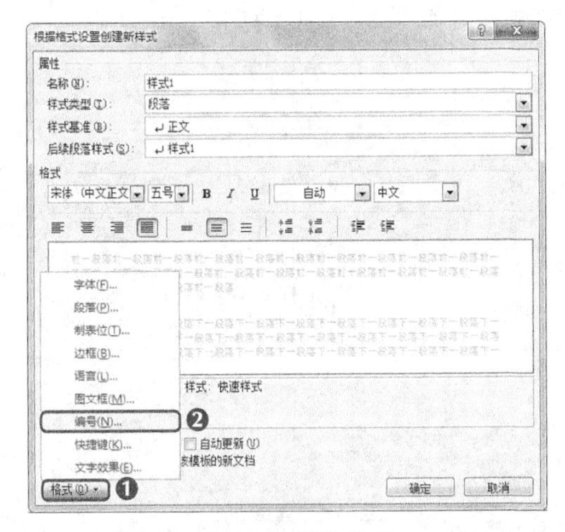

图3-13　选择“编号”选项

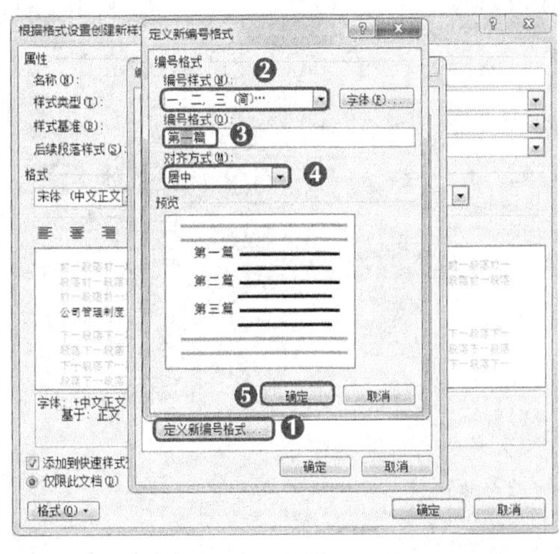

图3-14　定义新编号格式

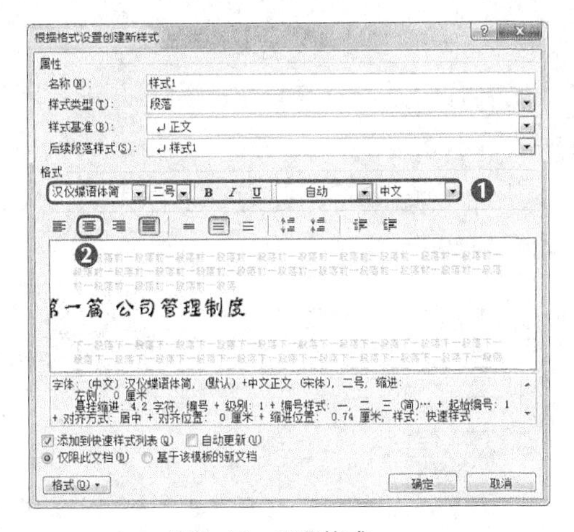

图3-15　设置格式

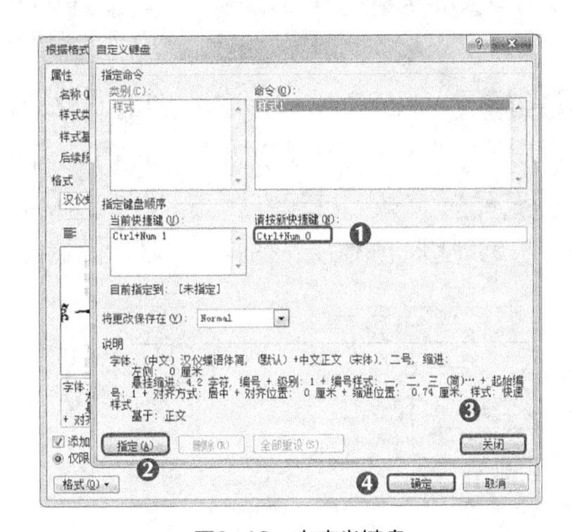

图3-16　自定义键盘

多学一招

“样式基准”下拉列表中的选项相当于样式模板，在进行新样式创建时，可以先确定一个基准样式，然后在基准样式的基础上创建新样式，并对新样式的某些属性进行编辑。定位光标插入点到基准样式段落，单击鼠标右键，在弹出的快捷菜单中选择【样式】/【将所选内容保存为新快速样式】命令，可在基准样式上进行新样式的创建。

3.4.2　修改编号样式

在编号样式中包含多个自带的样式，如常见的标题、副标题、正文样式等，这些样式的格式都是系统默认的，在“样式”窗格中可以修改其格式，其具体操作如下（微课：光盘\微课视频\第3章\修改编号样式.swf）。

STEP 1　在打开“样式”窗格中的“样式1”选项上单击鼠标右键，在弹出的快捷菜单中选择“修改”命令，如图3-17所示，打开“修改样式”对话框。

STEP 2 单击 格式(O) 按钮，在打开的列表中选择“编号”选项，打开“编号和项目符号”对话框，在对话框中设置编号格式，如图3-18所示。

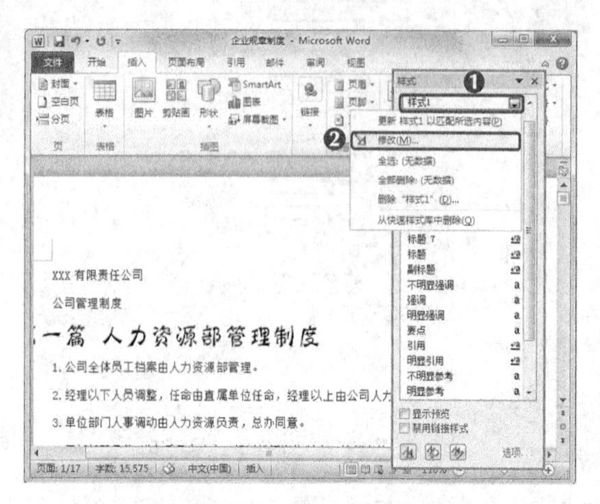

图3-17 选择“修改”命令

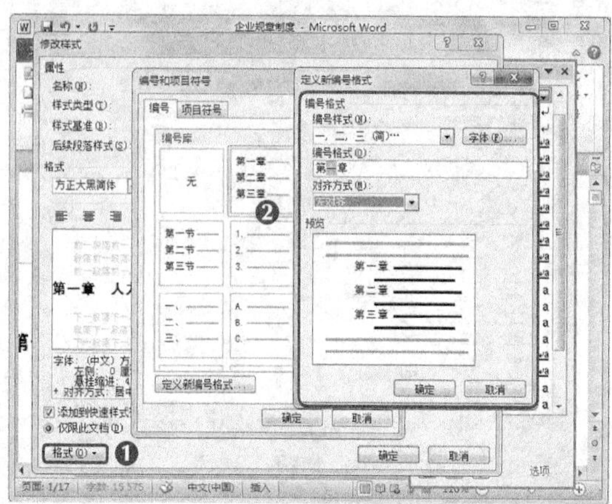

图3-18 设置新样式

STEP 3 返回“修改样式”对话框，修改样式的名称，并设置字符格式为“方正大黑简体、三号”，并设置快捷键为【Ctrl+1】，如图3-19所示。

STEP 4 修改“标题1”“标题2”的格式，应用相应的编号，并为每个样式设置快捷键。根据文档实际情况，修改其他类型的样式，如图3-20所示。

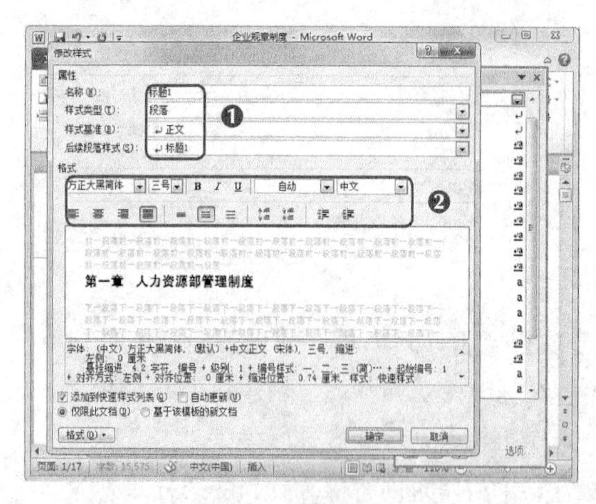

图3-19 修改样式

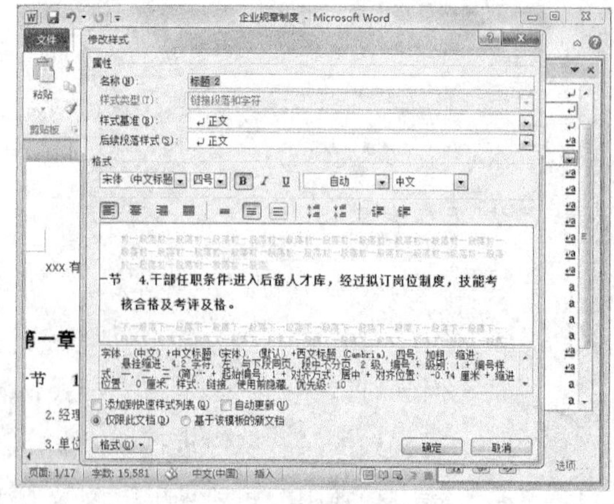

图3-20 修改其他样式

3.4.3 设置大纲视图

当学习了标题的设置方法后，即可通过大纲视图的使用方法编辑完成后的各级标题了，其具体操作如下（微课：光盘\微课视频\第3章\设置大纲视图.swf）。

STEP 1 打开“样式”窗格，在【视图】/【文档视图】组中单击“大纲视图”按钮，进入大纲视图模式，如图3-21所示。

STEP 2 将光标插入点定位到段落中，通过按设置好的快捷键为段落应用“样式1”样式，给文档中的文本应用多级标题，如图3-22所示。

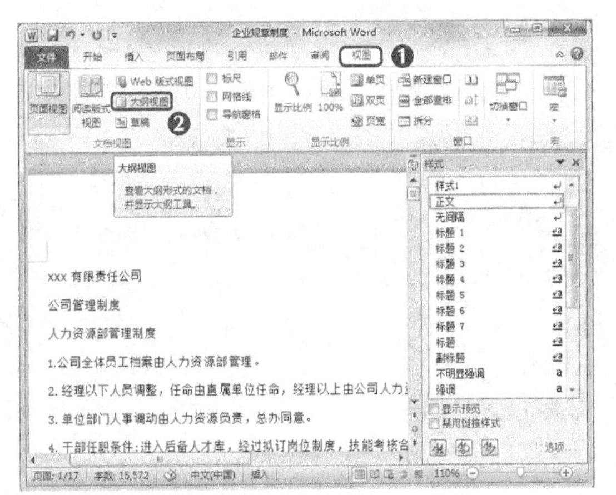

图3-21　设置大纲视图

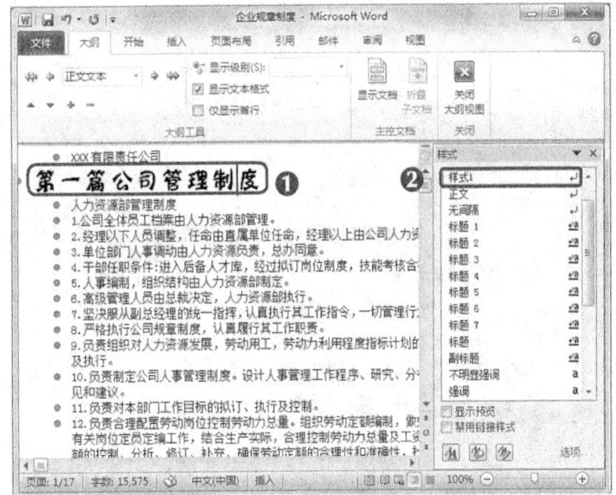

图3-22　应用样式

STEP 3　使用相同的方法，应用其他标题设置的样式，如图3-23所示。

STEP 4　为下一个标题以及其下的内容设置二级标题，并选择应用后的标题，单击鼠标右键，在弹出的快捷菜单中选择“重新开始于...”命令，即可重新开始编号，如图3-24所示。

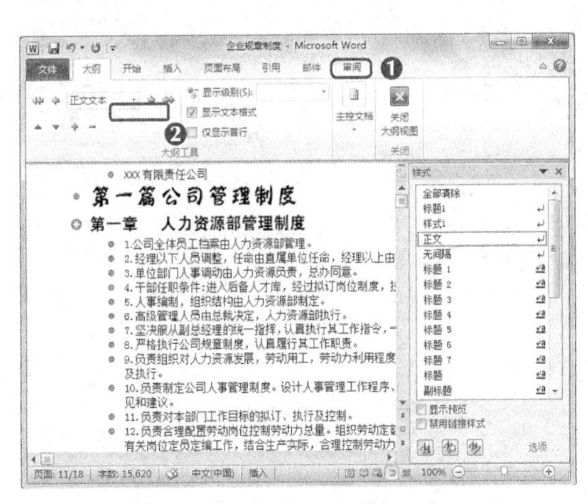

图3-23　设置大纲视图

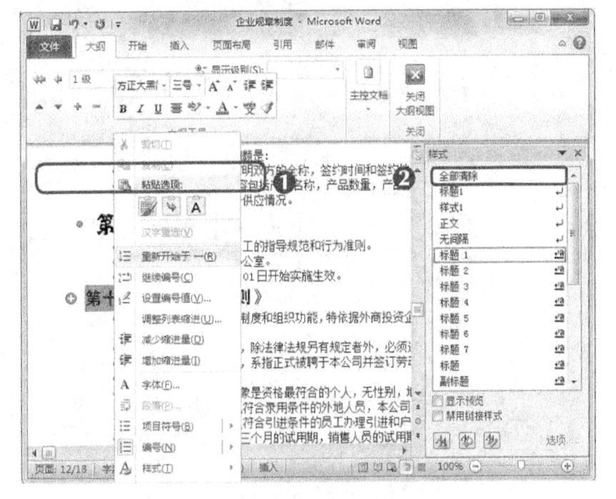

图3-24　应用样式

STEP 5　使用相同的方法，设置其他标题样式，完成后退出大纲视图。

3.4.4　设置页眉与页脚

当设置完大纲视图后，即可对页眉页脚进行设置，在设置时不仅可以给文档添加文字格式的也可将图片添加到页眉中，其具体操作如下（微课：光盘\微课视频\第3章\设置页眉与页脚.swf）。

STEP 1　在【页面布局】/【页面设置】组中单击“页面颜色”按钮。在打开的列表中选择“橄榄色，强调文字颜色3，淡色80%”选项，如图3-25所示。

STEP 2　双击文档页面顶部，进入页眉编辑状态。在【设计】/【插入】组中单击“图片”按钮，打开“插入图片”对话框，如图3-26所示。

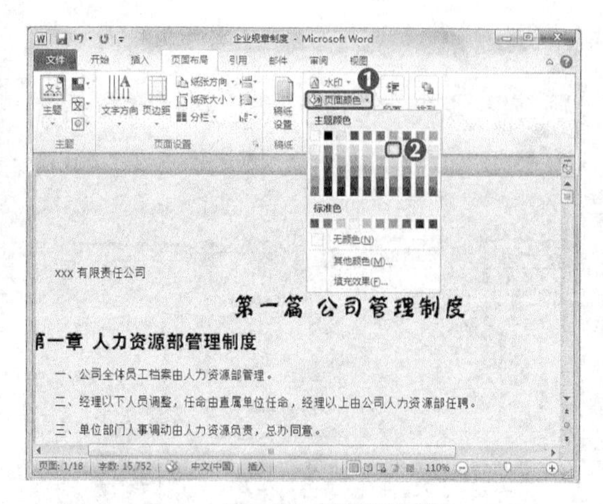

图3-25　设置页面颜色

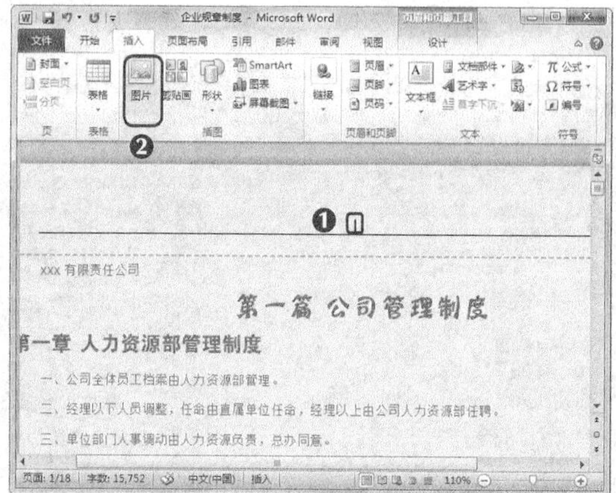

图3-26　插入图片

STEP 3　在“查找范围”下拉列表中选择文件保存的路径，在中间的列表框中选择要插入的图片，单击插入(S)按钮确认插入，如图3-27所示。

STEP 4　图片插入到页眉后，系统会自动生成“图片工具-格式”选项卡，拖曳图片四周的控制点调整图片大小。单击“关闭页眉和页脚”按钮退出编辑模式，如图3-28所示。

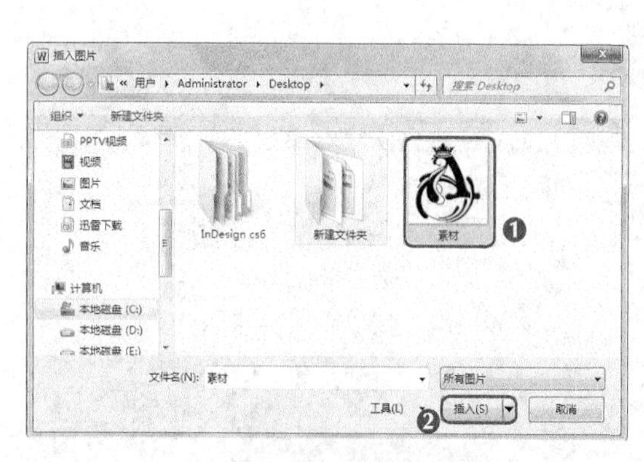

图3-27　选择插入的图片

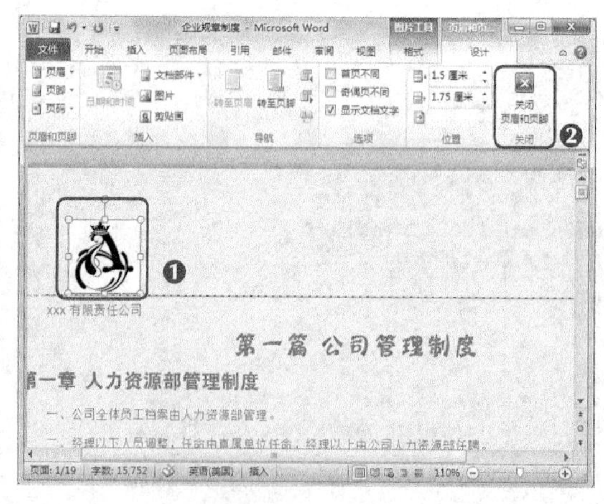

图3-28　调整图片

STEP 5　在图片后面单击以定位文本插入点，输入“XXX有限责任公司”文本。在【开始】/【字体】组中设置字符格式为“方正粗倩简体、小二、左对齐”并调整其位置，如图3-29所示。

STEP 6　在【设计】/【选项】组中单击选中“奇偶页不同”复选框，在偶数页页眉上单击定位插入点，然后输入文本“企业规章制度”。在“字体”组中设置字符格式为“方正细珊瑚简体、三号、右对齐”，如图3-30所示。

STEP 7　单击“关闭页眉和页脚”按钮，并双击文档页面底部，进入页脚编辑状态。在【插入】/【页眉和页脚】组中单击“页码”按钮，在打开的列表中选择“设置页码格式”选项，打开“页码格式”对话框，如图3-31所示。

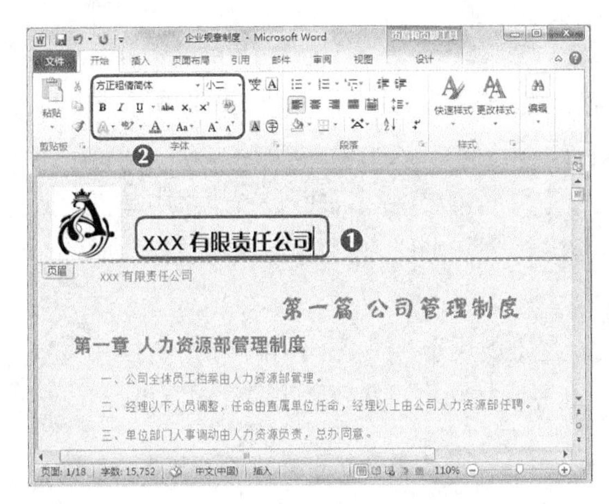

图3-29 设置页眉文字

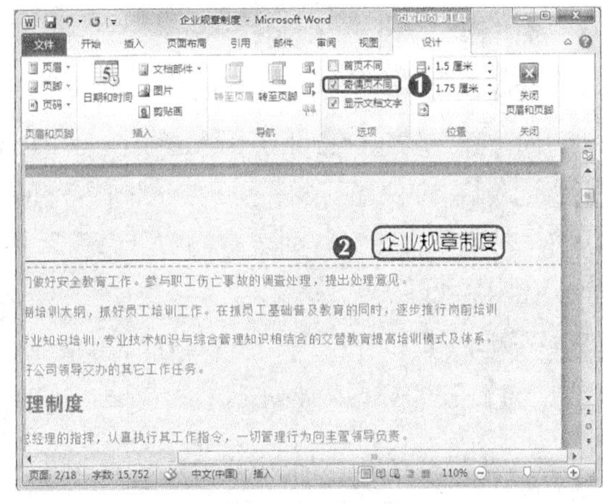

图3-30 设置偶数页眉

STEP 8 在“编号格式”下拉列表中选择需要的选项，在“页码编号”栏中单击选中“续前节”单选项。单击 确定 按钮确认设置，如图3-32所示。

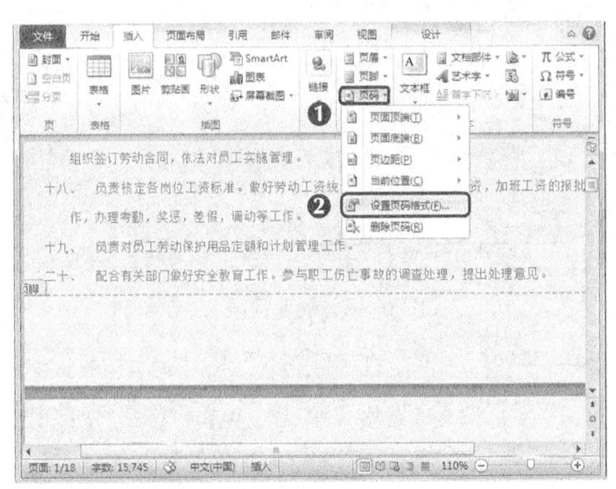

图3-31 选择“设置页码格式”选项

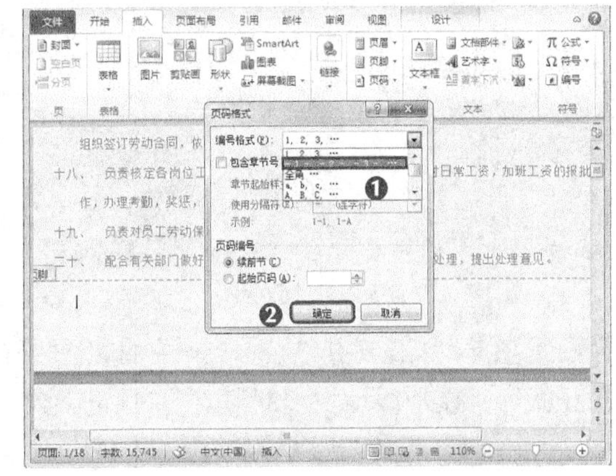

图3-32 设置页码格式

STEP 9 再次单击“页码”按钮，在打开的列表中选择“当前位置”选项，在打开的子列表中选择“加粗显示的数字”选项，页码便可插入页脚中，如图3-33所示。

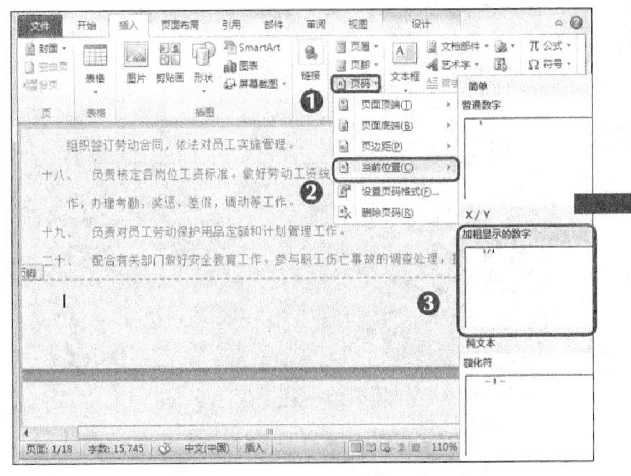

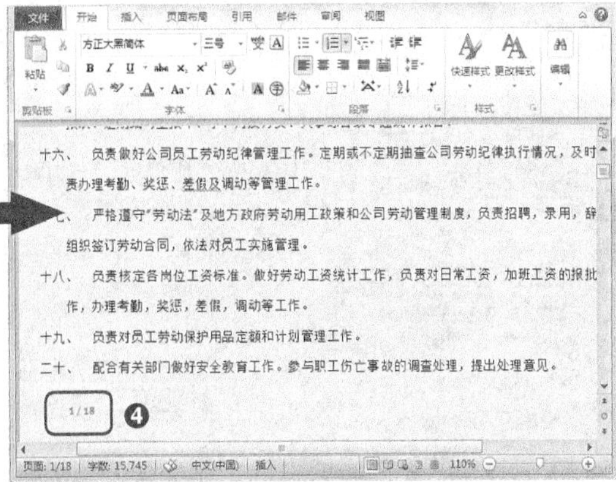

图3-33 插入页码

3.4.5 插入目录

企业规章制度最终会打印成册，因此在完成前还需要插入目录，并使用前面所学知识创建封面，其具体操作如下（微课：光盘\微课视频\第3章\插入目录.swf）。

STEP 1 定位光标插入点到文档内容首页，在【页面布局】/【页面设置】组中单击“分隔符”按钮，在打开列表中的“分节符”栏中选择“下一页”选项，在该页前自动插入一页，如图3-34所示。

STEP 2 定位光标插入点到新插入的空白页，在【引用】/【目录】组中单击“目录”按钮，在打开的列表中选择“插入目录”选项，如图3-35所示，打开“目录”对话框。

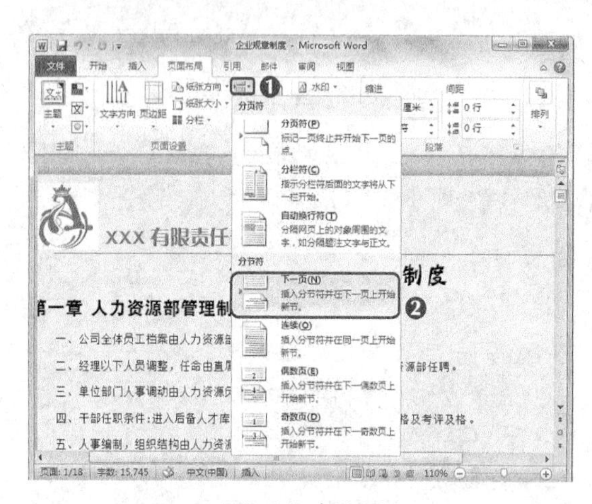

图3-34 插入页

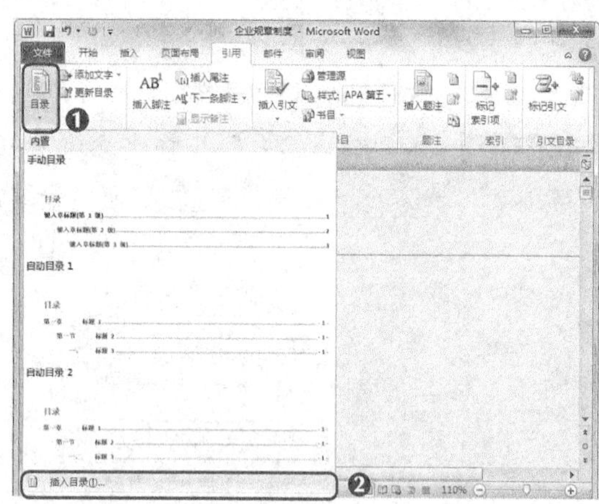

图3-35 插入目录

STEP 3 单击选中“显示页码”和“页码右对齐”复选框，在“常规”栏中设置格式为“正式”，显示级别为“2”，在“预览”列表框中预览目录效果，单击 确定 按钮完成设置，如图3-36所示。

STEP 4 选择全部目录，设置其字符格式为“汉仪细圆简、五号、加粗”，行距为“1.5倍行距”，如图3-37所示。

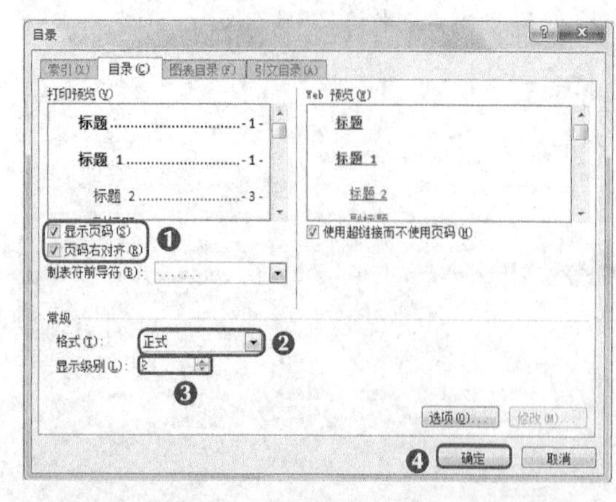

图3-36 设置目录样式

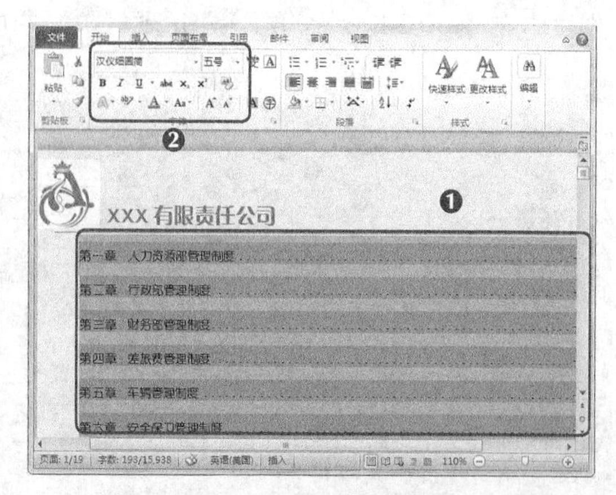

图3-37 设置目录字体样式

STEP 5 在【插入】/【页】组中单击“封面”按钮，在打开的列表的“内置”栏中选择“奥斯汀”选项，如图3-38所示，系统会自动在文档开始处插入一页封面。

STEP 6 插入的封面根据模板自动生成“标题”“副标题”文本框，在文本框中输入相应的文本，再删除多余的文本框，完成后调整封面的背景颜色以完成封面的制作，如图3-39所示。

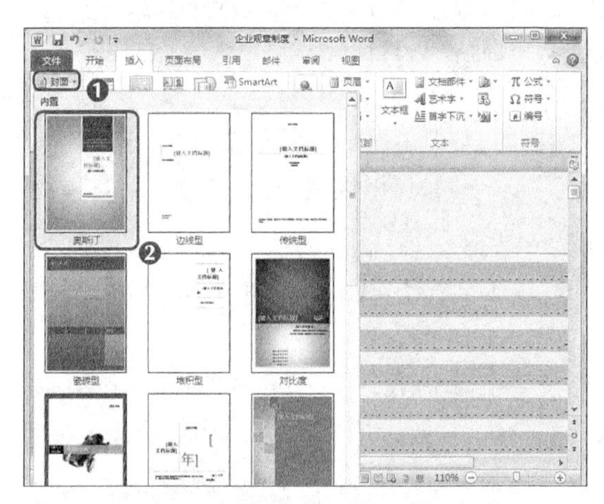

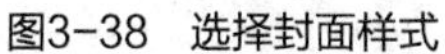
图3-38 选择封面样式

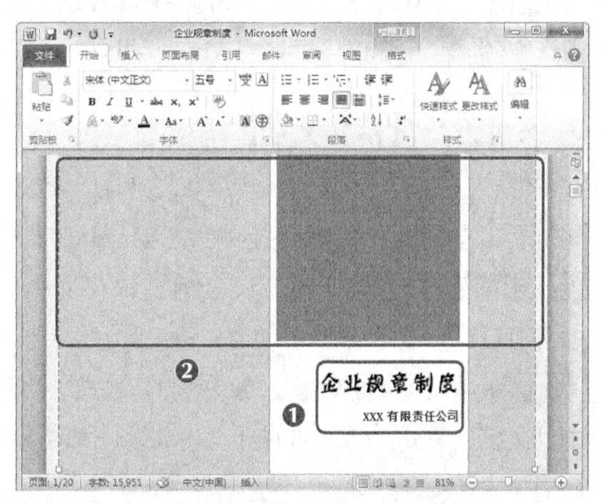

图3-39 输入文字并修改背景颜色

多学一招

在【引用】/【目录】栏中单击“更新目录”按钮，打开“更新目录”对话框，根据实际情况可进行更新目录设置，单击 确定 按钮即可。

3.4.6 添加批注

添加批注是为了补充说明文档中需要修改或不足的地方，并以红色的文本进行显示，其具体操作如下（微课：光盘\微课视频\第3章\添加批注.swf）。

STEP 1 在文档中选择需要添加批注的文本，在【审阅】/【批注】组中单击“新建批注”按钮，即可在选择的文本上创建一个批注框，如图3-40所示。

STEP 2 在批注框中输入批注的内容即可完成批注的添加，如图3-41所示。

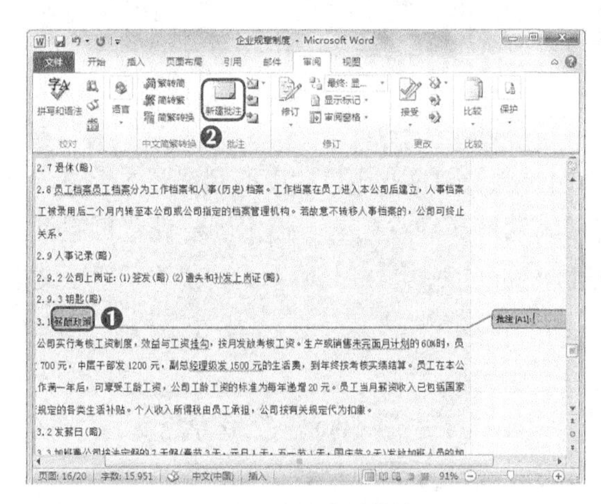

图3-40 新建批注

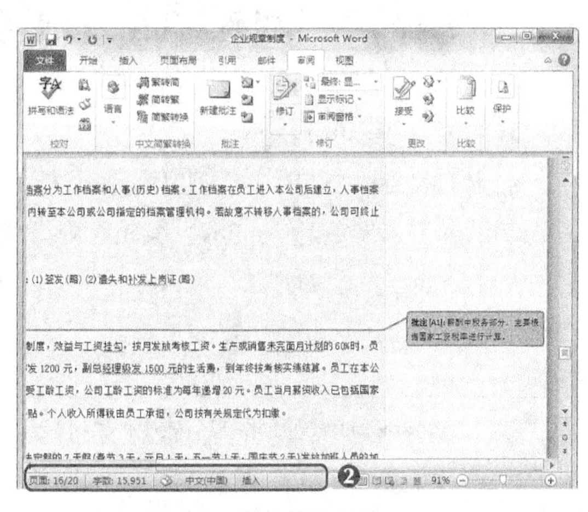

图3-41 输入批注内容

STEP 3 使用相同的方法，添加其他标注。

知识提示

可根据需要设置是否显示添加到文档中的批注，方法：在“修订”组中单击“显示标记”按钮，在打开的列表中取消选择“批注”前的勾标记。另外，若要删除批注，可在“批注”组中单击“删除”按钮。

3.4.7 打印文档

检查完成后的文档，即可将创建的文档进行打印，下面将具体讲解打印方法，其具体操作如下（微课：光盘\微课视频\第3章\打印文档.swf）。

STEP 1 按【Ctrl+S】组合键，保存文档，并选择【文件】/【打印】菜单命令，在右侧列表中可预览打印效果，如图3-42所示。

STEP 2 选择打印机，设置打印方式、打印纸张、打印份数，然后单击“打印”按钮打印文档，完成本文档的打印，如图3-43所示。

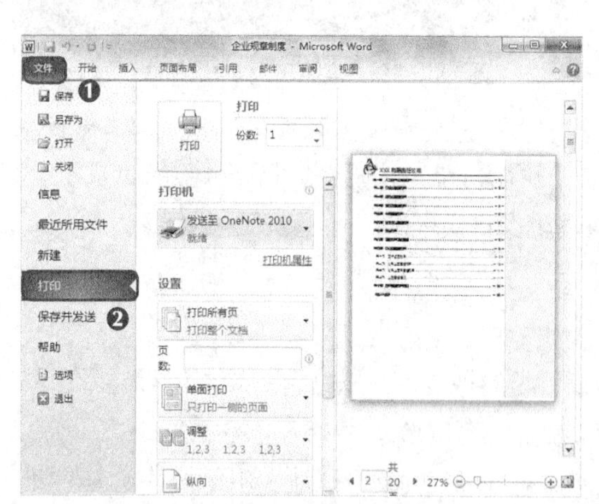

图3-42 预览打印效果

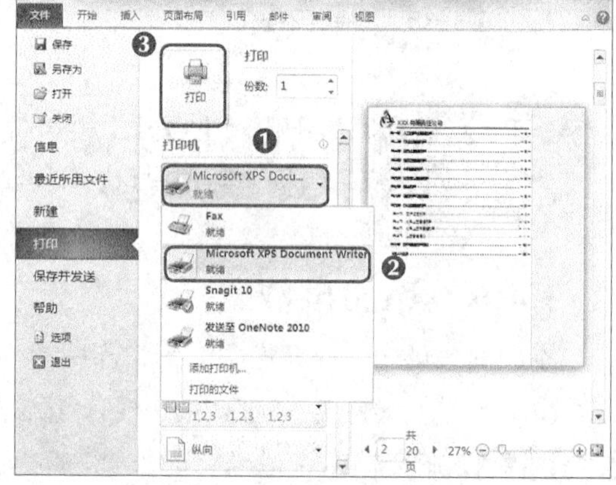

图3-43 设置打印参数

3.5 实训——制作“员工手册”文档

3.5.1 实训目标

本实训的目标是制作“员工手册”文档，其制作方法与企业规章制度的制作方法类似，因此该目标要求熟练输入文本、编辑标题、使用大纲视图修改标题、根据需要设置页眉页脚、制作封面与目录的方法，以及了解打印规章制度的方法，图3-44所示为“员工手册”文档编辑后的效果。

素材所在位置 光盘:\素材文件\第3章\实训\员工手册.docx、三叶草.jpg
效果所在位置 光盘:\效果文件\第3章\实训\员工手册.docx

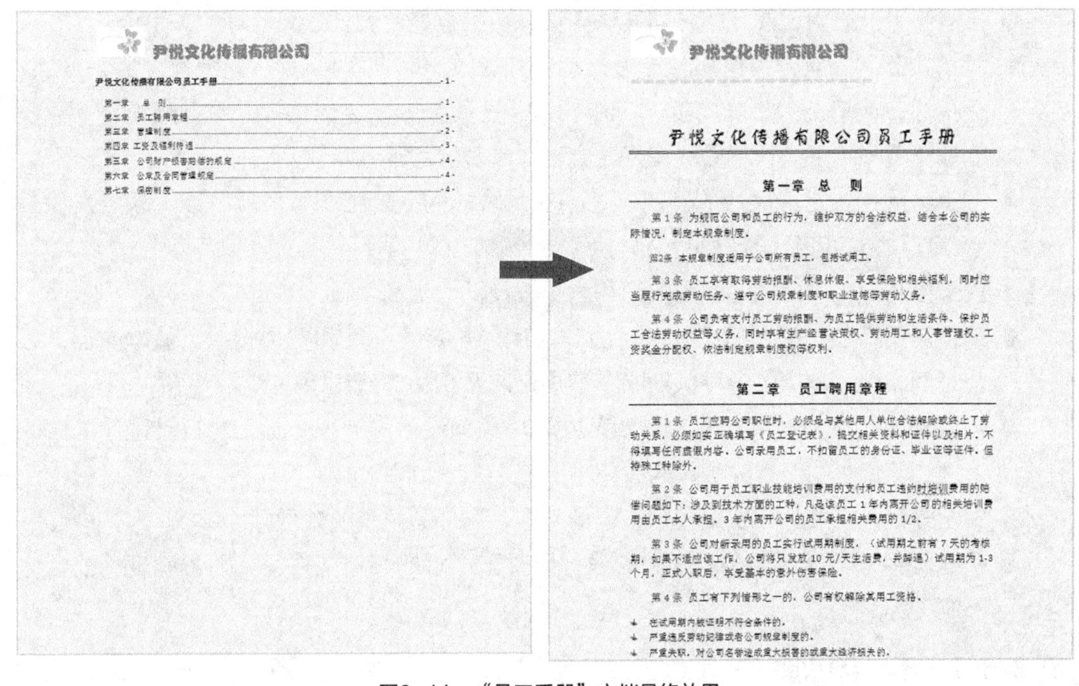

尹悦文化传播有限公司

尹悦文化传播有限公司员工手册 - 1 -

第一章 总 则 - 1 -
第二章 员工聘用章程 - 1 -
第三章 管理制度 - 2 -
第四章 工资及福利待遇 - 3 -
第五章 公司财产损害赔偿的规定 - 4 -
第六章 公章及合同管理规定 - 4 -
第七章 保密制度 - 4 -

尹悦文化传播有限公司

尹悦文化传播有限公司员工手册

第一章 总 则

第 1 条 为规范公司和员工的行为，维护双方的合法权益，结合本公司的实际情况，制定本规章制度。

第2条 本规章制度适用于公司所有员工，包括试用工。

第 3 条 员工享有取得劳动报酬、休息休假、享受保险和相关福利，同时应当履行完成劳动任务、遵守公司规章制度和职业道德等劳动义务。

第 4 条 公司负有支付员工劳动报酬、为员工提供劳动和生活条件、保护员工合法劳动权益等义务，同时享有生产经营决策权、劳动用工和人事管理权、工资奖金分配权、依法制定规章制度权等权利。

第二章 员工聘用章程

第 1 条 员工应聘公司职位时，必须是与其他用人单位合法解除或终止了劳动关系，必须如实正确填写《员工登记表》，提交相关资料和证件以及相片，不得填写任何虚假内容。公司录用员工，不扣留员工的身份证、毕业证等证件，但特殊工种除外。

第 2 条 公司用于员工职业技能培训费用的支付和员工违约时培训费用的赔偿问题如下：涉及到技术方面的工种，凡是该员工 1 年内离开公司的相关培训费用由员工本人承担，3 年内离开公司的员工承担相关费用的 1/2。

第 3 条 公司对新录用的员工实行试用期制度，（试用期之前有 7 天的考核期，如果不适应该工作，公司将只发放 10 元/天生活费，并辞退）试用期为 1-3 个月，正式入职后，享受基本的意外伤害保险。

第 4 条 员工有下列情形之一的，公司有权解除其用工资格。

- 在试用期内被证明不符合条件的。
- 严重违反劳动纪律或者公司规章制度的。
- 严重失职，对公司名誉造成重大损害的或重大经济损失的。

图3-44 “员工手册”文档最终效果

3.5.2 专业背景

员工手册主要是企业内部的人事制度管理规范，同时又涵盖企业的各个方面，承载传播企业形象、企业文化的功能。它是有效的管理工具，是员工的行动指南。

“员工手册”是企业规章制度、企业文化、企业战略的浓缩，是企业内的“法律法规”，同时还起到了展示企业形象、传播企业文化的作用。它既覆盖了企业人力资源管理的各个方面规章制度的主要内容，又因适应企业独特个性的经营发展需要而弥补了规章制度制定上的一些疏漏。

站在企业的角度，合法的“员工手册”可以成为企业有效管理的“武器”； 站在劳动者的角度，它是员工了解企业形象、认同企业文化的渠道，也是自己工作规范、行为规范的指南。特别是在企业单方面解聘员工时，合法的“员工手册”往往会成为有力的依据之一。其中员工手册主要包括以下内容。

- **手册前言**：对这份员工手册的目的和效力给予说明。
- **公司简介**：使每一位员工都对公司的过去、现状、文化有深入的了解。可以介绍公司的历史、宗旨、客户名单等。
- **手册总则**：一般包括礼仪守则、公共财产、办公室安全、人事档案管理、员工关系、客户关系、供应商关系等条款。这有助于保证员工按照公司认同的方式行事，从而达成员工和公司之间的彼此认同。
- **培训开发**：一般新员工上岗前均须参加人力资源部等部门统一组织的入职培训，以及公司不定期举行的各种培训，从而提高员工的业务素质及专业技能。

- **任职聘用**：说明任职开始时间，试用期，员工评估、调任、离职等相关事项。
- **考核晋升**：一般分为试用转正考核、晋升考核、定期考核等。考核评估内容一般包括指标完成情况、工作态度、工作能力、工作绩效、合作精神、服务意识、专业技能等。考核结果为“优秀、良好、合格、延长、辞退”。
- **员工薪酬**：员工最关心的问题之一。应对公司的薪酬结构、薪酬基准、薪资发放、业绩评估方法等给予详细的说明。
- **员工福利**：阐述公司的福利政策和为员工提供的福利项目。
- **工作时间**：使员工了解公司关于工作时间的规定，往往和费用相关。基本内容：办公时间、出差政策、各种假期的详细规定以及相关的费用政策等。
- **行政管理**：多为约束性条款。如对办公用品和设备的管理、员工对自己工作区域的管理、奖惩、员工智力成果的版权声明等。
- **安全守则**：一般分为安全规则、火情处理、意外紧急事故处理等。
- **手册附件**：与以上各条款相关的或需要员工了解的其他文件。如财务制度、社会保险制度等。

3.5.3 操作思路

完成本实训需要先编辑格式，然后对文本进行相应的操作，其操作思路如图3-45所示。

① 设置标题文本格式　② 设置正文格式　③ 添加项目符号和底纹

图3-45　“员工手册”文档的制作思路

STEP 1 打开“员工手册.docx”文档，修改各个标题样式，并应用到文档中，在设置时要注意段落样式的设置。

STEP 2 插入页眉页脚，并在页眉处插入图片使其更加美观。

STEP 3 插入目录和标题，使其更加完善，完成打印该文档。

3.6 常见疑难解析

问：如何设置Word进行双面打印？

答：只需选择【文件】/【打印】菜单命令，在“设置”栏中单击“打印所有页”下拉按钮▾，在打开的列表中选择“仅打印奇数页”选项。单击顶部的“打印”按钮即可开始打印。打印完奇数页后，将纸张翻转一面，在“设置”栏中单击“打印所有页”下拉按钮▾，在打开的列表中选择“仅打印偶数页”选项。单击顶部的“打印”按钮继续打印即可。

问：如何巧妙地重复输入公司名称？

答：只需选择【文件】/【选项】菜单命令，打开“Word选项”对话框，单击“校对”选项卡，在右侧“自动更正”栏中单击自动更正选项(A)...按钮。在打开的对话框的“自动更正”选项卡的“键入时自动替换”复选框下的“替换”文本框中输入公司名称的第一个字，在“替换为”文本框中输入公司的全称。单击添加(A)按钮，可见文本被添加到下面的列表框中，依次单击确定按钮，关闭所有对话框。返回文档，在文档中输入公司名称的第一个字，按空格键后自动显示公司的全称。

问：在文本段落中如何添加公司标志？

答：在【开始】/【段落】组中单击“项目符号”按钮，在打开的列表中选择“定义新项目符号”选项，打开“定义新项目符号”对话框，单击图片(P)...按钮，打开“图片项目符号”对话框，单击导入(I)...按钮，打开“将剪辑添加到管理器”对话框，在该对话框中选择公司标志图片，单击添加(A)按钮后再一次单击确定按钮确认设置即可。

3.7 习题

本章主要介绍了使用Word制作长文档相关操作，包括插入目录、设置页眉页脚、添加批注、插入页码等知识。对于本章的内容，读者应认真学习和掌握，为后面制作邀请文档打下良好的基础。

素材所在位置 **光盘:\素材文件\第3章\习题\绩效管理.docx**
效果所在位置 **光盘:\效果文件\第3章\习题\绩效管理.docx、设备管理.docx**

（1）员工绩效管理文档包括绩效考核的目的和具体内容等，编排员工绩效管理文档的方法同前面讲解的编排规章制度文档的方法相似，可通过新建或修改样式格式，并为文档应用相关样式的方法来快速完成，参考效果如图3-46所示。

- 绩效管理文档主要是用于公司员工绩效考核的参考档案，设置时不应太过花哨。
- 修改“标题1”样式的字符格式为“宋体、小二、加粗、居中显示”，为标题自定义编号样式，继续设置其他各级标题样式和正文格式。
- 为文档内容应用样式。

（2）公司办公设备属于公司财产，需要大家共同维护，所以办公设备管理文档的主要内容应为公司员工对各类办公用品的使用制度和维护制度，属于公司制度文档的范畴，参考效果如图3-47所示。

- 确定文档的编排思路后，创建并修改文档的标题样式，并对级别标题进行应用。
- 添加项目符号和编号，设置段落缩进和行距。

绩效考核管理

第一章　总则

第一条　目的

为建立和完善事业部人力资源绩效考核体系和激励与约束机制，对员工进行客观、公正地评价，并通过此评价合理地进行价值分配，特制订本办法。

第二条　原则

严格遵循“客观、公正、公开、科学”的原则，真实地反映被考核人员的实际情况，避免因个人和其他主观因素影响绩效考核的结果。

第三条　指导思想

建立客观、公正、公开、科学的绩效评价制度，完善员工的激励机制与约束机制，为科学的人事决策提供可靠的依据。

第四条　适用范围

本办法适用于事业部职能部除管理干部以外的全体员工，二级子公司可参照本办法建立各单位内部的绩效考核制度（二级子公司财务人员统一由事业部财务管理部进行考核）。

第二章 考核体系

第五条　考核对象

Ⅰ类员工：工作内容的计划性和目标性较强的员工

Ⅱ类员工：每月工作性质属重复性、日常性工作的员工

第六条　考核内容

业绩考核：Ⅰ类员工主要参照各部门月度工作计划并依据工作目标进行考核；Ⅱ类

图3-46　“绩效考核”最终效果

办公设备管理

第一章　总则

第一条 为规范公司办公设备的计划、购买、领用、维护、报废等管理，特制定本办法。

第二条 本办法自下发之日起实施，原《办公设备管理办法》（寒雪商字[2002]009号）作废。

第三条 本办法适用于商用空调公司各部门。管理部是公司办公设备的管理部门，负责审批及监控各部门办公设备的申购及使用情况，负责办公设备的验收、发放和管理等工作；财务部负责办公设备费用的监控。

第四条 使用部门和个人负责办公设备的日常保养、维护及管理。

第五条 本办法所指办公设备包括（电脑、打印机及其耗材不适用于本办法）：

1．耐设备：

第一类：办公家具，如：各类办公桌、办公椅、会议椅、档案柜、沙发、茶几、电脑桌、保险箱及室内非电器类较大型的办公陈设等。

第二类：办公设备类，如：电话、传真机、复印机、碎纸机、摄像机、幻灯机、（数码）照相机、电视机、电风扇、电子消毒碗柜、音响器材及相应耗材（机器耗材、复印纸）等。

2．低值易耗品：

第一类：办公文具类，如铅笔、胶水、单（双）面胶、图钉、回形针、笔记本、信封、便笺、钉书钉、复写纸、荧光笔、涂改液、剪刀、签字笔、白板笔、大头针、纸类印刷品等。

第二类：生活设备，如面巾纸、布碎、纸球、茶具等。

图3-47　“设备管理”最终效果

课后拓展知识

在打印文档时，打印的文档大小是固定不变的，此时可通过设置打印页面让打印的效果更加完美。其设置方法：选择【文件】/【打印】菜单命令，在展开的页面中单击“页面设置”超链接，打开“页面设置”对话框，在其中可对页边距、纸张、版式、文档网格进行设置。

PART 4

第4章
制作邀请函

情景导入

在举行企业的各种商业活动聚会前都会发送邀请函，而小白作为这次邀请函的制作者，感觉到责任重大，于是请教老张邀请函制作的注意事项，并根据老张所说的事项进行邀请函的制作。

知识技能目标

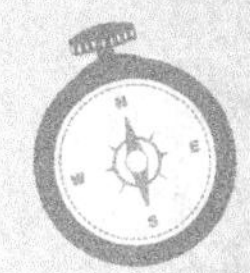

- 认识邀请函的制作方法。
- 认识邮件合并功能的使用方法。
- 熟练掌握批量制作邀请函的方法。

- 了解邀请函格式。
- 掌握邀请函的注意事项。

实例展示

4.1 实例目标

小白接到制作邀请函的任务后，即刻开始拟定邀请函的制作流程，并将制作的流程与方法拿给老张查看，老张告诉小白，邀请函不是单独邀请某个人，而是同时邀请多人，因此，制作后还需要使用传真发送或是使用邮件的方式进行发送，当发送完成后，才表示该邀请函制作完成。

图4-1所示即将要制作的“邀请函”文档效果。通过对本例效果的预览，可以知道要完成该任务，其重点是学会使用Word的邮件合并功能，使其批量引用数据源中的数据，生成相同格式的内容，同时，该任务涉及了前面所学的知识，包括字体、字号、颜色、对齐方式等格式设置，下面将具体讲解邀请函的制作方法。

素材所在位置　光盘:\素材文件\第4章\邀请函背景.jpg
效果所在位置　光盘:\效果文件\第4章\邀请函.docx、客户信息.mdb、邀请函信封.docx

图4-1　“邀请函”文档最终效果

4.2 实例分析

很多人觉得邀请函的制作非常简单，但是老张告诉小白，要完成邀请函的制作，必须了解邀请函的格式、邀请函的注意事项才能避免在制作的过程中出错，下面将对本例中邀请函的制作进行具体分析，为后续的制作做准备。

PART 4

第4章 制作邀请函

情景导入

在举行企业的各种商业活动聚会前都会发送邀请函，而小白作为这次邀请函的制作者，感觉到责任重大，于是请教老张邀请函制作的注意事项，并根据老张所说的事项进行邀请函的制作。

知识技能目标

- 认识邀请函的制作方法。
- 认识邮件合并功能的使用方法。
- 熟练掌握批量制作邀请函的方法。

- 了解邀请函格式。
- 掌握邀请函的注意事项。

实例展示

DLO公司年终客户答谢会邀请函

尊敬的万达通讯总经理张力先生：

过往的一年，我们用心搭建平台。您是我们关注和支持的财富主角。在新年即将来临之际，我们倾情实现公司客户大家庭的快乐相聚。为了感谢您一年来对DLO公司的大力支持，我们将于2014年12月27日20时在香槟大酒店二楼喜乐殿举办2014年度DLO公司客户答谢会，届时将有精彩的节目和丰厚的奖品等待着您，期待您的光临！

DLO有限责任公司

2014年12月15日

4.1 实例目标

小白接到制作邀请函的任务后，即刻开始拟定邀请函的制作流程，并将制作的流程与方法拿给老张查看，老张告诉小白，邀请函不是单独邀请某个人，而是同时邀请多人，因此，制作后还需要使用传真发送或是使用邮件的方式进行发送，当发送完成后，才表示该邀请函制作完成。

图4-1所示即将要制作的“邀请函”文档效果。通过对本例效果的预览，可以知道要完成该任务，其重点是学会使用Word的邮件合并功能，使其批量引用数据源中的数据，生成相同格式的内容，同时，该任务涉及了前面所学的知识，包括字体、字号、颜色、对齐方式等格式设置，下面将具体讲解邀请函的制作方法。

素材所在位置　光盘:\素材文件\第4章\邀请函背景.jpg
效果所在位置　光盘:\效果文件\第4章\邀请函.docx、客户信息.mdb、邀请函信封.docx

图4-1　“邀请函”文档最终效果

4.2 实例分析

很多人觉得邀请函的制作非常简单，但是老张告诉小白，要完成邀请函的制作，必须了解邀请函的格式、邀请函的注意事项才能避免在制作的过程中出错，下面将对本例中邀请函的制作进行具体分析，为后续的制作做准备。

4.2.1 邀请函格式

邀请函的形式要美观大方，应使用红纸或特制的请柬以示庄重，邀请函的结构通常由标题、称谓、正文、敬语、落款5部分组成。

- **标题**：由礼仪活动名称和文种名组成，还可包括个性化的活动主题标语。如“XXX年终客户答谢会邀请函”及活动主题标语——“网聚财富主角”。活动主题标语可以体现举办方特有的企业文化特色。例文中的主题标语——“网聚财富主角”独具创意，非常巧妙地将“网”——XXX网络技术有限公司与“网商”——“财富主角”用一个充满动感的“聚”字紧密地联结起来，既传达了与“客户”之间密切的合作关系，也传达了对客户的真诚敬意。
- **称谓**：称谓是对邀请对象的称呼，一般顶格书写。邀请对象可以是单位，也可以是个人。编写邀请函时，应写明对方姓名、职务、职称等，也可以用“同志”“经理”“教授”“先生”“女士”“小姐”等词作为称呼，在称谓前加“尊敬的”等尊称。
- **正文**：正文是邀请函的主体，首先应向被邀请人进行简单问候，接着可换行说明举办活动的缘由、目的、事项和要求等，写明活动的具体举办时间、地点和邀请对象等，并对被邀请方发出诚挚的邀请。若附有票、券等物也应同邀请函一并送给邀请对象；有较为详细出席说明的，通常要另附纸说明，避免邀请函书写过长。
- **敬语**：在邀请函的最后一般要写敬语。如“敬请光临”“敬请参加”“请届时出席”等，有些邀请函可以用“此致敬礼”“顺致节日问候”等。
- **落款**：落款应署上发函人（或发函单位）名称和发函日期，邀请单位还应加盖公章以示庄重。

4.2.2 制作邀请函的注意事项

邀请函和通知的格式类似，相对而言，邀请函更为正式，邀请函除了注意书写格式外，还有以下几点需要特别注意。

- **语言严谨**：通过邀请函邀请嘉宾，意味着邀请方非常重视本次活动和被邀请人，所以邀请函语言一定要严谨，用词切忌口语化。
- **信息完整**：邀请事项务必周详，使邀请对象可以有准备而来，也会为举办活动的个人或单位减少一些意想不到的麻烦。
- **提前发送**：邀请函须提前发送，使受邀方有足够的时间对各种事务进行统筹安排。
- **确定是否要求对方回执**：确定是否在邀请函中添加回执单，可了解被邀请方是否能安排时间参加本次活动，以便邀请方安排活动的具体事项。

职业素养

邀请函的办理要素：邀请单位的申请报告；邀请函原件（英文），要求邀请单位负责人签字后加盖单位公章；邀请单位出具的担保函；邀请单位的营业执照复印件；被邀请人的护照复印件。

4.3 制作思路

当小白认识了邀请函的格式和注意事项后，即可开始收集邀请人或邀请单位的相关信息，当完成收集工作后，便在老张的协助下开始邀请函的制作，并拟定了一份制作思路，使制作更加简单。制作本例的具体思路如下。

（1）确定邀请函的格式和制作风格。新建一篇Word文档，输入并编辑邀请函，然后为邀请插入图片，参考效果如图4-2所示。

（2）利用“邮件合并”功能批量制作邀请函，首先应先确认邀请函中需要批量制作的各项数据，参考效果如图4-3所示。

图4-2　编辑邀请函

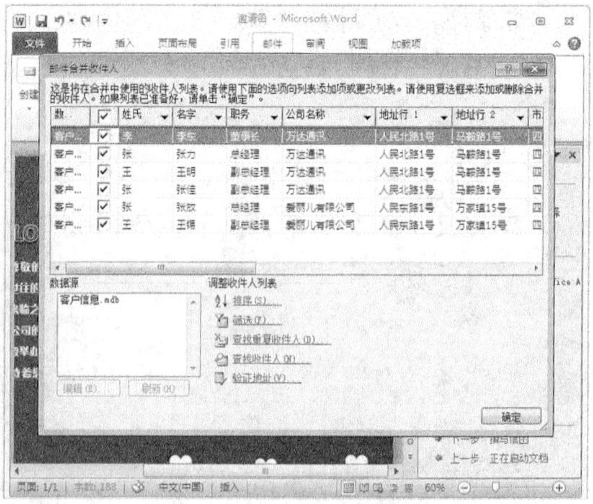

图4-3　批量制作邀请函

（3）邀请函制作完成后，即可在邀请函的基础上制作信封，并对信封添加内容，参考效果如图4-4所示。

（4）最后用邮件方式，将制作好的所有邀请函文档发送给被邀请方，参考效果如图4-5所示。

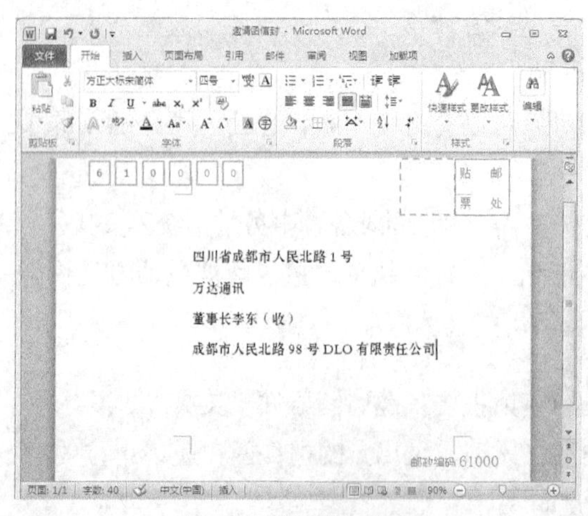

图 4-4　添加信封内容

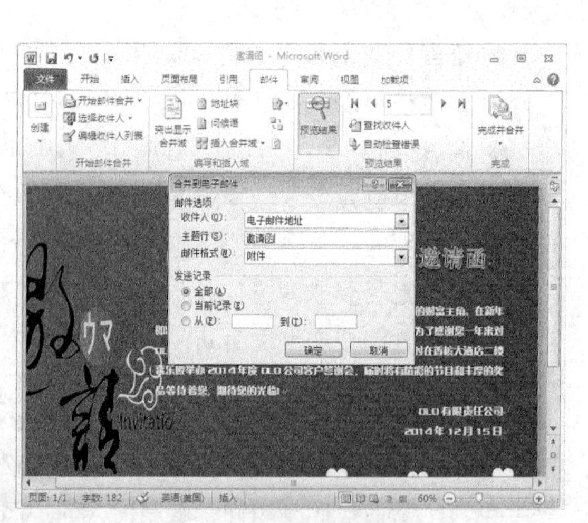

图 4-5　邮件发送邀请函

4.4 制作过程

邀请函的制作其实非常简单，只需输入内容并应用相应的格式，在插入相应的图片即可。当小白完成邀请函的制作后，老张告诉他还可利用邮件合并功能批量制作邀请函，达到提高速度的目的，完成后再使用邮件的方式将其发送。

4.4.1 创建与编辑数据源

在制作邀请函的过程中需要先创建邀请函，再根据需要对创建好的邀请函编辑数据源，并进行批量处理，其具体操作如下（微课：光盘\微课视频\第4章\创建与编辑数据源.swf）。

STEP 1 新建邀请函文档，选择【页面布局】/【页面设置】组，单击“页面设置”按钮，打开“页面设置”对话框，选择“横向”选项，在“页边距”栏中设置上下页边距为“3厘米”，左页边距为“8厘米”，右页边距为“2厘米”，单击确定按钮，如图4-6所示。

STEP 2 输入文档内容，并将文本插入点定位到标题处，如图4-7所示。

图4-6　页面设置

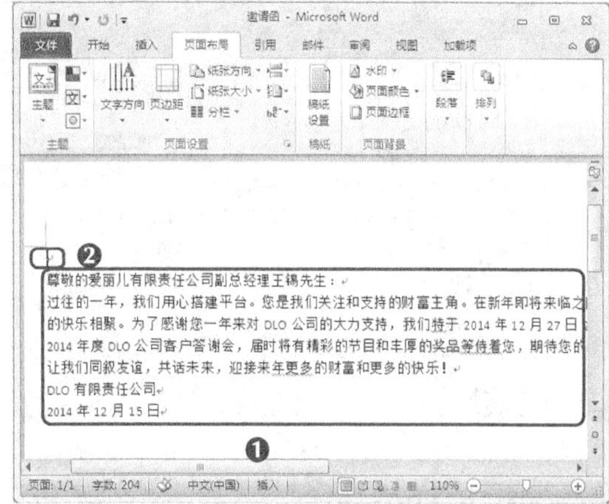

图4-7　输入文字

STEP 3 选择【插入】/【文本】组，单击“艺术字”按钮，在打开的下拉列表中选择“填充-红色，强调文字颜色2，粗糙棱台”选项，在其中输入标题文本“DLO公司年终客户答谢会邀请函”，并调整标题文本位置，如图4-8所示。

STEP 4 选择除标题外的其他内容，设置字符格式为方正粗倩简体、三号。选择正文，在【开始】/【段落】组中单击“段落”按钮，打开“段落”对话框，设置特殊格式为“首行缩进、2字符”，行距为“1.5倍行距”，设置后的效果如图4-9所示。

STEP 5 在编辑区中定位文本插入点，选择【插入】/【插图】组，单击“图片”按钮，打开“插入图片”对话框，如图4-10所示。

STEP 6 在其中选择插入图片的位置，并选择需要插入的图片，单击插入(S)按钮，如图4-11所示。

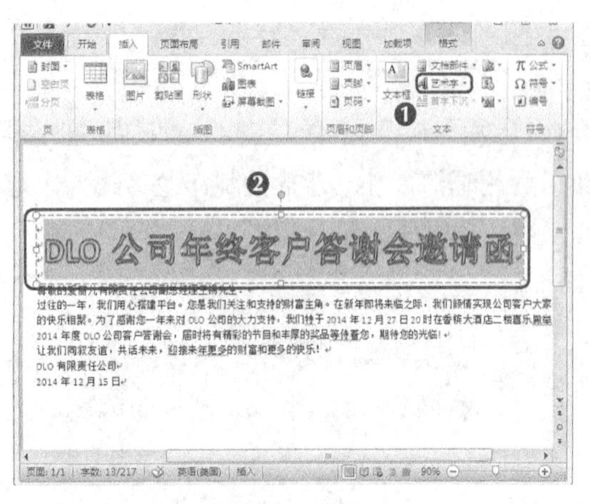

图4-8　输入标题艺术字

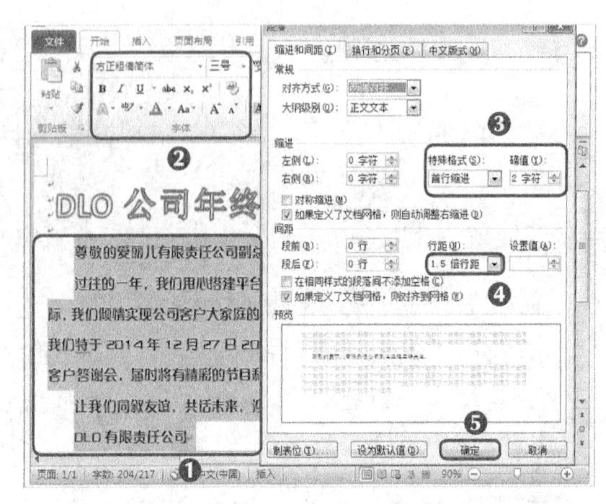

图4-9　设置段落文字

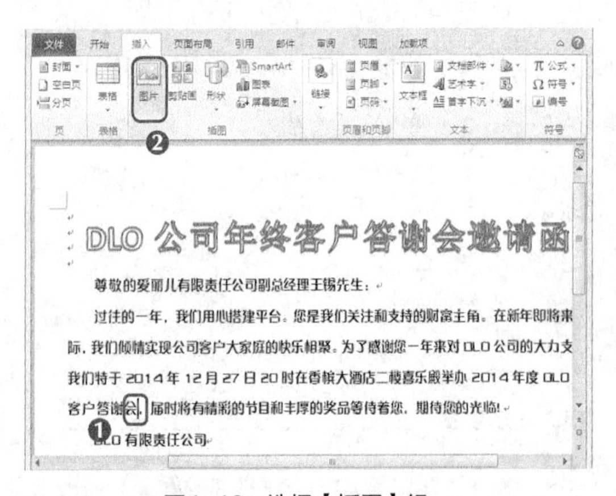

图4-10　选择【插图】组

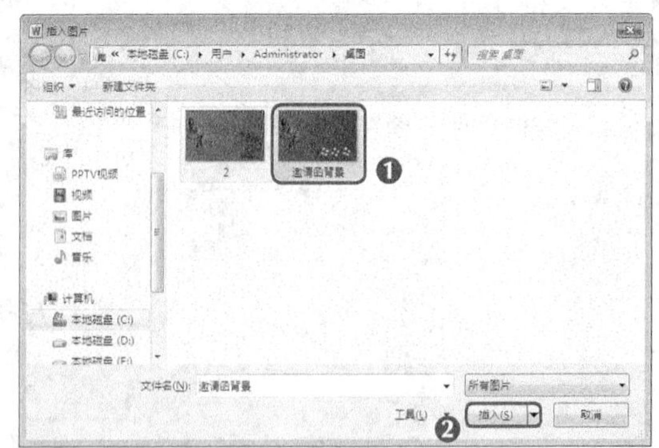

图4-11　选择插入图片

STEP 7　选择插入的图片，选择【格式】/【排列】组，单击“自动换行”按钮，在打开的下拉列表中选择“衬于文字下方”选项，如图4-12所示。

STEP 8　将鼠标指针移动到文档右下方，拖曳鼠标调整背景图片在文档中的位置。选择所有文字，设置文字颜色为“白色”，再对标题文字进行字体颜色的调整，并设置结尾部分文字右对齐，完成的效果如图4-13所示。

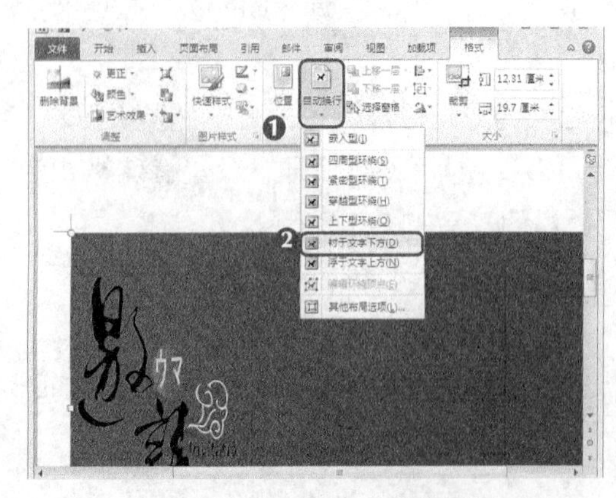

图4-12　设置图片排列方式

图4-13　查看完成后的效果

STEP 9 选择【邮件】/【开始邮件合并】组，单击“开始邮件合并”按钮，在打开的列表中选择“邮件合并分步向导”选项，打开“邮件合并”窗格，如图4-14所示。

STEP 10 在窗格的“选择文档类型”栏中单击选中“信函”单选项。单击“下一步：正在启动文档”超链接，如图4-15所示。

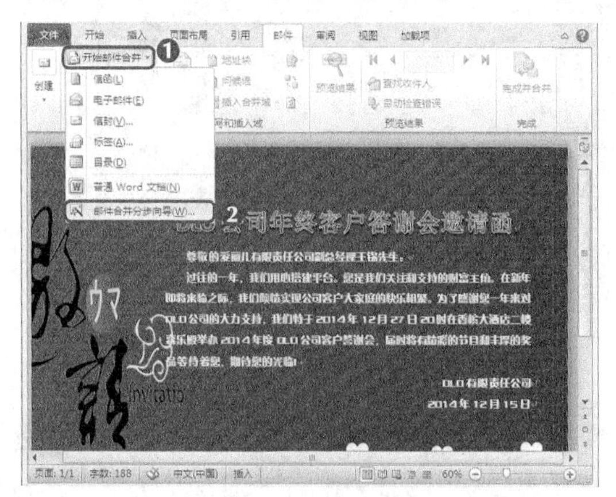

图4-14 选择“邮件合并分步向导”选项

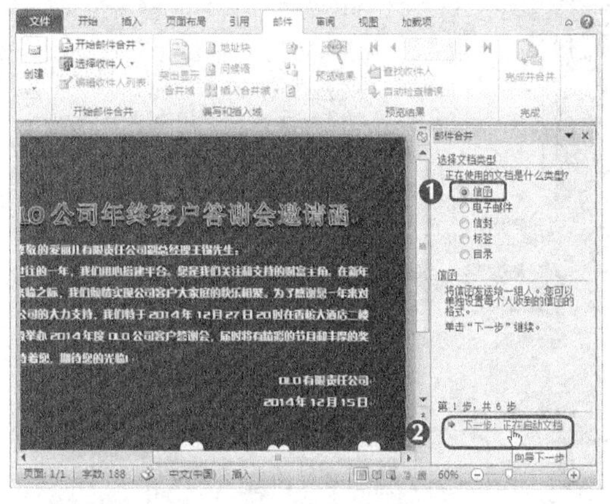

图4-15 单击“下一步：正在启动文档”超链接

STEP 11 在“选择开始文档”栏中单击选中“使用当前文档”单选项。单击“下一步：选取收件人”超链接，如图4-16所示。

STEP 12 在“选取收件人”栏中单击选中“键入新列表”单选项，单击“下一步：撰写信函”超链接，如图4-17所示。

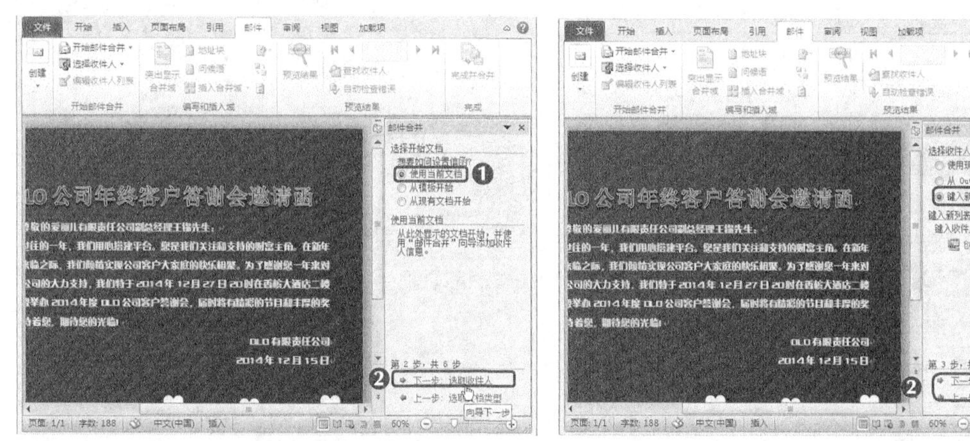

图4-16 单击“下一步：选取收件人”超链接

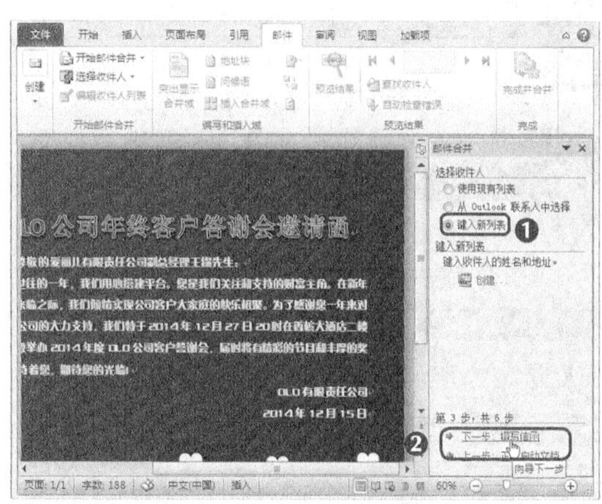

图4-17 单击“下一步：撰写信函”超链接

STEP 13 打开“新建地址列表”对话框。单击 自定义列(Z)... 按钮，在打开的对话框中单击 添加(A)... 按钮，在打开的“添加域”对话框的“键入域名”文本框中输入“移动电话”，依次单击 确定 按钮，如图4-18所示。

STEP 14 返回“新建地址列表”对话框，在其中输入对应的信息，如图4-19所示。

STEP 15 单击 新建条目(N) 按钮，为列表框中新建一行条目，继续输入邀请对象的详细信息。使用同样的方法，将所有邀请对象的信息输入到对话框中，完成后单击 确定 按钮，如图

4-20所示。

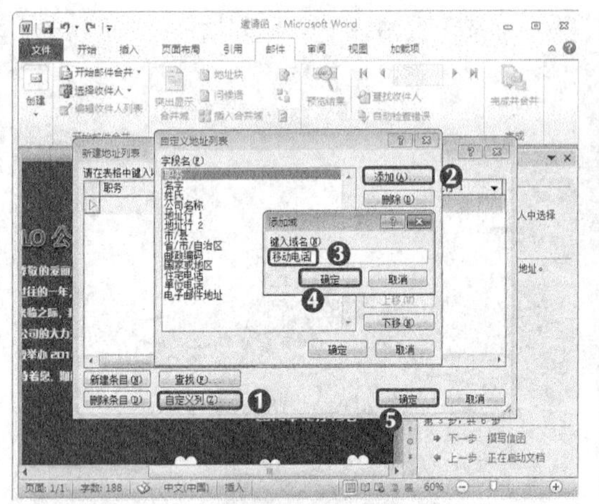

图4-18 添加域

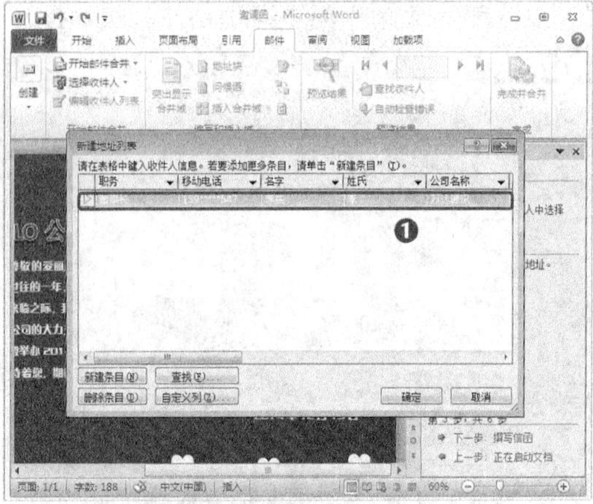

图4-19 输入信息

STEP 16 打开“保存通讯录”对话框，选择保存的路径，在“文件名”文本框中输入“客户信息”，然后单击 保存(S) 按钮，如图4-21所示。

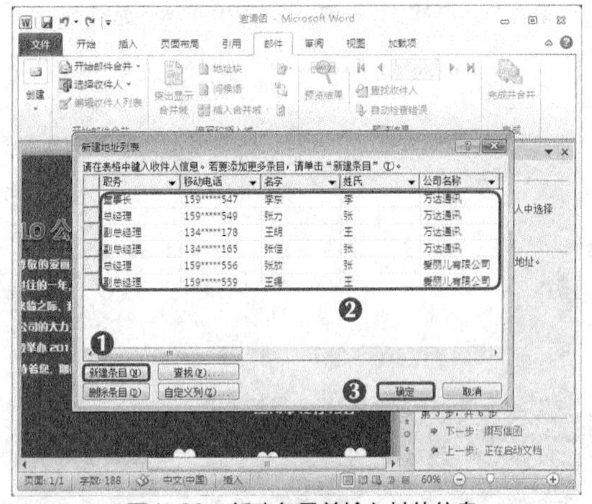

图4-20 新建条目并输入其他信息

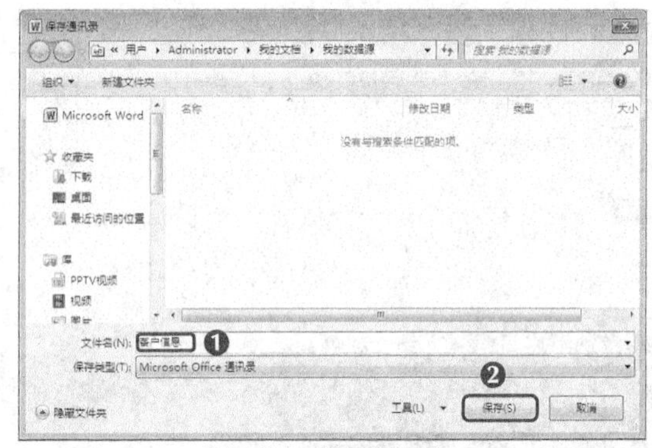

图4-21 保存通信录

STEP 17 打开“邮件合并收件人”对话框，单击选中上一步操作中添加的收件人信息前的复选框，单击 确定 按钮，如图4-22所示。

STEP 18 返回“邮件合并”窗格。单击“下一步：撰写信函”超链接，如图4-23所示。

STEP 19 选择“尊敬的”文本后的公司名称文本，在“撰写信函”栏中单击“其他项目”超链接，如图4-24所示。

STEP 20 打开“插入合并域”对话框。在“域”列表框中选择“公司名称”选项，单击 插入(I) 按钮将域插入到“尊敬的”文本后，如图4-25所示。

STEP 21 使用相同的操作，依次将“职务”“名字”等域名添加到文档中，单击 关闭 按钮关闭对话框，如图4-26所示。返回“邮件合并”窗格，单击“下一步：预览信函”超链接。

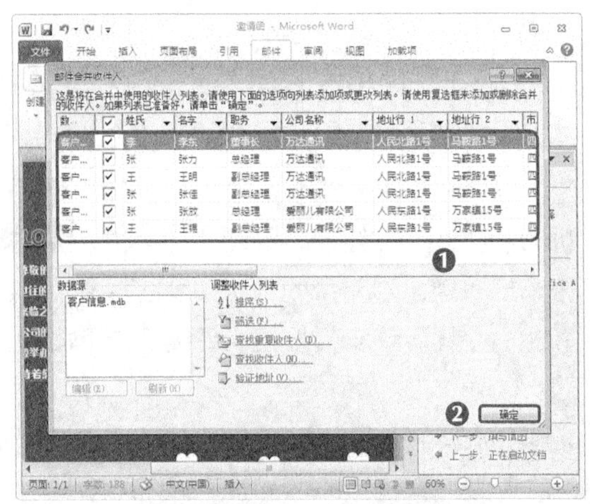

图4-22　单击选中全部复选框

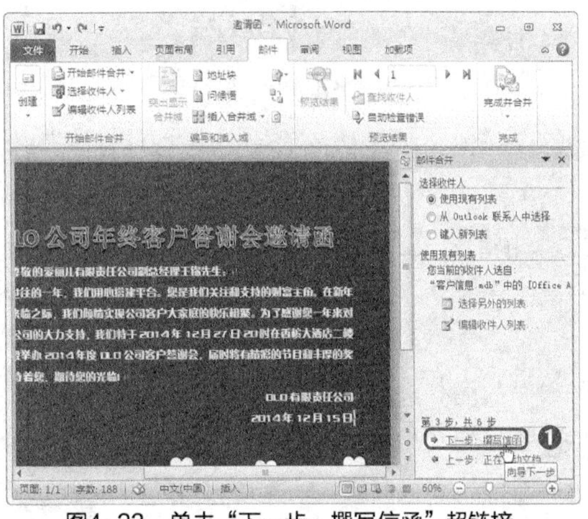

图4-23　单击“下一步：撰写信函”超链接

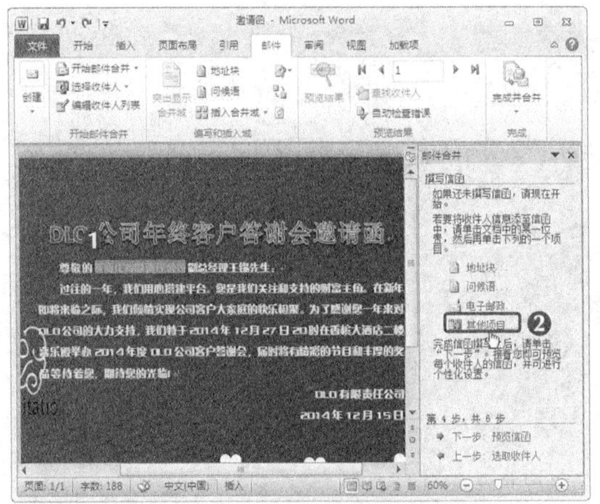

图4-24　单击“其他项目”超链接

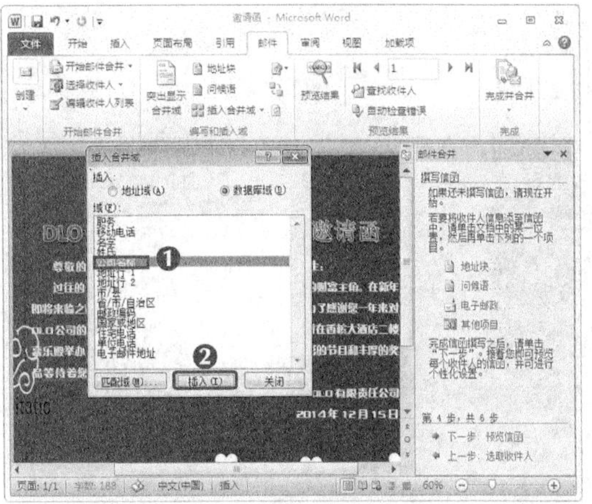

图4-25　选择公司名称

STEP 22 进入预览信函状态，上一步添加的域名会自动从通讯录中提取数据，并将效果显示在文档中。单击«和»按钮，预览通讯录中的每一条信息效果。确认无误后单击“下一步：完成合并”超链接即可，如图4-27所示。

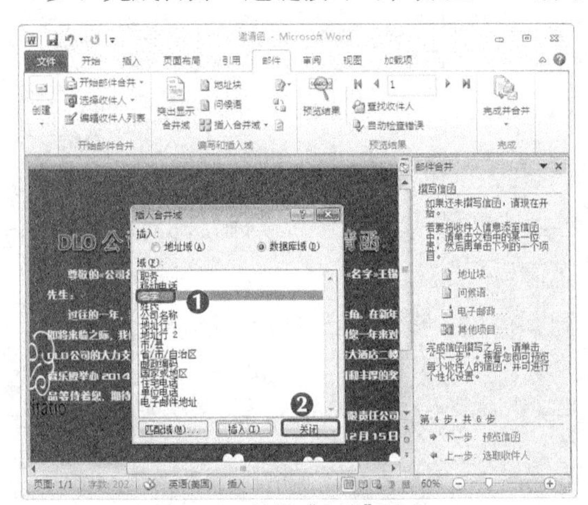

图4-26　选择“名称”选项

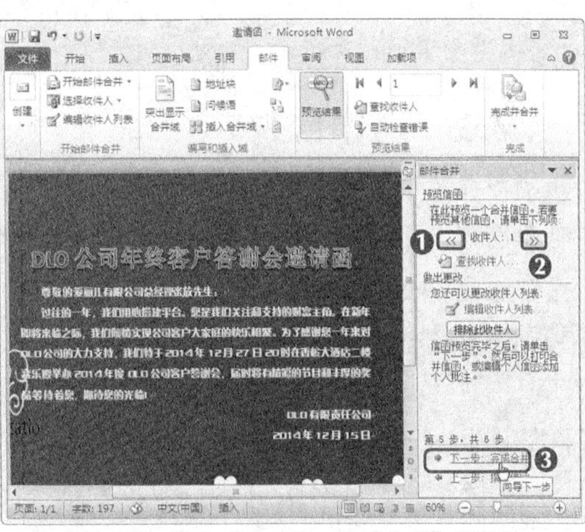

图4-27　单击“下一步：完成合并”超链接

4.4.2 检查语法错误

当完成邀请函的制作后，即可使用拼音和语法的检查功能检查编写的语法错误，使编辑的邀请函更加正确与完整，其具体操作如下（微课：光盘\微课视频\第4章\检查语法错误.swf）。

STEP 1 选择【审阅】/【校对】组，单击“拼写和语法”按钮，打开“拼写和语法：中文（中国）”对话框，在“词法错误”列表框中列出可能出现错误的句子并以红色文字进行显示，在“语法错误”列表框中直接进行修改，然后单击下一句按钮，继续检查下面的文本，如图4-28所示。

STEP 2 使用相同的方法，继续检索文档中可能有错误的句子，检索完成后，系统将自动打开提示对话框，提示拼写和语法检查已完成，单击确定按钮即可，如图4-29所示。

图4-28 修改语法错误

图4-29 完成检查

多学一招

当发现标注的语法错误并不是错误的时候，可单击忽略一次按钮，忽略错误的语法显示，但当发现显示的错误都不是错误的时候，可单击全部忽略按钮，全部忽略错误。

4.4.3 制作信封

当对制作后的邀请函进行检查后，即可制作信封，以供发送邮件。在Word 2010中可单独制作信封，还可使用信封制作向导批量制作信封，下面将具体讲解批量制作的方法，其具体操作如下（微课：光盘\微课视频\第4章\制作信封.swf）。

STEP 1 选择【邮件】/【创建】组，单击“中文信封”按钮，打开“信封制作向导”对话框，如图4-30所示。

STEP 2 单击下一步按钮，打开“选择信封样式”对话框，在“信封样式”下拉列表中选择“国内信封-B6（176×125）”选项，单击下一步按钮，如图4-31所示。

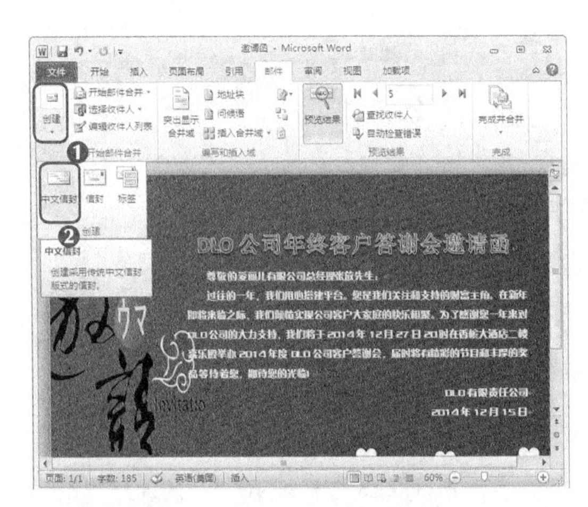

图4-30 打开“信封制作向导”对话框

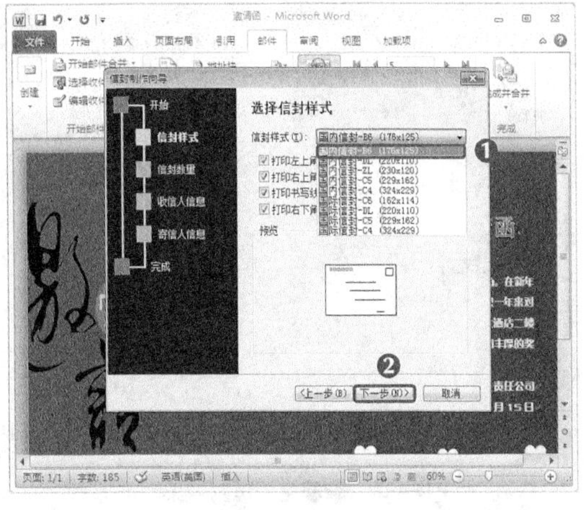

图4-31 选择信封样式

STEP 3 打开“选择生成信封的方式和数量”对话框，单击选中“基于地址薄文件，生成批量信封”单选项，单击[下一步(N)>]按钮，如图4-32所示。

STEP 4 继续单击[下一步(N)>]按钮，根据向导进行信封的制作，单击[完成(F)]按钮，退出信封制作向导，如图4-33所示。

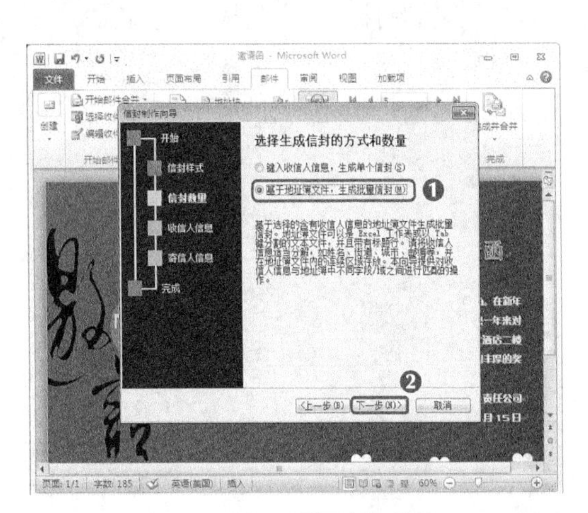

图4-32 批量制作信封

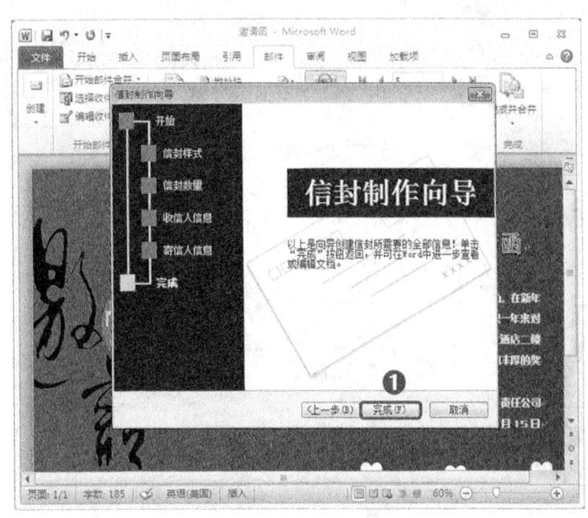

图4-33 完成制作

STEP 5 此时Word编辑区将自动新建文档，并在其中生成信封，生成后的效果如图4-34所示。

STEP 6 根据需要在信封中输入相应的数据，并对格式和字体样式进行调整，完成后的效果如图4-35所示。

多学一招

用户在制作信封时，还可使用“域”自动填写信件内容，其方法与设置邀请函的方法类似，只需选择【邮件】/【开始邮件合并】组，单击“选择收件人”按钮，在打开的下拉列表中选择“使用现有收件人”选项，再根据提示添加联系人即可。

图4-34　查看生成信封效果

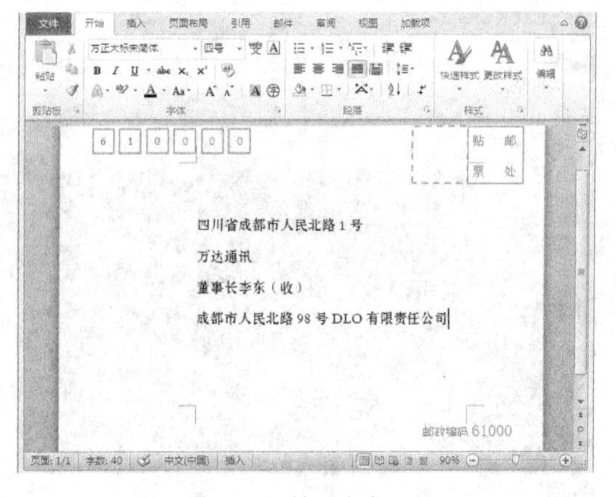

图4-35　输入内容

4.4.4　以邮件的方式发送邀请函

邀请函一般要以请柬的形式发送至被邀请人的手中，以表重视，但在时间紧迫的情况下也可采取邮件方式发送邀请函，下面将具体讲解以邮件的方式发送邀请函的方法，其具体操作如下（微课：光盘\微课视频\第4章\以邮件的方式发送邀请函.swf）。

STEP 1　在【邮件】/【开始邮件合并】组中单击“编辑收件人列表”按钮，打开“邮件合并收件人”对话框，单击编辑(E)...按钮，如图4-36所示。

STEP 2　打开“编辑数据源”对话框，添加联系人的电子邮箱地址，完成后依次单击确定按钮，完成编辑，如图4-37所示。

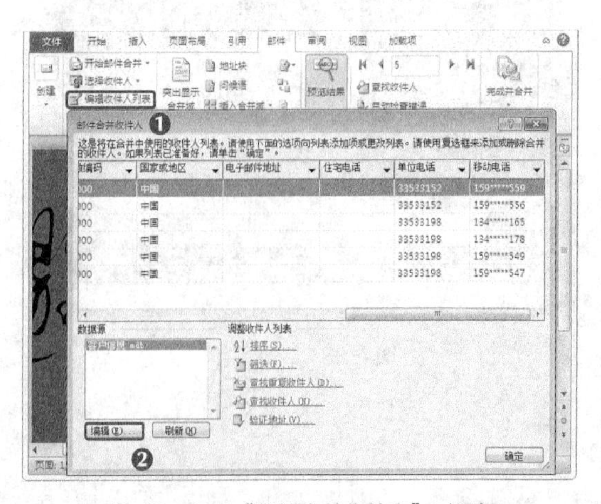

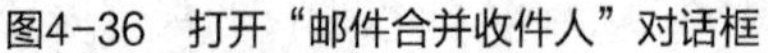

图4-36　打开“邮件合并收件人”对话框

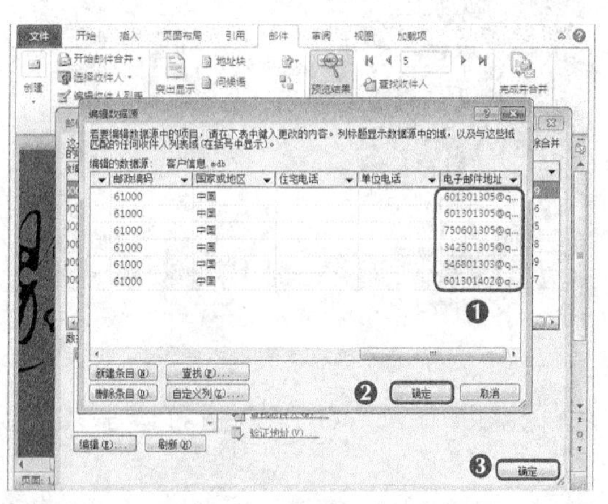

图4-37　编辑电子邮件地址

知识提示

制作提示域时，可选择该域，然后复制到其他需要制作提示域的地方，选择复制的域，单击鼠标右键，在弹出的快捷菜单中选择“编辑域”命令，可打开“域”对话框，在“域名”文本框中重新设置提示文字即可。

STEP 3　返回文档，在【邮件】/【完成】组中单击“完成并合并”按钮，在打开的列表中选择“发送电子邮件”选项，如图4-38所示，打开“合并到电子邮件”对话框。

STEP 4 在“收件人”下拉列表中选择“电子邮件地址”选项，在“主题行”文本框中输入“邀请函”，在“邮件格式”下拉列表中选择“附件”选项，在“发送记录”栏中单击选中“全部”单选项，单击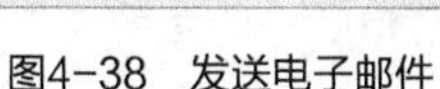按钮，完成发送，如图4-39所示。

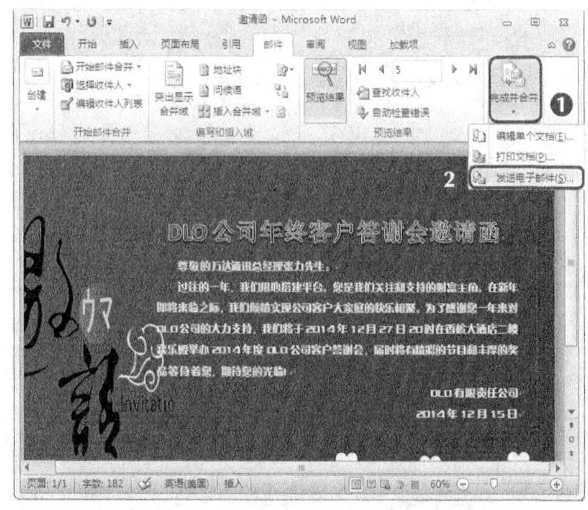

图4-38　发送电子邮件

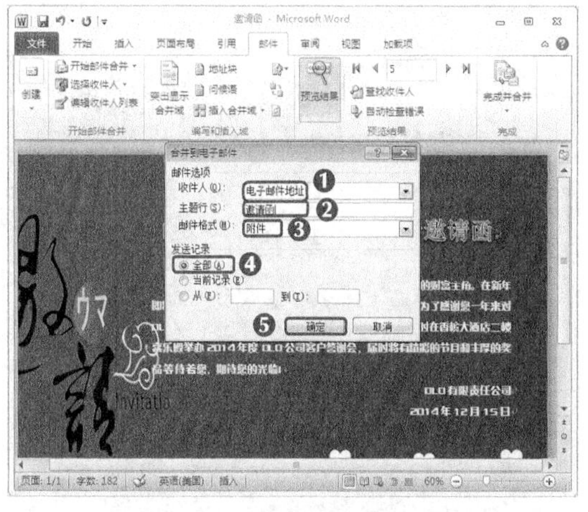

图4-39　编辑发送的邮件

职业素养

发送文档前一定要做以下几件事。

① 核实被邀请人，在发送文档前，应再次确认公司要邀请的人物名单，检查数据源中是否有漏添、多添、误添等现象，以免让公司和被邀请人尴尬，如“公司名称”“职务”“姓名”等。

②核实宴会时间和地址，主要指宴会活动的具体时间和具体地址，并检查文档中时间和地址是否有误，重点检查在输入地址时是否出现同音不同字的现象，以免出现重大错误。

③ 适当添加附属文档。附属文档是指随邀请函一同发送的文档。如某些宴会需要的特殊出入证明或邀请回执。根据不同的宴会和活动类型，确定是否需要添加附属文档。

4.5　实训——编辑“员工录取通知书”文档

4.5.1　实训目标

本实训的目标是编辑“员工录取通知书”文档，其制作与编辑方法与“邀请函”的制作与编辑方法类似，因此该目标要求熟练掌握邮件合并功能的使用方法，并对其进行数据源的创建，再插入对应的域，图4-40所示为“员工录取通知书”文档编辑后的效果。

素材所在位置　光盘:\素材文件\第4章\实训\员工录取通知书.docx
效果所在位置　光盘:\效果文件\第4章\实训\员工录取通知书.docx、信息.mdb

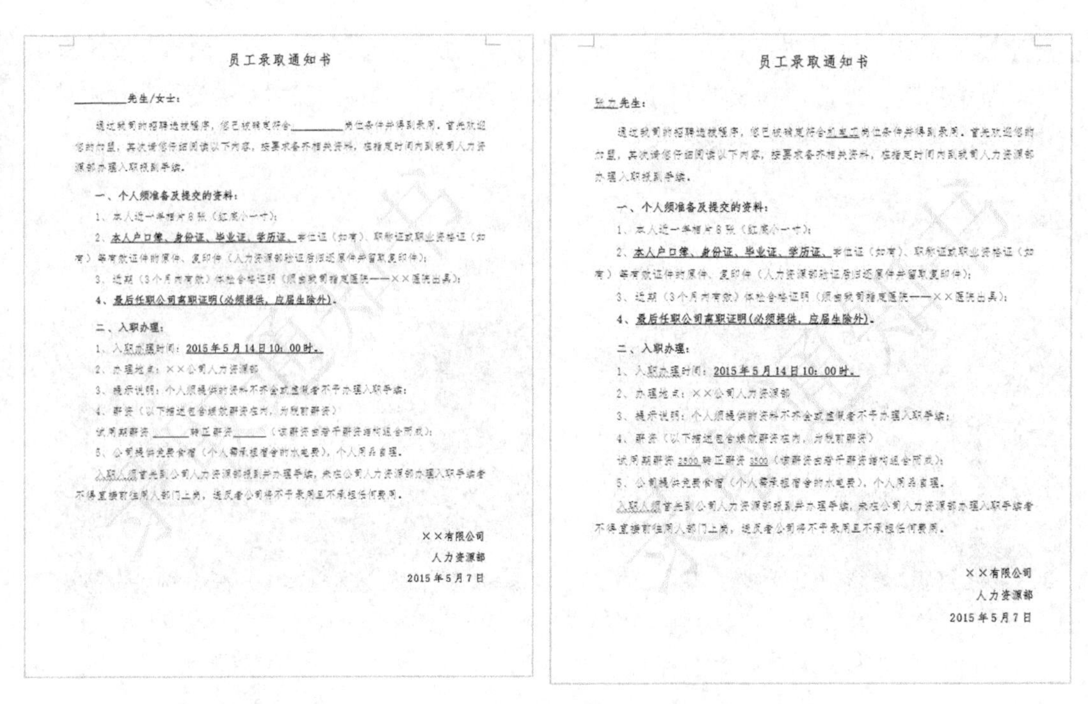

员工录取通知书

______先生/女士：

通过我司的招聘选拔程序，您已被确定符合______岗位条件并得到录用。首先欢迎您的加盟，其次请您仔细阅读以下内容，按要求备齐相关资料，在指定时间内到我司人力资源部办理入职报到手续。

一、个人须准备及提交的资料：

1、本人近一年相片8张（红底小一寸）；

2、本人户口簿、身份证、毕业证、学历证、学位证（如有）、职称证或职业资格证（如有）等有效证件的原件、复印件（人力资源部验证后归还原件并留取复印件）；

3、近期（3个月内有效）体检合格证明（须由我司指定医院——××医院出具）；

4、最后任职公司离职证明（必须提供，应届生除外）。

二、入职办理：

1、入职办理时间：2015年5月14日10：00时。

2、办理地点：××公司人力资源部

3、提示说明：个人须提供的资料不齐全或虚假者不予办理入职手续；

4、薪资（以下描述包含绩效薪资在内，为税前薪资）

试用期薪资______转正薪资______（该薪资由若干薪资结构组合而成）；

5、公司提供免费食宿（个人需承担宿舍的水电费），个人用品自理。

入职人须首先到公司人力资源部报到并办理手续，未在公司人力资源部办理入职手续者不得直接前往用人部门上岗，违反者公司将不予录用且不承担任何费用。

××有限公司

人力资源部

2015年5月7日

员工录取通知书

张力先生：

通过我司的招聘选拔程序，您已被确定符合副总工岗位条件并得到录用。首先欢迎您的加盟，其次请您仔细阅读以下内容，按要求备齐相关资料，在指定时间内到我司人力资源部办理入职报到手续。

一、个人须准备及提交的资料：

1、本人近一年相片8张（红底小一寸）；

2、本人户口簿、身份证、毕业证、学历证、学位证（如有）、职称证或职业资格证（如有）等有效证件的原件、复印件（人力资源部验证后归还原件并留取复印件）；

3、近期（3个月内有效）体检合格证明（须由我司指定医院——××医院出具）；

4、最后任职公司离职证明（必须提供，应届生除外）。

二、入职办理：

1、入职办理时间：2015年5月14日10：00时。

2、办理地点：××公司人力资源部

3、提示说明：个人须提供的资料不齐全或虚假者不予办理入职手续；

4、薪资（以下描述包含绩效薪资在内，为税前薪资）

试用期薪资2500转正薪资3500（该薪资由若干薪资结构组合而成）；

5、公司提供免费食宿（个人需承担宿舍的水电费），个人用品自理。

入职人须首先到公司人力资源部报到并办理手续，未在公司人力资源部办理入职手续者不得直接前往用人部门上岗，违反者公司将不予录用且不承担任何费用。

××有限公司

人力资源部

2015年5月7日

图4-40　“员工录取通知书”文档最终效果

4.5.2　专业背景

员工录取通知书是企业开展招聘活动后，对应聘者进行评估筛选，然后给予决定最终是否录用的应聘者所发送的通知，企业发送给被录用者的通知书一般需要包含称呼、录用信息、注意事项、落款、日期等部分，并清楚告知录取岗位，并标明录取时间，以及应聘者的到岗时间。

在现实社会中，企业多采用网上招聘，通过在网络中发送招聘信息，吸引招聘者应聘，并通过面试、笔试等一系列考核，通过考核后便可发送录取消息给应聘者，而现在采用最多的发送方式为电子邮件。

4.5.3　操作思路

完成本实训需要先编辑文档，然后对发送的电子邮件进行编辑，其操作思路如图4-41所示。

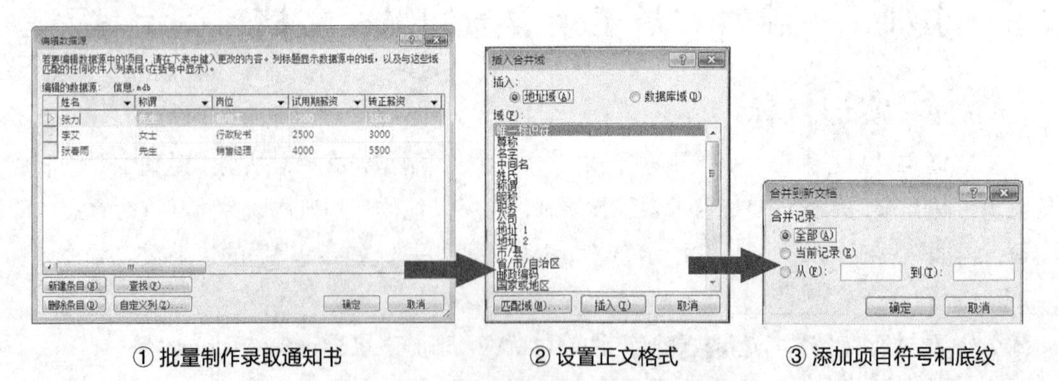

① 批量制作录取通知书　　② 设置正文格式　　③ 添加项目符号和底纹

图4-41　“员工录取通知书”文档的制作思路

STEP 1 打开“员工录取通知书.docx”文档，批量制作员工录取通知书，并使用邮件合并功能对其进行合并操作，并输入收件人姓名、称谓、岗位、试用期薪资、转正薪资等内容。

STEP 2 在文件相应位置插入对应的域，并对文档进行预览。

STEP 3 对文档进行合并操作，然后进行保存。

4.6 常见疑难解析

问：在文档中插入域后，进行预览时，提示插入了无效的域，这是什么原因？

答：这是因为插入的域不在数据源中，从而无法识别，因此无法进行预览，可通过先检查域名是否真实，并打开收件人列表进行查看，查看被提示的无效域是列表中的哪个域，将其替换成正确的域即可。

问：如何将邮件合并后的文档恢复到常规文档？

答：只需打开合并后的文档，选择【邮件】/【开始邮件合并】组，单击“开始邮件合并”按钮，在打开的下拉列表中选择“普通Word文档”选项，然后单击 确定 按钮，确认设置。

问：可以将邀请函创建为模板吗？

答：可以，只需打开“邀请函”文档，并在“另存名”对话框中将“邀请函”保存为“Word 模板（*.dotx）”类型文档。

4.7 习题

本章主要介绍了邀请函制作的相关操作，包括邮件合并功能的使用、域的使用、信封的制作、邮件的发送，通过本章的学习，对邀请函的制作有一定的了解，为后面制作贺卡与邀请类文档打下坚实的基础。

效果所在位置 光盘:\效果文件\第4章\习题\感谢信.docx、信封.docx

（1）感谢信与贺卡类似，它通过信件的形式对祝贺公司或某一个人发起感谢，因此在编辑前需先输入感谢信的内容，并对格式进行设置，如果发送的人较多，还可使用邮件合并功能对感谢信进行批处理，参考效果如图4-42所示。

- 感谢信文档主要是对公司或个人的某一件事进行感谢，为了表示真诚，因此设置时不应太过花哨。
- 写感谢信的主要内容，设置感谢信标题的字符格式为“宋体、三号、居中显示”，设置正文的行距为“1.5倍行距”，特殊格式为“首行缩进、2字符”。使用邮件合并的方式添加收件人数据源，完成后保存文档。

（2）制作完成某一个信件后，需要一个信封对制作完成后的信件进行装载。此时，信封的制作成了不可缺少的部分，而使用邮件合并功能制作信封，可让信封制作更加方便，参考效果如图4-43所示。

- 确定信封的一般大小，以及放置物的大小，信封不能小于放置物。
- 根据信封制作向导设置信封样式、选择信封生成方式，设置接收人信息，最后完成信封的创建。

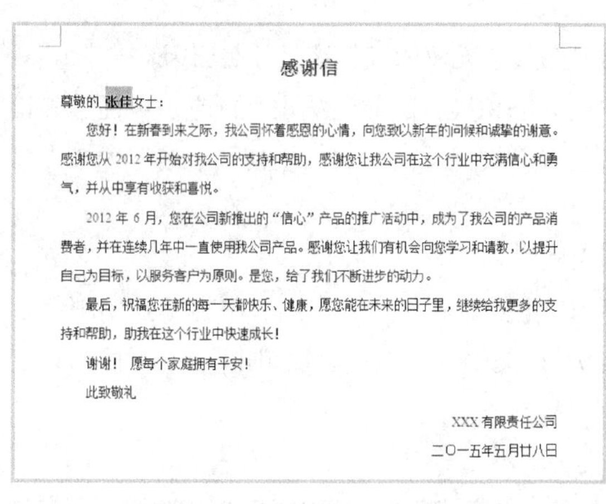

感谢信

尊敬的张佳女士：

您好！在新春到来之际，我公司怀着感恩的心情，向您致以新年的问候和诚挚的谢意。感谢您从2012年开始对我公司的支持和帮助，感谢您让我公司在这个行业中充满信心和勇气，并从中享有收获和喜悦。

2012年6月，您在公司新推出的“信心”产品的推广活动中，成为了我公司的产品消费者，并在连续几年中一直使用我公司产品。感谢您让我们有机会向您学习和请教，以提升自己为目标，以服务客户为原则。是您，给了我们不断进步的动力。

最后，祝福您在新的每一天都快乐、健康，愿您能在未来的日子里，继续给我更多的支持和帮助，助我在这个行业中快速成长！

谢谢！ 愿每个家庭拥有平安！

此致敬礼

XXX有限责任公司

二〇一五年五月廿八日

图4-42 “感谢信”最终效果

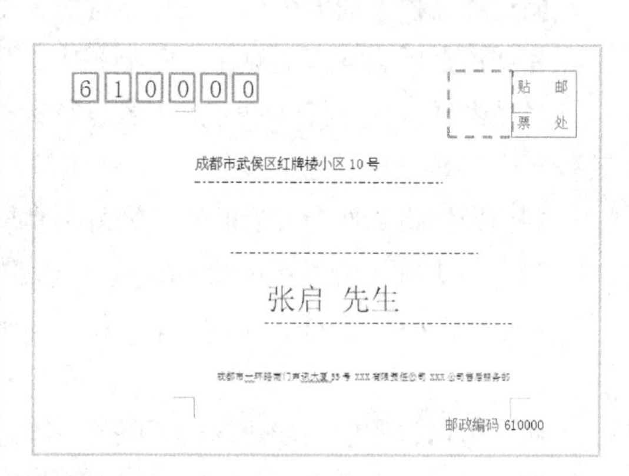

图4-43 制作“信封”最终效果

课后拓展知识

使用Word 2010除了可以直接发送电子邮件外，还支持发送传真功能，连接到发送传真的传真服务商后即可使用，但必须保证电脑上装有Word 2010和Outlook软件。通过传真服务发送传真非常节约时间，传真服务还可以支持以下功能。

- **多个收件人**：可以将传真发送至电子邮箱或标准传真机，并按需要设置收件人的数量。
- **多个文档**：可以发送多页文档，也可将多个文档制作为一个数据包发送。
- **电子传真**：每个传真都有自己的传真号，发送传真时，系统会自动将传真以TIFF附件形式发送到指定收件箱。
- **脱机发送**：当电脑网络连接断开时，可自动将传真保存，并在网络连接时发送。
- **存档文件**：已经发送的传真将存储在Outlook中或是已发送邮件文件夹与其他指定地点。

PART 5

第5章 制作员工档案表

情景导入

小白通过近期的学习已经对Word的使用和制作有了一定的了解，学习刚刚有点松懈时，老张告诉他，Word只能编辑文稿，而Excel却能对账务进行具体记录与计算，于是小白又开始了新的学习之路。

知识技能目标

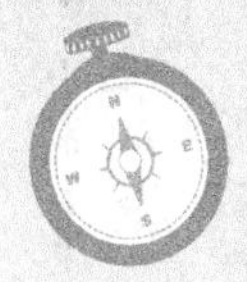

- 掌握在Excel中新建、输入与编辑数据的方法。
- 掌握设置对齐方式的方法。
- 熟练掌握设置字体样式的方法。

- 了解档案的一般要求。
- 了解档案的基本特点。

实例展示

员工档案表

职员编号	姓名	性别	出生日期	身份证号码	学历	专业	进公司日期	工龄	职位	职位状态	联系电话	备注
KOP0001	郝佳	女	1985年1月	504850********4850	大专	市场营销	2003年7月	12	销售员	在职	159****0546	
KOP0002	张健	男	1983年10月	565432********5432	本科	文秘	2005年7月	10	职员	在职	159****0547	
KOP0003	何可人	女	1981年6月	575529********5529	研究生	装饰艺术	2002年4月	13	设计师	在职	159****0548	
KOP0004	陈宇轩	男	1982年8月	585626********5626	硕士	市场营销	2003年10月	12	市场部经理	在职	159****0549	
KOP0005	方小波	男	1985年3月	595723********5723	本科	市场营销	2003年10月	12	销售员	在职	159****0550	
KOP0006	杜丽	女	1983年5月	605820********5820	大专	市场营销	2005年7月	10	销售员	在职	159****0551	
KOP0007	谢晓云	女	1980年12月	646208********6208	本科	电子商务	2003年10月	12	职员	在职	159****0552	
KOP0008	范琪	女	1981年11月	656305********6305	本科	市场营销	2003年10月	12	销售员	在职	159****0553	
KOP0009	郑宏	男	1980年12月	686596********6596	大专	电子商务	2002年4月	13	职员	在职	159****0554	
KOP0010	宋颖	女	1982年8月	696693********6693	本科	电子工程	2003年10月	2	工程师	在职	159****0555	
KOP0011	欧阳夏	女	1983年7月	747178********7178	本科	电子工程	2005年7月	10	工程师	在职	159****0556	
KOP0012	邓佳颖	女	1980年4月	787566********7566	大专	市场营销	2002年4月	13	销售员	在职	159****0557	
KOP0013	李培林	男	1984年10月	797663********7663	研究生	装饰艺术	2003年7月	10	设计师	在职	159****0558	
KOP0014	郭晓芳	女	1981年8月	868342********8342	大专	市场营销	2002年4月	13	销售员	在职	159****0559	
KOP0015	刘佳宇	男	1980年2月	898633********8633	本科	市场营销	2005年7月	10	经理助理	在职	159****0560	
KOP0016	周冰玉	男	1984年8月	918827********8827	大专	市场营销	2006年9月	7	职员	在职	159****0561	
KOP0017	刘爽	男	1981年2月	928924********8924	研究生	市场营销	2005年7月	10	职员	在职	159****0562	
KOP0018	李海	男	1983年5月	949118********9118	大专	电子工程	2005年7月	10	办公室主任	在职	159****0563	
KOP0019	卢晓芬	女	1982年10月	949118********9118	硕士	市场营销	2003年10月	12	研发部主任	在职	159****0564	
KOP0020	陆海	男	1980年1月	949118********9118	硕士	电子工程	2002年4月	13	工程师	在职	159****0565	
KOP0021	马琳	女	1984年9月	949118********9118	本科	电子工程	2005年7月	10	工程师	在职	159****0566	
KOP0022	朱海丽	女	1980年10月	949118********9118	本科	文秘	2005年6月	10	职员	在职	159****0567	

5.1 实例目标

当小白认识到不足后，就很诚恳地请教老张，该如何提升自己的能力，老张告诉他可以先对Excel 2010进行学习，因为小白是第一次学习和使用Excel。老张让小白制作一份简单的员工档案表，在制作时先要对该表格进行分析，并拟定制作流程，再进行工作簿的制作。

图5-1所示即将要制作的“员工档案表”工作簿效果。通过对本例效果的预览，可知道完成工作簿的具体内容，包括新建并输入数据、设置边框和底纹、设置行高和列宽、设置对齐方式、设置字体样式和打印工作表的方法，下面先具体讲解其制作流程，再根据流程完成本实例的制作。

效果所在位置　光盘:\效果文件\第5章\员工档案表.xlsx

员工档案表

职员编号	姓名	性别	出生日期	身份证号码	学历	专业	进公司日期	工龄	职位	职位状态	联系电话	备注
KOP0001	郭佳	女	1985年1月	504850********4850	大专	市场营销	2003年7月	12	销售员	在职	159****0546	
KOP0002	张健	男	1983年10月	565432********5432	本科	文秘	2005年7月	10	职员	在职	159****0547	
KOP0003	何可人	女	1981年6月	575529********5529	研究生	装饰艺术	2002年4月	13	设计师	在职	159****0548	
KOP0004	陈宇轩	男	1982年8月	585626********5626	硕士	市场营销	2003年10月	12	市场部经理	在职	159****0549	
KOP0005	方小波	男	1985年3月	595723********5723	本科	市场营销	2003年10月	12	销售员	在职	159****0550	
KOP0006	杜丽	女	1983年5月	605820********5820	大专	市场营销	2005年7月	10	销售员	在职	159****0551	
KOP0007	谢晓云	女	1980年12月	646208********6208	本科	电子商务	2003年10月	12	职员	在职	159****0552	
KOP0008	范琪	女	1981年11月	656305********6305	本科	市场营销	2003年10月	12	销售员	在职	159****0553	
KOP0009	郑宏	男	1980年12月	686596********6596	大专	电子商务	2002年4月	13	职员	在职	159****0554	
KOP0010	宋颖	女	1982年8月	696693********6693	本科	电子工程	2003年10月	2	工程师	在职	159****0555	
KOP0011	欧阳夏	女	1983年7月	747178********7178	本科	电子工程	2005年7月	10	工程师	在职	159****0556	
KOP0012	郑佳颖	女	1980年4月	787566********7566	大专	市场营销	2002年4月	13	销售员	在职	159****0557	
KOP0013	李培林	男	1984年10月	797663********7663	研究生	装饰艺术	2005年7月	10	设计师	在职	159****0558	
KOP0014	郭晓芳	女	1981年8月	868342********8342	大专	市场营销	2002年4月	13	销售员	在职	159****0559	
KOP0015	刘佳宇	男	1980年2月	898633********8633	本科	市场营销	2005年7月	10	经理助理	在职	159****0560	
KOP0016	周冰玉	男	1984年8月	918827********8827	大专	市场营销	2006年9月	7	职员	在职	159****0561	
KOP0017	刘爽	男	1981年2月	928924********8924	研究生	市场营销	2005年7月	10	职员	在职	159****0562	
KOP0018	李涛	男	1983年5月	949118********9118	大专	电子工程	2005年7月	10	办公室主任	在职	159****0563	
KOP0019	卢晓芬	女	1982年10月	949118********9118	硕士	市场营销	2003年10月	12	研发部主任	在职	159****0564	
KOP0020	陆涛	男	1980年1月	949118********9118	硕士	电子工程	2002年4月	13	工程师	在职	159****0565	
KOP0021	马琳	女	1984年9月	949118********9118	本科	电子工程	2005年7月	10	工程师	在职	159****0566	
KOP0022	朱海丽	女	1980年10月	949118********9118	本科	文秘	2005年6月	10	职员	在职	159****0567	

图5-1　“员工档案表”工作簿最终效果

5.2 实例分析

很多人觉得使用Excel制作档案表非常简单，但是老张告诉小白，作为一个新手，不能一开始就将其定位得简单，在制作前需要先了解员工档案表的要求与档案表的一般特性，再根据学到的知识制作表格。

5.2.1 档案一般要求

档案是人事管理制度的一项重要特色，它是个人身份、学历、资历等方面的证据，与个人工资待遇、社会劳动保障、组织关系紧密挂钩，具有法律效用，是记载人生轨迹的重要依据。而高校学生档案则是档案的组成部分，是大学生在校期间的生活、学习及各种社会实践的真实历史记录，是大学生就业及其今后各单位选拔、任用、考核的主要依据。对事业单位而言，人事档案相当重要。

提供保管档案服务的机构包括各地人才市场，各区、县人才市场及街道办等。按照我国《档案法》《干部档案工作条例》《流动人员档案管理暂行规定》等法规，毕业生的人事档案属于国家法定、强制执行、归口管理的公共信息，个人不得截留和销毁。

档案丢失需进行补档，也就是说，持有者需回到小学、初中、高中、大学及原工作单位，补齐相关证明材料，因为档案未归档会影响到入党、升学等，影响自己评定职称、考研政审、劳动保险及日后的离退休手续办理，也会影响到自己出国留学。如果有考公务员的意向，档案必须保管好。

而员工档案是企业对该员工的一种了解途径，该档案中不但记录了该员工的基本材料，是企业初步认识该员工的依据，而且通过员工档案表的制作可以更好地对该员工进行了解与管理。

5.2.2 档案基本特点

档案都具有一定的特性，包括员工档案也一样，作为员工的载体，它应该具有全面性、现实性、真实性、动态性、流动性、机密性等特点，下面分别进行介绍。

- **全面性**：档案收存员工的履历、自传、鉴定（考评）、政治历史、入党入团奖励、处分、任免、工资等方面的有关文件材料，因此，它能记录员工个人成长、思想发展的历史，能展现员工家庭情况、专业情况、个人自然情况等各个方面的内容，总之，档案是员工个人信息的储存库，它概括地反映了员工的个人全貌。
- **现实性**：由于员工仍在工作，其档案则成为人事（劳动）部门正确使用人才、合理解决工资等问题的一个重要依据。直接为现实工作服务是档案区别于其他文档的重要标志。
- **真实性**：这是档案现实性的基础和前提。档案必须做到整体内容完整齐全，个体材料客观真实，才能为用人部门提供优质服务。
- **动态性**：档案立卷后，其内容不是一成不变的，随着当事人人生道路的延伸将不断形成一些反映新信息的文件材料。因此，档案必须注意做好新材料的收集补充，力求缩短档案与员工实际情况的“时间差”，这就要求档案必须打孔装订，以便随时补充新材料。
- **流动性**：档案的管理与员工的人事管理相统一，才便于发挥档案的作用，如果人、档脱节，保管档案而不知当事人已调往何处，即“有档无人”，这样的无头档案，保管得再好也无意义。因此，在工作中必须坚持“档随人走”，在员工调走后的一周以内，必须将其档案转往新的管理部门。
- **机密性**：档案的内容涉及个人功过等诸多方面情况，有的从侧面反映了一些重大历史事件，有的是个人向组织汇报而不能向他人（包括家庭成员）言及的内心隐秘等，因此，档案属于党和国家的机密，任何人不得泄露和私自保存档案材料。

5.3 制作思路

当小白认识了档案的一般要求和档案基本特点后，老张告诉小白，确定好员工档案表的内容后，便可新建Excel工作簿，然后输入表格的内容，并对表格进行编辑，完成后对表格进行保存操作，再对表格进行打印。下面将对具体的制作思路进行讲解。

（1）打开并新建Excel工作簿，为工作表命名，并输入员工档案表内容，参考效果如图5-2所示。

（2）调整行高和列宽，合并单元格并为单元格设置边框，参考效果如图5-3所示。

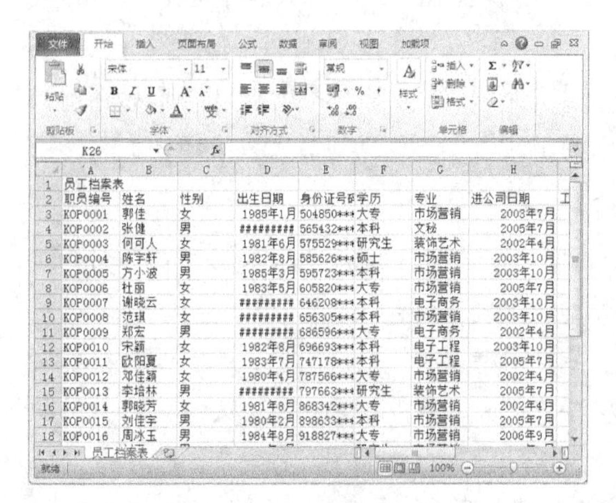

图5-2　输入工作表数据

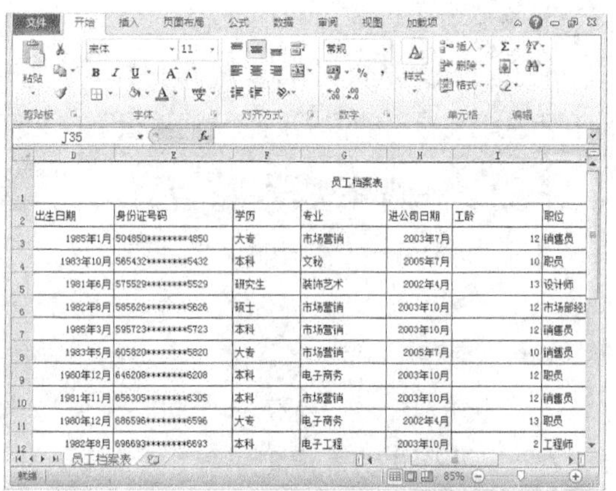

图5-3　合并单元格并添加边框

（3）设置单元格中的文本格式，包括设置字体、字号，再设置底纹、对齐方式，参考效果如图5-4所示。

（4）设置打印参数，并打印工作表，再设置密码保护工作表，如图5-5所示。

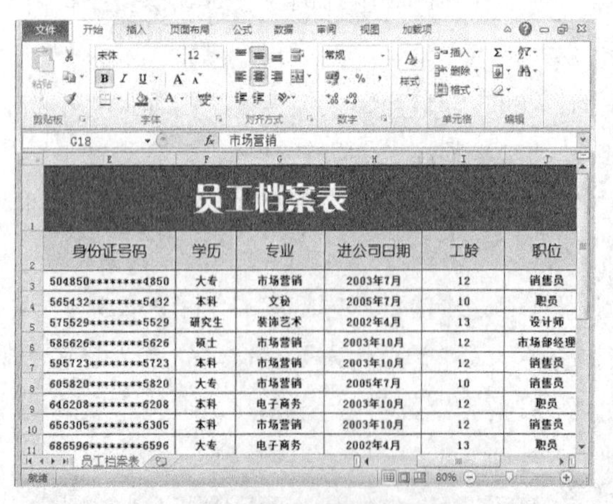

图5-4　设置文本格式与单元格格式

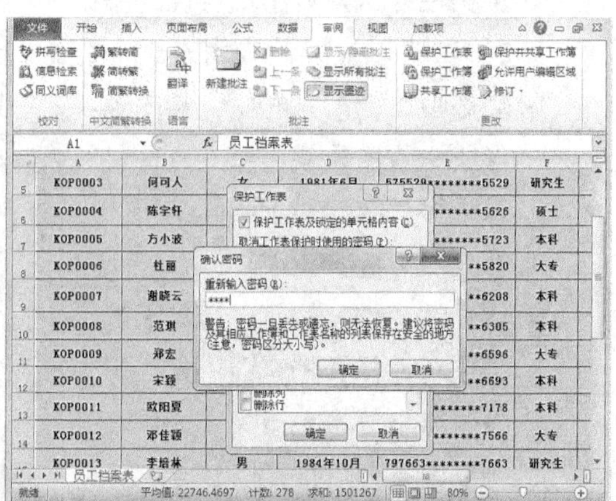

图5-5　设置保护工作表密码

职业素养

不同的公司，制作档案表也有所不同，有的采用竖形的方式单页显示该员工的具体信息，或是使用工作簿的形式，将公司的员工一起进行制作，方便查看。本例采用工作簿的方式进行制作。

5.4 制作过程

小白决定开始制作员工档案表，在制作时老张告诉小白，该工作表主要会使用到新建并输入数据、设置边框和底纹、设置行高与列宽、设置对齐方式、设置字体样式、打印工作表等操作，下面分别进行介绍。

5.4.1 新建并输入数据

在制作工作表之前，需先创建一个“员工档案表.xlsx”工作簿，并对工作表进行重命名，然后按照需要输入各项数据，其具体操作如下（微课：光盘\微课视频\第5章\新建并输入数据.swf）。

STEP 1 将鼠标光标移动到桌面左下角，单击“开始”按钮，在打开的菜单中选择【所有程序】/【Microsoft Office】/【Microsoft Excel 2010】菜单命令，如图5-6所示。

STEP 2 打开Excel 2010的工作界面，认识工作界面的组成部分，如图5-7所示。

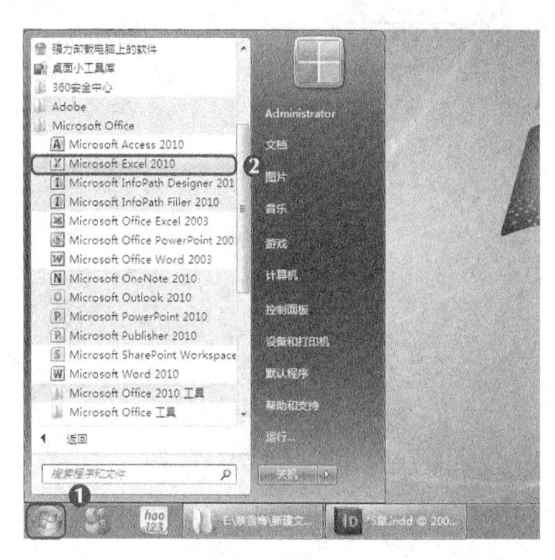

图5-6 启动Excel

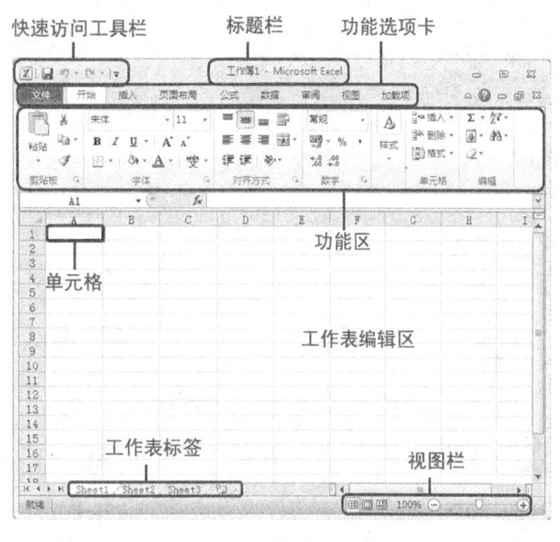

图5-7 认识工作表界面

STEP 3 选择【文件】/【保存】菜单命令，打开“另存为”对话框，如图5-8所示。

STEP 4 选择文件保存位置。在“文件名”下拉列表框中输入要保存的文件名称，这里输入“员工档案表”，单击保存(S)按钮，如图5-9所示。

多学一招

保存工作簿时还可选择【文件】/【另存为】菜单命令，或按【Ctrl+S】组合键，也可打开“另存为”对话框，在其中进行保存操作。

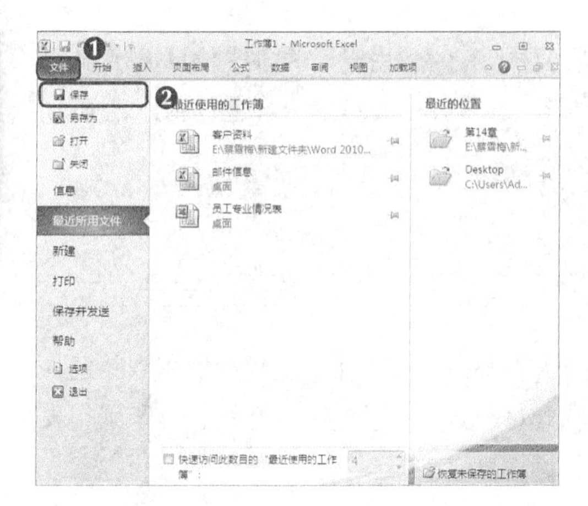

图5-8　保存文档

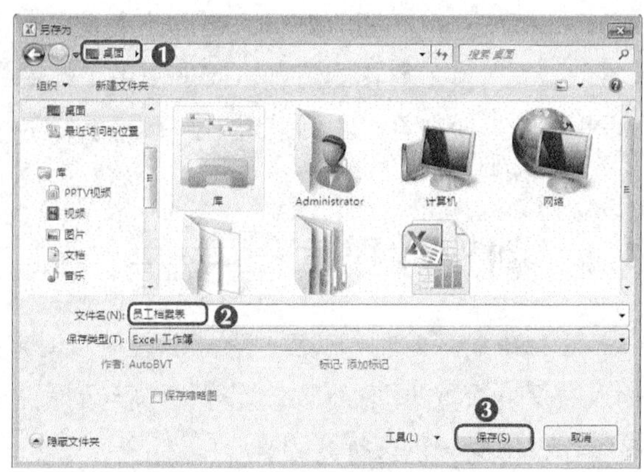

图5-9　输入文件名并进行保存

STEP 5 选择【文件】/【选项】菜单命令，如图5-10所示，打开“Excel选项”对话框。

STEP 6 在左侧单击“保存”选项卡，在“保存工作簿”栏中单击选中“保存自动恢复信息时间间隔”复选框，在其后方的数值框中输入“10”，单击 确定 按钮，如图5-11所示。

图5-10　选择“选项”菜单命令

图5-11　设置自动保存

STEP 7 返回工作表编辑区，在“Sheet1”工作表名称上单击鼠标右键，在弹出的快捷菜单中选择“重命名”命令，如图5-12所示。

STEP 8 此时，工作表标签呈可编辑状态显示，在其中输入“员工档案表”，并按【Enter】键，完成重命名操作，如图5-13所示。

STEP 9 选择A1单元格，双击鼠标将文本插入点定位到其中，并输入“员工档案表”，此时，编辑栏中将显示输入的数据，如图5-14所示。

多学一招

重命名工作表标签时还可选择需要重命名的工作表，选择【开始】/【单元格】组，单击“格式”按钮，在打开的下拉列表中选择“重命名工作表”选项，在需重命名的工作表标签处输入重命名的文字即可。

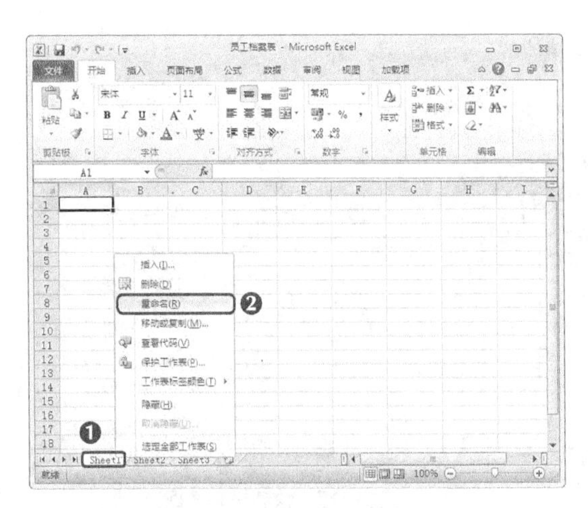

图5-12 选择“重命名”命令

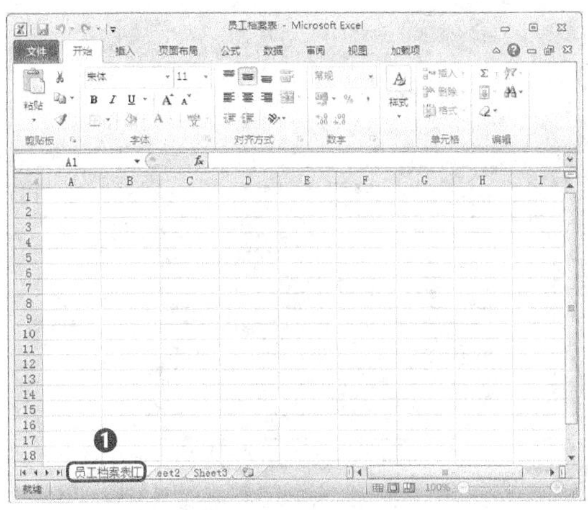

图5-13 为工作表命名

STEP 10 选择A2单元格，在编辑栏中输入“职员编号”，完成后按【Ctrl+Enter】组合键。使用相同的方法，在B2:M2单元格区域输入“姓名”“性别”“出生日期”“身份证号码”“学历”“专业”“进公司日期”“职位”“职位状态”“联系电话”和“备注”，效果如图5-15所示。

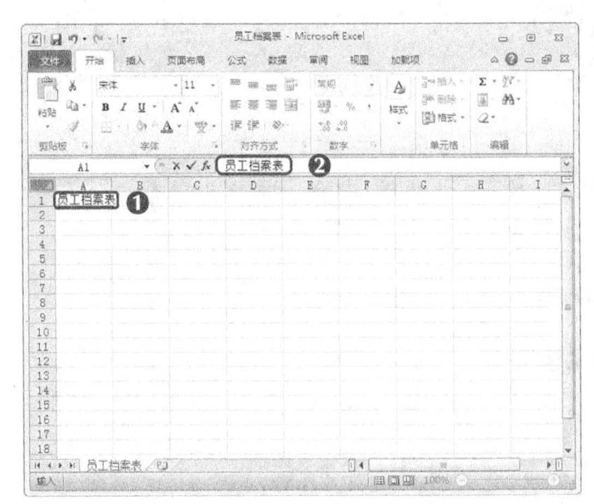

图5-14 输入A1单元格数据

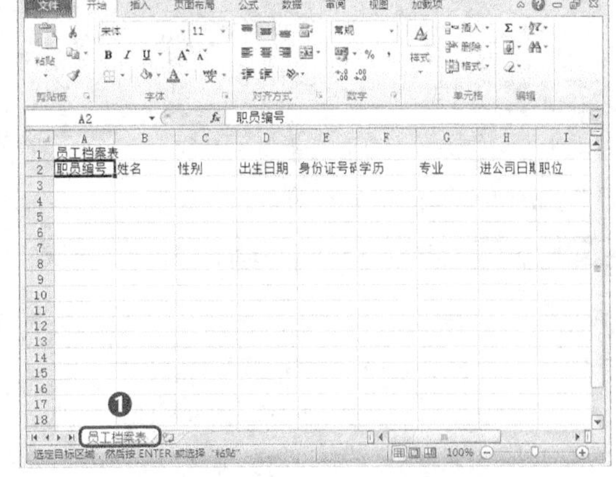

图5-15 输入A2:M2单元格区域数据

STEP 11 使用相同的方法，输入其他数据，完成数据输入后的效果如图5-16所示。

STEP 12 选择A3:A4单元格区域，将鼠标光标移动至单元格右下角，当鼠标光标变为+形状时，按住鼠标左键不放向下拖曳到A24单元格，释放鼠标，可看到在A2:A24单元格区域中已填充了连续数据，如图5-17所示。

多学一招

如果在单元格中输入了较多的文字，Excel将自动显示到其他单元格位置（如果右侧的单元格中有内容，多余的部分将无法显示），但并没有将多余的文字输入到其他单元格中。

图5-16　输入其他数据

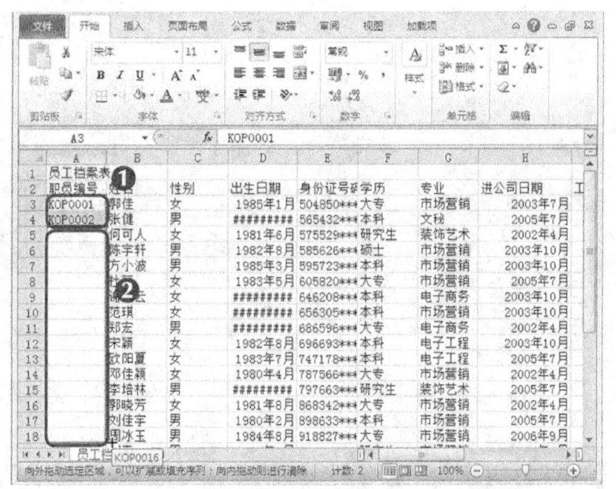

图5-17　快速填充数据

多学一招

在快速填充数据时，除了前面讲解的填充方法外，还可以通过"序列"对话框进行数据的快速填充。其方法：在【开始】/【编辑】组中单击"填充"按钮，在打开的下拉列表中选择"系列"选项，打开"序列"对话框，在"序列产生在"栏、"类型"栏、"日期单位"栏、"步长值"文本框和"终止值"文本框中进行相应的设置，然后单击确定按钮即可填充相应的有规律的数据。

STEP 13 选择K3单元格，将鼠标光标移动至单元格右下角，当鼠标光标变为+形状时，按住鼠标左键不放向下拖曳到K24单元格，如图5-18所示，释放鼠标，可看到在K4:K24单元格区域中填充了相同数据。

STEP 14 完成后即可看到输入数据后的效果，如图5-19所示。

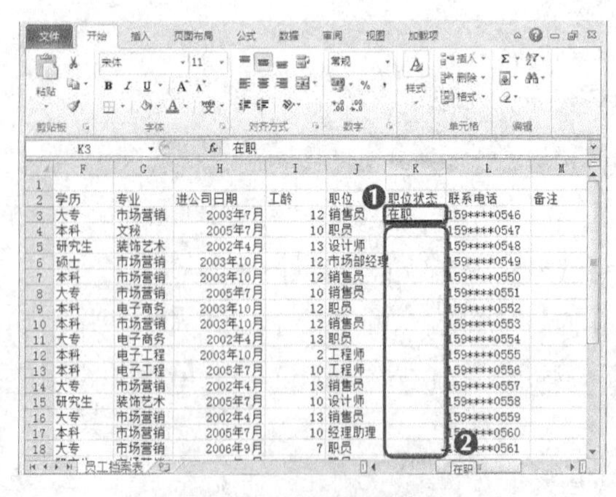

图5-18　填充重复数据

图5-19　完成数据的输入

知识提示

选择需要填充的单元格或单元格区域，将鼠标光标移动至单元格右下角，当鼠标光标变为十形状时，按住鼠标右键不放向下拖曳到适当单元格后释放鼠标，在弹出的快捷菜单中选择"填充序列"命令。

5.4.2 设置行高与列宽

创建工作表并输入基本内容后，可根据单元格中的内容调整行高与列宽，其具体操作如下（微课：光盘\微课视频\第5章\设置行高与列宽.swf）。

STEP 1 将鼠标指针移动到工作表行标的第1行和第2行的交界处，当指针变为╪形状时，按住鼠标左键不放向下拖曳至一定距离后释放鼠标，即可调整第1行的行高，如图5-20所示。

STEP 2 选择A2:M24单元格区域，选择【开始】/【单元格】组，单击“格式”按钮，在打开的下拉列表的“单元格大小”栏中选择“行高”选项，如图5-21所示。

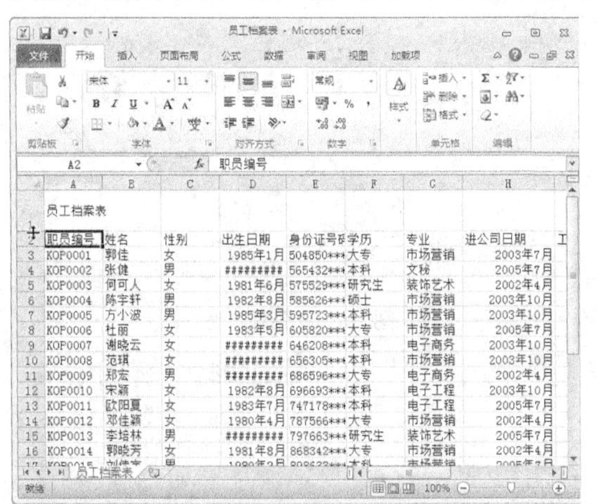

图5-20 指针调整行高

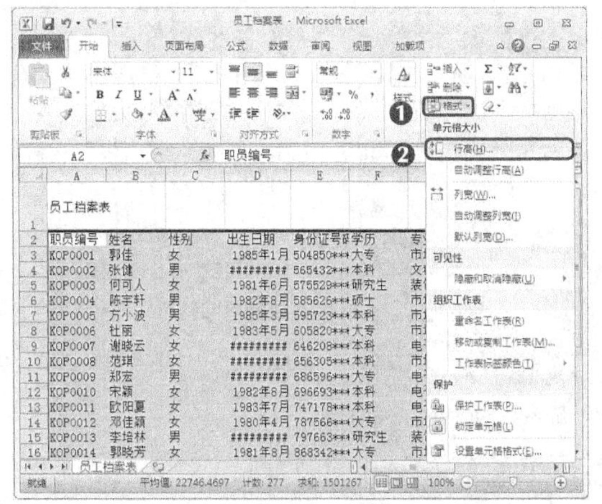

图5-21 选择“行高”选项

STEP 3 打开“行高”对话框，在“行高”文本框中输入需要设置的行高，这里输入“23”，单击确定按钮，如图5-22所示。

STEP 4 保持单元格区域的选择状态，选择【开始】/【单元格】组，单击“格式”按钮，在打开的下拉列表的“单元格大小”栏中选择“自动调整列宽”选项，Excel将根据文字长短自动调整列宽，如图5-23所示。

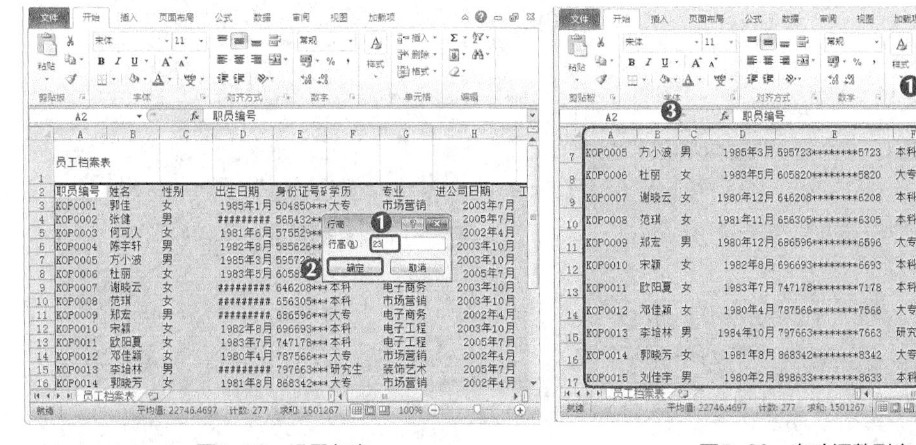

图5-22 设置行高　　图5-23 自动调整列宽

STEP 5 选择B2:B24单元格区域，按住【Ctrl】键不放依次选择D2:D24、F2:G24、I2:J24、L2:M24单元格区域，如图5-24所示。

STEP 6 保持单元格的选择状态，选择【开始】/【单元格】组，单击“格式”按钮，在打开的下拉列表的“单元格大小”栏中选择“列宽”选项。打开“列宽”对话框，在“列宽”文本框中输入“15”，单击 确定 按钮，如图5-25所示。

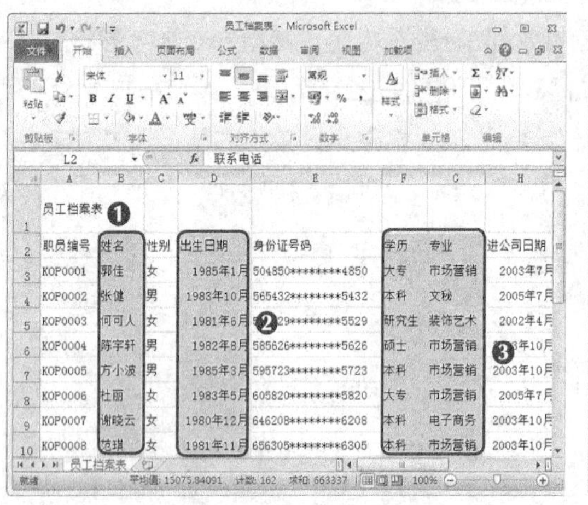

图5-24 选择多个单元格区域　　图5-25 调整列宽

STEP 7 将鼠标光标移动到C列与D列的交界处，当鼠标光标变为✛形状时，拖曳鼠标调整列宽，如图5-26所示。

STEP 8 使用相同的方法，对其他单元格的行高与列宽进行调整，使其更加符合表格的需要，并查看调整完成后的效果，如图5-27所示。

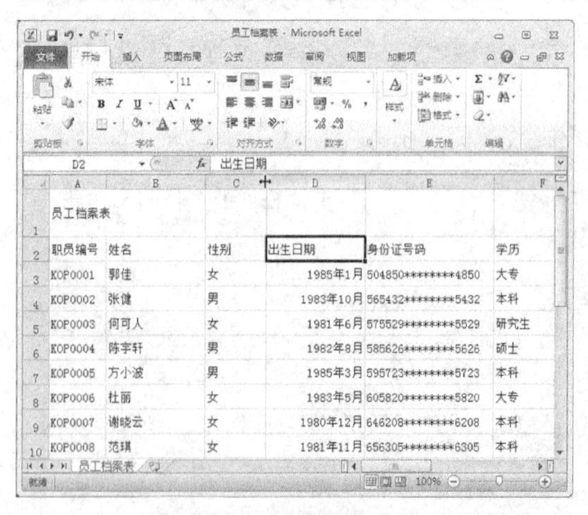

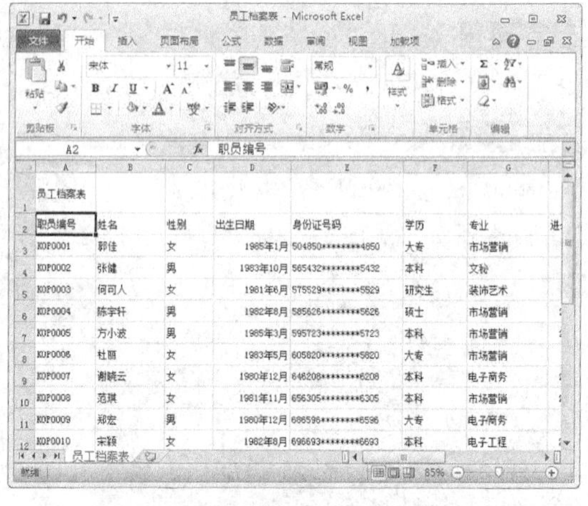

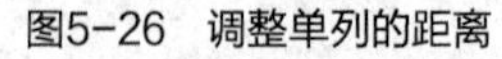

图5-26 调整单列的距离　　图5-27 查看调整行高与列宽后的效果

知识提示

选择单元格除了使用前面操作中的选择方法，还可选择整行或多行单元格区域、整列或多列单元格区域、选择不连续的行或列，以及全部单元格，其操作方法非常简单，这里不再阐述。

5.4.3 设置边框

当将工作表中数据的行高和列宽调整完成后，即可对档案表中的几个单元格进行合并操作，并对表格的边框进行设置，其具体操作如下（微课：光盘\微课视频\第5章\设置边框.swf）。

STEP 1 选择A1:M1单元格区域，选择【开始】/【对齐方式】组，单击“合并后居中”按钮右侧的下拉按钮，在打开的下拉列表中选择“合并单元格”选项，此刻可发现选择的单元格已经合并，如图5-28所示。

STEP 2 选择A1:M24单元格区域，单击鼠标右键，在弹出的快捷菜单中选择“设置单元格格式”命令，打开“设置单元格格式”对话框，如图5-29所示。

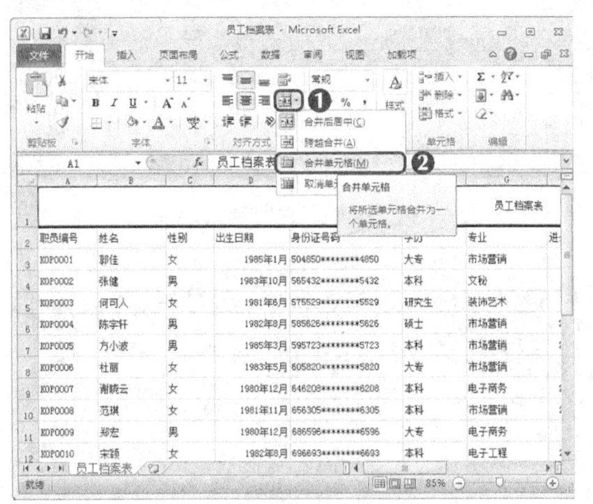

图5-28　合并单元格

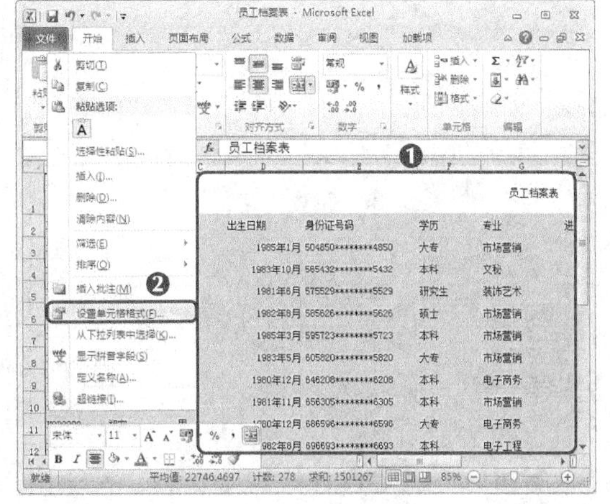

图5-29　选择“设置单元格格式”命令

STEP 3 单击“边框”选项卡，在“线条”栏的“样式”列表框中选择“——”选项，在“预置”栏中选择“外边框”选项，此时在“边框”栏中可预览设置后的效果，单击确定按钮，如图5-30所示。

STEP 4 保持单元格区域的选择状态，选择【开始】/【字体】组，单击“下画线”按钮，在打开的下拉列表中选择“其他边框”选项，打开“设置单元格格式”对话框，如图5-31所示。

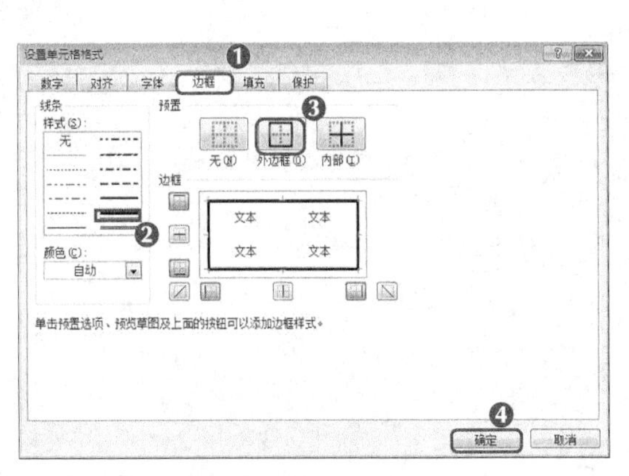

图5-30　调整行高

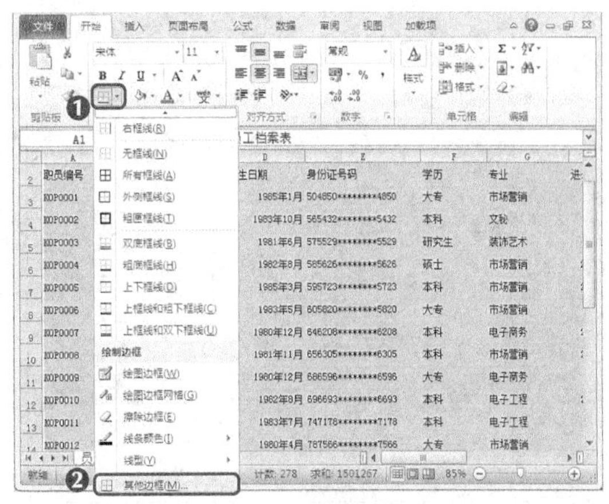

图5-31　选择“其他边框”选项

STEP 5 在“线条”栏的“样式”列表框中选择“═══”选项，在“预置”栏中选择

"内部"选项，单击[确定]按钮，完成内边框的设置，如图5-32所示。

STEP 6 返回工作表编辑区，查看添加表格后的效果，如图5-33所示。

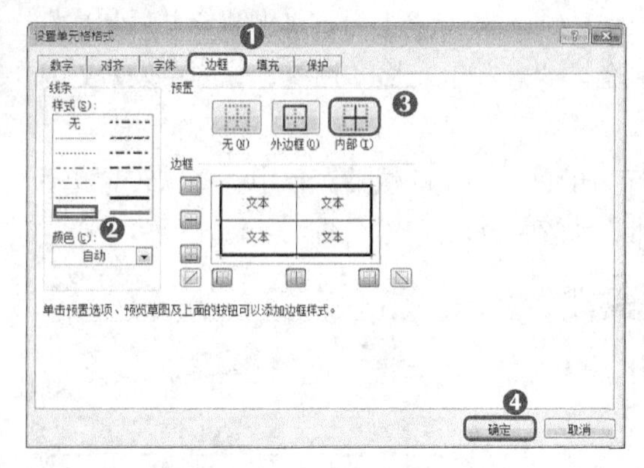

图5-32 设置内边框

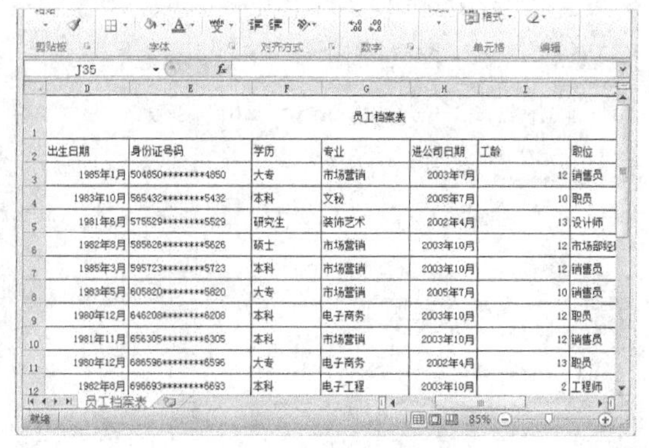

图5-33 查看设置边框后的效果

多学一招

Excel 2010只允许对合并后的单元格进行拆分操作，拆分时只需要选择合并后的单元格，然后在【开始】/【对齐方式】组中单击"合并后居中"按钮即可。

5.4.4 设置对齐方式

当完成边框的设置后，即可对单元格中内容进行对齐方式的设置，其具体操作如下（微课：光盘\微课视频\第5章\设置对齐方式.swf）。

STEP 1 选择A2:M2单元格区域，选择【开始】/【对齐方式】组，单击"居中"按钮将选择的单元格区域居中显示，如图5-34所示。

STEP 2 选择B2:M24单元格区域，选择【开始】/【对齐方式】组，单击"设置单元格格式，对齐方式"按钮。在打开的"设置单元格格式"对话框的"文本对齐方式"栏的"水平对齐"下拉列表中选择"居中"选项，在"垂直对齐"栏的下拉列表中选择"居中"选项，单击[确定]按钮，如图5-35所示。

图5-34 设置对齐方式

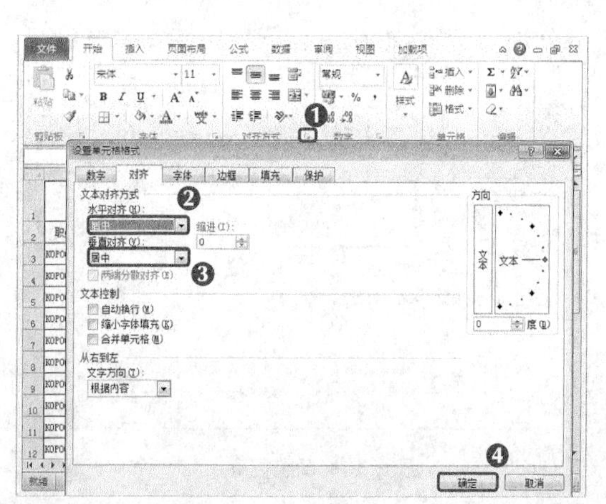

图5-35 设置居中对齐

STEP 3 选择A3:A24单元格区域，单击鼠标右键，在弹出的快捷菜单中单击“居中”按钮≡，将选择的文本居中显示，如图5-36所示。

STEP 4 完成后返回工作表编辑区，即可查看设置对齐方式后的效果，如图5-37所示。

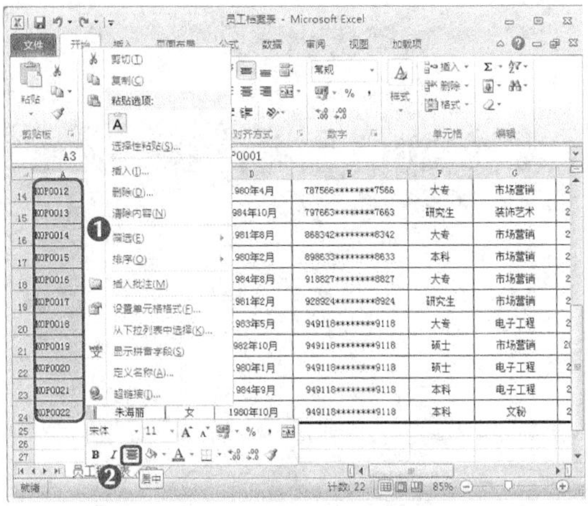

图5-36 单元格内容居中显示

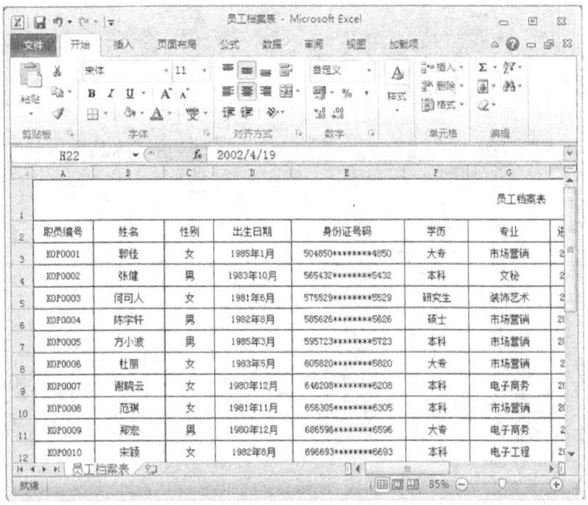

图5-37 居中对齐效果

5.4.5 设置字体样式

当对边框进行设置后，即可对工作簿中的内容进行字体设置，包括设置字体、字号、颜色、填充色等操作，其具体操作如下（微课：光盘\微课视频\第5章\设置字体样式.swf）。

STEP 1 选择A1单元格，选择【开始】/【字体】组，单击“字体”下拉列表右侧的下拉按钮▾，在打开的下拉列表中选择“方正粗倩简体”选项，如图5-38所示。

STEP 2 选择【开始】/【字体】组，单击“字号”下拉列表右侧的下拉按钮▾，在打开的下拉列表中选择“36”选项，如图5-39所示。

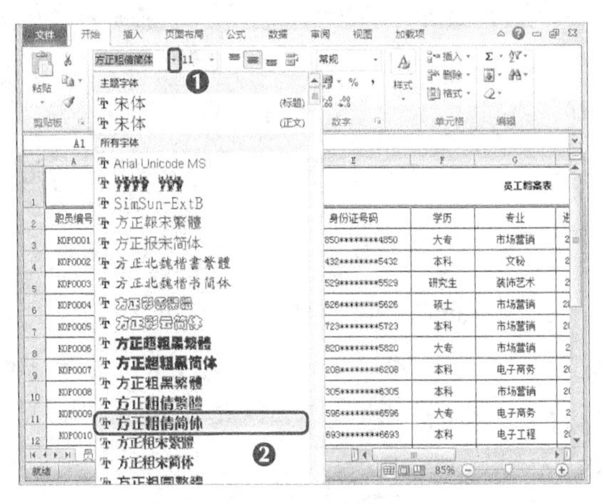

图5-38 选择字体

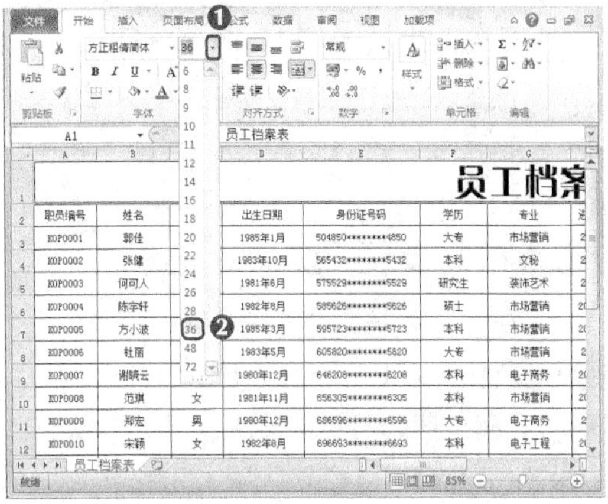

图5-39 设置字号

STEP 3 单击“填充颜色”按钮右侧的下拉按钮▾，在打开的下拉列表中选择“橄榄色，强调文字颜色3，深色50%”选项，如图5-40所示。

STEP 4 单击“字体颜色”按钮A右侧的下拉按钮▾，在打开的下拉列表中选择“白色，背景1”选项，如图5-41所示。

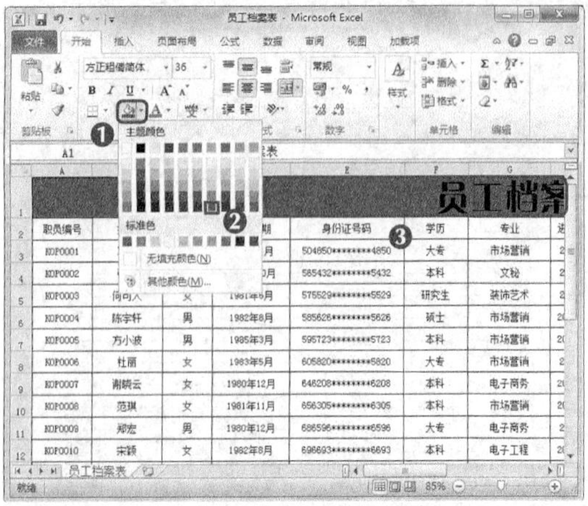

图5-40 填充单元格颜色

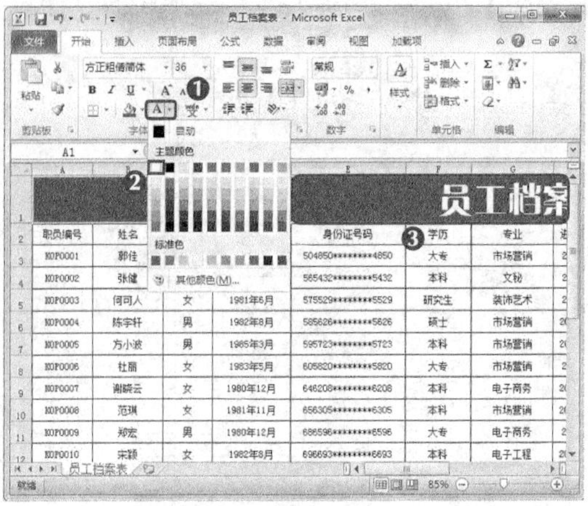

图5-41 设置字体颜色

STEP 5 选择A2:M2单元格区域，单击鼠标右键，在弹出的快捷菜单中选择“设置单元格格式”命令，打开“设置单元格格式”对话框，如图5-42所示。

STEP 6 单击“字体”选项卡，在“字体”栏对应的下拉列表框中选择“方正细圆简体”选项，在“字形”下拉列表框中选择“加粗”选项，在“字号”下拉列表框中选择“16”选项，如图5-43所示。

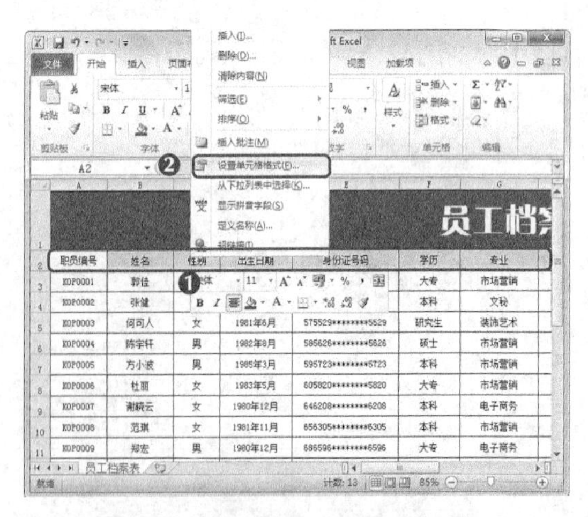

图5-42 选择“设置单元格格式”命令

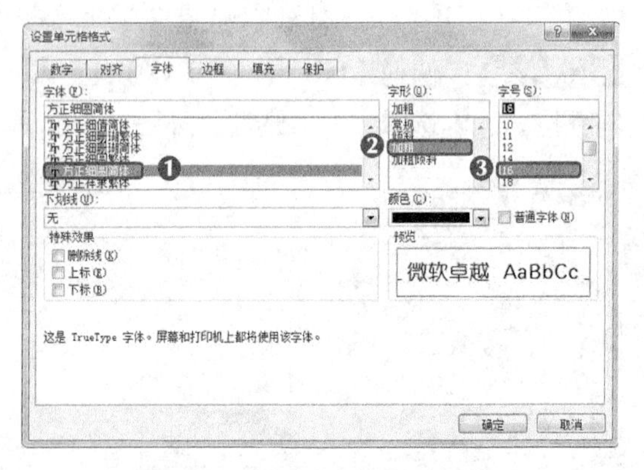

图5-43 设置字体、字形、字号

STEP 7 单击“填充”选项卡，在“背景色”栏中选择第7列第4排的颜色选项，单击【其他颜色(M)...】按钮，打开“颜色”对话框，在“红色”“绿色”“蓝色”数值框中分别输入“207”“222”“172”，并依次单击【确定】按钮，如图5-44所示。

STEP 8 选择A3:M24单元格区域，单击鼠标右键，在弹出的浮动窗口中单击“加粗”按钮B，并单击“增大字号”按钮A˄，完成字体的设置，如图5-45所示。

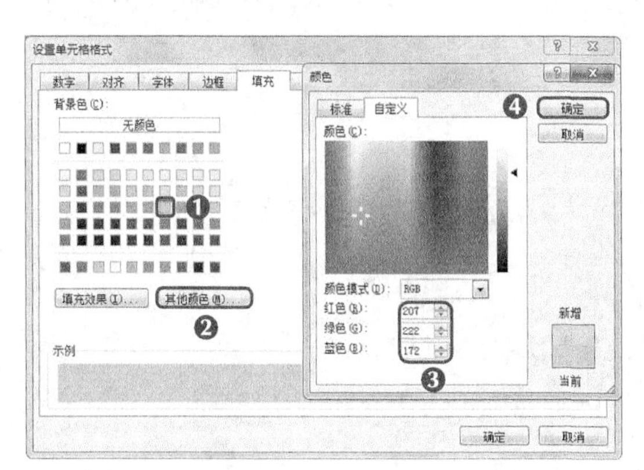

图5-44 设置填充

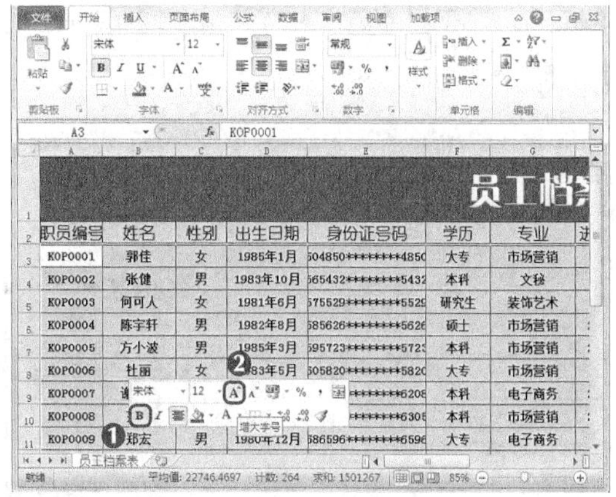

图5-45 设置字体加粗与字号增大

STEP 9 设置字体后，即可发现某个单元格或单元格区域显示不完整，调整未显示部分的行高与列宽使其完整显示，如图5-46所示。

STEP 10 调整单元格的样式，完成表格的创建，如图5-47所示。

专业	进公司日期	工龄	职位	只位状态	联系电话	备注
市场营销	2003年7月	12	销售员	在职	159****0546	
文秘	2005年7月	10	职员	在职	159****0547	
装饰艺术	2002年4月	13	设计师	在职	159****0548	
市场营销	2003年10月	12	市场部经理	在职	159****0549	
市场营销	2003年10月	12	销售员	在职	159****0550	
市场营销	2005年7月	10	销售员	在职	159****0551	
电子商务	2003年10月	12	职员	在职	159****0552	
市场营销	2003年10月	12	销售员	在职	159****0553	
电子商务	2002年4月	13	职员	在职	159****0554	
电子工程	2003年10月	2	工程师	在职	159****0555	
电子工程	2005年7月	10	工程师	在职	159****0556	
市场营销	2002年4月	13	销售员	在职	159****0557	

图5-46 调整显示行高

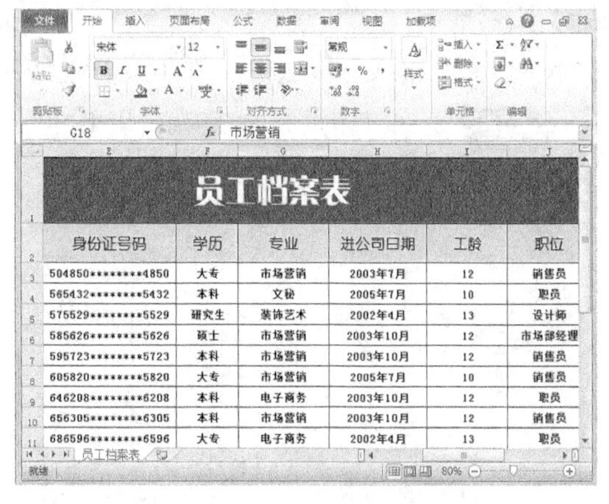

图5-47 完成表格的创建

多学一招

如果设置相同格式与样式的单元格，可选择设置好的单元格，选择【开始】/【剪贴板】组，单击“格式刷”按钮，选择需要设置的单元格或单元格区域对其进行格式设置。

5.4.6 打印工作表

当完成设置后，还需对制作的工作表进行打印，将其以纸面文件的方式进行保存，下面将具体讲解打印工作表的设置与打印方法，其具体操作如下（微课：光盘\微课视频\第5章\打印工作表.swf）。

STEP 1 选择【文件】/【打印】菜单命令，打开“打印”界面，在其下方单击“页面设置”超链接，如图5-48所示。

STEP 2 打开“页面设置”对话框，在“页面”选项卡的“方向”栏中单击选中“横向”

单选项，并在“缩放”栏中单击选中“缩放比例”单选项，并在其后数值框中输入“60”，如图5-49所示。

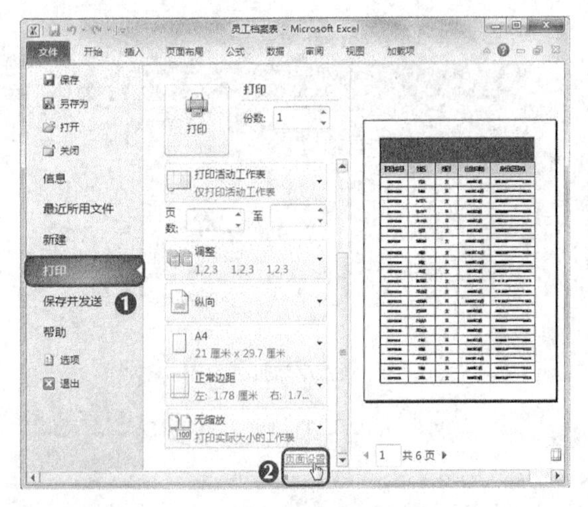

图5-48　单击“页面设置”超链接

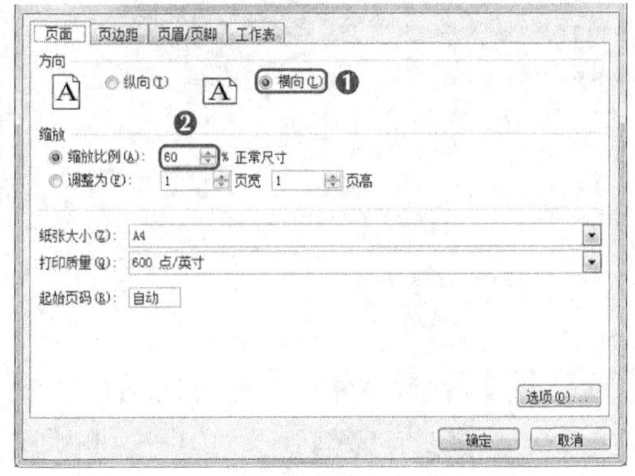

图5-49　设置页面方向与缩放比例

STEP 3 单击“页边距”选项卡，分别设置“上、下、左、右”为“1.8”，并单击选中“水平”和“垂直”复选框，单击确定按钮，如图5-50所示。

STEP 4 返回打印页面，在“打印机”下拉列表中选择需要的打印机选项，单击“打印”按钮，打印工作簿，如图5-51所示。

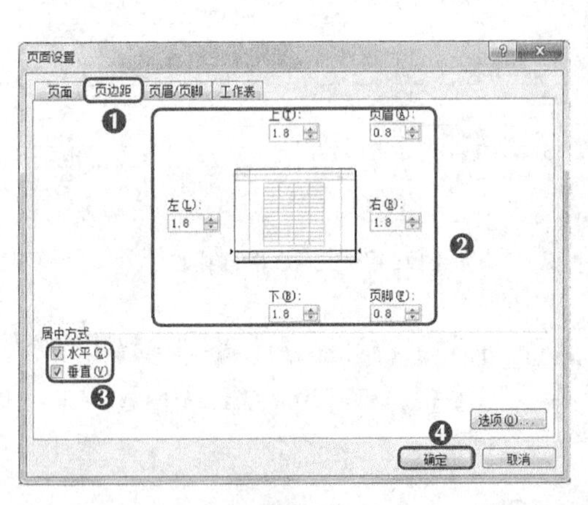

图5-50　设置页边距

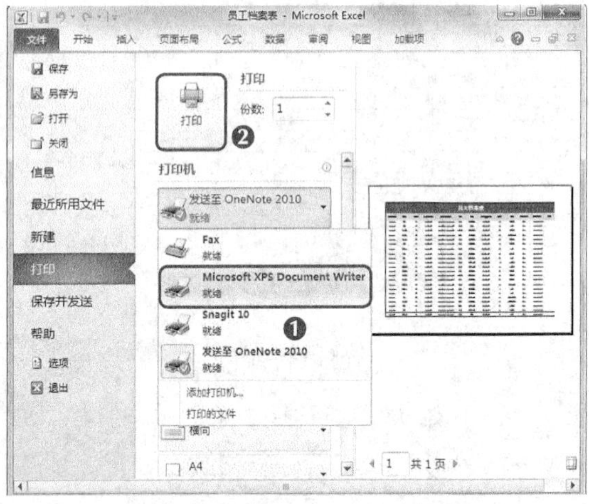

图5-51　设置打印机并打印工作簿

多学一招

选择【文件】/【打印】菜单命令后，除了可设置与打印表格外，还可在界面右侧同步预览表格打印后的效果，单击预览区右下角的“缩放到页面”按钮，可使表格的预览状态在两种预览状态下进行切换。单击右下角“显示边框”按钮，可在预览区中显示红色的边框控制点，拖曳各控制点即可轻松调整表格页边距和列宽。

职业素养

当打印机购买回来后，按照说明书讲解的方法将数据线和电源线正确连接，在计算机中安装打印的驱动程序（该程序在购买打印机时附赠的光盘中可以找到），完成该操作后，便可将纸张放入打印机的入口处，并使用Excel 2010的打印功能进行打印操作。

5.4.7　保护工作表

为了保证工作表的安全性，还可对设置后的工作表进行保护设置，使其更加安全，其具体操作如下（微课：光盘\微课视频\第5章\保护工作表.swf）。

STEP 1 选择工作表中所有单元格，选择【审阅】/【更改】组，单击“保护工作表”按钮，如图5-52所示，打开“保护工作表”对话框。

STEP 2 在“取消工作表保护时使用的密码”栏下的文本框中输入密码，这里输入“1234”，撤销选中“选择锁定单元格”复选框，并单击 确定 按钮，如图5-53所示。

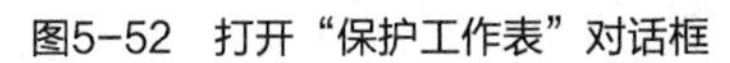

图5-52　打开“保护工作表”对话框

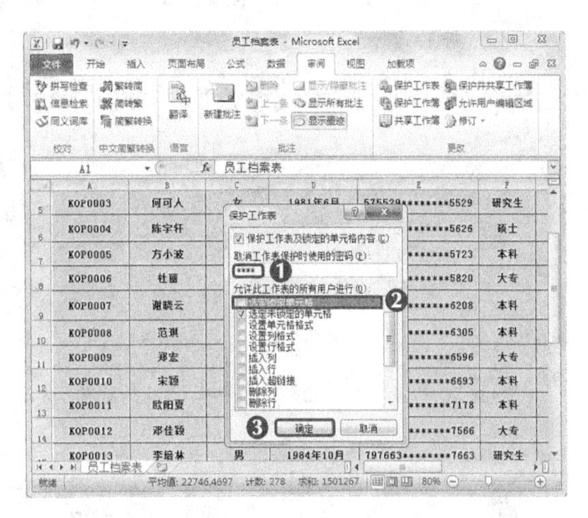

图5-53　设置密码

多学一招

在Excel中，除了在【省阅】/【更改】组进行中保护工作表外，还可在工作表标签上单击鼠标右键，在弹出的快捷菜单中选择“保护工作表”命令，并根据打开的“保护工作表”对话框进行设置即可。

STEP 3 打开“确认密码”对话框，在“重新输入密码”栏的文本框中输入先设置的密码，这里输入“1234”，单击 确定 按钮，如图5-54所示。

知识提示

当完成工作表的保护，但不需要保护工作表时，可对设置保护的工作表进行撤销保护操作，其方法：选择【省阅】/【更改】组，单击“撤销工作表保护”按钮，打开“撤销工作表保护”对话框，在“密码”文本框中输入设置好的密码，单击 确定 按钮。

STEP 4 此时，可发现设置后的单元格已经无法编辑与选择，单击“保存”按钮，保存操作，并在标题栏中单击鼠标右键，在弹出的快捷菜单中选择“关闭”命令，如图5-55所示。

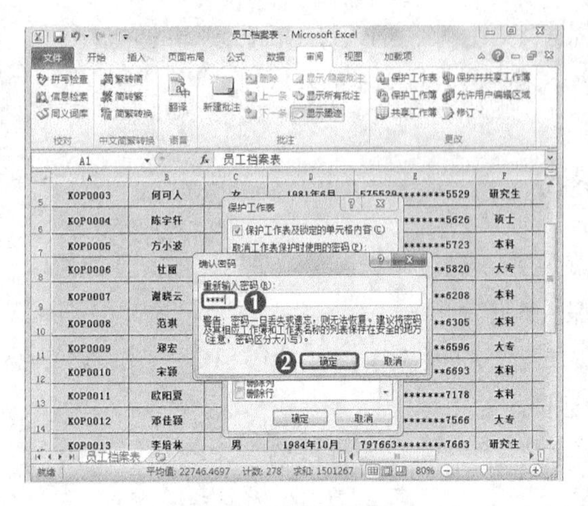

图5-54　重新输入密码

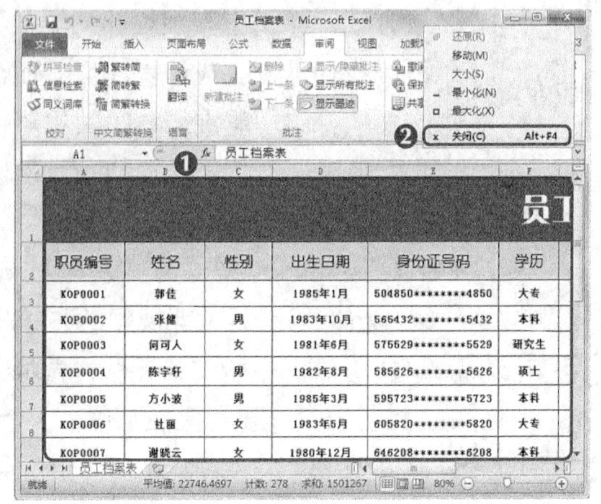

图5-55　完成保护设置

5.5　实训——制作“来访登记表”工作簿

5.5.1　实训目标

本实训的目标是制作“来访登记表.xlsx”工作簿，它的制作与编辑方法与“员工档案表.xlsx”工作簿类似，因此该目标要求熟练掌握新建并输入数据、设置边框和底纹、设置行高与列宽、设置对齐方式、设置字体样式、打印工作表、保护工作表等操作，图5-56所示为“来访登记表.xlsx”工作簿编辑后的效果。

效果所在位置　光盘:\效果文件\第5章\实训\来访登记表.xlsx

来访登记表

2015年5月

月	日	来访者姓名	身份证号码	来访人单位	来访时间	来访事由	拜访部门(人)	离去时间	备注
5	4	张洪涛	510304197402251024	宏发实业	上午10时30分	洽谈业务	市场部李总	下午1时20分	
5	4	刘凯	110102197805237242	鸿华集团	上午9时20分	收款	财务部	上午9时50分	
5	5	李静	510129198004145141	金辉科技	下午2时05分	洽谈业务	市场部李总	下午4时20分	
5	5	王伟强	313406197709181322	深蓝科技	上午9时20分	洽谈业务	销售部	上午9时50分	
5	5	陈慧敏	650158198210113511	东升国际	下午2时30分	联合培训	人力资源部	下午4时30分	
5	6	刘丽	510107198412053035	三亚建材	上午10时00分	战略合作	人力资源部	上午11时30分	
5	9	孙晓娟	220158197901284101	立方铁艺	上午9时40分	洽谈业务	销售部	上午10时20分	
5	9	张伟	510303198102182046	万润木材	上午8时30分	技术交流	人力资源部	上午10时50分	
5	9	宋明德	630206197803158042	乐捷实业	上午10时00分	战略合作	人力资源部	上午11时30分	
5	9	曾锐	510108198006173112	宏达集团	下午1时50分	洽谈业务	市场部李总	下午2时30分	
5	10	全有国	510108197608208434	先锋建材	上午9时00分	洽谈业务	企划部	上午9时40分	
5	11	周丽梅	510304198305280311	将军漆业	上午9时30分	技术交流	人力资源部	上午11时30分	
5	12	陈娟	120202198209103111	张伟园艺	下午1时50分	洽谈业务	销售部	下午2时30分	
5	12	李静	510129198004145141	金辉科技	上午10时05分	洽谈业务	市场部李总	上午11时35分	
5	13	张洪涛	510304197402251024	宏发实业	下午2时20分	洽谈业务	市场部李总	下午3时30分	
5	13	赵伟伟	420222198007201362	百姓漆业	上午9时30分	联合培训	人力资源部	上午11时00分	
5	13	何晓璇	240102198405030531	青峰科技	下午2时20分	洽谈业务	企划部	下午1时40分	
5	16	谢东升	510129198003082002	远景实业	上午10时00分	联合培训	人力资源部	上午11时00分	
5	17	刘凯	110102197805237242	鸿华集团	上午9时30分	收款	财务部	上午10时30分	
5	3	张洪涛	510304197402251024	宏发实业	上午11时00分	洽谈业务	市场部李总	上午11时30分	

图5-56　“来访登记表”工作簿最终效果

5.5.2 专业背景

企业或公司使用来访登记表的主要作用是为了记录访问公司内部人员的来访客户记录，不仅有利于公司在商业运作中把握更多的客户，而且可以有效避免闲杂人等进入公司，保证公司业务的正常开展和财产物资的安全。通过对来访登记表作用的分析，可将来访登记表的数据项目分为日期时间类项目、身份类项目和事由辅助类项目等，具体类别下又包含多个项目，如图5-57所示。

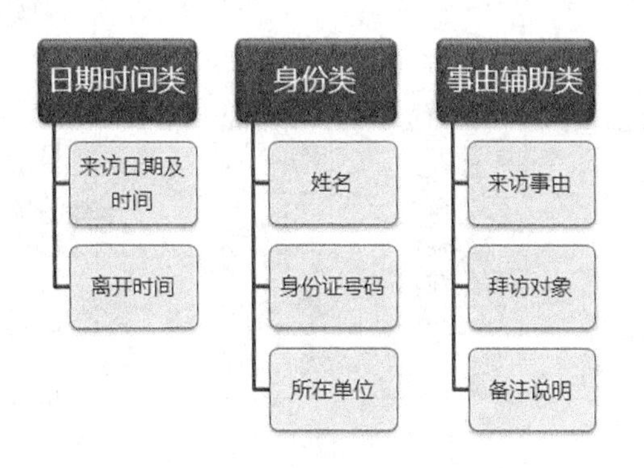

图5-57 来访登记表数据项目

来访登记表中一般会涉及文本、数字、日期型数据、时间型数据等各种数据类型，而其中需要进行处理和设置的一般只有身份证号码这类较长的数字以及日期和时间类数据。

- **身份证号码**：对于身份证号码而言，由于其长度较长，Excel会自动将其显示为科学计数，因此需要改变数字的类型才能正确显示出15位或18位的身份证号码，如图5-58所示。
- **日期和时间类数据**：不同的登记人员会根据自己的习惯录入日期或时间类型的数据，如有的人喜欢“2001/03/14”类型的格式，有的人喜欢“2001年3月14日”类型等。Excel 2010提供了多种日期和时间类型的数据格式，用户可根据自己的喜好设置来访登记表中的日期和时间类数据，如图5-59所示。

来访者姓名	身份证号码
张洪涛	5.10E+15
刘凯	1.10E+17
李静	5.10E+17
王伟强	3.13E+17
陈慧敏	6.50E+17
刘丽	5.10E+17
孙晓娟	2.20E+17
张伟	5.10E+17
宋明德	6.30E+17
曾锐	5.10E+17
金有国	5.10E+17
周丽梅	5.10E+17
陈娟	1.20E+17
李静	5.10E+17
张洪涛	5.10E+17
赵伟伟	4.20E+17
何晓璇	2.40E+17

来访者姓名	身份证号码
张洪涛	5103041974022510
刘凯	110102197805237000
李静	510129198004145000
王伟强	313406197709181000
陈慧敏	650158198210113000
刘丽	510107198412053000
孙晓娟	220156197901284000
张伟	510303198102182000
宋明德	630206197803158000
曾锐	510108198006173000
金有国	510108197608208000
周丽梅	510304198305280000
陈娟	120202198209103000
李静	510129198004145000
张洪涛	510304197402251000
赵伟伟	420222198007201000
何晓璇	240102198405030000

图5-58 设置身份证号码类型的数字

来访时间	来访事由	拜访部门(人)	离去时间
上午10时30分	洽谈业务	市场部李总	下午1时20分
上午9时20分	收款	财务部	上午9时50分
下午2时05分	洽谈业务	市场部李总	下午4时20分
上午9时20分	洽谈业务	销售部	上午9时50分
下午2时30分	联合培训	人力资源部	下午4时30分
上午10时00分	战略合作	人力资源部	上午11时30分
上午9时40分	洽谈业务	销售部	上午10时20分
上午8时30分	技术交流	人力资源部	上午10时50分
上午10时00分	战略合作	人力资源部	上午11时30分
下午1时50分	洽谈业务	市场部李总	下午2时30分
上午9时00分	洽谈业务	企划部	上午9时40分
上午9时30分	技术交流	人力资源部	上午11时30分
下午1时50分	洽谈业务	销售部	下午2时30分
上午10时05分	洽谈业务	市场部李总	上午11时35分
下午2时20分	洽谈业务	市场部李总	下午3时30分

图5-59 设置日期显示样式

5.5.3 操作思路

完成本实训需要先新建工作簿，输入数据，并对输入的数据进行美化以及对齐方式的设置，再进行工作簿保存与工作表保护等操作，完成后保存设置后的工作表，关闭工作表，其操作思路如图5-60所示。

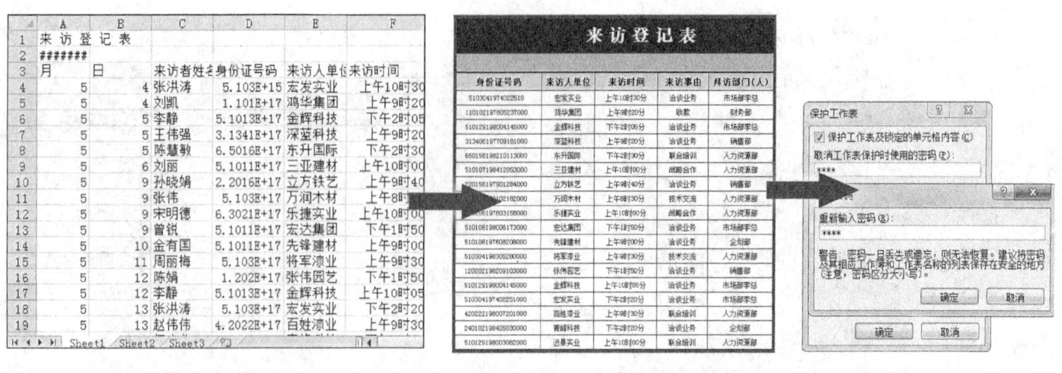

图5-60 “来访登记表”工作簿的制作思路

STEP 1 新建Excel工作簿，重命名工作表标签，然后输入表格的标题、表头（即项目）和部分数据记录。

STEP 2 调整并美化表格，包括合并单元格，设置单元格行高、列宽，设置单元格中的数据格式，为表格添加边框等。

STEP 3 对页面进行设置并打印表格，包括对表格的大小、页边距等进行设置，然后按需打印指定范围、指定份数的表格。

STEP 4 设置保护工作表，并设置密码为“1234”，完成后保存并关闭工作表。

5.6 常见疑难解析

问：在Word中都可以在打开的文档中打开另外的文档，Excel也可以在打开的工作簿中打开其他工作簿吗？

答：可以，只需选择【文件】/【打开】菜单命令，打开“打开”对话框，在其中选择需要打开的工作簿，即可打开其他工作簿，或是按【Ctrl+O】组合键，也可打开“打开”对话框，进行打开操作。

问：新建工作簿还有其他新建方法吗？

答：还可在桌面上单击鼠标右键，在弹出的快捷菜单中选择【新建】/【Microsoft Excel 工作表】命令，或在桌面上双击“Microsoft Excel 2010”图标，都可新建工作簿。

问：重命名工作表还可通过按键进行命名吗？

答：可以选择工作表标签后，按【F2】键对工作表进行重命名操作。

5.7 习题

本章主要介绍了“员工档案表”的相关操作，包括新建并输入数据、设置边框和底纹、美化等相关操作，以及保存与打印操作，通过本章的学习，可对档案与登记表的制作有一定的了解，为后面制作登记类工作表打下坚实的基础。

效果所在位置 **光盘:\效果文件\第5章\习题\通讯录.xlsx、人事资料表.xlsx**

（1）通讯录与员工档案表类似，也可以说通讯录是员工档案表的一个部分，它通过单独的纸张表现，主要用于体现各个员工的基本资料和联系电话，方便同事间的联系，制作后的参考效果如图5-61所示。

- 通讯录主要以简单的样式，将员工的基本信息表现出来，使其方便员工查看。
- 在制作表格时先需要新建和保存工作簿，再重命名工作表，并删除多余工作表，最后在工作表中输入数据，快速填充数据并对表格进行调整，完成后对表格进行保存即可完成表格的制作。

员工通讯录

工号	姓名	性别	职位	所属科室	家庭住址	联系电话
40001	蒋强	男	副总经理	总经理办	砖里巷13号	13753***211
40002	王东	男	总经理助理	总经理办	一环路三段7号	15822***006
40003	王好明	女	行政人员	行政办	张家沟78号	13145***168
40004	张玉	女	行政人员	行政办	下河乡6组8号	13955***969
40005	李小琴	男	销售人员	销售科	乔嘉洞41号	13425***571
40006	罗松	男	销售主管	销售科	砖里巷23号	15955***672
40007	张龙	男	采购人员	采购科	一环路三段9号	13532***573
40008	杨洋	男	采购人员	采购科	张家沟9号	13525***301
40009	伍锐	男	工人	厂房	下河乡3组9号	15921***576
40010	杨伟	男	工人	厂房	五里河6号	13684***477
40011	陈勇方	男	工人	厂房	乔嘉洞45号	13545***572
40012	胡乐	女	工人	厂房	三环路三段71号	13585***580
40013	刘琴	女	工人	厂房	十里坡89号	13617***281
40014	李小小	女	工人	厂房	乔嘉洞22号	18049***687

图5-61 “通讯录”工作簿最终效果

（2）人事资料表主要侧重体现各种人事数据，并没有涉及计算，在其中记录了员工的基本资料，与员工档案表类似，只是没有其表格内容齐全，但是更加方便查看，参考效果如图5-62所示。

- 确定资料表详细记载项，并根据员工的编号、姓名、性别等进行录入。
- 启动Excel 2010，对打开的工作簿进行保存，再在其中输入数据并对数据进行设置。

人事资料表

职员编号	姓名	性别	出生日期	学历	进公司日期	职位	职称	职位状态
DXKJ-011	陈宇轩	男	1985/1/13	本科	2003/10/15	部门主管	B级	在职
DXKJ-020	邓佳颖	女	1983/10/31	本科	2005/7/8	员工	C级	在职
DXKJ-021	杜丽	女	1981/6/1	大专	2002/4/19	员工	C级	离职
DXKJ-008	范琪	女	1982/8/2	大专	2003/10/15	项目经理	A级	在职
DXKJ-014	方小波	男	1985/3/15	大专	2003/10/15	员工	C级	在职
DXKJ-010	郭佳	女	1983/5/21	本科	2005/7/8	项目经理	A级	在职
DXKJ-022	郭晓芳	女	1980/12/5	本科	2003/10/15	员工	B级	在职
DXKJ-004	何可人	女	1981/11/13	大专	2003/10/15	员工	B级	在职
DXKJ-009	李皓林	男	1980/12/5	本科	2002/4/19	员工	C级	调离
DXKJ-019	李涛	男	1982/8/6	研究生	2003/10/15	部门主管	B级	在职
DXKJ-007	刘佳宇	男	1983/7/3	本科	2005/7/8	员工	C级	在职
DXKJ-002	卢晓芬	女	1980/4/8	本科	2002/4/19	员工	C级	在职
DXKJ-013	陆涛	男	1984/10/2	本科	2005/7/8	员工	B级	在职
DXKJ-017	马琳	女	1981/8/17	本科	2002/4/19	员工	C级	离职
DXKJ-012	欧阳夏	男	1980/2/20	研究生	2005/7/19	员工	C级	离职
DXKJ-005	宋颖	女	1984/8/5	本科	2006/9/12	员工	C级	在职
DXKJ-015	谢晓云	女	1981/2/8	研究生	2005/7/8	员工	B级	调离
DXKJ-001	张健	男	1983/5/12	大专	2005/7/8	部门主管	B级	调离
DXKJ-003	赵芳	女	1982/10/10	本科	2003/10/15	员工	C级	离职
DXKJ-006	郑宏	男	1980/1/14	研究生	2002/4/19	员工	B级	离职
DXKJ-018	周冰玉	女	1984/9/5	大专	2005/7/8	项目经理	A级	在职
DXKJ-016	朱海丽	女	1980/10/22	本科	2005/7/8	员工	C级	在职

图5-62 “人事资料表”工作簿最终效果

课后拓展知识

在Excel表格的使用中，会经常遇到需要使用斜线表头的情况，由于Excel中没有“绘制斜线表头”的功能，遇到这种情况会令人比较头痛。其实，在Excel中有3种方法可以制作斜线表头，分别介绍如下。

- **使用“设置单元格格式”对话框设置**：先在需要设置斜线的单元格中输入文本，按【Alt+Enter】组合键换行，继续输入文本，使用鼠标右键单击该单元格，在弹出的快捷菜单中选择“设置单元格格式”命令，打开“设置单元格格式”对话框，单击“边框”选项卡，在“线条”栏的“样式”列表框中选择斜线样式，在“边框”栏中单击◪或◩按钮，单击确定按钮即可添加斜线。
- **绘图工具绘制**：在单元格中插入“直线”图形，即按住鼠标左键从开始位置拖曳到结束位置。
- **粘贴制作好的斜线表头**：在Word中利用“表格”菜单中的“绘制斜线表头”命令绘制表头斜线，完成制作后再复制到Excel中。

PART 6

第6章 制作员工工资表

情景导入

已到月底，小白就要领这个月的工资了，小白正在憧憬买什么时，老张却交给他一个任务：那就是制作员工工资表，在制作前需要先收集表中数据内容，再进行制作，于是小白开始接手新的工作了。

知识技能目标

- 学会引用单元格中的数据。
- 学会使用公式计算数据。
- 学会使用函数计算数据。

- 认识常用的工资结构。
- 认识社会保险与个人所得税。

实例展示

员工工资明细表

编制单位： 所属月份： 发放日期： 金额单位：元

序号	姓名	部门	应发工资					代扣款项							实发金额	签名
			基本工资	效益提成	效益奖金	交通补贴	小计	迟到	事假	旷工	个人所得税	五险	其他	小计		
1	张明	财务	¥ 2,500.00	¥ 750.00	¥ 700.00	¥ 100.00	¥ 4,050.00	¥ 50.00	¥ -	¥ -	¥ 8.93	¥ 202.18	¥ -	¥ 3,797.82	¥ 3,788.89	
2	陈爱国	销售	¥ 2,200.00	¥ 600.00	¥ 500.00	¥ 100.00	¥ 3,400.00	¥ -	¥ 100.00	¥ 100.00	¥ -	¥ 202.18	¥ -	¥ 2,997.82	¥ 2,997.82	
3	任雨	企划	¥ 2,800.00	¥ 1,200.00	¥ 800.00	¥ 100.00	¥ 4,900.00	¥ 50.00	¥ -	¥ -	¥ 34.43	¥ 202.18	¥ -	¥ 4,647.82	¥ 4,613.39	
4	李小小	销售	¥ 2,200.00	¥ 1,000.00	¥ 600.00	¥ 100.00	¥ 3,900.00	¥ -	¥ -	¥ -	¥ 5.93	¥ 202.18	¥ -	¥ 3,697.82	¥ 3,691.89	
5	伍天	广告	¥ 2,300.00	¥ 1,200.00	¥ 600.00	¥ 100.00	¥ 4,200.00	¥ -	¥ 150.00	¥ -	¥ 10.43	¥ 202.18	¥ -	¥ 3,847.82	¥ 3,837.39	
6	桑玉	财务	¥ 2,500.00	¥ 1,300.00	¥ 700.00	¥ 100.00	¥ 4,600.00	¥ -	¥ -	¥ -	¥ 26.93	¥ 202.18	¥ -	¥ 4,397.82	¥ 4,370.89	
7	黄名名	广告	¥ 2,300.00	¥ 1,000.00	¥ 500.00	¥ 100.00	¥ 3,900.00	¥ -	¥ 100.00	¥ -	¥ 2.93	¥ 202.18	¥ -	¥ 3,597.82	¥ 3,594.89	
8	杨小环	销售	¥ 2,200.00	¥ 1,200.00	¥ 500.00	¥ 100.00	¥ 4,000.00	¥ -	¥ -	¥ -	¥ 8.93	¥ 202.18	¥ -	¥ 3,797.82	¥ 3,788.89	
9	侯佳	销售	¥ 2,200.00	¥ 1,100.00	¥ 2,300.00	¥ 100.00	¥ 5,700.00	¥ 50.00	¥ -	¥ -	¥ 89.78	¥ 202.18	¥ -	¥ 5,447.82	¥ 5,358.04	
10	赵刚	后勤	¥ 2,200.00	¥ 1,500.00	¥ 1,000.00	¥ 100.00	¥ 4,800.00	¥ -	¥ -	¥ -	¥ 32.93	¥ 202.18	¥ -	¥ 4,597.82	¥ 4,564.89	
11	王锐	企划	¥ 2,800.00	¥ 1,200.00	¥ 800.00	¥ 100.00	¥ 4,900.00	¥ 100.00	¥ -	¥ -	¥ 32.93	¥ 202.18	¥ -	¥ 4,597.82	¥ 4,564.89	
12	李玉明	销售	¥ 2,200.00	¥ 2,000.00	¥ 1,500.00	¥ 100.00	¥ 5,800.00	¥ -	¥ -	¥ -	¥ 104.78	¥ 202.18	¥ -	¥ 5,597.82	¥ 5,493.04	
13	陈元	企划	¥ 2,800.00	¥ 2,400.00	¥ 1,200.00	¥ 100.00	¥ 6,500.00	¥ -	¥ 100.00	¥ -	¥ 164.78	¥ 202.18	¥ -	¥ 6,197.82	¥ 6,033.04	
合计值			¥31,200.00	¥ 16,450.00	¥ 11,700.00	¥ 1,300.00	¥ 60,650.00	¥ 250.00	¥ 450.00	¥ 100.00	¥ 523.71	¥ 2,628.34	¥ -	¥57,221.66	¥ 56,697.95	
平均值			¥ 2,400.00	¥ 1,265.00	¥ 900.00	¥ 100.00	¥ 4,665.00	¥ 19.00	¥ 35.00	¥ 8.00	¥ 40.00	¥ 202.00	¥ -	¥ 4,402.00	¥ 4,361.00	

注：这里的五险不包括"一金"。

批准： 制表：

6.1 实例目标

小白对工资表的内容并不陌生，因为每个月领工资时都会附带一张工资表。正当决定开始制作表格时，老张告诉他，制作没想象的那么简单，为了数据的固定性需要引用其他单元格中的内容，并对内容进行计算，因此不能忽视每一步的操作。

图6-1所示即引用数据后的“员工工资表”效果，图6-2所示即将要制作的“员工工资表”效果。通过对本例效果的预览，可知道完成工作簿的具体内容，包括引用单元格中的数据、使用公式计算数据、使用函数计算数据，以及设置数据有效性等操作，根据流程完成本实例的制作。

素材所在位置　光盘:\素材文件\第6章\员工基本信息.xlsx
效果所在位置　光盘:\效果文件\第6章\员工工资表.xlsx

员工工资明细表

编制单位：　　所属月份：　　发放日期：　　金额单位：元

序号	姓名	部门	应发工资					代扣款项							实发金额	签名
			基本工资	效益提成	效益奖金	交通补贴	小计	迟到	事假	旷工	个人所得税	五险	其他	小计		
1	张明	财务	¥ 2,500.00	¥ 750.00	¥ 700.00	¥ 100.00		¥ 50.00	¥ -	¥ -						
2	陈爱国	销售	¥ 2,200.00	¥ 600.00	¥ 500.00	¥ 100.00		¥ -	¥ 100.00	¥ 100.00						
3	任雨	企划	¥ 2,800.00	¥ 1,200.00	¥ 800.00	¥ 100.00		¥ 50.00	¥ -	¥ -						
4	李小小	销售	¥ 2,200.00	¥ 1,000.00	¥ 600.00	¥ 100.00		¥ -	¥ -	¥ -						
5	伍天	广告	¥ 2,300.00	¥ 1,200.00	¥ 600.00	¥ 100.00		¥ -	¥ 150.00	¥ -						
6	桑玉	财务	¥ 2,500.00	¥ 1,300.00	¥ 700.00	¥ 100.00		¥ -	¥ -	¥ -						
7	黄名名	广告	¥ 2,300.00	¥ 1,000.00	¥ 500.00	¥ 100.00		¥ -	¥ 100.00	¥ -						
8	杨小环	销售	¥ 2,200.00	¥ 1,200.00	¥ 500.00	¥ 100.00		¥ -	¥ -	¥ -						
9	侯佳	销售	¥ 2,200.00	¥ 1,100.00	¥ 2,300.00	¥ 100.00		¥ 50.00	¥ -	¥ -						
10	赵刚	后勤	¥ 2,200.00	¥ 1,500.00	¥ 1,000.00	¥ 100.00		¥ -	¥ -	¥ -						
11	王锐	企划	¥ 2,800.00	¥ 1,200.00	¥ 800.00	¥ 100.00		¥ 100.00	¥ -	¥ -						
12	李玉明	销售	¥ 2,200.00	¥ 2,000.00	¥ 1,500.00	¥ 100.00		¥ -	¥ -	¥ -						
13	陈元	企划	¥ 2,800.00	¥ 2,400.00	¥ 1,200.00	¥ 100.00		¥ -	¥ 100.00	¥ -						
	合计值															
	平均值															

注：这里的五险不包括“一金”。

批准：　　制表：

图6-1　引用数据后的效果

员工工资明细表

编制单位：　　所属月份：　　发放日期：　　金额单位：元

序号	姓名	部门	应发工资					代扣款项							实发金额	签名
			基本工资	效益提成	效益奖金	交通补贴	小计	迟到	事假	旷工	个人所得税	五险	其他	小计		
1	张明	财务	¥ 2,500.00	¥ 750.00	¥ 700.00	¥ 100.00	¥ 4,050.00	¥ 50.00	¥ -	¥ -	¥ 8.93	¥ 202.18	¥ -	¥ 3,797.82	¥ 3,788.89	
2	陈爱国	销售	¥ 2,200.00	¥ 600.00	¥ 500.00	¥ 100.00	¥ 3,400.00	¥ -	¥ 100.00	¥ 100.00	¥ -	¥ 202.18	¥ -	¥ 2,997.82	¥ 2,997.82	
3	任雨	企划	¥ 2,800.00	¥ 1,200.00	¥ 800.00	¥ 100.00	¥ 4,900.00	¥ 50.00	¥ -	¥ -	¥ 34.43	¥ 202.18	¥ -	¥ 4,647.82	¥ 4,613.39	
4	李小小	销售	¥ 2,200.00	¥ 1,000.00	¥ 600.00	¥ 100.00	¥ 3,900.00	¥ -	¥ -	¥ -	¥ 5.93	¥ 202.18	¥ -	¥ 3,697.82	¥ 3,691.89	
5	伍天	广告	¥ 2,300.00	¥ 1,200.00	¥ 600.00	¥ 100.00	¥ 4,200.00	¥ -	¥ 150.00	¥ -	¥ 10.43	¥ 202.18	¥ -	¥ 3,847.82	¥ 3,837.39	
6	桑玉	财务	¥ 2,500.00	¥ 1,300.00	¥ 700.00	¥ 100.00	¥ 4,600.00	¥ -	¥ -	¥ -	¥ 26.93	¥ 202.18	¥ -	¥ 4,397.82	¥ 4,370.89	
7	黄名名	广告	¥ 2,300.00	¥ 1,000.00	¥ 500.00	¥ 100.00	¥ 3,900.00	¥ -	¥ 100.00	¥ -	¥ 2.93	¥ 202.18	¥ -	¥ 3,597.82	¥ 3,594.89	
8	杨小环	销售	¥ 2,200.00	¥ 1,200.00	¥ 500.00	¥ 100.00	¥ 4,000.00	¥ -	¥ -	¥ -	¥ 8.93	¥ 202.18	¥ -	¥ 3,797.82	¥ 3,788.89	
9	侯佳	销售	¥ 2,200.00	¥ 1,100.00	¥ 2,300.00	¥ 100.00	¥ 5,700.00	¥ 50.00	¥ -	¥ -	¥ 89.78	¥ 202.18	¥ -	¥ 5,447.82	¥ 5,358.04	
10	赵刚	后勤	¥ 2,200.00	¥ 1,500.00	¥ 1,000.00	¥ 100.00	¥ 4,800.00	¥ -	¥ -	¥ -	¥ 32.93	¥ 202.18	¥ -	¥ 4,597.82	¥ 4,564.89	
11	王锐	企划	¥ 2,800.00	¥ 1,200.00	¥ 800.00	¥ 100.00	¥ 4,900.00	¥ 100.00	¥ -	¥ -	¥ 32.93	¥ 202.18	¥ -	¥ 4,597.82	¥ 4,564.89	
12	李玉明	销售	¥ 2,200.00	¥ 2,000.00	¥ 1,500.00	¥ 100.00	¥ 5,800.00	¥ -	¥ -	¥ -	¥ 104.78	¥ 202.18	¥ -	¥ 5,597.82	¥ 5,493.04	
13	陈元	企划	¥ 2,800.00	¥ 2,400.00	¥ 1,200.00	¥ 100.00	¥ 6,500.00	¥ -	¥ 100.00	¥ -	¥ 164.78	¥ 202.18	¥ -	¥ 6,197.82	¥ 6,033.04	
	合计值		¥31,200.00	¥ 16,450.00	¥ 11,700.00	¥ 1,300.00	¥ 60,650.00	¥ 250.00	¥ 450.00	¥ 100.00	¥ 523.71	¥ 2,628.34	¥ -	¥57,221.66	¥ 56,697.95	
	平均值		¥ 2,400.00	¥ 1,265.00	¥ 900.00	¥ 100.00	¥ 4,665.00	¥ 19.00	¥ 35.00	¥ 8.00	¥ 40.00	¥ 202.00	¥ -	¥ 4,402.00	¥ 4,361.00	

注：这里的五险不包括“一金”。

批准：　　制表：

图6-2　使用函数计算数据的效果

6.2 实例分析

很多人觉得工资表只是对工资的综合计算，但是老张告诉小白，工资表中牵涉很多规则与注意事项，它不是单方面的计算，还应该考虑工资结构，以及各种所得税的计算，再综合数据得出工资。

6.2.1 工资结构

一般公司员工的薪资分为年薪制和月薪制，对中层以上管理人员和技术人员实行年薪制，而对其他员工实行月薪制。其他常见的薪资制有日薪制和计件制。

企业结构工资制的内容和构成，不宜简单照搬国家机关、事业单位的现行办法，各企业可以根据不同情况做出不同的具体规定。其组成部分可以按劳动结构的划分或多或少；各个组成部分的比例，可以依据生产和分配的需要或大或小，没有固定的格式。一般包括5个部分：基础工资、加班工资、奖金、绩效、补贴，分别介绍如下。

- **基本工资**：劳动者所得工资额的基本组成部分。它由用人单位按照规定的工资标准支付，较之工资额的其他组成部分具有相对稳定性。具体来说，在企业中，基本工资是根据员工所在职位、能力、价值核定的薪资，这是员工工作稳定性的基础，是员工安全感的保证。同一职位，可以根据其能力进行不同等级的划分。
- **加班工资**：在规定的工作时间外继续工作就叫“加班”，指职工在法定节日或公休假日从事的工作。用人单位依法安排劳动者在标准工作时间以外工作的，应当按照规定支付加班工资，如在日标准工作时间以外延长工作时间的，应按照不低于小时工资基数的150%支付加班工资；在休息日工作的，应当安排其同等时间的补休，不能安排补休的，按照不低于日或小时工资基数的200%支付加班工资；在法定节假日工作的，应当按照不低于日或小时工资基数的300%支付加班工资。
- **奖金**：对与生产或工作直接相关的超额劳动给予的报酬。奖金是对劳动者在创造超过正常劳动定额以外的社会所需要的劳动成果时，所给予的物质补偿。
- **绩效**：组织中个人（群体）特定时间内的可描述的工作行为和可测量的工作结果，以及组织结合个人（群体）在过去工作中的素质和能力，指导其改进完善，从而预计该人（群体）在未来特定时间内所能取得的工作成效的总和。
- **补贴**：为了补偿工人额外或特殊的劳动消耗，以及为了保证工人的工资水平不受特殊条件的影响，而以补贴形式支付给工人的劳动报酬。包括按规定标准发放的物价补贴，煤、燃气补贴，交通补贴，住房补贴，流动施工补贴等。

6.2.2 社会保险

社会保险是一种为丧失劳动能力、暂时失去劳动岗位或因健康原因造成损失的人口提供收入或补偿的一种社会和经济制度，当在满足一定条件的情况下，被保险人可从基金获得固定的收入或损失的补偿，它是一种再分配制度，它的目标是保证物质及劳动力的再生产和社会的稳定。社会保险的主要项目包括养老社会保险、医疗社会保险、失业保险、工伤保险、生育保险，分别介绍如下。

- **养老保险**：养老保险是劳动者在达到法定退休年龄退休后，从政府和社会得到一定的经济补偿、物质帮助和服务的一项社会保险制度。其中参保单位（指各类企业）缴费费率确定为本地上年度职工社会平均工资的10%，个人缴费费率确定为本地上年度职工社会平均工资的8%。
- **医疗保险**：城镇职工基本医疗保险制度，是根据财政、企业和个人的承受能力所建立的保障职工基本医疗需求的社会保险制度。其中，单位按8%比例缴纳，个人缴纳2%。
- **工伤保险**：工伤保险也称职业伤害保险，工伤保险费由用人单位缴纳。
- **失业保险**：国家通过立法强制实行的，由社会集中建立基金，对因失业而暂时中断生活来源的劳动者提供物质帮助的制度。失业保险基金主要用于保障失业人员的基本生活。城镇企业、事业单位、社会团体和民办非企业单位按照本单位工资总额的2%缴纳失业保险费，其职工按照本人工资的1%缴纳失业保险费。
- **生育保险**：针对生育行为的生理特点，根据法律规定，在职女性因生育子女而导致暂时中断工作、失去正常收入来源时，由国家或社会提供的物质帮助。其中，生育保险费由用人单位按照本单位上年度该职工工资总额的0.7%缴纳。

6.2.3 个人所得税

个人所得税是调整征税机关与自然人（居民、非居民人）之间在个人所得税的征纳与管理过程中所发生的社会关系的法律规范的总称。个人所得税率是个人所得税税额与应纳税所得额之间的比例。个人所得税率是由国家相应的法律法规规定的，根据个人的收入计算。缴纳个人所得税是收入达到缴纳标准的公民应尽的义务，其中个人所得税免征额为3 500，图6-3所示为个人所得税税率表。

级数	全月应纳税所得额（含税级距）	全月应纳税所得额（不含税级距）	税率(%)	速算扣除数
1	不超过1,500元	不超过1455元的	3	0
2	超过1,500元至4,500元的部分	超过1455元至4155元的部分	10	105
3	超过4,500元至9,000元的部分	超过4155元至7755元的部分	20	555
4	超过9,000元至35,000元的部分	超过7755元至27255元的部分	25	1,005
5	超过35,000元至55,000元的部分	超过27255元至41255元的部分	30	2,755
6	超过55,000元至80,000元的部分	超过41255元至57505元的部分	35	5,505
7	超过80,000元的部分	超过57505元的部分	45	13,505

图6-3　个人所得税税率表

职业素养

速算扣除数实际上是在级距和税率不变的条件下，全额累进税率的应纳税额比超额累进税率的应纳税额多纳的一个常数。因此，在超额累进税率条件下，用全额累进的计税方法，只要减掉这个常数，就等于用超额累进方法计算的应纳税额，简称速算扣除数。

6.3 制作思路

当小白认识了工资表的结构、社会保险以及个人所得税的扣除率后，老张告诉小白，在制作表格时，需要使用前面学到的知识绘制表格，再根据引用的数据对应发工资进行计算，最后对扣除进行计算，在计算时应注意数据的准确性。制作本例的具体思路如下。

（1）重命名工作表并设置工作表标签颜色，再输入工资表的全部项目，调整列宽和行高，并对表格的格式进行设置，参考效果如图6-4所示。

（2）使用引用同一工作簿数据的方法，引用应发工资数据，参考效果如图6-5所示。

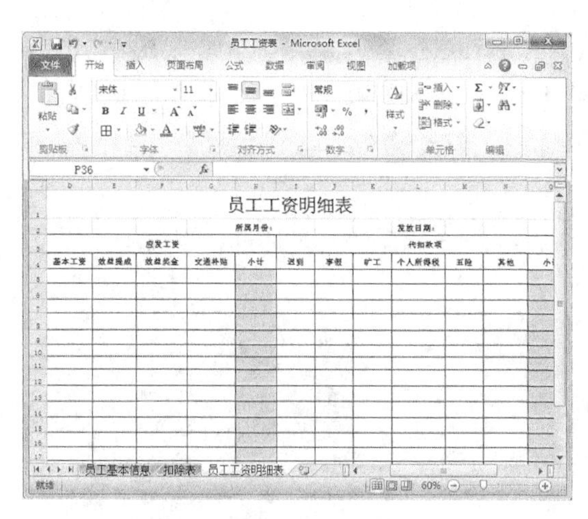

图6-4 制作表格

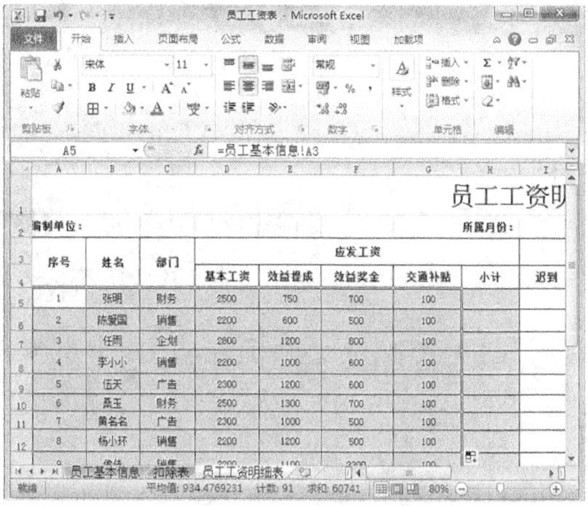

A5 =员工基本信息!A3

员工工资明

编制单位：							所属月份：	
序号	姓名	部门	应发工资					
			基本工资	效益提成	效益奖金	交通补贴	小计	迟到
1	张明	财务	2500	750	700	100		
2	陈爱国	销售	2200	600	500	100		
3	任雨	企划	2800	1200	800	100		
4	李小小	销售	2200	1000	600	100		
5	伍天	广告	2300	1200	600	100		
6	桑玉	财务	2500	1300	700	100		
7	黄名名	广告	2300	1000	500	100		
8	杨小环	销售	2200	1200	500	100		

员工基本信息 扣除表 员工工资明细表

就绪 平均值: 934.4769231 计数: 91 求和: 60741 80%

图6-5 引用应发工资数据

（3）引用其他单元格数据，并通过公式计算应发工资合计，参考效果如图6-6所示。

（4）使用函数与嵌套函数计算个人所得税以及实发金额，如图6-7所示。

SUM =D7+E7+F7+G7

员工工资明

编制单位：							所属月份：	
序号	姓名	部门	应发工资					
			基本工资	效益提成	效益奖金	交通补贴	小计	迟到
1	张明	财务	2500	750	700	100	4050	50
2	陈爱国	销售	2200	600	500	100	3400	0
3	任雨	企划	2800	1200	800	100	=D7+E7+F7+G	50
4	李小小	销售	2200	1000	600	100	3900	0
5	伍天	广告	2300	1200	600	100	4200	0
6	桑玉	财务	2500	1300	700	100	4600	0
7	黄名名	广告	2300	1000	500	100	3900	0
8	杨小环	销售	2200	1200	500	100	4000	0

员工基本信息 扣除表 员工工资明细表

编辑 平均值: 4836.363636 计数: 11 求和: 53200

图6-6 计算小计值

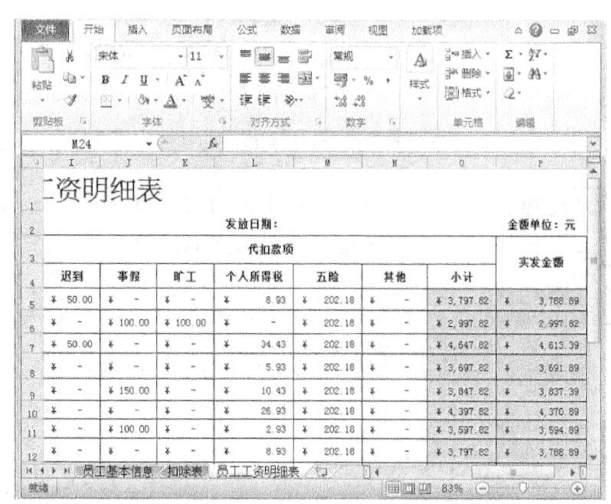

M24

工资明细表

	发放日期：						金额单位：元
代扣款项							实发金额
迟到	事假	旷工	个人所得税	五险	其他	小计	
¥ 50.00	¥ -	¥ -	¥ 8.93	¥ 202.18	¥ -	¥ 3,797.82	¥ 3,788.89
¥ -	¥ 100.00	¥ 100.00	¥ -	¥ 202.18	¥ -	¥ 2,997.82	¥ 2,997.82
¥ 50.00	¥ -	¥ -	¥ 34.43	¥ 202.18	¥ -	¥ 4,647.82	¥ 4,613.39
¥ -	¥ -	¥ -	¥ 5.93	¥ 202.18	¥ -	¥ 3,697.82	¥ 3,691.89
¥ -	¥ 150.00	¥ -	¥ 10.43	¥ 202.18	¥ -	¥ 3,847.82	¥ 3,837.39
¥ -	¥ -	¥ -	¥ 26.93	¥ 202.18	¥ -	¥ 4,397.82	¥ 4,370.89
¥ -	¥ 100.00	¥ -	¥ 2.93	¥ 202.18	¥ -	¥ 3,597.82	¥ 3,594.89
¥ -	¥ -	¥ -	¥ 8.93	¥ 202.18	¥ -	¥ 3,797.82	¥ 3,788.89

员工基本信息 扣除表 员工工资明细表

就绪 83%

图6-7 计算实发金额

职业素养

在现实社会中常常听到“五险一金”，“五险”前面已经讲过，而“一金”为住房公积金，是企业或个人缴存的长期住房储金，具有一定的保障性。

6.4 制作过程

小白开始制作员工工资表了，在制作时会用到引用单元格的数据、使用公式计算数据、使用函数计算数据，以及嵌套函数的使用方法，下面分别进行介绍。

6.4.1 创建工资表框架

在制作工作表之前，需先打开一个“员工基本信息.xlsx”工作簿，并对工作表进行另存为、输入数据、合并单元格以及底纹的设置，其具体操作如下（微课：光盘\微课视频\第6章\创建工资表框架.swf）。

STEP 1 选择【开始】/【所有程序】/【Microsoft Office】/【Microsoft Excel 2010】命令，打开Excel 2010的工作簿界面。选择【文件】/【打开】菜单命令，打开“打开”对话框，在其中选择需打开文件的保存位置，并选择对应的打开文件，单击 打开(O) 按钮，如图6-8所示。

STEP 2 选择【文件】/【另存为】菜单命令，打开“另存为”对话框，将该工作表以“员工工资表”进行保存，如图6-9所示。

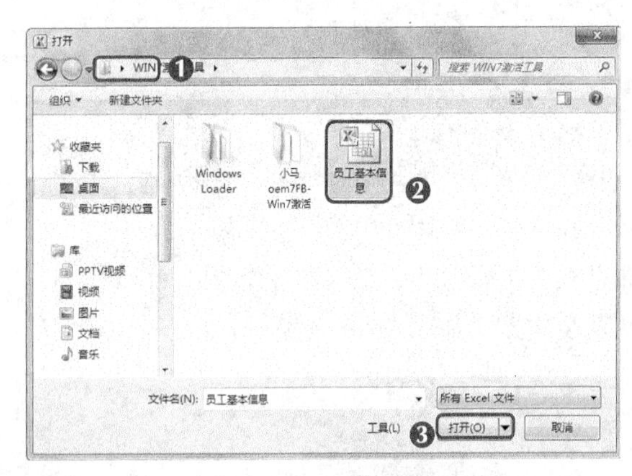

图6-8 打开工作簿

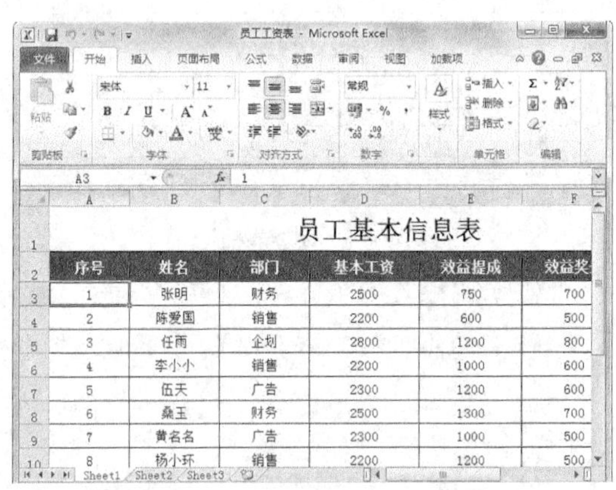

序号	姓名	部门	基本工资	效益提成	效益奖
1	张明	财务	2500	750	700
2	陈爱国	销售	2200	600	500
3	任雨	企划	2800	1200	800
4	李小小	销售	2200	1000	600
5	伍天	广告	2300	1200	600
6	桑玉	财务	2500	1300	700
7	黄名名	广告	2300	1000	500
8	杨小环	销售	2200	1200	500

图6-9 对工作簿进行另存为操作

STEP 3 在“Sheet1”工作表标签上双击鼠标左键，将其命名为“员工基本信息”，选择“Sheet2”工作表标签，如图6-10所示。

STEP 4 在其上单击鼠标右键，在弹出的快捷菜单中选择“重命名”命令，并输入“扣除表”，使用相同的方法，将“Sheet3”工作表命名为“员工工资明细表”，如图6-11所示。

STEP 5 在“员工基本信息”工作表标签上单击鼠标右键，在弹出的快捷菜单中选择【工作表标签颜色】/【橄榄色，强调文字颜色3】命令，如图6-12所示。

STEP 6 使用相同的方法，为“扣除表”和“员工工资明细表”分别添加“水绿色，强调文字颜色5”和“橙色，强调文字颜色6”的工作表标签颜色，如图6-13所示。

STEP 7 选择“员工工资明细表”工资表标签，切换到该工作表，在工作表中输入表名和表头等主要项目数据，如图6-14所示。

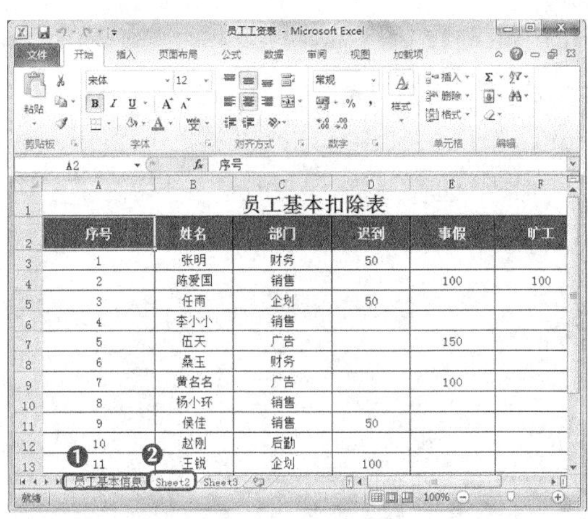

图6-10　重命名工作表标签

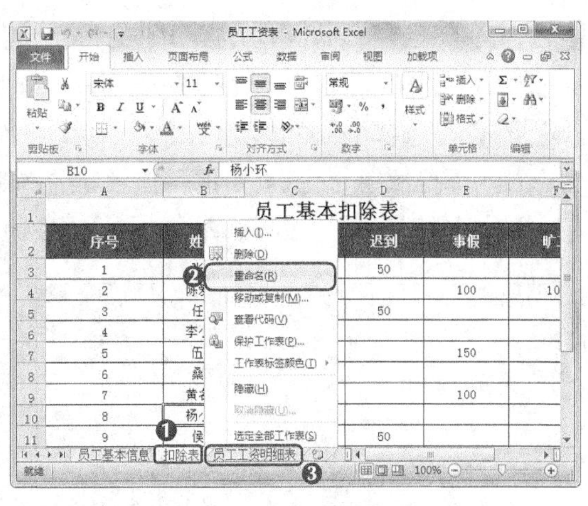

图6-11　重命名其他工作表标签

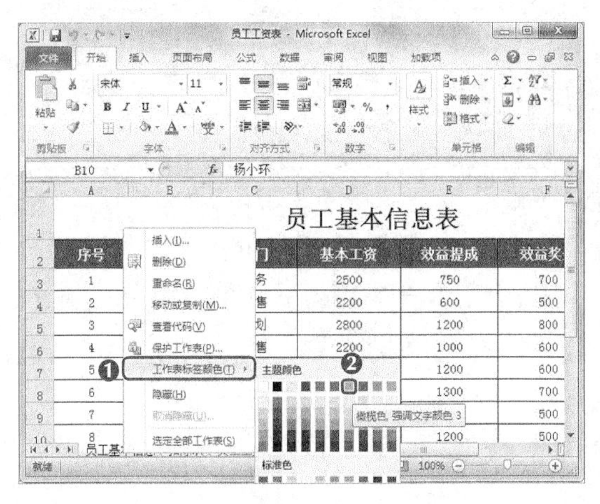

图6-12　为工作表标签设置颜色

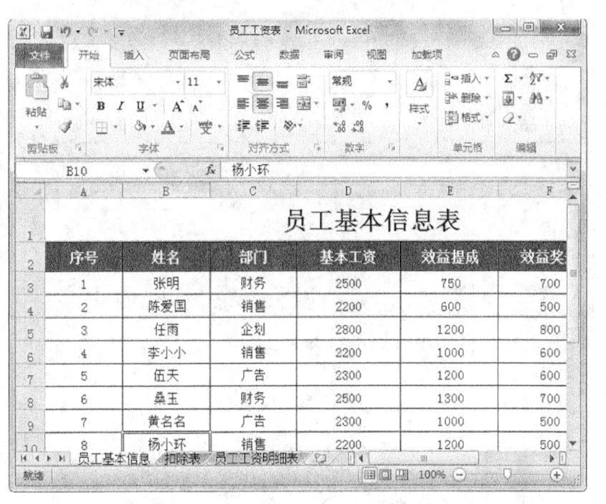

图6-13　设置其他工作表标签颜色

STEP 8 分别合并居中A1:Q1、A3:A4、B3:B4、C3:C4、D3:H3、I3:O3、P3:P4、Q3:Q4、A18:C18、A19:C19单元格区域，完成后的效果如图6-15所示。

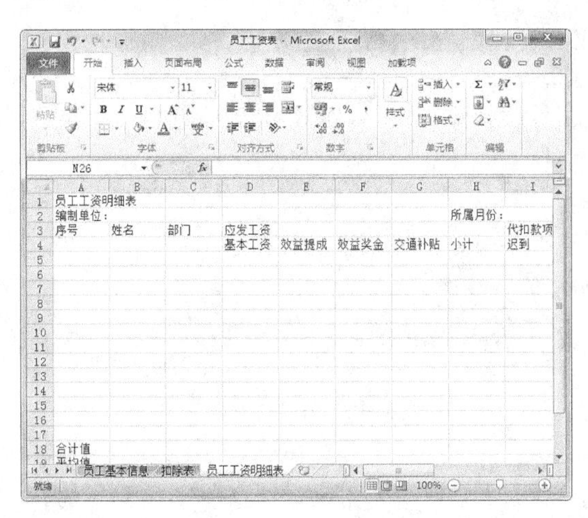

图6-14　输入项目数据

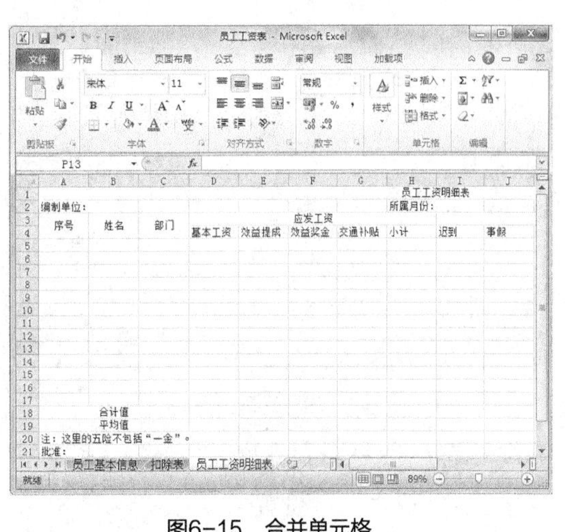

图6-15　合并单元格

STEP 9 选择A3:Q19单元格区域，在“字体”组中单击“边框”按钮右侧的下拉按钮，在打开的下拉列表中选择“所有框线”选项，如图6-16所示。

STEP 10 选择A2:Q21单元格区域，在【开始】/【单元格】组中单击“格式”按钮，单击右侧的下拉按钮，在打开的下拉列表中选择“行高”选项，打开“行高”对话框，在其下方的文本框中输入“20”，单击 确定 按钮，如图6-17所示。

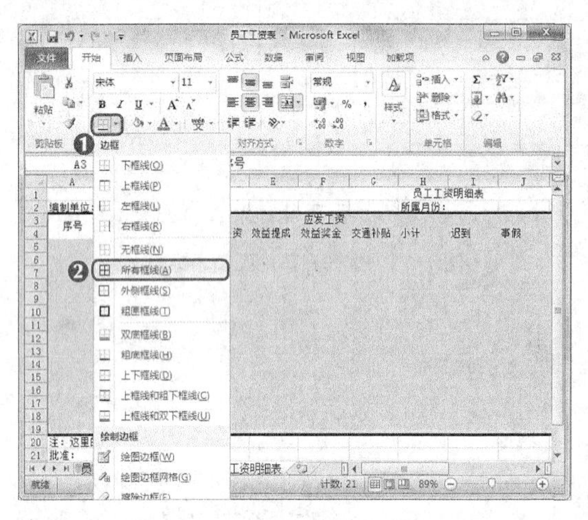

图6-16 添加边框

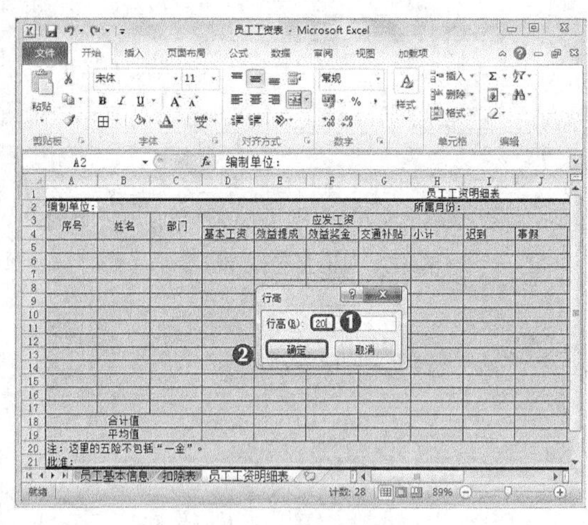

图6-17 设置行高

STEP 11 继续保持选择状态，再单击“格式”按钮，单击右侧的下拉按钮，在打开的下拉列表中选择“列宽”选项，打开“列宽”对话框，在其下方的文本框中输入“9.5”，单击 确定 按钮，如图6-18所示。

STEP 12 选择A2:Q19单元格区域。在【开始】/【对齐方式】组中单击“居中”按钮，设置所选单元格居中对齐，如图6-19所示。

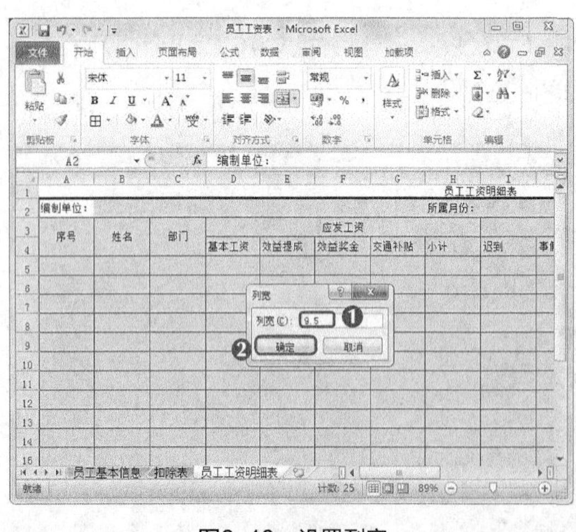

图6-18 设置列宽

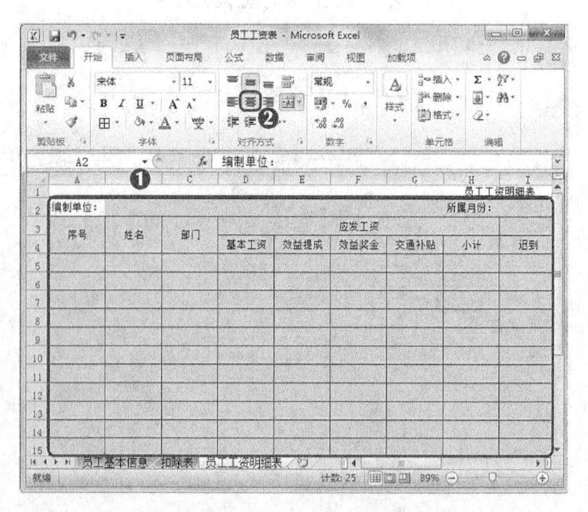

图6-19 设置居中对齐

STEP 13 选择A1单元格，选择【开始】/【字体】组，在“字体”下拉列表中设置字体为“方正报宋简体”，设置“字号”为“28”，单击“加粗”按钮**B**，并手动调整A1单元格的行高，如图6-20所示。

STEP 14 选择A2:Q4、A18:C19、A20:CK21单元格区域，设置“字号”为“12”，并单击“加粗”按钮 **B**，再手动调整各个单元格的行高，如图6-21所示。

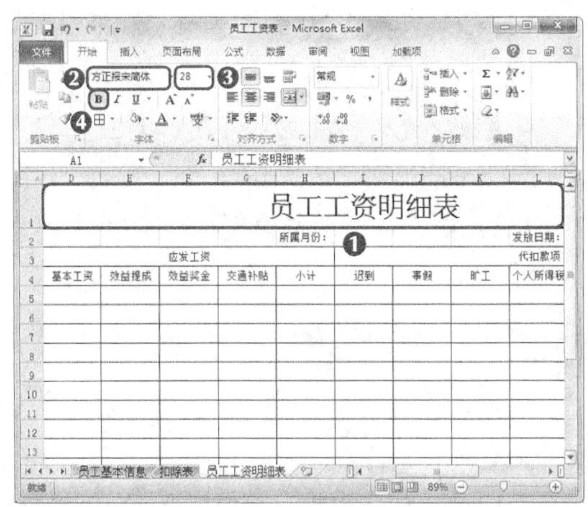

图6-20　设置表题格式

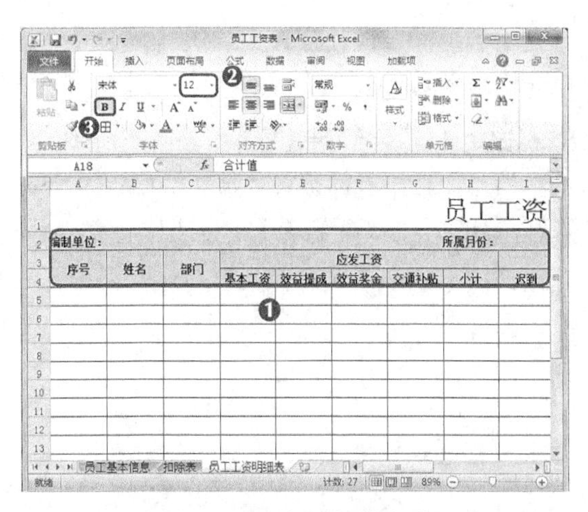

图6-21　设置字号并调整行高

如果单元格中已经存在不同的格式，可选择该单元格，并单击“格式刷”按钮，将该单元格格式应用到其他单元格中。

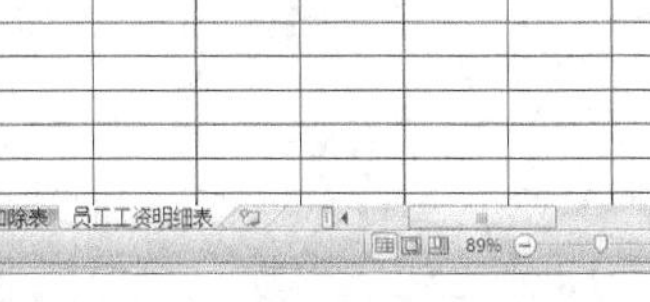

STEP 15 选择H5:H19、O5:P19单元格区域，在“字体”组中单击“填充颜色”按钮右侧的按钮，在打开的下拉列表的“主题颜色”栏中选择“白色，背景1，深色15%”选项，如图6-22所示。

STEP 16 完成后的工资表框架效果如图6-23所示。

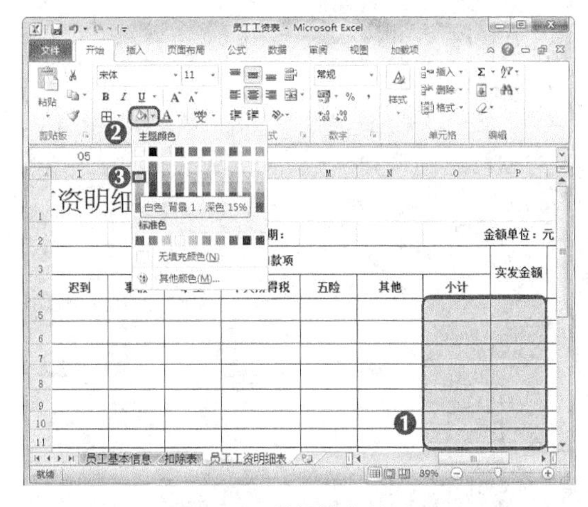

图6-22　选择填充色

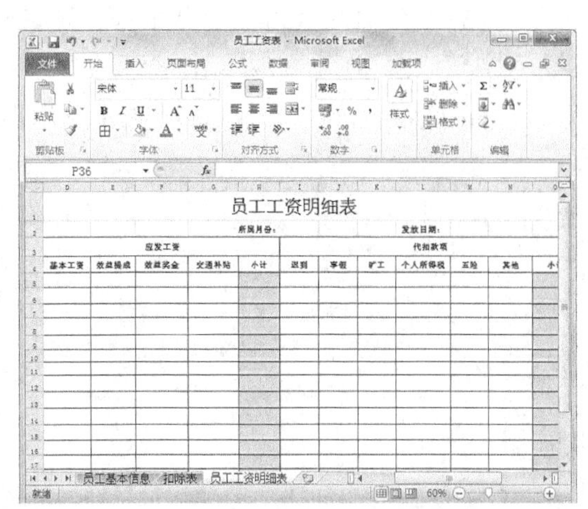

图6-23　工资表框架创建后的效果

用户如果觉得该框架以后还会用到，可将其创建为模板，其方法：在“另存为”对话框中将“保存类型”更改为模板格式即可。

6.4.2 引用单元格数据

当完成表格的创建后，即可对数据进行输入，但是输入现有的数据很麻烦，可通过引用单元格数据的方法让操作更加快捷，其具体操作如下（微课：光盘\微课视频\第6章\引用单元格数据.swf）。

STEP 1 选择A5单元格，在编辑栏中输入“=”，将鼠标光标移动到左下角，单击“员工基本信息”工作表标签，将其切换为该工作表，如图6-24所示。

STEP 2 在“员工基本信息表”工作簿中选择A3单元格，可发现编辑栏中的数据已发生变化，按【Enter】键，完成该单元格引用，如图6-25所示。

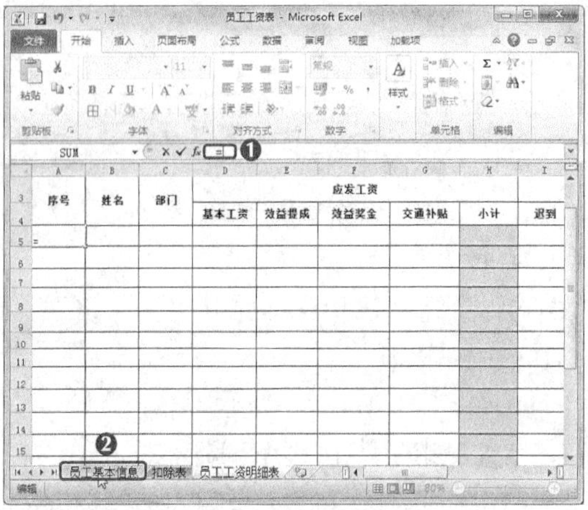

图6-24 引用单元格

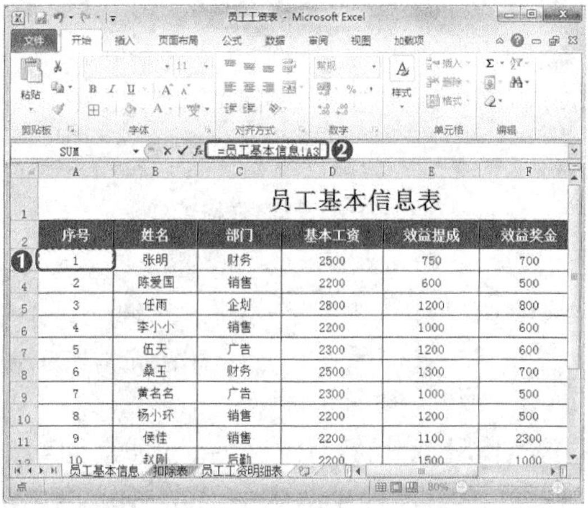

图6-25 选择引用的单元格

STEP 3 选择A5单元格，将鼠标光标移动到该单元格左下角，当鼠标光标变为+形状时，向下拖曳至A17单元格后释放鼠标，完成一列单元格的引用，如图6-26所示。

STEP 4 选择B5:B17单元格区域，在编辑栏中输入“=员工基本信息!B3”，按【Ctrl+Enter】组合键，可快速引用对应的数据，如图6-27所示。

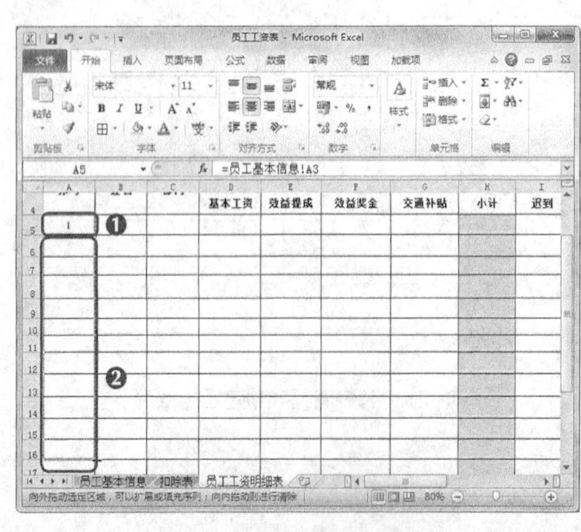

图6-26 引用一列数据

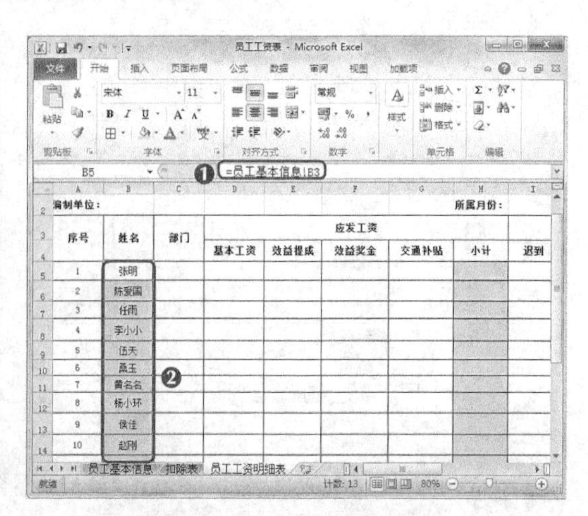

图6-27 快速引用单元格

STEP 5 选择A5:B17单元格区域，将鼠标光标移动到选择区域左下角，当鼠标光标变为+形状时，向右拖曳至G17单元格后释放鼠标，完成区域单元格引用，如图6-28所示。

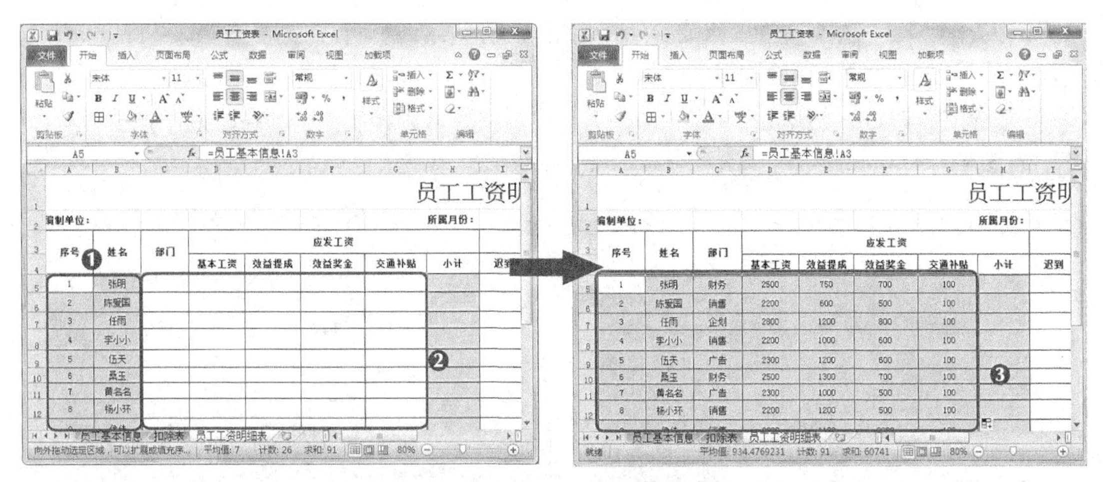

图6-28 引用其他区域数据

STEP 6 使用相同的方法，选择I5单元格，双击单元格，在其中输入“=扣除表!D3”，按【Enter】键，完成该单元格引用，并通过拖曳的方法，对I5:K17单元格数据进行引用，其效果如图6-29所示。

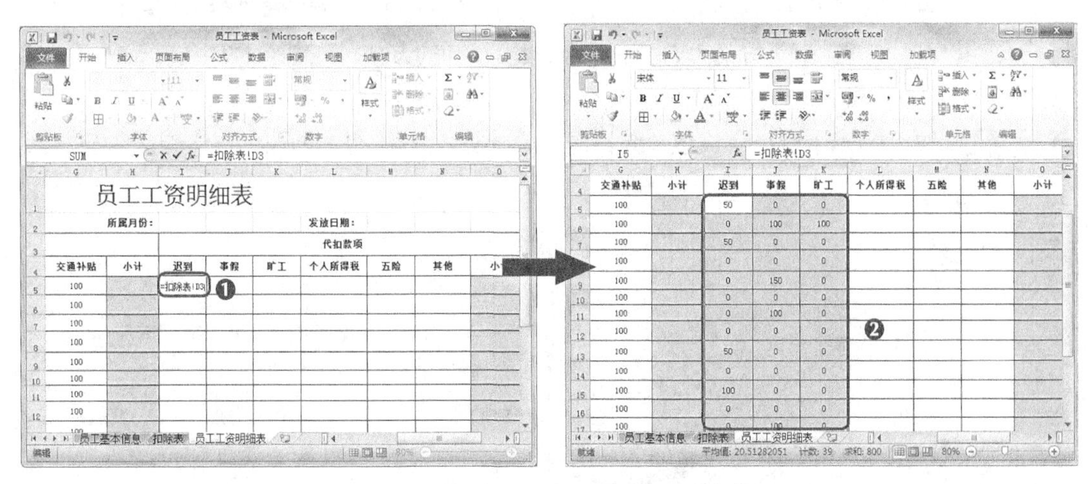

图6-29 引用扣除表中数据

知识提示

本例中讲解的是引用同一工作簿中的数据，而引用其他工作簿中的单元格的操作方法与引用同一工作簿中的单元格的操作方法类似，只是输入的格式有所不同，一般格式为“'工作簿存储地址[工作簿名称]工作表名称'! 单元格地址”。例如，=SUM（'d:\我的文档\[工作簿3.xlsx]Sheet1:Sheet2'!B2）表示将计算机D盘“我的文档”文件夹中名为“工作簿3.xlsx”中的工作表1到工作表2中所有B2单元格中值的和。

6.4.3 使用公式计算数据

当引用好数据后，即可对数据进行计算了，在Excel中输入公式的方法与输入数据相同，只需依次输入“=”以及具体参数或单元格地址即可，其具体操作如下（微课：光盘\微课视频\第6章\使用公式计算数据.swf）。

STEP 1 选择H5单元格，在编辑栏中输入“=”并选择D5单元格，如图6-30所示。

STEP 2 在编辑栏中继续输入“+”，并选择“E5”单元格，如图6-31所示。

SUM =D5 ❶

员工工资明

编制单位： 所属月份：

序号	姓名	部门	应发工资					迟到
			基本工资	效益提成	效益奖金	交通补贴	小计	
1	张明	财务	2500 ❷	750	700	100	=D5	50
2	陈爱国	销售	2200	600	500	100		0
3	任雨	企划	2800	1200	800	100		50
4	李小小	销售	2200	1000	600	100		0
5	伍天	广告	2300	1200	600	100		0
6	桑玉	财务	2500	1300	700	100		0
7	黄名名	广告	2300	1000	500	100		0
8	杨小环	销售	2200	1200	500	100		0

员工基本信息 扣除表 员工工资明细表

图6-30 选择D5单元格

SUM =D5+E5 ❶

员工工资明

编制单位： 所属月份：

序号	姓名	部门	应发工资					迟到
			基本工资	效益提成	效益奖金	交通补贴	小计	
1	张明	财务	2500	750 ❷	700	100	=D5+E5	50
2	陈爱国	销售	2200	600	500	100		0
3	任雨	企划	2800	1200	800	100		50
4	李小小	销售	2200	1000	600	100		0
5	伍天	广告	2300	1200	600	100		0
6	桑玉	财务	2500	1300	700	100		0
7	黄名名	广告	2300	1000	500	100		0
8	杨小环	销售	2200	1200	500	100		0

员工基本信息 扣除表 员工工资明细表

图6-31 选择E5单元格进行计算

STEP 3 继续输入“+”并选择F5单元格，使用相同的方法，在编辑栏中继续输入“+”并选择“G5”单元格，如图6-32所示。

STEP 4 按【Enter】键，完成该单元格的公式计算，并得到H5单元格小计值，如图6-33所示。

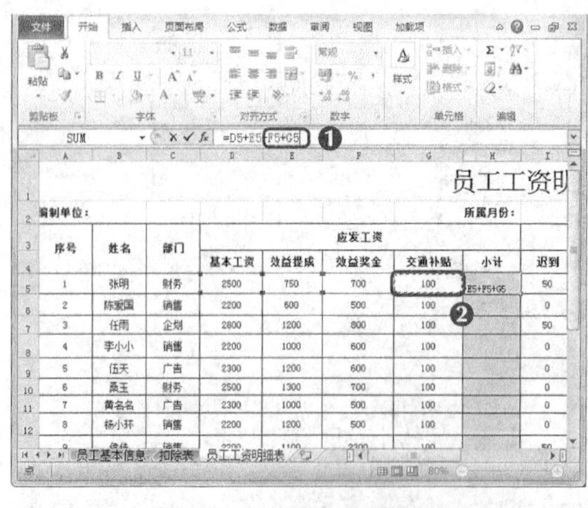

SUM =D5+E5+F5+G5 ❶

员工工资明

编制单位： 所属月份：

序号	姓名	部门	应发工资					迟到
			基本工资	效益提成	效益奖金	交通补贴	小计	
1	张明	财务	2500	750	700	100	=D5+E5+F5+G5	50
2	陈爱国	销售	2200	600	500	100 ❷		0
3	任雨	企划	2800	1200	800	100		50
4	李小小	销售	2200	1000	600	100		0
5	伍天	广告	2300	1200	600	100		0
6	桑玉	财务	2500	1300	700	100		0
7	黄名名	广告	2300	1000	500	100		0
8	杨小环	销售	2200	1200	500	100		0

员工基本信息 扣除表 员工工资明细表

图6-32 引用其他单元格进行计算

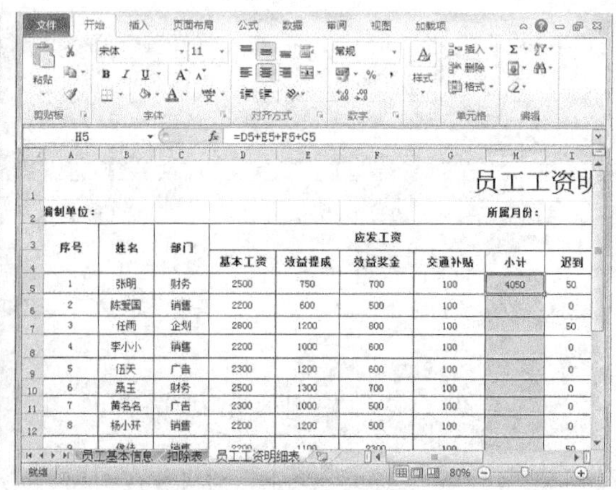

H5 =D5+E5+F5+G5

员工工资明

编制单位： 所属月份：

序号	姓名	部门	应发工资					迟到
			基本工资	效益提成	效益奖金	交通补贴	小计	
1	张明	财务	2500	750	700	100	4050	50
2	陈爱国	销售	2200	600	500	100		0
3	任雨	企划	2800	1200	800	100		50
4	李小小	销售	2200	1000	600	100		0
5	伍天	广告	2300	1200	600	100		0
6	桑玉	财务	2500	1300	700	100		0
7	黄名名	广告	2300	1000	500	100		0
8	杨小环	销售	2200	1200	500	100		0

员工基本信息 扣除表 员工工资明细表

图6-33 完成该公式的计算

知识提示

在输入公式时，参加计算的单元格的边框会以彩色显示，以便确认输入的地址是否有误。

职业素养

复杂一些的公式可能包含函数（函数是预先编写的公式，可以对一个或多个值执行运算，并返回一个或多个值。函数可以简化和缩短工作表中的公式，尤其在用公式执行很长或复杂的计算时效果更加显著。）、引用、运算符（运算符是一个标记或符号，指定表达式内执行的计算的类型。有数学、比较、逻辑和引用运算符等。）和常量（常量是不进行计算的值，因此也不会发生变化。）。

STEP 5 选择H6单元格，在单元格中输入“=D6+E6+F6+G6”，按【Enter】键，完成该单元格的公式计算，如图6-34所示。

STEP 6 选择H7:H17单元格区域，在编辑栏中输入“=D7+E7+F7+G7”，按【Ctrl+Enter】组合键，完成其他单元格计算，如图6-35所示。

SUM =D6+E6+F6+G6

员工工资明

编制单位：　　所属月份：

序号	姓名	部门	应发工资					
			基本工资	效益提成	效益奖金	交通补贴	小计	迟到
1	张明	财务	2500	750	700	100	4050	50
2	陈爱国	销售	2200	600	500		=D6+E6+F6+G6	
3	任雨	企划	2800	1200	800	100		50
4	李小小	销售	2200	1000	600	100		0
5	伍天	广告	2300	1200	600	100		0
6	桑玉	财务	2500	1300	700	100		0
7	黄名名	广告	2300	1000	500	100		0
8	杨小环	销售	2200	1200	500	100		0

图6-34 在单元格中输入公式

SUM =D7+E7+F7+G7

员工工资明

编制单位：　　所属月份：

序号	姓名	部门	应发工资					
			基本工资	效益提成	效益奖金	交通补贴	小计	迟到
1	张明	财务	2500	750	700	100	4050	50
2	陈爱国	销售	2200	600	500	100	3400	0
3	任雨	企划	2800	1200	800	100	=D7+E7+F7+G7	
4	李小小	销售	2200	1000	600	100	3900	0
5	伍天	广告	2300	1200	600	100	4200	0
6	桑玉	财务	2500	1300	700	100	4600	0
7	黄名名	广告	2300	1000	500	100	3900	0
8	杨小环	销售	2200	1200	500	100	4000	0

图6-35 输入其他公式

STEP 7 选择M5:M17单元格区域，在编辑栏中输入“202.18”，按【Ctrl+Enter】组合键，快速填充社保费用，如图6-36所示。

STEP 8 使用前面相同的方法，选择O5:O17单元格区域，在编辑栏中输入“=H5-I5-J5-K5-M5”，按【Ctrl+Enter】组合键，快速计算扣除后的工资，如图6-37所示。

M5 202.18

小计	迟到	事假	旷工	个人所得税	五险	其他	小计
4050	50	0	0		202.18		
3400	0	100	100		202.18		
4900	50	0	0		202.18		
3900	0	0	0		202.18		
4200	0	150	0		202.18		
4600	0	0	0		202.18		
3900	0	100	0		202.18		
4000	0	0	0		202.18		
5700	50	0	0		202.18		
4800	0	0	0		202.18		
4900	100	0	0		202.18		
5800	0	0	0		202.18		
6500	0	100	0		202.18		

图6-36 输入五险金额

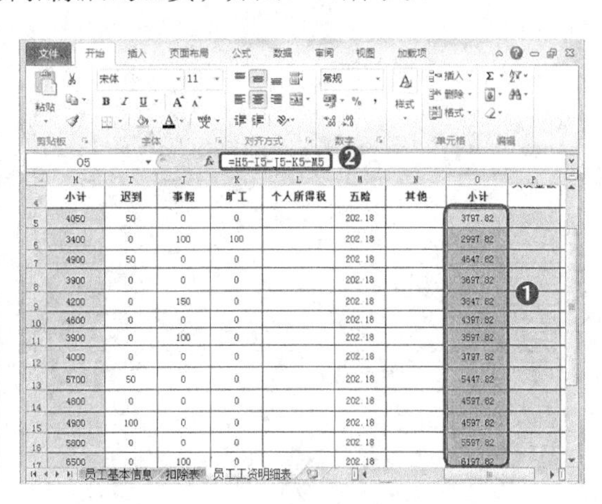

O5 =H5-I5-J5-K5-M5

小计	迟到	事假	旷工	个人所得税	五险	其他	小计
4050	50	0	0		202.18		3797.82
3400	0	100	100		202.18		2997.82
4900	50	0	0		202.18		4647.82
3900	0	0	0		202.18		3697.82
4200	0	150	0		202.18		3847.82
4600	0	0	0		202.18		4397.82
3900	0	100	0		202.18		3597.82
4000	0	0	0		202.18		3797.82
5700	50	0	0		202.18		5447.82
4800	0	0	0		202.18		4597.82
4900	100	0	0		202.18		4597.82
5800	0	0	0		202.18		5597.82
6500	0	100	0		202.18		6197.82

图6-37 计算小计额

6.4.4 使用函数计算数据

当认识公式的计算后，会发现公式只能运用简单的计算，若需要进行较复杂的计算，还需要使用函数对数据进行计算，其具体操作如下（微课：光盘\微课视频\第6章\使用函数计算数据.swf）。

STEP 1 选择D18单元格，在编辑栏中单击“插入函数”按钮，打开“插入函数”对话框，在“或选择类别”下拉列表中选择“常用函数”选项，在其下的列表框中选择“SUM”选项，单击 确定 按钮，如图6-38所示。

STEP 2 打开“函数参数”对话框，在“Number1”栏后的文本框后单击按钮，如图6-39所示。

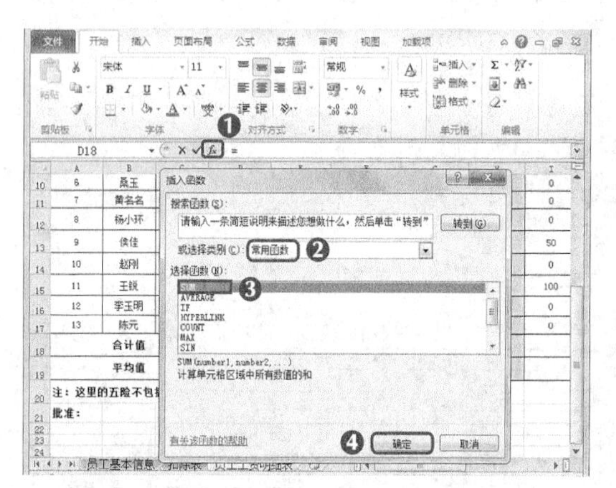

图6-38 选择函数

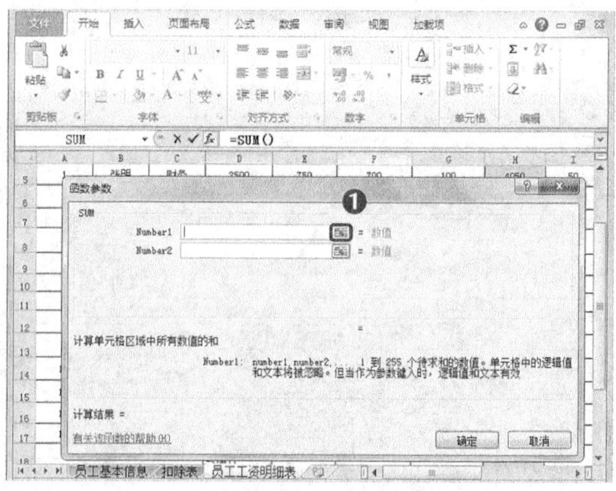

图6-39 打开“函数参数”对话框

STEP 3 此时，打开的“函数参数”对话框将以缩小的形式显示，使用鼠标在单元格中选择D5:D17单元格区域，可发现“函数参数”对话框中的文本框中已显示选择区域，单击按钮，如图6-40所示。

STEP 4 返回“函数参数”对话框，此时“Number1”文本框已输入数据，并且在“计算结果”栏中可看到计算后的结果，单击 确定 按钮，如图6-41所示。

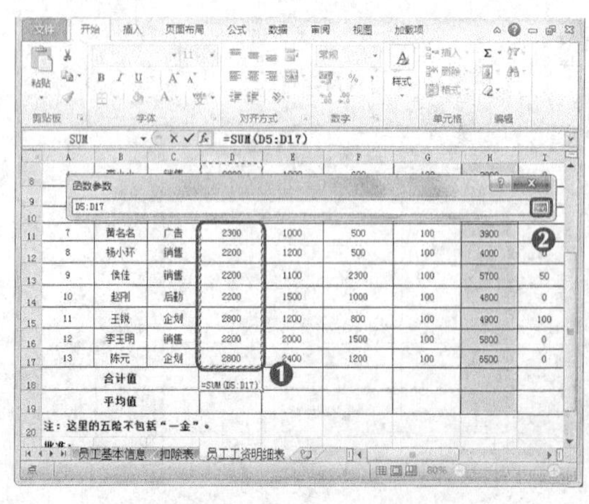

图6-40 选择函数计算区域

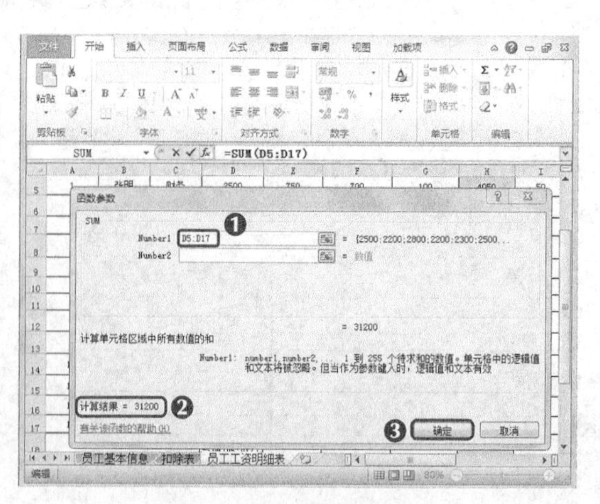

图6-41 查看计算结果

STEP 5 在D18单元格中即可查看计算的结果，选择D18单元格，将鼠标光标移动到单元格右下角的✚按钮上，按住鼠标左键不放并向右拖曳，为E18:P18单元格区域快速填充函数，并自动计算结果，如图6-42所示。

STEP 6 返回单元格即可查看填充后的效果，并对H18、O18、P18单元格添加与上方相同底纹的单元格，如图6-43所示。

D18 =SUM(D5:D17)

	K	L	M	N	O	P	Q
10	0		202.18		4397.82		
11	0		202.18		3597.82		
12	0		202.18		3797.82		
13	0		202.18		5447.82		
14	0		202.18		4597.82		
15	0		202.18		4597.82		
16	0		202.18		5597.82		
17	0		202.18		6197.82		
18	100	300	2628.34	0	57221.66	0	
19							
21	制表：						

员工基本信息 扣除表 员工工资明细表
就绪 平均值：14019.23077 计数：13 求和：182250 80%

图6-42 复制函数

L21

	I	J	K	L	M	N	O	P	Q
7	50	0	0		202.18		4647.82		
8	0	0	0		202.18		3697.82		
9	0	150	0		202.18		3847.82		
10	0	0	0		202.18		4397.82		
11	0	100	0		202.18		3597.82		
12	0	0	0		202.18		3797.82		
13	50	0	0		202.18		5447.82		
14	0	0	0		202.18		4597.82		
15	100	0	0		202.18		4597.82		
16	0	0	0		202.18		5597.82		
17	0	100	0		202.18		6197.82		
18	250	450	100	0	2628.34	0	57221.66	0	
19									

员工基本信息 扣除表 员工工资明细表
就绪 80%

图6-43 查看填充后的效果

6.4.5 使用嵌套函数

嵌套函数主要指将某函数作为另一函数的参数，这里将使用“AVERAGE与ROVND”函数嵌套使用，其具体操作如下（微课：光盘\微课视频\第6章\使用嵌套函数.swf）。

STEP 1 选择D19单元格，选择【公式】/【函数库】组，单击“插入函数”按钮 f_x，打开“插入函数”对话框，如图6-44所示。

STEP 2 在打开对话框的“或选择类别”下拉列表中选择“数学与三角函数”选项，在下方的列表框中选择“ROUND”选项，单击 确定 按钮，如图6-45所示。

插入函数 ❷ D19

	A	B	C	D	E	F	G	H	I
7	3	任雨	企划	2800	1200	800	100	4900	50
8	4	李小小	销售	2200	1000	600	100	3900	0
9	5	伍天	广告	2300	1200	600	100	4200	0
10	6	桑玉	财务	2500	1300	700	100	4600	0
11	7	黄名名	广告	2300	1000	500	100	3900	0
12	8	杨小环	销售	2200	1200	500	100	4000	0
13	9	侯佳	销售	2200	1100	2300	100	5700	50
14	10	赵刚	后勤	2200	1500	1000	100	4800	0
15	11	王锐	企划	2800	1200	800	100	4900	100
16	12	李玉明	销售	2200	2000	1500	100	5800	0
17	13	陈元	企划	2800	2400	1200	100	6500	0
18		合计值		31200	16450	11700	1300	60650	250
19		平均值		❶					

注：这里的五险不包括“一金”。

图6-44 插入函数

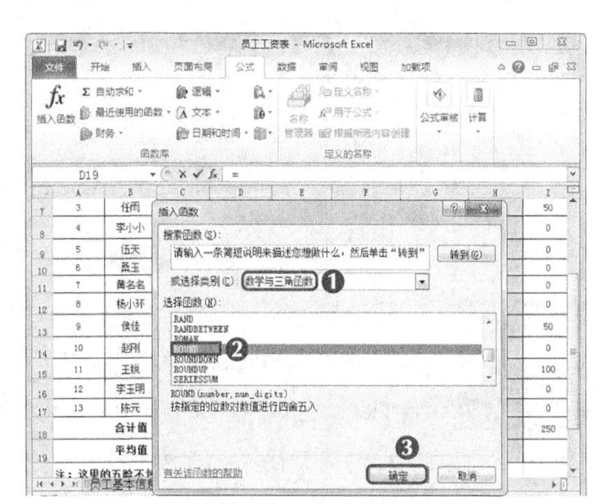

图6-45 选择插入的函数

STEP 3 打开“函数参数”对话框，在“Nun_digits”栏后的文本框输入“0”，将文本插入点定位到"Number"文本框中，如图6-46所示。

STEP 4 单击编辑栏左侧的名称框右侧的下拉按钮▾，在打开的下拉列表中选择"AVERACE"选项，如图6-47所示。

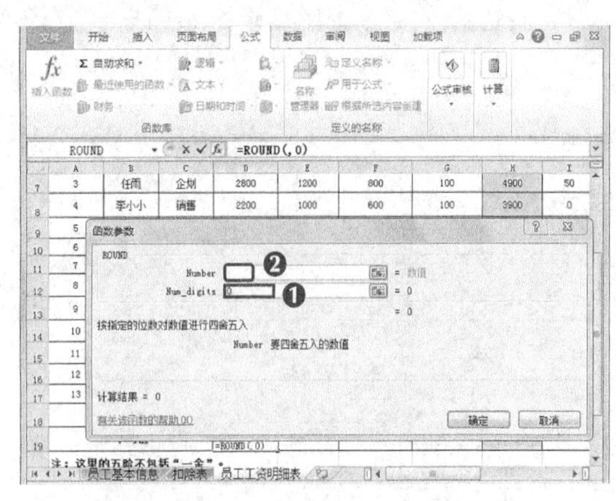

图6-46 输入四舍五入位数

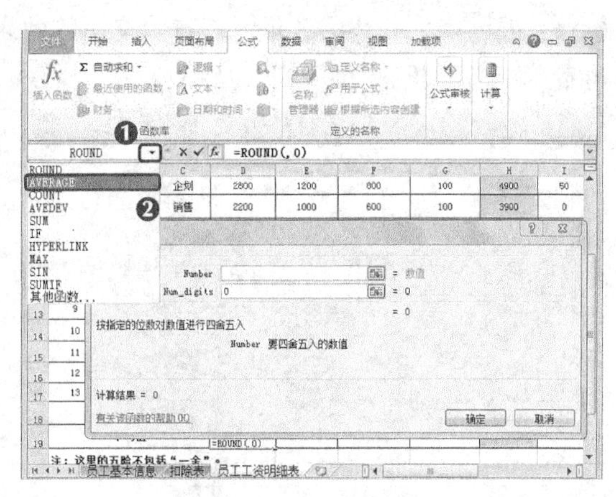

图6-47 选择平均值函数

STEP 5 返回"函数参数"对话框，在"Number1"文本框中输入"D5:D17"，并单击 确定 按钮，如图6-48所示。

STEP 6 在D19单元格中即可查看计算的结果，选择D19单元格，将鼠标移动到单元格右下角的+按钮上，按住鼠标左键不放并向右拖曳至P19单元格，为E19:P19单元格区域快速填充函数，并自动计算结果，如图6-49所示。

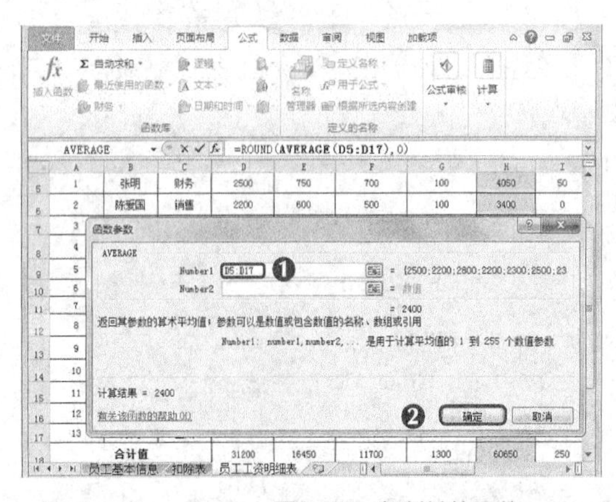

图6-48 复制其他函数

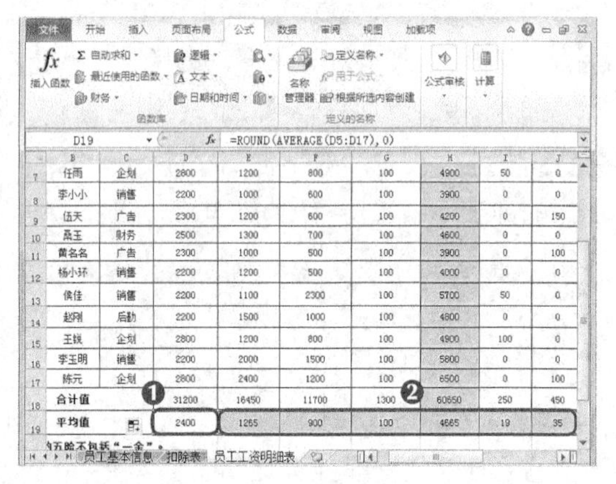

图6-49 填充公式

STEP 7 返回单元格即可查看填充后的效果，并对H19、O19、P19单元格添加与上方相同底纹的单元格。在显示错误的单元格中输入"0"，如图6-50所示。

STEP 8 选择L5单元格，在编辑栏中输入"=ROUND(IF(O5-3500<=0,0,IF(O5-3500<=1500,(O5-3500)*0.03,IF(O5-3500<=4500,(O5-3500)*0.1-105,IF(O5-3500<=9000,(O5-3500)*0.2-555,IF(O5-3500<=35000,(O5-3500)*0.25-1005))))),2)"，按【Enter】键计算个人所得税，该公式表示小于3 500没有个人所得税，当应纳税所得额小于1500时，按个人所得税3%计算；当应纳税所得额大于1 500但不超过4 500时，按个人所得税

10%计算；当应纳税所得额大于4 500但不超过9 000时，按个人所得税20%计算，以此类推，最后保留2位小数，如图6-51所示。

图6-50　输入“0”

L5　=ROUND(IF(O5-3500<=0,0,IF(O5-3500<=1500,(O5-3500)*0.03,IF(O5-3500<=4500,(O5-3500)*0.1-105,IF(O5-3500<=9000,(O5-3500)*0.2-555,IF(O5-3500<=35000,(O5-3500)*0.25-1005))))),2)

员工工资明细表

所属月份：　发放日期：

应发工资			代扣款项				
效益奖金	交通补贴	小计	迟到	事假	旷工	个人所得税	五险
¥ 700.00	¥ 100.00	¥ 4,050.00	¥ 50.00	¥ -	¥ -	¥ 8.93	¥ 202.18
¥ 500.00	¥ 100.00	¥ 3,400.00	¥ -	¥ 100.00	¥ 100.00		¥ 202.18
¥ 800.00	¥ 100.00	¥ 4,900.00	¥ 50.00	¥ -	¥ -		¥ 202.18
¥ 600.00	¥ 100.00	¥ 3,900.00	¥ -	¥ -	¥ -		¥ 202.18
¥ 600.00	¥ 100.00	¥ 4,200.00	¥ -	¥ 150.00	¥ -		¥ 202.18
¥ 700.00	¥ 100.00	¥ 4,600.00	¥ -	¥ -	¥ -		¥ 202.18

图6-51　输入个人所得税公式

STEP 9 选择L5单元格，将鼠标移动到单元格右下角的+按钮上，按住鼠标左键不放并向下拖曳到L17单元格释放鼠标，即可完成其他员工个人所得税的计算，如图6-52所示。

STEP 10 选择P5:P17单元格区域，在编辑栏中输入“=O5-L5”，按【Ctrl+Enter】组合键，计算实发金额，如图6-53所示。

L5　=ROUND(IF(O5-3500<=0,0,IF(O5-3500<=1500,(O5-3500)*0.03,IF(O5-3500<=4500,(O5-3500)*0.1-105,IF(O5-3500<=9000,(O5-3500)*0.2-555,IF(O5-3500<=35000,(O5-3500)*0.25-1005))))),2)

效益奖金	交通补贴	小计	迟到	事假	旷工	个人所得税	五险
¥ 700.00	¥ 100.00	¥ 4,050.00	¥ 50.00	¥ -	¥	¥ 8.93	¥ 202.18
¥ 500.00	¥ 100.00	¥ 3,400.00	¥ -	¥ 100.00	¥ 100.00	¥ -	¥ 202.18
¥ 800.00	¥ 100.00	¥ 4,900.00	¥ 50.00	¥ -	¥	¥ 34.43	¥ 202.18
¥ 600.00	¥ 100.00	¥ 3,900.00	¥ -	¥ -	¥	¥ 5.93	¥ 202.18
¥ 600.00	¥ 100.00	¥ 4,200.00	¥ -	¥ 150.00	¥ -	¥ 10.43	¥ 202.18
¥ 700.00	¥ 100.00	¥ 4,600.00	¥ -	¥ -	¥ -	¥ 26.93	¥ 202.18
¥ 500.00	¥ 100.00	¥ 3,900.00	¥ -	¥ 100.00	¥ -	¥ 2.93	¥ 202.18
¥ 500.00	¥ 100.00	¥ 4,000.00	¥ -	¥ -	¥ -	¥ 8.93	¥ 202.18
¥ 2,300.00	¥ 100.00	¥ 5,700.00	¥ 50.00	¥ -	¥ -	¥ 89.78	¥ 202.18
¥ 1,000.00	¥ 100.00	¥ 4,800.00	¥ -	¥ -	¥ -	¥ 32.93	¥ 202.18

图6-52　计算其他个人所得税

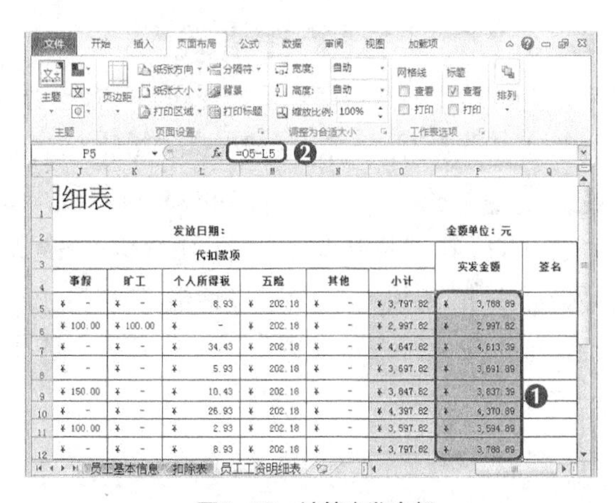

事假	旷工	个人所得税	五险	其他	小计	实发金额	签名
¥ -	¥ -	¥ 8.93	¥ 202.18	¥ -	¥ 3,797.82	¥ 3,788.89	
¥ 100.00	¥ 100.00	¥ -	¥ 202.18	¥ -	¥ 2,997.82	¥ 2,997.82	
¥ -	¥ -	¥ 34.43	¥ 202.18	¥ -	¥ 4,647.82	¥ 4,613.39	
¥ -	¥ -	¥ 5.93	¥ 202.18	¥ -	¥ 3,697.82	¥ 3,691.89	
¥ 150.00	¥ -	¥ 10.43	¥ 202.18	¥ -	¥ 3,847.82	¥ 3,837.39	
¥ -	¥ -	¥ 26.93	¥ 202.18	¥ -	¥ 4,397.82	¥ 4,370.89	
¥ 100.00	¥ -	¥ 2.93	¥ 202.18	¥ -	¥ 3,597.82	¥ 3,594.89	
¥ -	¥ -	¥ 8.93	¥ 202.18	¥ -	¥ 3,797.82	¥ 3,788.89	

图6-53　计算实发金额

STEP 11 选择D5:P19单元格区域，选择【开始】/【数字】组，单击“数字格式”文本框右侧的下拉按钮，在打开的下拉列表中选择“会计专用”选项，如图6-54所示。

STEP 12 为选择的单元格添加会计样式，并对空格区域添加“0”，再选择【页面布局】/【工作表选项】组，单击选中“网格线”栏的“查看”复选框，查看设置后的效果，如图6-55所示。

设置会计专用样式，还可单击鼠标右键，在弹出的快捷菜单中选择“设置单元格格式”命令，打开“设置单元格格式”对话框，单击“数字”选项卡，在“分类”栏下方的下拉列表中选择“会计专用”选项，并在右侧“货币符号（国家/地区）”栏中选择需要的货币符号，并单击 确定 按钮。

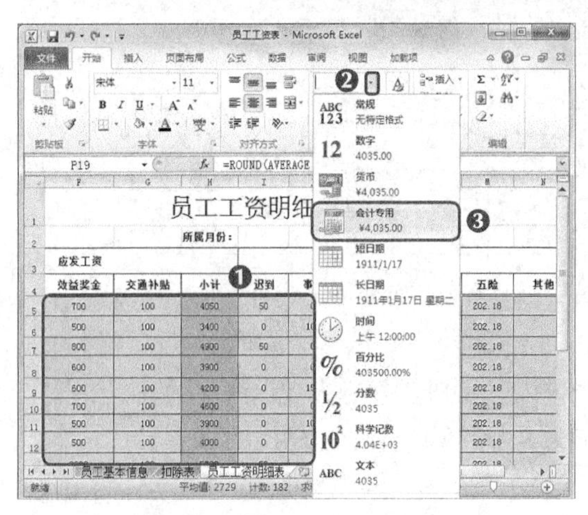

图6-54　选择“会计专用”选项

图6-55　添加货币符号后的效果

6.4.6　设置条件格式

当完成工资表的制作后，还可对实发金额设置条件格式，方便用户查看工资，其具体操作如下（微课：光盘\微课视频\第6章\设置条件格式.swf）。

STEP 1 选择P5:P19单元格区域，选择【开始】/【样式】组，单击“条件格式”按钮，在打开的下拉列表中选择【突出显示单元格规则】/【大于】菜单命令，如图6-56所示。

STEP 2 打开“大于”对话框，在“为大于以下值的单元格设置格式”栏中输入大于值“4500”，并在“设置为”下拉列表中选择“红色文本”选项，单击 确定 按钮，如图6-57所示。

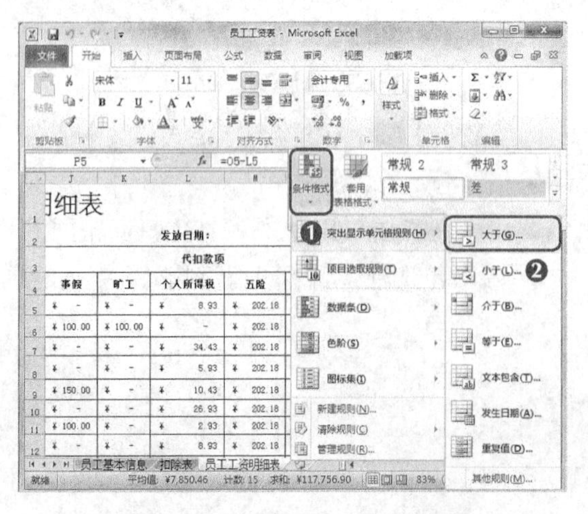

图6-56　选择突出显示单元格规则

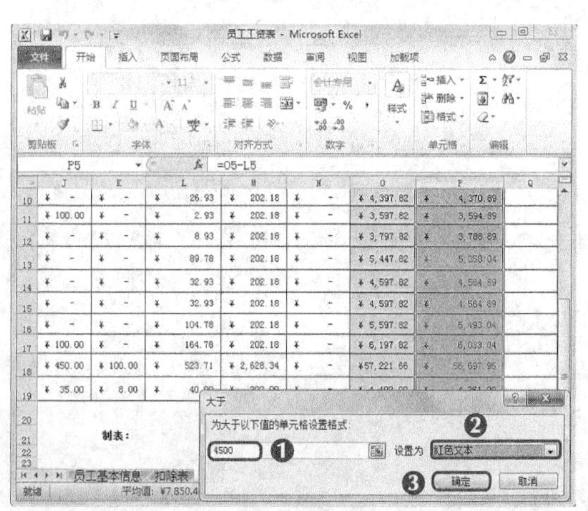

图6-57　设置突出显示单元格格式

STEP 3 此时可发现实发工资的颜色已发生变化，工资表的制作已完成。

多学一招

在设置条件格式时，除了可设置“大于”外，还可设置“小于”“介于”“等于”和“色阶”等，其操作方法与设置“大于”的方法类似，只是包含的文本不同。

6.5 实训——制作工资条

6.5.1 实训目标

本实训的目标是制作“工资条.xlsx”工作簿，它的制作与编辑方法与“员工工资表.xlsx”的制作与编辑方法类似，使用函数的嵌套对员工工资表的内容进行嵌套计算，并对其格式进行设置，图6-58所示为制作后的工资条的效果。

效果所在位置　光盘:\素材文件\第6章\实训\员工工资表.xlsx
效果所在位置　光盘:\效果文件\第6章\实训\工资条.xlsx

姓名	基本工资	提成	生活补贴	迟到	事假	旷工	总计	签字
李志明	2000	661	200	10	0	50	2801	
姓名	基本工资	提成	生活补贴	迟到	事假	旷工	总计	签字
孙孝勇	2000	783	200	0	0	0	2983	
姓名	基本工资	提成	生活补贴	迟到	事假	旷工	总计	签字
高大顺	2000	1252	200	0	50	50	3352	
姓名	基本工资	提成	生活补贴	迟到	事假	旷工	总计	签字
赵婷	2900	423	100	0	0	0	3423	
姓名	基本工资	提成	生活补贴	迟到	事假	旷工	总计	签字
杨佳慧	2200	833	100	20	0	0	3113	
姓名	基本工资	提成	生活补贴	迟到	事假	旷工	总计	签字
黄永祥	2600	2050	200	0	0	100	4750	
姓名	基本工资	提成	生活补贴	迟到	事假	旷工	总计	签字
白石广	2850	468	100	0	0	0	3418	
姓名	基本工资	提成	生活补贴	迟到	事假	旷工	总计	签字
张长桂	2600	700	100	50	0	0	3350	
姓名	基本工资	提成	生活补贴	迟到	事假	旷工	总计	签字
严实	2000	1523	200	0	0	0	3723	

图6-58　“工资条”工作簿最终效果

6.5.2 专业背景

工资条是员工所在单位定期给员工发送的反映工资的纸条，但并不是所有单位都给员工发送工资条，有的单位会将工资的各项明细表发给员工，但是有的单位没有。工资条是一张清单，分纸质版和电子版两种，记录着每个员工的月收入分项和收入总额。

一个简单的工资表，通常包括9个管理项目：工号、职工姓名、基本工资、职务工资、福利费、住房基金、应发工资、个人所得税和实发工资。

6.5.3 操作思路

完成本实训需要打开“员工工资表.xlsx”工作簿，重命名工作表标签，使用函数工资条进行制作，再对制作好的工资条进行边框与格式的设置，最后去掉多余的“0”并取消网格线，其操作思路如图6-59所示。

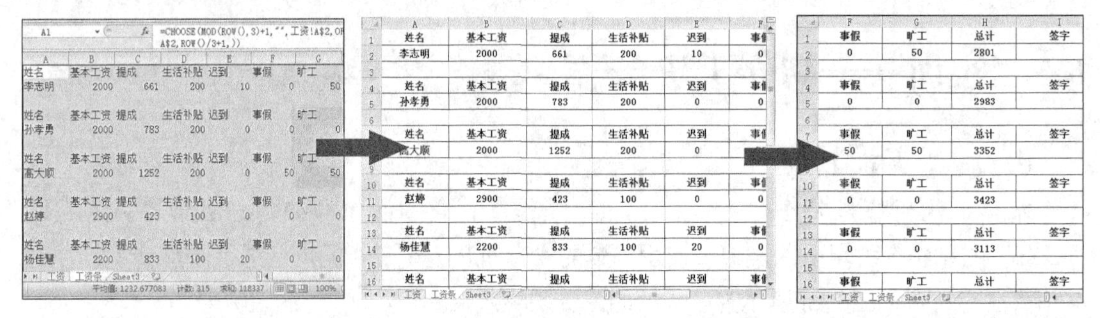

① 输入函数　② 添加边框　③ 删除“0”并取消网格线

图6-59 工资条的制作思路

STEP 1 打开“员工工资表.xlsx”工作簿，选择Sheet2工资表标签，并对其进行重命名，再选择A1单元格，在其中输入“=CHOOSE(MOD(ROW(),3)+1,"",工资!A$2,OFFSET(工资!A$2,ROW()/3+1,))”，并拖曳到其他单元格。

STEP 2 选择单个已制作好的标签，并对其添加边框，再调整行高与列宽。

STEP 3 使用“Excel选项”对话框，取消“0”显示，并取消选中“网格线”栏的“查看”复选框。

6.6 常见疑难解析

问：如何快速查找需要的函数？

答：可通过单击“插入函数”按钮，打开“插入函数”对话框，在“搜索函数”文本框中输入需要的函数或需要函数的类型，单击转到(G)按钮，即可查看搜索到的函数，及其具体讲解。

问：在Excel中如何计算日期对应的星期数？

答：选择需要计算星期数的单元格，在其中输入“=CHOOSE(WEEKDAY(M2,2),"星期一","星期二","星期三","星期四","星期五","星期六","星期日")”。按【Enter】键即可计算出日期对应的星期数。其中M2指对应的单元格。而WEEKDAY函数的语法为WEEKDAY(serial_number,return_type)，其中serial_number代表要查找的当天的日期，return_type为确定返回值类型的数字。如果return_type为2，函数返回数字 1（星期一）到数字 7（星期日）。

问：在单元格中如何使用函数显示当前日期？

答：选择需要显示日期的单元格，输入“=TODAY()”，按【Enter】键即可显示当前日期。其中该函数的语法为TODAY()，主要用于返回当前日期。需要注意的是默认情况下，

1900年1月1日的序列号为1，2008年1月1日的序列号为39 448，这是因为它距1900年1月1日有39 447天。

6.7 习题

本章主要介绍了“员工工资表”的相关操作，包括引用单元格数据、使用公式计算数据、使用函数计算数据的操作，通过本章的学习，可对人力资源类表格的制作有一定的了解，为后面销售类工作表的制作打下坚实的基础。

素材所在位置　光盘:\素材文件\第6章\习题\工资汇总表.xlsx
效果所在位置　光盘:\效果文件\第6章\习题\测试成绩表.xlsx、工资汇总表.xlsx

（1）公司人力资源部需要制作一张测试成绩表，用来了解应聘人员对专业知识的掌握情况等，会使用到函数的不同操作，其参考效果如图6-60所示。

- 本练习中涉及的知识点包括单元格的引用、函数的插入与编辑以及嵌套函数的使用等。
- 注意相对引用和绝对引用同时使用的情况。
- 嵌套使用了IF和SUM函数，注意函数的插入。

测试成绩表								
姓名	测试时间	测试科目				总成绩（包含起评分）	审核人员	是否录用
		普通话水评	软件操作能力	打字速度	第一印象			
赵军	2015/6/1	46	42	12	6	106	左小凤	录用
李肖尼	2015/6/1	41	32	30	7	110	左小凤	录用
孙马达	2015/6/1	10	15	39	8	72	左小凤	不录用
柳丽佳	2015/6/1	39	19	30	9	97	左小凤	不录用
曾琦	2015/6/1	47	32	20	10	119	左小凤	录用
吉小闵	2015/6/1	23	43	31	10	117	左小凤	录用
王泣	2015/6/1	23	22	36	15	106	左小凤	不录用
肖可	2015/6/1	15	39	25	13	102	左小凤	不录用
马淼	2015/6/1	35	49	15	11	120	左小凤	录用
黄毅	2015/6/1	52	19	26	16	123	左小凤	录用
孙磊	2015/6/1	43	47	49	19	168	左小凤	录用
郭维维	2015/6/1	28	11	28	28	110	左小凤	不录用
陈皮	2015/6/1	22	47	27	22	133	左小凤	录用
平均成绩		32.6154	32.076923	28.31	13.38			
起评分的评分标准	第一印象得分小于10	0						
	第一印象得分大于或等于10	10	打字速度平均成绩	28.31				
	第一印象得分大于或等20	15	“陈皮”前3项测试科目总成绩		96			
“普通话水平”最大值			52					
统计测试人员人数			13					

图6-60　“测试成绩表”工作簿最终效果

（2）某公司需要对员工全年的工资数据进行汇总统计，要求得到所有员工的全年工资总和、平均工资、单月最高和最低工资，以及与去年工资相比的增减情况。最后需要统计全年工资总和的排名，然后将增长的数据记录标红显示，参考效果如图6-61所示。

- 制作工资汇总表，输入去年工资总和数据。

● 利用函数和公式并引用月度工资明细表中的数据，计算每位员工今年的工资总和、与去年相比的增减情况、平均工资、最高工资和最低工资等数据。

● 对所有员工今年的工资总和数据进行排名。

爱丽儿公司本年度工资汇总表

姓名	去年工资总和	工资总和	增减情况	平均工资	最高工资	最低工资	排名
张明	¥47,962.2	¥45,267.3	减少 2694.9元	¥3,772.3	¥4,722.3	¥2,528.1	4
冯淑琴	¥35,692.8	¥41,308.2	增长 5615.4元	¥3,442.4	¥4,340.7	¥2,480.4	9
罗鸿亮	¥31,231.2	¥46,078.2	增长 14847元	¥3,839.9	¥4,722.3	¥2,528.1	2
李萍	¥54,654.6	¥39,686.4	减少 14968.2元	¥3,307.2	¥4,531.5	¥2,385.0	16
朱小军	¥40,173.7	¥43,740.9	增长 3567.2元	¥3,645.1	¥4,579.2	¥2,862.0	6
王超	¥54,096.9	¥41,022.0	减少 13074.9元	¥3,418.5	¥4,770.0	¥2,480.4	11
邓丽红	¥29,558.1	¥39,924.9	增长 10366.8元	¥3,327.1	¥4,770.0	¥2,385.0	15
邹文静	¥50,750.7	¥46,269.0	减少 4481.7元	¥3,855.8	¥4,531.5	¥2,623.5	1
张丽	¥34,616.1	¥41,117.4	增长 6501.3元	¥3,426.5	¥4,531.5	¥2,480.4	10
杨雪华	¥42,942.9	¥41,022.0	减少 1920.9元	¥3,418.5	¥4,436.1	¥2,575.8	12
彭静	¥49,635.3	¥45,744.3	减少 3891元	¥3,812.0	¥4,674.6	¥2,623.5	3
付晓宇	¥39,077.6	¥43,740.9	增长 4663.3元	¥3,645.1	¥4,722.3	¥2,385.0	6
洪伟	¥46,289.1	¥40,831.2	减少 5457.9元	¥3,402.6	¥4,722.3	¥2,385.0	13
谭桦	¥45,173.7	¥43,740.9	减少 1432.8元	¥3,645.1	¥4,770.0	¥2,432.7	5
郭凯	¥40,731.4	¥43,311.6	增长 2580.2元	¥3,609.3	¥4,674.6	¥2,718.9	8
陈佳倩	¥44,104.2	¥40,735.2	减少 3369元	¥3,394.6	¥4,770.0	¥2,432.7	14

图6-61 “工资汇总表”工作簿最终效果

课后拓展知识

1. 相对引用

相对引用包含了当前单元格与公式所在单元格的相对位置。Excel 2010在默认情况下使用的都是相对引用。在相对引用中，被引用单元格的位置与公式所在单元格的位置相关联，当公式所在单元格的位置改变时，其引用的单元格的位置也会发生相应变化。如C1单元格中的公式为“=A1+B1”，若将C1单元格的公式复制到C2单元格中，则公式内容便自动更改为“=A2+B2”。相对引用是Excel中使用最为广泛的引用方式。

2. 绝对引用

绝对引用与相对引用相反，无论公式所在单元格的位置如何改变，其公式内容是不会发生改变的。绝对引用的方法：选择需进行绝对引用单元格编辑栏中的公式内容，按【F4】键将公式转换为绝对引用，然后按【Enter】键按照复制公式的方法将其引用到目标单元格中。如C1单元格中的公式为“=A1+B1”，选择公式内容后按【F4】键，即可将公式转变为“=¥A¥1+¥B¥1”，然后再按【Enter】键，此时若将C1单元格的公式复制到C2单元格中，则公式内容同样为“=¥A¥1+¥B¥1”。

3. 混合引用

混合引用是指公式中部分单元格地址引用为相对引用，部分单元格地址引用为绝对引用的方式。如果公式所在单元格的位置改变，则公式中相对引用部分也会随之改变，而绝对引用部分保持不变。如C1单元格中的公式为“=A1+$B$1”，若将C1单元格的公式复制到C2单元格中，则公式内容将更改为“=A2+¥B¥1”。

PART 7

第7章
制作固定资产统计表

情景导入

老张把小白叫到办公室，并把销售额统计表的基本信息交给他，然后对他说："前面制作的'员工工资表'做得非常好，这是你这次需要制作的表格，你需多注意"。于是小白开始这次表格的制作了。

知识技能目标

- 掌握表格数据排序的方法。
- 掌握表格数据筛选的方法。
- 掌握数据分类汇总的方法。

- 认识统计类表格的形式。
- 认识销售额统计表的构成。

实例展示

固定资产统计表

行号	固定资产名称	规格型号	生产厂家	计量单位	数量	购置日期	使用年限	已使用年份	残值率	月折旧额	累计折旧	固定资产净值	汇总日期
19	锅炉炉墙砌筑	AI－6301	市电建二公司	套	1000	2008/12	14	7	5%	5.65	475.00	525.00	2015/6/1
7	镍母线间隔棒垫	MRJ(JG)	长征线路器材厂	套	809	2005/12	26	10	5%	2.46	295.60	513.40	2015/6/1
8	变送器芯等设备	115/GP	远大采购站	套	38	2006/12	10	9	5%	0.30	32.49	5.51	2015/6/1
4	继电器	DZ-RL	市机电公司	套	59	2009/12	24	6	5%	0.19	14.01	44.99	2015/6/1
2	零序电流互感器	LX-LHZ	市机电公司	套	6	1998/7	21	17	5%	0.02	4.61	1.39	2015/6/1
17	单轨吊	10T*8M	神州机械厂	套	2	2010/12	8	5	5%	0.02	1.19	0.81	2015/6/1
				套 平均值							137.15		
				套 汇总						8.66	822.90	1091.10	
5	母线桥	80*(45M)	章华高压开关厂	块	2	2009/12	14	6	5%	0.01	0.81	1.19	2015/6/1
10	稳压源	40A	光明发电厂	块	1	2011/1	10	4	5%	0.01	0.38	0.62	2015/6/1
18	气轮机测振装置	WAC-2J/X	光明发电厂	块	1	2010/12	11	5	5%	0.01	0.43	0.57	2015/6/1
				块 平均值							0.54		
				块 汇总						0.03	1.63	2.37	
3	低压配电变压器	S7-500/10	章华变压器厂	台	1	2005/12	12	10	5%	0.01	0.79	0.21	2015/6/1
6	中频隔离变压器	MXY	九维蓄电池厂	台	1	2005/1	13	10	5%	0.01	0.73	0.27	2015/6/1
14	螺旋板冷却器及阀门更换	AF-FR/D	光明发电厂	台	1	2010/12	14	5	5%	0.01	0.34	0.66	2015/6/1
22	汽轮发电机	QFSN-200-2	南方电机厂	台	1	2008/7	15	7	5%	0.01	0.44	0.56	2015/6/1
1	高压厂用变压器	SFF7-31500/15	章华变压器厂	台	1	2005/7	17	10	5%	0.00	0.56	0.44	2015/6/1
21	凝汽器	N-11220型	南方汽轮机厂	台	1	2010/12	19	5	5%	0.00	0.25	0.75	2015/6/1
13	工业水泵改造频调速	AV-KU9	光明发电厂	台	1	2004/7	20	11	5%	0.00	0.52	0.48	2015/6/1
16	翻板水位计	B69H-16-23-Y	光明发电厂	台	1	2007/7	20	8	5%	0.00	0.38	0.62	2015/6/1
11	地网仪	AI－6301	空军电机厂	台	1	2012/7	29	3	5%	0.00	0.10	0.90	2015/6/1
15	盘车装置更换	QW-5	光明发电厂	台	1	2003/1	30	12	5%	0.00	0.38	0.62	2015/6/1
12	叶轮给煤机输电导线改为滑线	CD-3M	光明发电厂	台	1	2011/7	33	4	5%	0.00	0.12	0.88	2015/6/1
20	汽轮机	200-130/535/53	南方汽轮机厂	台	1	2010/12	35	5	5%	0.00	0.14	0.86	2015/6/1
				台 平均值							0.40		
				台 汇总						0.05	4.75	7.25	
9	UPS改造	D80*30*5	光明发电厂	只	1	2006/12	49	9	5%	0.00	0.17	0.83	2015/6/1
				只 平均值							0.17		
				只 汇总						0.00	0.17	0.83	
				总计平均值							37.70		
				总计						8.73	829.45	1101.55	

资料统计 Sheet2 Sheet3

7.1 实例目标

小白通过前面的学习对Excel制作表格有了基本的了解，但是小白知道这次的表格制作与前面不同，因为这次的表格是通过汇总、排序和筛选来完成的，对于新知识，小白只能快速地去请教老张了。

图7-1~图7-3所示即“固定资产统计表”的最终效果。通过对本例效果的预览，可以了解该任务的重点是对表格中的数据进行排序、筛选和分类汇总，帮助用户分析其中的数据。

素材所在位置　光盘:\素材文件\第7章\固定资产统计表.xlsx
效果所在位置　光盘:\效果文件\第7章\固定资产统计表.xlsx

固定资产统计表

行号	固定资产名称	规格型号	生产厂家	计量单位	数量	购置日期	使用年限	已使用年份	残值率	月折旧额	累计折旧	固定资产净值	汇总日期
19	锅炉炉墙砌筑	AI－6301	市电建二公司	套	1000	2008/12	14	7	5%	¥5.65	¥475.00	¥525.00	2015/6/1
7	镍母线间隔棒垫	MRJ(JG)	长征线路器材厂	套	809	2005/12	26	10	5%	¥2.46	¥295.60	¥513.40	2015/6/1
8	变送器芯等设备	115/GP	远大采购站	套	38	2006/12	10	9	5%	¥0.30	¥32.49	¥5.51	2015/6/1
4	继电器	DZ-RL	市机电公司	套	59	2009/12	24	6	5%	¥0.19	¥14.01	¥44.99	2015/6/1
2	零序电流互感器	LX-LHZ	市机电公司	套	6	1998/7	21	17	5%	¥0.02	¥4.61	¥1.39	2015/6/1
17	单轨吊	10T*8M	神州机械厂	套	2	2010/12	8	5	5%	¥0.02	¥1.19	¥0.81	2015/6/1
5	母线桥	80*(45M)	章华高压开关厂	块	2	2009/12	14	6	5%	¥0.01	¥0.81	¥1.19	2015/6/1
10	稳压源	40A	光明发电厂	块	1	2011/1	10	4	5%	¥0.01	¥0.38	¥0.62	2015/6/1
18	气轮机测振装置	WAC-2J/X	光明发电厂	块	1	2010/12	11	5	5%	¥0.01	¥0.43	¥0.57	2015/6/1
3	低压配电变压器	S7-500/10	章华变压器厂	台	1	2005/12	12	10	5%	¥0.01	¥0.79	¥0.21	2015/6/1
6	中频隔离变压器	MXY	九维蓄电池厂	台	1	2005/1	13	10	5%	¥0.01	¥0.73	¥0.27	2015/6/1
14	螺旋板冷却器及阀门更换	AF-FR/D	光明发电厂	台	1	2010/12	14	5	5%	¥0.01	¥0.34	¥0.66	2015/6/1
22	汽轮发电机	QFSN-200-2	南方电机厂	台	1	2008/7	15	7	5%	¥0.01	¥0.44	¥0.56	2015/6/1
1	高压厂用变压器	SFF7-31500/15	章华变压器厂	台	1	2005/7	17	10	5%	¥0.00	¥0.56	¥0.44	2015/6/1
21	凝汽器	N-11220型	南方汽轮机厂	台	1	2010/12	19	5	5%	¥0.00	¥0.25	¥0.75	2015/6/1
13	工业水泵改造频调速	AV-KU9	光明发电厂	台	1	2004/7	20	11	5%	¥0.00	¥0.52	¥0.48	2015/6/1
16	翻板水位计	B69H-16-23-Y	光明发电厂	台	1	2007/7	20	8	5%	¥0.00	¥0.38	¥0.62	2015/6/1
11	地网仪	AI－6301	空军电机厂	台	1	2012/7	29	3	5%	¥0.00	¥0.10	¥0.90	2015/6/1
15	盘车装置更换	QW-5	光明发电厂	台	1	2003/1	30	12	5%	¥0.00	¥0.38	¥0.62	2015/6/1
12	叶轮给煤机输电导线改为滑线	CD-3M	光明发电厂	台	1	2011/7	33	4	5%	¥0.00	¥0.12	¥0.88	2015/6/1
20	汽轮机	N200-130/535/535	南方汽轮机厂	台	1	2010/12	35	5	5%	¥0.00	¥0.14	¥0.86	2015/6/1
9	UPS改造	D80*30*5	光明发电厂	只	1	2006/12	49	9	5%	¥0.00	¥0.17	¥0.83	2015/6/1

图7-1　数据排序效果

固定资产统计表

行号	固定资产名称	规格型号	生产厂家	计量单位	数量	购置日期	使用年限	已使用年份	残值率	月折旧额	累计折旧	固定资产净值	汇总日期
19	锅炉炉墙砌筑	AI－6301	市电建二公司	套	1000	2008/12	14	7	5%	5.65	475.00	525.00	2015/6/1
7	镍母线间隔棒垫	MRJ(JG)	长征线路器材厂	套	809	2005/12	26	10	5%	2.46	295.60	513.40	2015/6/1
8	变送器芯等设备	115/GP	远大采购站	套	38	2006/12	10	9	5%	0.30	32.49	5.51	2015/6/1
4	继电器	DZ-RL	市机电公司	套	59	2009/12	24	6	5%	0.19	14.01	44.99	2015/6/1
2	零序电流互感器	LX-LHZ	市机电公司	套	6	1998/7	21	17	5%	0.02	4.61	1.39	2015/6/1
17	单轨吊	10T*8M	神州机械厂	套	2	2010/12	8	5	5%	0.02	1.19	0.81	2015/6/1
5	母线桥	80*(45M)	章华高压开关厂	块	2	2009/12	14	6	5%	0.01	0.81	1.19	2015/6/1
10	稳压源	40A	光明发电厂	块	1	2011/1	10	4	5%	0.01	0.38	0.62	2015/6/1
18	气轮机测振装置	WAC-2J/X	光明发电厂	块	1	2010/12	11	5	5%	0.01	0.43	0.57	2015/6/1
3	低压配电变压器	S7-500/10	章华变压器厂	台	1	2005/12	12	10	5%	0.01	0.79	0.21	2015/6/1
6	中频隔离变压器	MXY	九维蓄电池厂	台	1	2005/1	13	10	5%	0.01	0.73	0.27	2015/6/1
14	螺旋板冷却器及阀门更换	AF-FR/D	光明发电厂	台	1	2010/12	14	5	5%	0.01	0.34	0.66	2015/6/1
22	汽轮发电机	QFSN-200-2	南方电机厂	台	1	2008/7	15	7	5%	0.01	0.44	0.56	2015/6/1
1	高压厂用变压器	SFF7-31500/15	章华变压器厂	台	1	2005/7	17	10	5%	0.00	0.56	0.44	2015/6/1
21	凝汽器	N-11220型	南方汽轮机厂	台	1	2010/12	19	5	5%	0.00	0.25	0.75	2015/6/1
13	工业水泵改造频调速	AV-KU9	光明发电厂	台	1	2004/7	20	11	5%	0.00	0.52	0.48	2015/6/1
16	翻板水位计	B69H-16-23-Y	光明发电厂	台	1	2007/7	20	8	5%	0.00	0.38	0.62	2015/6/1
11	地网仪	AI－6301	空军电机厂	台	1	2012/7	29	3	5%	0.00	0.10	0.90	2015/6/1
15	盘车装置更换	QW-5	光明发电厂	台	1	2003/1	30	12	5%	0.00	0.38	0.62	2015/6/1
12	叶轮给煤机输电导线改为滑线	CD-3M	光明发电厂	台	1	2011/7	33	4	5%	0.00	0.12	0.88	2015/6/1
20	汽轮机	N200-130/535/535	南方汽轮机厂	台	1	2010/12	35	5	5%	0.00	0.14	0.86	2015/6/1
9	UPS改造	D80*30*5	光明发电厂	只	1	2006/12	49	9	5%	0.00	0.17	0.83	2015/6/1

月折旧额	累计折旧
>0.01	>0.65

行号	固定资产名称	规格型号	生产厂家	计量单位	数量	购置日期	使用年限	已使用年份	残值率	月折旧额	累计折旧	固定资产净值	汇总日期
19	锅炉炉墙砌筑	AI－6301	市电建二公司	套	1000	2008/12	14	7	5%	5.65	475.00	525.00	2015/6/1
7	镍母线间隔棒垫	MRJ(JG)	长征线路器材厂	套	809	2005/12	26	10	5%	2.46	295.60	513.40	2015/6/1
8	变送器芯等设备	115/GP	远大采购站	套	38	2006/12	10	9	5%	0.30	32.49	5.51	2015/6/1
4	继电器	DZ-RL	市机电公司	套	59	2009/12	24	6	5%	0.19	14.01	44.99	2015/6/1
2	零序电流互感器	LX-LHZ	市机电公司	套	6	1998/7	21	17	5%	0.02	4.61	1.39	2015/6/1
17	单轨吊	10T*8M	神州机械厂	套	2	2010/12	8	5	5%	0.02	1.19	0.81	2015/6/1
5	母线桥	80*(45M)	章华高压开关厂	块	2	2009/12	14	6	5%	0.01	0.81	1.19	2015/6/1

图7-2　数据筛选效果

	A	B	C	D	E	F	G	H	I	J	K	L	M	N
1	固定资产统计表													
2	行号	固定资产名称	规格型号	生产厂家	计量单位	数量	购置日期	使用年限	已使用年份	残值率	月折旧额	累计折旧	固定资产净值	汇总日期
3	19	锅炉炉墙砌筑	AI－6301	市电建二公司	套	1000	2008/12	14	7	5%	5.65	475.00	525.00	2015/6/1
4	7	镍母线间隔棒垫	MRJ(JG)	长征线路器材厂	套	809	2005/12	26	10	5%	2.46	295.60	513.40	2015/6/1
5	8	变送器芯等设备	115/GP	远大采购站	套	38	2006/12	10	9	5%	0.30	32.49	5.51	2015/6/1
6	4	继电器	DZ-RL	市机电公司	套	59	2009/12	24	6	5%	0.19	14.01	44.99	2015/6/1
7	2	零序电流互感器	LX-LHZ	市机电公司	套	6	1998/7	21	17	5%	0.02	4.61	1.39	2015/6/1
8	17	单轨吊	10T*8M	神州机械厂	套	2	2010/12	8	5	5%	0.02	1.19	0.81	2015/6/1
9					套 平均值							137.15		
10					套 汇总						8.66	822.90	1091.10	
11	5	母线桥	80*(45M)	章华高压开关厂	块	2	2009/12	14	6	5%	0.01	0.81	1.19	2015/6/1
12	10	稳压源	40A	光明发电厂	块	1	2011/1	10	4	5%	0.01	0.38	0.62	2015/6/1
13	18	气轮机测振装置	WAC-2J/X	光明发电厂	块	1	2010/12	11	5	5%	0.01	0.43	0.57	2015/6/1
14					块 平均值							0.54		
15					块 汇总						0.03	1.63	2.37	
16	3	低压配电变压器	S7-500/10	章华变压器厂	台	1	2005/12	12	10	5%	0.01	0.79	0.21	2015/6/1
17	6	中频隔离变压器	MXY	九维蓄电池厂	台	1	2005/1	13	10	5%	0.01	0.73	0.27	2015/6/1
18	14	螺旋板冷却器及阀门更换	AF-FR/D	光明发电厂	台	1	2010/12	14	5	5%	0.01	0.34	0.66	2015/6/1
19	22	汽轮发电机	QFSN-200-2	南方电机厂	台	1	2008/7	15	7	5%	0.01	0.44	0.56	2015/6/1
20	1	高压厂用变压器	SFF7-31500/15	章华变压器厂	台	1	2005/7	17	10	5%	0.00	0.56	0.44	2015/6/1
21	21	凝汽器	N-11220型	南方汽轮机厂	台	1	2010/12	19	5	5%	0.00	0.25	0.75	2015/6/1
22	13	工业水泵改造频调速	AV-KU9	光明发电厂	台	1	2004/7	20	11	5%	0.00	0.52	0.48	2015/6/1
23	16	翻板水位计	B69H-16-23-Y	光明发电厂	台	1	2007/7	20	8	5%	0.00	0.38	0.62	2015/6/1
24	11	地网仪	AI－6301	空军电机厂	台	1	2012/7	29	3	5%	0.00	0.10	0.90	2015/6/1
25	15	盘车装置更换	QW-5	光明发电厂	台	1	2003/1	30	12	5%	0.00	0.38	0.62	2015/6/1
26	12	叶轮给煤机输电导线改为滑线	CD-3M	光明发电厂	台	1	2011/7	33	4	5%	0.00	0.12	0.88	2015/6/1
27	20	汽轮机	200-130/535/53	南方汽轮机厂	台	1	2010/12	35	5	5%	0.00	0.14	0.86	2015/6/1
28					台 平均值							0.40		
29					台 汇总						0.05	4.75	7.25	
30	9	UPS改造	D80*30*5	光明发电厂	只	1	2006/12	49	9	5%	0.00	0.17	0.83	2015/6/1
31					只 平均值							0.17		
32					只 汇总						0.00	0.17	0.83	
33					总计平均值							37.70		
34					总计						8.73	829.45	1101.55	

资料统计 Sheet2 Sheet3

图7-3　分类汇总效果

7.2　实例分析

很多人觉得统计类表格只是需要计算就可以了，小白开始也这么觉得。但是老张告诉他，制作固定资产统计表，不单单需要计算，还需要使用数据排序、数据筛选、分类汇总对数据进行汇总查看，在这之前需要认识固定资产折旧方法及固定资产折旧范围与年限。

7.2.1　固定资产折旧方法

固定资产的折旧是指在固定资产的使用寿命内，按确定的方法对应计折旧额进行的系统分摊。使用寿命是指固定资产预期使用的期限。有些固定资产的使用寿命也可以用该资产所能生产的产品或提供的服务数量来表示。

应计折旧额是指应计提折旧的固定资产的原价扣除其预计净残值后的余额；如已对固定资产计提减值准备，还应扣除已计提的固定资产减值准备累计金额。企业应当根据与固定资产有关的经济利益的预期实现方式，合理选择固定资产折旧方法。可选用的折旧方法包括年限平均法、工作量法、双倍余额递减法和年数总和法等。固定资产的折旧方法一经确定，不得随意变更。固定资产应当按月计提折旧，并根据其用途计入相关资产的成本或者当期损益。下面分别进行介绍。

- **年限平均法**：又称直线法，指将固定资产的应计折旧额均衡地分摊到固定资产预计使用寿命内的一种方法。采用这种方法计算的每期折旧额均相等。计算公式："年折旧率=(1−预计净残值率)÷预计使用寿命(年)×100%""月折旧率=年折旧率÷12""月折旧额=固定资产原价×月折旧率"。
- **工作量法**：根据实际工作量计算每期应提折旧额的一种方法。计算公式："单位工作量折旧量折旧额=固定资产原价×（1−预计净残值率）/预计总工作量""某项固定资产月折旧额=该项固定资产当月工作量×单位工作量折旧额"。
- **年数总和法**：又称总和年限法、折旧年限积数法、年数比率法、级数递减法或年限合计法，是固定资产加速折旧法的一种。计算公式："年折旧率=尚可使用年数/年数总和×100%""年折旧额=(固定资产原值－预计残值)×年折旧率""月折旧率=年折旧率/12"。

- **双倍余额递减法**：用年限平均法折旧率的两倍作为固定的折旧率乘以逐年递减的固定资产期初净值，得出各年应提折旧额的方法。计算公式："年折旧率=2÷预计的折旧年限×100%，年折旧额=固定资产期初折余价值×年折旧率""月折旧率=年折旧率÷12""月折旧额=年初固定资产折余价值×月折旧率""固定资产期初账面净值=固定资产原值−累计折旧"。

职业素养

在固定资产中，当月增加的固定资产当月不计提折旧，从下月起计提折旧；当月减少的固定资产当月仍计提折旧，从下月起停止计提折旧。固定资产提足折旧后，不管能否继续使用，均不再提取折旧；提前报废的固定资产，也不再补提折旧。

7.2.2 固定资产折旧的范围和年限

计提折旧的固定资产主要包括房屋建筑物，在用的机器设备、食品仪表、运输车辆、工具器具，季节性停用及修理停用的设备，以经营租赁方式租出的固定资产和以融资租赁方式租入的固定资产等。不同类型的固定资产，其计算的最低折旧年限也不同，具体的情况如图7−4所示。

固定资产类别	最低折旧年限
房屋、建筑物	20年
飞机、火车、轮船、机器、机械和其他生产设备	10年
与生产经营活动有关器具、工具、家具等	5年
飞机、火车、轮船以外的运输工具	4年
电子设备	3年

图7−4 固定资产折旧的范围和年限表

7.3 制作思路

当小白认识了固定资产统计表格式和需要用到的知识后，老张告诉小白，在制作表格时，需要和对表格进行数据排序，并对数据进行筛选，再根据数据的类型进行分类汇总。制作本例的具体思路如下。

(1)打开已经创建并编辑完成的固定资产统计表，对其中的数据分别进行快速排序、组合排序和自定义排序，参考效果如图7−5所示。

(2)对工作表中的数据按照不同的条件进行自动筛选、自定义筛选和高级筛选，并在表格中使用条件格式，参考效果如图7-6所示。

固定资产

行号	固定资产名称	规格型号	生产厂家	计量单位	数量	购置
19	锅炉炉墙砌筑	AI－6301	市电建二公司	套	1000	200
7	镍母线间隔棒垫	MRJ(JG)	长征线路器材厂	套	809	200
8	变送器芯等设备	115/GP	远大采购站	套	38	200
4	继电器	DZ-RL	市机电公司	套	59	200
2	零序电流互感器	LX-LHZ	市机电公司	套	6	19
17	单轨吊	10T*8M	神州机械厂	套	2	201
5	母线桥	80*(45M)	章华高压开关厂	块	2	200
10	稳压源	40A	光明发电厂	块	1	20
18	气轮机测振装置	WAC-2J/X	光明发电厂	块	1	201
3	低压配电变压器	S7-500/10	章华变压器厂	台	1	200
6	中频隔离变压器	MXY	九维蓄电池厂	台	1	20
14	螺旋板冷却器及阀门更换	AF-FR/D	光明发电厂	台	1	201
22	汽轮发电机	QFSN-200-2	南方电机厂	台	1	20

图7-5 数据排序后的效果

=YEAR(NOW())-YEAR(G3)

资产统计表

购置日期	使用年限	已使用年份	残值率	月折旧	累计折旧	固定资产净值	汇总日期
2008/12	14	7	5%	¥5.65	¥475.00	¥525.00	2015/6/1
2006/12	10	9	5%	¥0.30	¥32.49	¥5.51	2015/6/1
2009/12	24	6	5%	¥0.19	¥14.01	¥44.99	2015/6/1
2009/12	14	6	5%	¥0.01	¥0.81	¥1.19	2015/6/1
2008/7	15	7	5%	¥0.01	¥0.44	¥0.56	2015/6/1
2007/7	20	8	5%	¥0.00	¥0.38	¥0.62	2015/6/1
2006/12	49	9	5%	¥0.00	¥0.17	¥0.83	2015/6/1

图7-6 对数据进行筛选操作

（3）按照不同的设置字段，对表格中的数据创建分类汇总、嵌套分类汇总，参考效果如图7-7所示。

（4）继续使用汇总的方式，查看分类汇总的数据以及了解如何删除分类汇总的方法，如图7-8所示。

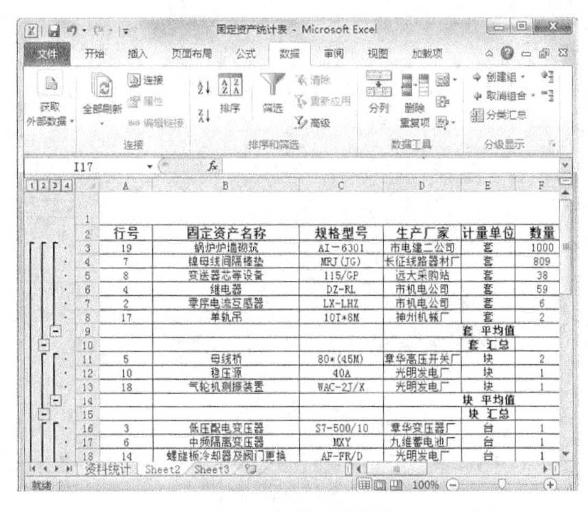

图7-7 完成汇总操作

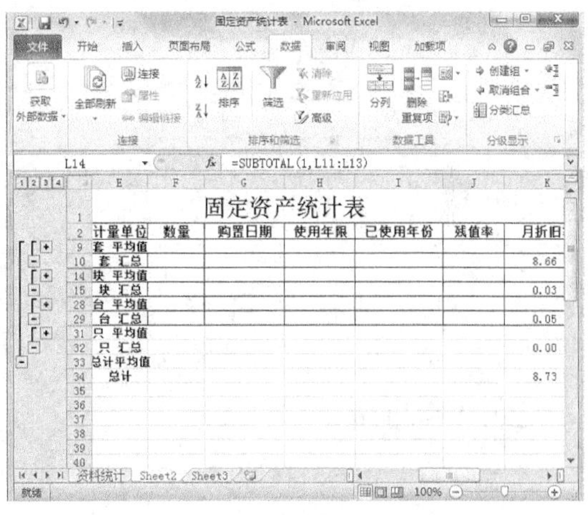

图7-8 分级显示汇总数据

知识提示

本例的主要制作目的是帮助大家学习如何分析和统计表格中的数据，所以并没有讲解制作销售额统计表的详细步骤，有兴趣的读者可结合前面的知识自行练习制作。

7.4 制作过程

小白开始对固定资产统计表进行统计操作，在统计时主要运用数据排序、数据筛选和分类汇总的相关操作，下面分别进行介绍。

7.4.1 数据排序

数据排序主要对表格中内容进行排序操作，从而有助于快速直观地显示并理解所查找的数据，常见的排序方式有快速排序、组合排序、自定义排序3种，下面分别进行讲解，其具体操作如下。

1．快速排序

快速排序是根据数据表中的相关数据或字段名，将表格数据按照升序或降序的方式进行排列。下面将在“固定资产统计表”工作簿中按照使用年份从低到高进行排序，使其更加便于查看，其具体操作如下（微课：光盘\微课视频\第7章\快速排序.swf）。

STEP 1 选择I列任意单元格，这里选择I2单元格。选择【数据】/【排序和筛选】组，单击“升序”按钮，如图7-9所示。

STEP 2 此时即可将工作表按照“已使用年份”由低到高进行排序，如图7-10所示。

固定资产统计表

计量单位	数量	购置日期	使用年限	已使用年份	残值率	月折旧额	累计折旧
台	1	2005/7	17	10	5%	¥0.00	¥0.56
只	6	1998/7	21	17	5%	¥0.02	¥4.61
块	1	2005/12	12	10	5%	¥0.01	¥0.79
台	59	2009/12	24	6	5%	¥0.19	¥14.01
套	2	2009/12	14	6	5%	¥0.01	¥0.81
台	1	2005/1	13	10	5%	¥0.01	¥0.73
套	809	2005/12	26	10	5%	¥2.46	¥295.60
块	38	2006/12	10	9	5%	¥0.30	¥32.49
台	1	2006/12	49	9	5%	¥0.00	¥0.17
套	1	2011/1	10	4	5%	¥0.01	¥0.38
套	1	2012/7	29	3	5%	¥0.00	¥0.10
台	1	2011/7	33	4	5%	¥0.00	¥0.12

图7-9 单击“升序”按钮

图7-10 查看升序后的效果

2．组合排序

组合排序是指同时按照多个数据序列对数据表排序，下面对“固定资产统计表”工作簿进行组合排序，其具体操作如下。

STEP 1 选择A2:N24单元格区域。在“排序和筛选”组中单击“排序”按钮，如图7-11所示。

STEP 2 打开“排序”对话框，在“主要关键字”下拉列表框中选择“月折旧额”选项，在“排序依据”下拉列表框中选择“数值”选项，在“次序”下拉列表框中选择“降序”选项，如图7-12所示。

STEP 3 单击“添加条件(A)”按钮。在“次要关键字”下拉列表框中选择“累计折旧”选项，在“排序依据”下拉列表框中选择“数值”选项，在“次序”下拉列表框中选择“降序”选项，如图7-13所示。

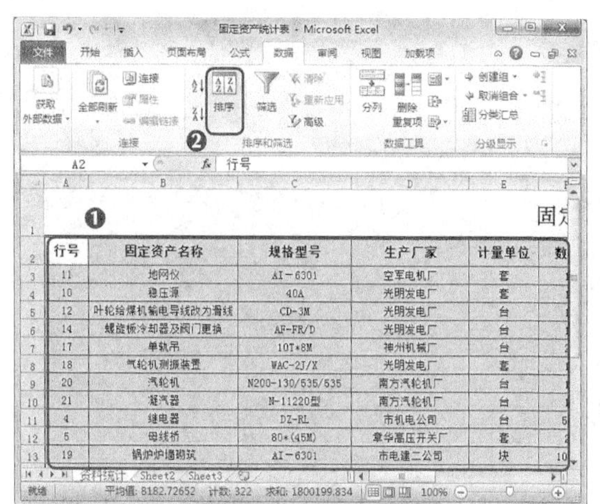

图7-11 选择排序单元格

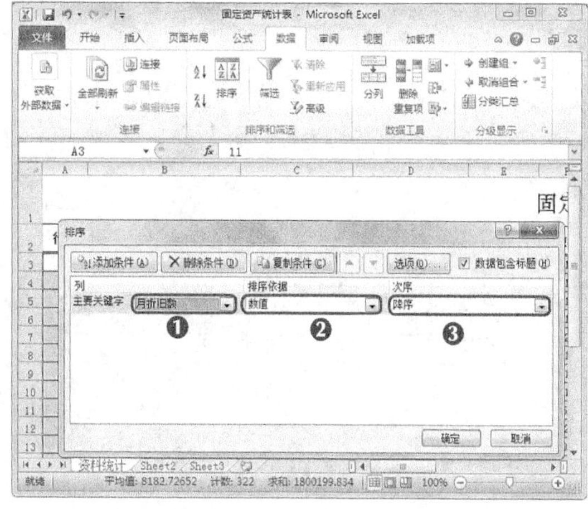

图7-12 对“月折旧额”进行排序

STEP 4 单击添加条件(A)按钮。在“次要关键字”下拉列表框中选择“固定资产净值”选项，在“排序依据”下拉列表框中选择“数值”选项，在“次序”下拉列表框中选择“升序”选项，如图7-14所示。

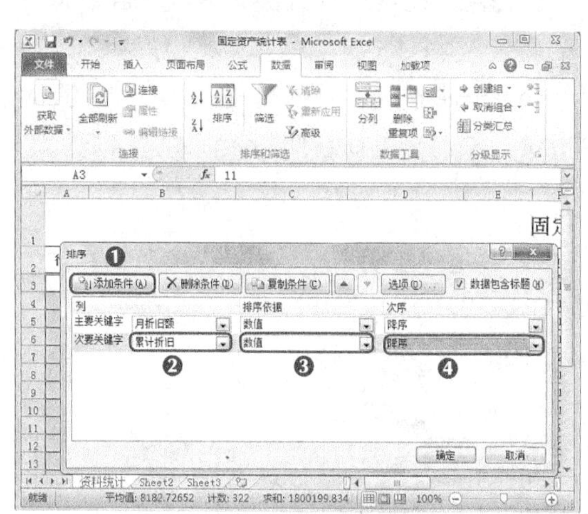

图7-13 对“累计折旧”进行排序

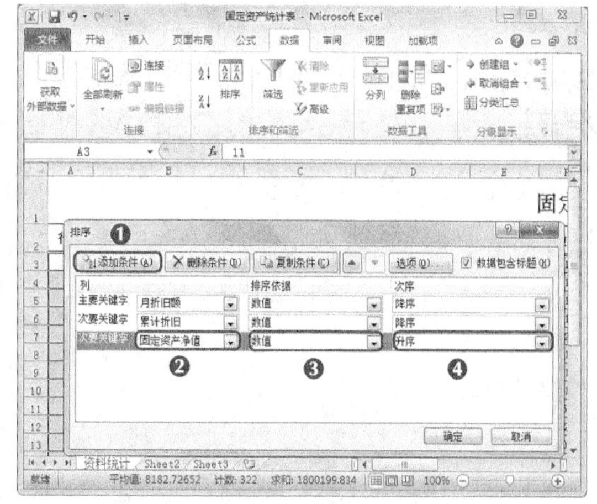

图7-14 对“固定资产净值”进行排序

STEP 5 选择第一个关键列，单击复制条件(C)按钮。在“次要关键字”下拉列表框中选择“残值率”选项，在“排序依据”下拉列表框中选择“数值”选项，在“次序”下拉列表框中选择“升序”选项，单击确定按钮，如图7-15所示。

STEP 6 返回工作表，即可看到设置后的条件，并按照条件样式进行了排序，排序后的效果如图7-16所示。

Excel 2010中，除了可以对数字进行排序外，还可以对字母或日期进行排序。对于字母为而言，升序是从A到Z排列；对于日期来说，降序是日期按最早的日期到最晚的日期进行排序，升序则相反。

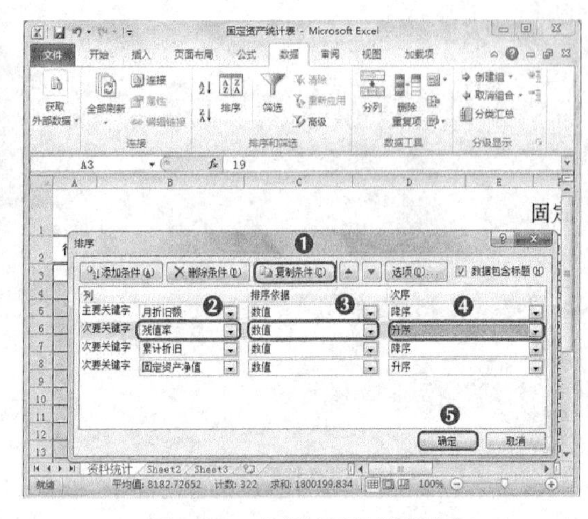

图7-15 对“残值率”进行排序

使用年限	已使用年份	残值率	月折旧额	累计折旧	固定资产净值	汇总日期
14	7	5%	¥5.65	¥475.00	¥525.00	2015/6/1
26	10	5%	¥2.46	¥295.60	¥513.40	2015/6/1
10	9	5%	¥0.30	¥32.49	¥5.51	2015/6/1
24	6	5%	¥0.19	¥14.01	¥44.99	2015/6/1
21	17	5%	¥0.02	¥4.61	¥1.39	2015/6/1
8	5	5%	¥0.02	¥1.19	¥0.81	2015/6/1
14	6	5%	¥0.01	¥0.81	¥1.19	2015/6/1
10	4	5%	¥0.01	¥0.38	¥0.62	2015/6/1
11	5	5%	¥0.01	¥0.43	¥0.57	2015/6/1
12	10	5%	¥0.01	¥0.79	¥0.21	2015/6/1
13	10	5%	¥0.01	¥0.73	¥0.27	2015/6/1

图7-16 查看完成后的效果

3. 自定义排序

除了前面讲解的快速排序和组合排序外，还可自定义排序，下面对“固定资产统计表”工作簿进行自定义排序，其具体操作如下（微课：光盘\微课视频\第7章\自定义排序.swf）。

STEP 1 选择【文件】/【选项】菜单命令，打开“Excel选项”对话框，如图7-17所示。

STEP 2 在打开对话框的左侧列表中单击“高级”选项卡，在右侧列表框的“常规”栏中单击编辑自定义列表(O)...按钮，如图7-18所示。

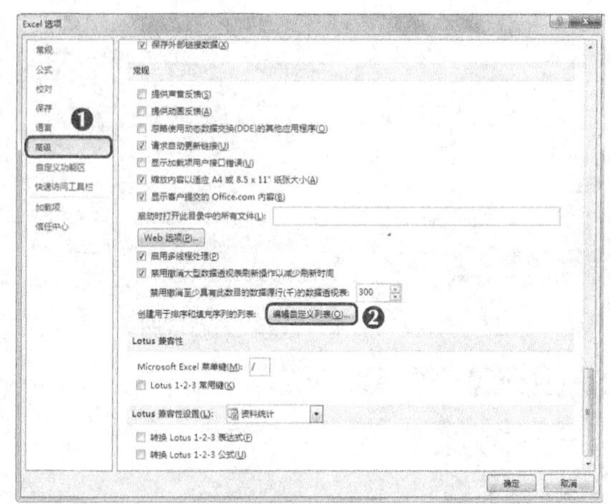

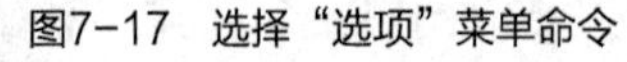

图7-17 选择“选项”菜单命令

图7-18 单击“编辑自定义列表”按钮

STEP 3 打开“自定义序列”对话框，在“输入序列”列表框中输入序列字段“套,块,台,只”，单击添加(A)按钮。将自定义字段添加到左侧的“自定义序列”列表框中，单击确定按钮，如图7-19所示。

STEP 4 关闭“Excel选项”对话框，返回到数据表，选择E2:E24单元格区域，选择【数据】/【排序和筛选】组，单击“排序”按钮，打开“排序提醒”对话框，单击选中“以当前选定区域排序”单选项，单击排序(S)...按钮，如图7-20所示。

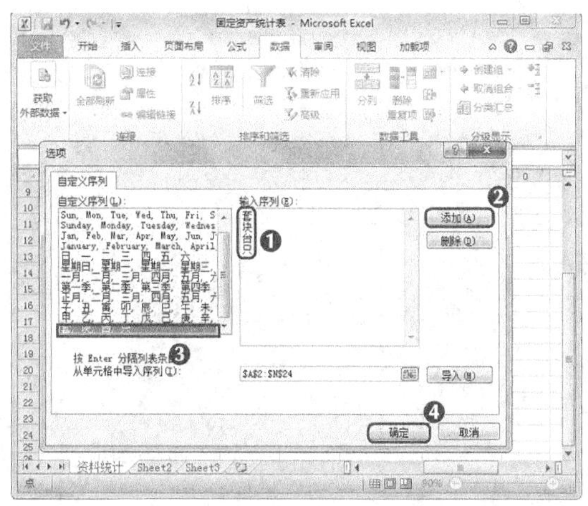

图7-19 设置自定义序列

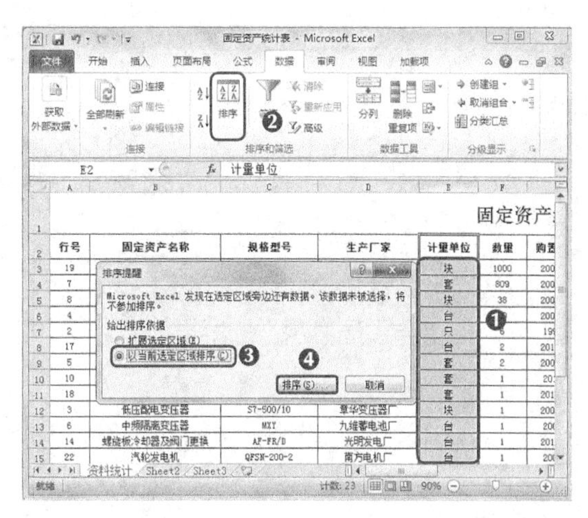

图7-20 单击选中“以当前选定区域排序”单选项

STEP 5 在打开对话框的“主要关键字”下拉列表框中选择“计量单位”选项。在“次序”下拉列表框中选择“自定义序列”选项，如图7-21所示。

STEP 6 打开“自定义序列”对话框，在“自定义序列”列表框中选择前面创建的序列。依次单击 确定 按钮，如图7-22所示。

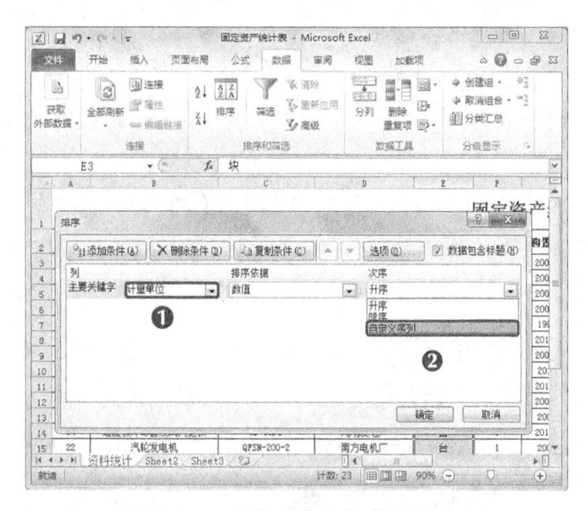

图7-21 选择“自定义序列”选项

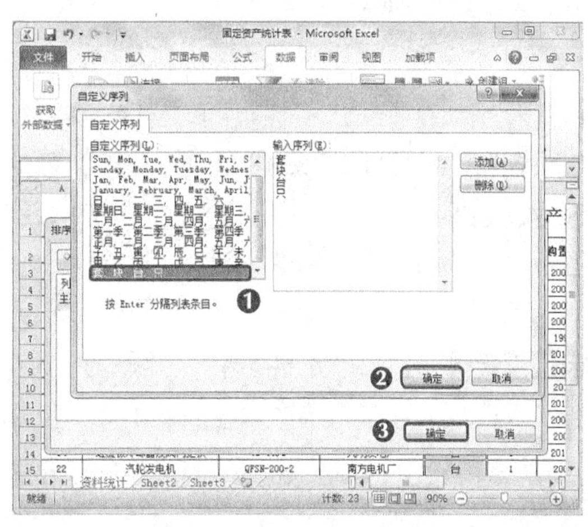

图7-22 选择自定义序列

多学一招

在Excel 2010中，如果已经对数据进行了组合排序，则不能再进行自定义排序，所以本例中的自定义排序操作是在固定资产统计表原稿基础上进行的。

STEP 7 此时即可将数据表按照“计量单位”序列中的自定义序列进行排序，排序前后的效果如图7-23所示。

多学一招

若设置的排序条件发生错误，可单击 删除条件(D) 按钮，将错误的排序删除。

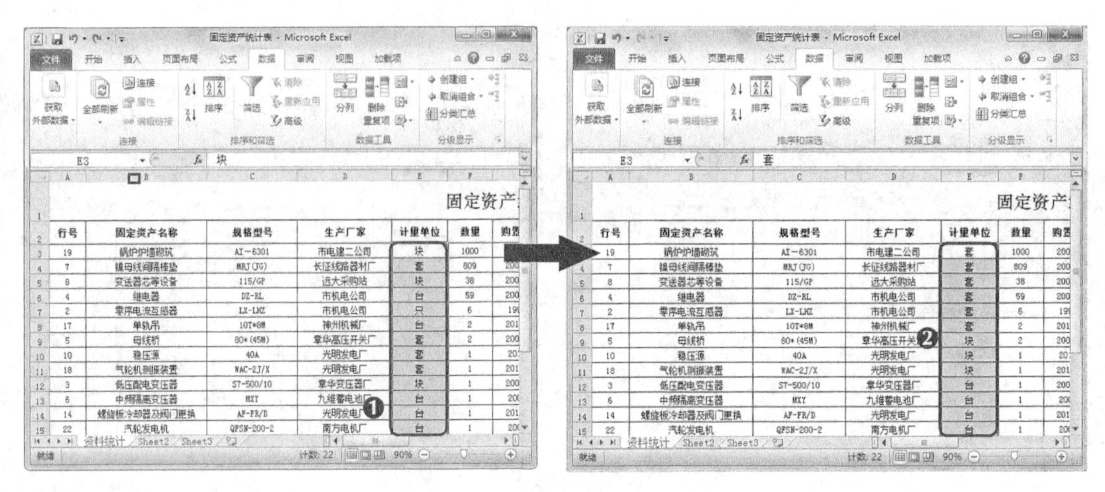

图7-23　完成自定义排序的前后效果

7.4.2　数据筛选

数据筛选与数据排序类似，也是编辑表格中的常用操作。常见的数据筛选包括自动筛选、自定义筛选和高级筛选3种，下面分别进行介绍。

1．自动筛选

自动筛选是表格编辑中常用操作，通过自动筛选可快速在数据表中显示指定字段的记录并显示其他记录，下面对“固定资产统计表”工作簿进行自动筛选，其具体操作如下（微课：光盘\微课视频\第7章\自动筛选.swf）。

STEP 1　选择工作表中的任意单元格，这里选择D2单元格，在【数据】/【排序和筛选】组中单击“筛选”按钮，进入筛选状态，列标题单元格右侧显示出“筛选”按钮，如图7-24所示。

STEP 2　在D2单元格中单击“筛选”下拉按钮。在打开的下拉列表框中取消选中“全选”复选框，并单击选中“光明发电厂”复选框。单击确定按钮，如图7-25所示。

固定资产

行号	固定资产名称	规格型号	生产厂家	计量单位	数量
19	锅炉炉墙砌筑	AI-6301	市电建二公司	套	1000
7	镍母线间隔棒垫	MRJ(JG)	长征线路器材厂	套	809
8	变送器芯等设备	115/GP	远大采购站	套	38
4	继电器	DZ-RL	市机电公司	套	59
2	零序电流互感器	LX-LMZ	市机电公司	套	6
17	单轨吊	10T*8M	神州机械厂	套	2
5	母线桥	80*(45M)	章华高压开关厂	块	2
10	稳压源	40A	光明发电厂	块	1
18	气轮机测振装置	WAC-2J/X	光明发电厂	块	1
3	低压配电变压器	S7-500/10	章华变压器厂	台	1
6	中频隔离变压器	MXY	九维蓄电池厂	台	1
14	螺旋板冷却器及阀门更换	AF-FR/D	光明发电厂	台	1
22	汽轮发电机	QFSN-200-2	南方电机厂	台	1

图7-24　单击“筛选”按钮

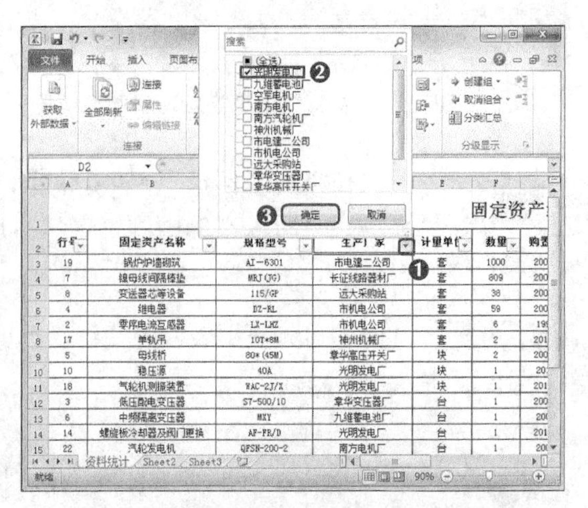

图7-25　单击选中“光明发电厂”复选框

STEP 3 选择E2单元格，单击“筛选”下拉按钮▾。在打开的下拉列表框中取消选中“全选”复选框，并单击选中“台”复选框，单击［确定］按钮，如图7-26所示。

STEP 4 返回工作表中即可查看自动筛选后的效果，如图7-27所示。

获取外部数据 全部刷新 连接 属性 编辑链接 排序 连接
D2 生产厂
固定资产
(全选) 台 只 确定 取消

行号	固定资产名称	规格型号	生产厂家	计量单位	数量	购置
10	稳压源	40A	光明发电厂	块	1	20
18	气轮机测振装置	WAC-2J/X	光明发电厂	块	1	201
14	螺旋板冷却器及阀门更换	AF-FR/D	光明发电厂	台	1	201
13	工业水泵改造频调速	AV-KU9	光明发电厂	台	1	200
16	翻板水位计	B69H-16-23-Y	光明发电厂	台	1	200
15	盘车装置更换	QW-5	光明发电厂	台	1	200
12	叶轮给煤机输电导线改为滑线	CD-3M	光明发电厂	台	1	20
9	UPS改造	D80*30*5	光明发电厂	只	1	200

资料统计 Sheet2 Sheet3
就绪 在22条记录中找到8个 90%

图7-26 继续筛选

固定资产统计表 - Microsoft Excel
文件 开始 插入 页面布局 公式 数据 审阅 视图 加载项
获取外部数据 全部刷新 连接 属性 编辑链接 排序 筛选 清除 重新应用 高级 分列 删除重复项 创建组 取消组合 分类汇总
连接 排序和筛选 数据工具 分级显示
D2 生产厂家
固定资产

行号	固定资产名称	规格型号	生产厂家	计量单位	数量	购置
14	螺旋板冷却器及阀门更换	AF-FR/D	光明发电厂	台	1	201
13	工业水泵改造频调速	AV-KU9	光明发电厂	台	1	200
16	翻板水位计	B69H-16-23-Y	光明发电厂	台	1	200
15	盘车装置更换	QW-5	光明发电厂	台	1	200
12	叶轮给煤机输电导线改为滑线	CD-3M	光明发电厂	台	1	20

资料统计 Sheet2 Sheet3
就绪 在22条记录中找到5个 90%

图7-27 完成表格筛选

2．自定义筛选

自定义筛选与自动筛选不同，它多用于筛选数值数据，通过设定筛选条件可以将满足指定条件的数据筛选出来，而将其他数据隐藏。下面在“固定资产统计表”工作簿中筛选出已使用年份大于“5”且小于“10”的相关信息，其具体操作如下（微课：光盘\微课视频\第7章\自定义筛选.swf）。

STEP 1 单击“筛选”按钮，取消前面自动筛选的操作，再次单击“筛选”按钮进入筛选状态，在“已使用年份”单元格中单击▾按钮。在打开的下拉列表框中选择“数字筛选”选项。在打开的子列表中选择“大于”选项，如图7-28所示。

STEP 2 打开“自定义自动筛选方式”对话框，在“已使用年份”栏的“大于”右侧的下拉列表框中输入“5”，如图7-29所示。

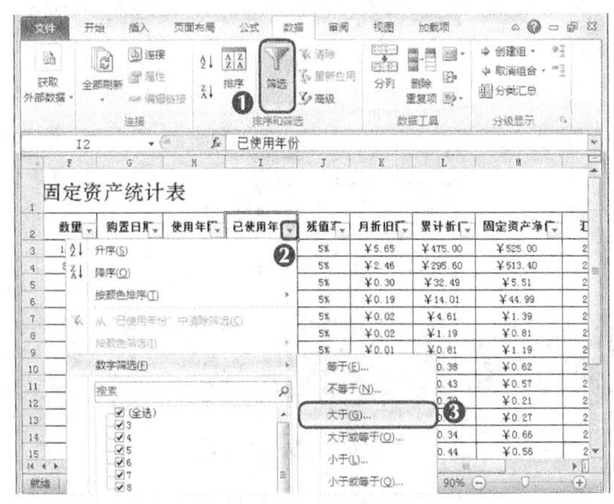

图7-28 设置数据筛选

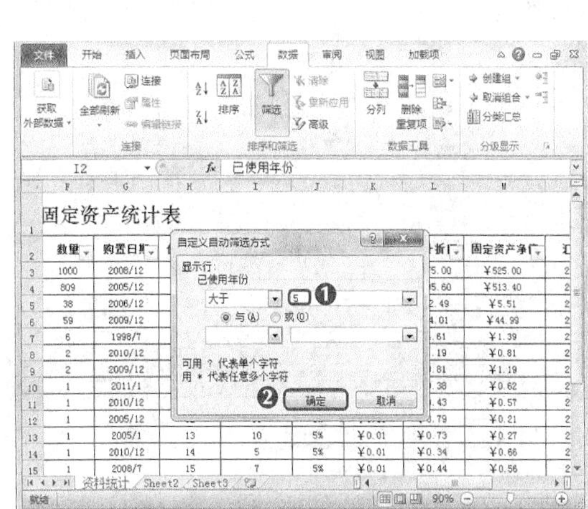

图7-29 自定义自动筛选方式

STEP 3 单击选中“与”单选项，在下方左侧下拉列表中选择“小于”选项，在右侧下拉列表框中输入“10”，单击 确定 按钮，如图7-30所示。

STEP 4 此时即可在数据表中显示出“已使用年限”大于5且小于10的员工数据，而将其他数据隐藏，如图7-31所示。

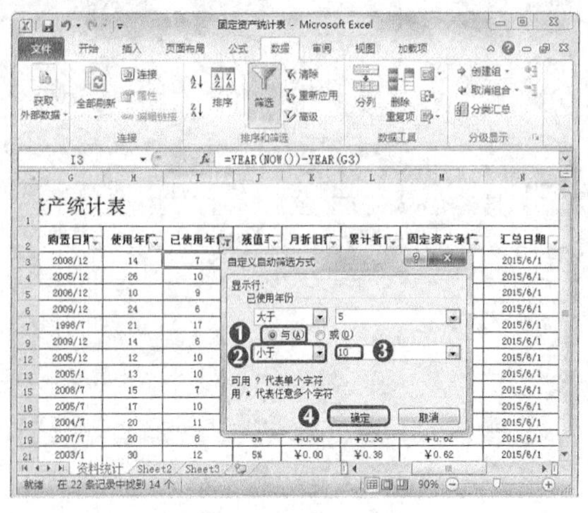

图7-30 设置小于值

图7-31 查看筛选已使用年限后的效果

3．高级筛选

高级筛选与自定义筛选类似，但是高级筛选需自定义筛选条件，并在不影响当前数据的情况下显示筛选结果，下面对“固定资产统计表”工作簿进行高级筛选，其具体操作如下（微课：光盘\微课视频\第7章\高级筛选.swf）。

STEP 1 在“排序和筛选”组中单击 清除 按钮，在B27单元格中输入筛选序列“月折旧额”，在B28单元格中输入条件“>0.01”，在C27单元格中输入筛选序列“累计折旧”，在C28单元格中输入条件“>0.65”，如图7-32所示。

STEP 2 选择K3:M24单元格区域，单击【开始】/【数字】组的“数字格式”下拉列表框右侧的下拉按钮，在打开的下拉列表中选择“数字”选项，如图7-33所示。

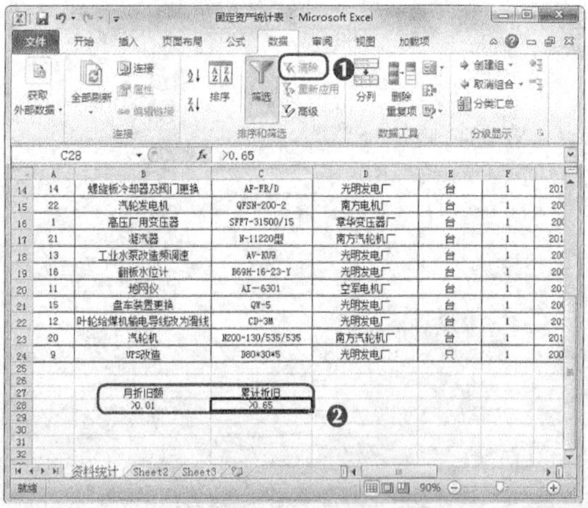

图7-32 输入筛选条件

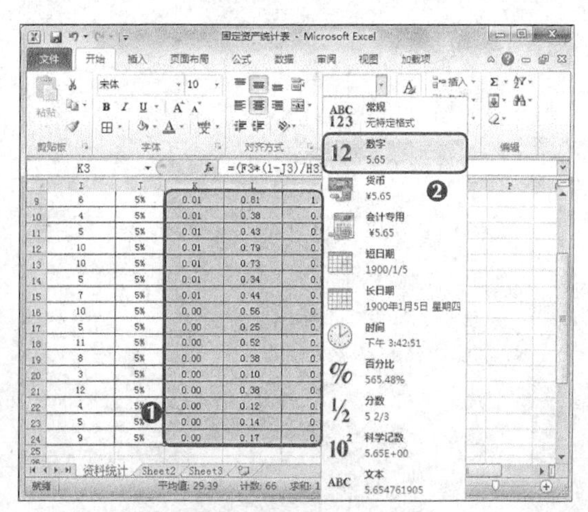

图7-33 设置数字格式

在高级筛选过程中，筛选的区域与条件，不应该带有格式，否则不能对其进行高级筛选。因此，需要先取消固定资产中会计专用样式，并将其替换为常规样式。

STEP 3 在表格中选择任意的单元格，这里选择K2单元格，在【数据】/【排序和筛选】组中单击 高级按钮，如图7-34所示。

STEP 4 打开“高级筛选”对话框，单击选中“将筛选结果复制到其他位置”单选项。此时“列表区域”自动设置为“$A$2:$N$24”，在“条件区域”文本框后单击 ，如图7-35所示。

文件 开始 插入 页面布局 公式 数据 审阅 视图 加载项

获取外部数据 全部刷新 连接 属性 编辑链接 排序 筛选 清除 重新应用 高级 分列 删除重复项 创建组 取消组合 分类汇总

连接 排序和筛选 数据工具 分级显示

C28 >0.65

	A	B	C	D	E	F	
14	14	螺旋板冷却器及阀门更换	AF-FR/D	光明发电厂	台	1	201
15	22	汽轮发电机	QFSN-200-2	南方电机厂	台	1	20(
16	1	高压厂用变压器	SFF7-31500/15	章华变压器厂	台	1	20(
17	21	凝汽器	N-11220型	南方汽轮机厂	台	1	201
18	13	工业水泵改造频调速	AV-KV9	光明发电厂	台	1	20(
19	16	翻板水位计	B69H-16-23-Y	光明发电厂	台	1	20(
20	11	地网仪	AI—6301	空军电机厂	台	1	20
21	15	盘车装置更换	QW-5	光明发电厂	台	1	20(
22	12	叶轮给煤机输电导线改为滑线	CD-3M	光明发电厂	台	1	20
23	20	汽轮机	N200-130/535/535	南方汽轮机厂	台	1	201
24	9	UPS改造	D80*30*5	光明发电厂	只	1	200
27		月折旧额	累计折旧				
28		>0.01	>0.65				

资料统计 Sheet2 Sheet3 就绪 90%

图7-34　单击“筛选”按钮

文件 开始 插入 页面布局 公式 数据 审阅 视图 加载项

N7 2015/6/1

	A	B	C	D	E	F	
15	22	汽轮发电机	QFSN-200-2	南方电机厂	台	1	20(
16	1	高压厂用变压器	SFF7-31500/15	章华变压器厂	台	1	20(
17	21	凝汽器	N-11220型	南方汽轮机厂	台	1	201
18	13	工业水泵改造频调速	AV-KV9	光明发电厂	台	1	20(
19	16	翻板水位计	B6			1	20(
20	11	地网仪				1	20
21	15	盘车装置更换				1	20(
22	12	叶轮给煤机输电导线改为滑线				1	20
23	20	汽轮机	N200			1	201
24	9	UPS改造				1	200
27		月折旧额	累计折				
28		>0.01	>0.65				

高级筛选

方式

在原有区域显示筛选结果(F)

将筛选结果复制到其他位置(O)

列表区域(L): $A$2:$N$24

条件区域(C):

复制到(T):

选择不重复的记录(R)

确定 取消

资料统计 Sheet2 Sheet3 输入

图7-35　设置高级筛选区域

STEP 5 单击“高级筛选—条件区域”对话框，选择B27:C28单元格区域，并单击 按钮，如图7-36所示。

STEP 6 返回“条件区域”对话框，可发现“条件区域”已发生变化，使用相同的方法，设置“复制到”的区域，这里设置为“$A$30:$N$50”，单击 确定 按钮，如图7-37所示。

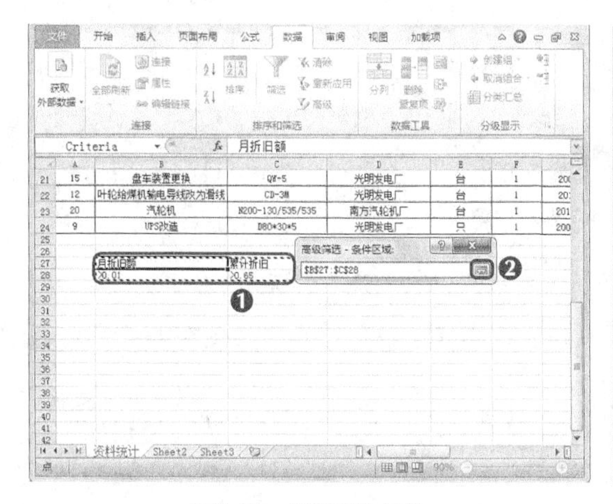

图7-36　设置筛选条件

图7-37　设置“复制到”的位置

STEP 7 此时即可在原数据表下方的A30:H37单元格区域中单独显示出筛选结果，如图7-38所示。

	月折旧额	累计折旧
	>0.01	>0.65

行号	固定资产名称	规格型号	生产厂家	计量单位	数量	购置日期	使用年限	已使用年份	残值率	月折旧额	累计折旧	固定资产净值	汇总日期
19	锅炉炉墙砌筑	AI－6301	市电建二公司	套	1000	2008/12	14	7	5%	5.65	475.00	525.00	2015/6/1
7	镍母线间隔棒垫	MRJ(JG)	长征线路器材厂	套	809	2005/12	26	10	5%	2.46	295.60	513.40	2015/6/1
8	变送器芯等设备	115/GP	远大采购站	套	38	2006/12	10	9	5%	0.30	32.49	5.51	2015/6/1
4	继电器	DZ-RL	市机电公司	套	59	2009/12	24	6	5%	0.19	14.01	44.99	2015/6/1
2	零序电流互感器	LX-LHZ	市机电公司	套	6	1998/7	21	17	5%	0.02	4.61	1.39	2015/6/1
17	单轨吊	10T*8M	神州机械厂	套	2	2010/12	8	5	5%	0.02	1.19	0.81	2015/6/1
5	母线桥	80*(45M)	章华高压开关厂	块	2	2009/12	14	6	5%	0.01	0.81	1.19	2015/6/1

图7-38　查看筛选效果

7.4.3　分类汇总

分类汇总是指将表格中同一类别的数据放在一起进行统计。它与数据排序不同，通过运用Excel的分类汇总功能可对表格中同一类数据进行统计运算，使工作表中的数据变得更加清晰直观，其具体操作如下。

1．单项分类汇总

单项分类汇总指将数据按照特定的某一关键序列对相应的数据进行汇总的过程，汇总结果可以是求和、求平均值等。下面对“固定资产统计表”工作簿进行单项分类汇总，其具体操作如下（微课：光盘\微课视频\第7章\单项分类汇总.swf）。

STEP 1 选择A1:N24单元格区域，将其复制到“Sheet2”工作表的对应区域，选择【数据】/【分级显示】组，单击“分类汇总”按钮，如图7-39所示。

STEP 2 打开“分类汇总”对话框，在“分类字段”下拉列表中选择“计量单位”选项，在“汇总方式”下拉列表框中选择“求和”选项，在“选定汇总项”列表中单击选中“月折旧额”“累计折旧”“固定资产净值”复选框，单击确定按钮，如图7-40所示。

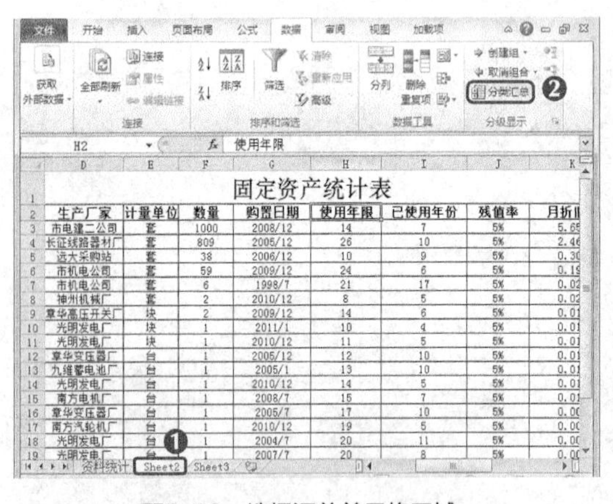

图7-39　选择汇总单元格区域

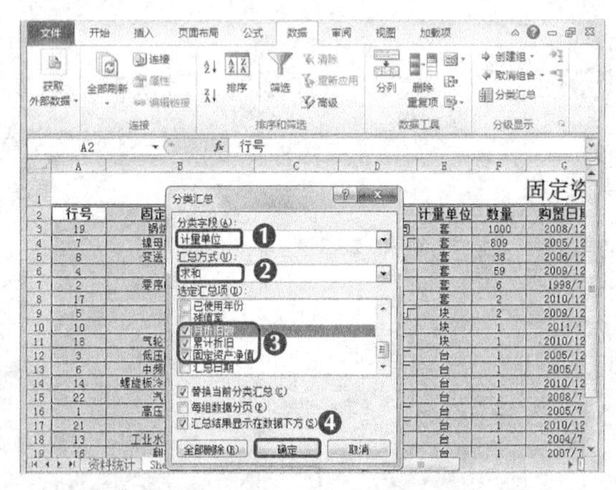

图7-40　打开“分类汇总”对话框

STEP 3 此时即可对数据表进行分类汇总，并在表格中显示汇总结果，如图7-41所示。

知识提示

分类汇总实际上就是分类与汇总，其操作过程首先是通过排序功能对数据进行分类排序，然后再按照分类进行汇总。因为前面已经分类，所以这里只进行汇总操作。

固定资产统计表

固定资产名称	规格型号	生产厂家	计量单位	数量	购置日期	使用年限	已使用年份	残值率	月折旧额	累计折旧	固定资产净值	汇总日期
锅炉炉墙砌筑	AI—6301	市电建二公司	套	1000	2008/12	14	7	5%	5.65	475.00	525.00	2015/6/1
镁母线间隔棒垫	MRJ(JG)	长征线路器材厂	套	809	2005/12	26	10	5%	2.46	295.60	513.40	2015/6/1
变送器芯等设备	115/GP	远大采购站	套	38	2006/12	10	9	5%	0.30	32.49	5.51	2015/6/1
继电器	DZ-RL	市机电公司	套	59	2009/12	24	6	5%	0.19	14.01	44.99	2015/6/1
零序电流互感器	LX-LHZ	市机电公司	套	6	1998/7	21	17	5%	0.02	4.61	1.39	2015/6/1
单轨吊	10T*8M	神州机械厂	套	2	2010/12	8	5	5%	0.02	1.19	0.81	2015/6/1
			套 汇总						8.66	822.90	1091.10	
母线桥	80*(45M)	京华高压开关厂	块	2	2009/12	14	6	5%	0.01	0.81	1.19	2015/6/1
稳压源	40A	光明发电厂	块	1	2011/1	10	4	5%	0.01	0.38	0.62	2015/6/1
气轮机测振装置	WAC-2J/X	光明发电厂	块	1	2010/12	11	5	5%	0.01	0.43	0.57	2015/6/1
			块 汇总						0.03	1.63	2.37	
低压配电变压器	S7-500/10	京华变压器厂	台	1	2005/12	12	10	5%	0.01	0.79	0.21	2015/6/1
中频隔离变压器	MXY	九维蓄电池厂	台	1	2005/1	13	10	5%	0.01	0.73	0.27	2015/6/1
螺旋板冷却器及阀门更换	AF-FR/D	光明发电厂	台	1	2010/12	14	5	5%	0.01	0.34	0.66	2015/6/1
汽轮发电机	QFSN-200-2	南方电机厂	台	1	2008/7	15	7	5%	0.01	0.44	0.56	2015/6/1
高压厂用变压器	SFF7-31500/15	京华变压器厂	台	1	2005/7	17	10	5%	0.00	0.56	0.44	2015/6/1
凝汽器	N-11220型	南方汽轮机厂	台	1	2010/12	19	5	5%	0.00	0.25	0.75	2015/6/1
工业水泵改造频调速	AV-KU9	光明发电厂	台	1	2004/7	20	11	5%	0.00	0.52	0.48	2015/6/1
翻板水位计	B69H-16-23-Y	光明发电厂	台	1	2007/7	20	8	5%	0.00	0.38	0.62	2015/6/1
地网仪	AI—6301	空军电机厂	台	1	2012/7	29	3	5%	0.00	0.10	0.90	2015/6/1
盘车装置更换	QW-5	光明发电厂	台	1	2003/1	30	12	5%	0.00	0.38	0.62	2015/6/1
叶轮给煤机输电导线改为滑线	CD-3M	光明发电厂	台	1	2011/7	33	4	5%	0.00	0.12	0.88	2015/6/1
汽轮机	200-130/535/53	南方汽轮机厂	台	1	2010/12	35	5	5%	0.00	0.14	0.86	2015/6/1
			台 汇总						0.05	4.75	7.25	
UPS改造	D80*30*5	光明发电厂	只	1	2006/12	49	9	5%	0.00	0.17	0.83	2015/6/1
			只 汇总						0.00	0.17	0.83	
			总计						8.73	829.45	1101.55	

图7-41　单项分类汇总

2．嵌套分类汇总

嵌套分类汇总是在单项分类汇总的基础上，继续根据其他序列对数据表进行进一步分类汇总。下面对“固定资产统计表”工作簿进行嵌套分类汇总，并查看分类汇总的数据，其具体操作如下（微课：光盘\微课视频\第7章\嵌套分类汇总.swf）。

STEP 1 在已分类汇总的工作表上选择任意单元格。选择【数据】/【分级显示】组，单击“分类汇总”按钮，打开“分类汇总”对话框，如图7-42所示。

STEP 2 在“汇总方式”下拉列表框中选择“平均值”选项，在“选定汇总项”列表框中取消选中“月折旧额”“固定资产净值”复选框，并取消选中“替换当前分类汇总”复选框，单击 确定 按钮，如图7-43所示。

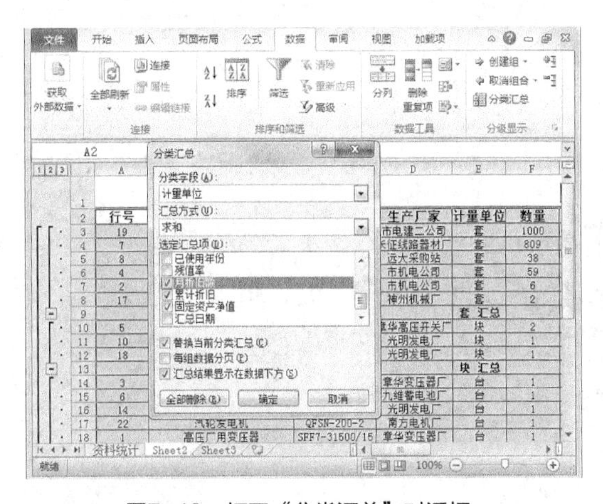

图7-42　打开“分类汇总”对话框

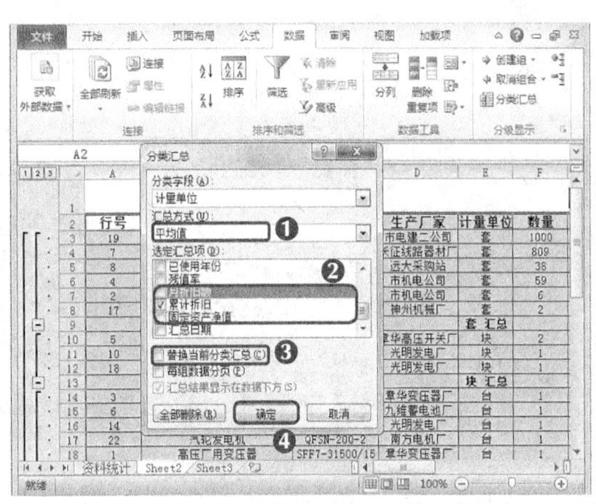

图7-43　设置平均值汇总

STEP 3 在前面汇总数据的基础上继续添加分类汇总，即可同时查看到不同计量单位的平均值，如图7-44所示。

STEP 4 仅显示汇总计，如图7-45所示。

STEP 5 仅显示各种计量单位的月折旧额和总计，如图7-46所示。

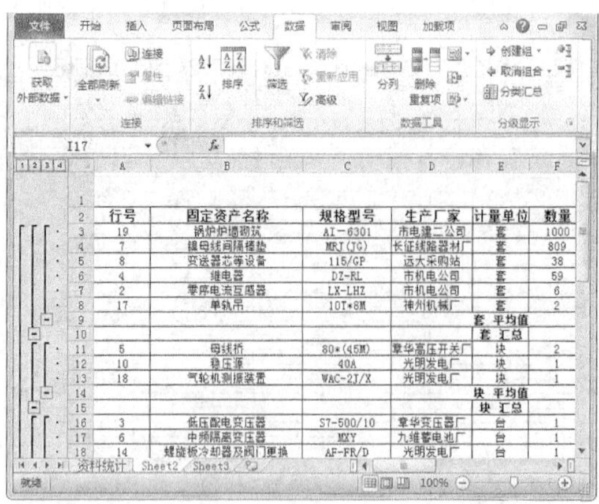

图7-44　查看汇总后的效果

图7-45　查看总计与平均值

STEP 6 单击分类汇总数据表左侧垂直标尺上方的3按钮，将在前两步的基础上增加显示各计量单位的平均值，并完成汇总的操作，如图7-47所示。

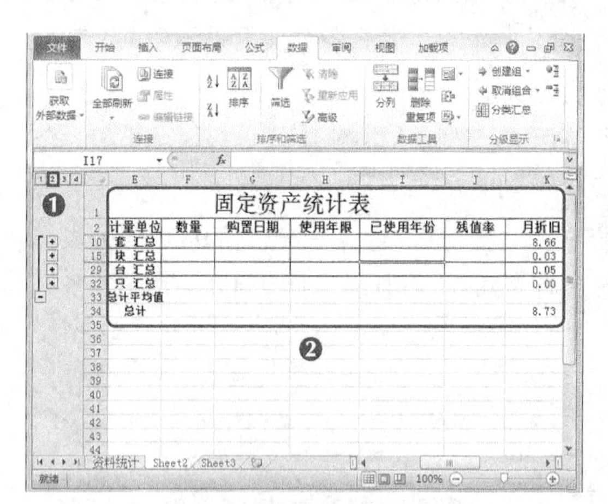

图7-46　查看各单位的汇总

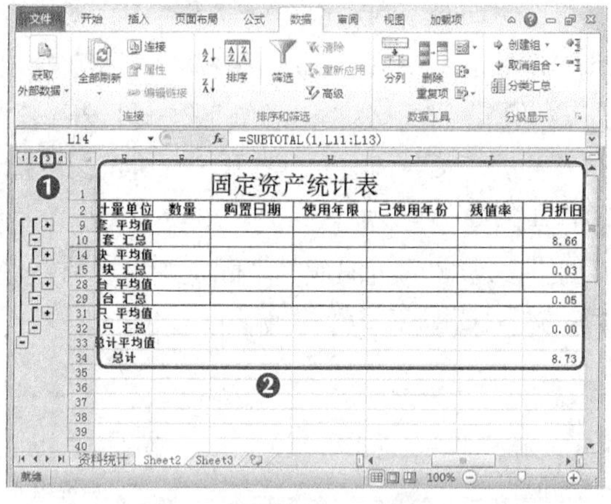

图7-47　查看各单位汇总与平均值

知识提示

使用分类汇总功能对数据表进行汇总并获取汇总结果后，由于在分类汇总状态下无法进行其他数据分析功能，因此可以将分类汇总删除，其方法：选择任意单元格，在“分级显示”组中单击“分类汇总”按钮，打开“分类汇总”对话框，直接单击全部删除(R)按钮。

7.5　实训——制作库存明细汇总表

7.5.1　实训目标

本实训的目标是制作“库存明细汇总表.xlsx”工作簿，它的制作与编辑方法与“固定资产统计表.xlsx”工作簿类似，主要使用数据排序、数据筛选和分类汇总进行编辑操作，图7-48、图7-49所示为制作库存明细汇总表的高级筛选效果与分类汇总效果。

素材所在位置　光盘:\素材文件\第7章\实训\库存明细汇总表.xlsx
效果所在位置　光盘:\效果文件\第7章\实训\库存明细汇总表.xlsx

月度产品库存汇总表

行号	产品名称	规格型号	单位	单价	上月库存数	本月入库	本月出库	库存数里	入\出库情况	库存增减情况
14	PP-R163mm冷水管	20KG	桶	350	630	1076	1186	520	出库大于入库	减少：110
9	PP-R158mm冷水管	20KG	桶	50	518	1100	1148	470	出库大于入库	减少：48
5	PP-R154mm冷水管	5L	桶	350	630	1113	1177	566	出库大于入库	减少：64
17	PP-R166mm冷水管	40KG	桶	850	476	1115	1115	476	入\出库相等	不增不减
8	PP-R157mm冷水管	150KG	支	20	469	1119	1220	368	出库大于入库	减少：101
7	PP-R156mm冷水管	18KG	桶	660	441	1124	1127	438	出库大于入库	减少：3
2	PP-R151mm冷水管	5L	桶	150	392	1136	1082	446	入库大于出库	增加：54
19	PP-R168mm冷水管	40KG	桶	900	679	1143	1185	637	出库大于入库	减少：42
10	PP-R159mm冷水管	20KG	桶	60	448	1150	1067	531	入库大于出库	增加：83
15	PP-R164mm冷水管	40KG	桶	3000	518	1152	1109	561	入库大于出库	增加：43
16	PP-R165mm冷水管	40KG	桶	2000	672	1154	1238	588	出库大于入库	减少：84
4	PP-R153mm冷水管	5L	桶	120	686	1168	1133	721	入库大于出库	增加：35
6	PP-R155mm冷水管	18L	桶	245	700	1169	1188	681	出库大于入库	减少：19
3	PP-R152mm冷水管	5L	桶	200	350	1170	1173	347	出库大于入库	减少：3
1	PP-R150mm冷水管	5L	桶	165	476	1190	1190	476	入\出库相等	不增不减
18	PP-R167mm冷水管	40KG	桶	900	490	1197	1130	557	入库大于出库	增加：67
13	PP-R162mm冷水管	20KG	桶	850	497	1201	1138	560	入库大于出库	增加：63
12	PP-R161mm冷水管	20KG	桶	580	518	1206	1207	517	出库大于入库	减少：1
11	PP-R160mm冷水管	20KG	桶	320	525	1208	1208	525	入\出库相等	不增不减
	单价	库存数量								
	>450	>450								
行号	产品名称	规格型号	单位	单价	上月库存数	本月入库	本月出库	库存数里	入\出库情况	库存增减情况
17	PP-R166mm冷水管	40KG	桶	850	476	1115	1115	476	入\出库相等	不增不减
19	PP-R168mm冷水管	40KG	桶	900	679	1143	1185	637	出库大于入库	减少：42
15	PP-R164mm冷水管	40KG	桶	3000	518	1152	1109	561	入库大于出库	增加：43
16	PP-R165mm冷水管	40KG	桶	2000	672	1154	1238	588	出库大于入库	减少：84
18	PP-R167mm冷水管	40KG	桶	900	490	1197	1130	557	入库大于出库	增加：67
13	PP-R162mm冷水管	20KG	桶	850	497	1201	1138	560	入库大于出库	增加：63
12	PP-R161mm冷水管	20KG	桶	580	518	1206	1207	517	出库大于入库	减少：1

图7-48　使用高级筛选后的效果

月度产品库存汇总表

	A	B	C	D	E	F	G	H	I	J	K
2	行号	产品名称	规格型号	单位	单价	上月库存数	本月入库	本月出库	库存数量	入\出库情况	库存增减情况
3	14	PP-R163mm冷水管	20KG	桶	350	630	1076	1186	520	出库大于入库	减少：110
4	9	PP-R158mm冷水管	20KG	桶	50	518	1100	1148	470	出库大于入库	减少：48
5			**20KG 平均值**				1088	1167			
6			**20KG 计数**				2	2	2	2	
7	5	PP-R154mm冷水管	5L	桶	350	630	1113	1177	566	出库大于入库	减少：64
8			**5L 平均值**				1113	1177			
9			**5L 计数**				1	1	1	1	
10	17	PP-R166mm冷水管	40KG	桶	850	476	1115	1115	476	入\出库相等	不增不减
11			**40KG 平均值**				1115	1115			
12			**40KG 计数**				1	1	1	1	
13	8	PP-R157mm冷水管	150KG	支	20	469	1119	1220	368	出库大于入库	减少：101
14			**150KG 平均值**				1119	1220			
15			**150KG 计数**				1	1	1	1	
16	7	PP-R156mm冷水管	18KG	桶	660	441	1124	1127	438	出库大于入库	减少：3
17			**18KG 平均值**				1124	1127			
18			**18KG 计数**				1	1	1	1	
19	2	PP-R151mm冷水管	5L	桶	150	392	1136	1082	446	入库大于出库	增加：54
20			**5L 平均值**				1136	1082			
21			**5L 计数**				1	1	1	1	
22	19	PP-R168mm冷水管	40KG	桶	900	679	1143	1185	637	出库大于入库	减少：42
23			**40KG 平均值**				1143	1185			

Sheet1　Sheet2

图7-49　使用分类汇总后的效果

7.5.2　专业背景

库存管理是指在物流过程中对商品数量的管理。理论上讲，零库存是最好的库存管理，这是因为库存量过多，不仅占用资金多，企业销货负担也会加重；如果库存量太低，则会出

现断档或脱销等情况的出现。库存管理的对象是库存项目，即企业中的所有物料，包括原材料、零部件、在制品、半成品及产品等。库存管理的主要功能是在供、需之间建立缓冲区，达到缓和客户需求与企业生产能力之间，最终装配需求与零配件之间，零件加工工序之间、生产厂家需求与原材料供应商之间的矛盾，图7-50所示为库存管理中的各工序的关系。而本例主要对库存表进行排序、筛选、汇总，使其便于查看。

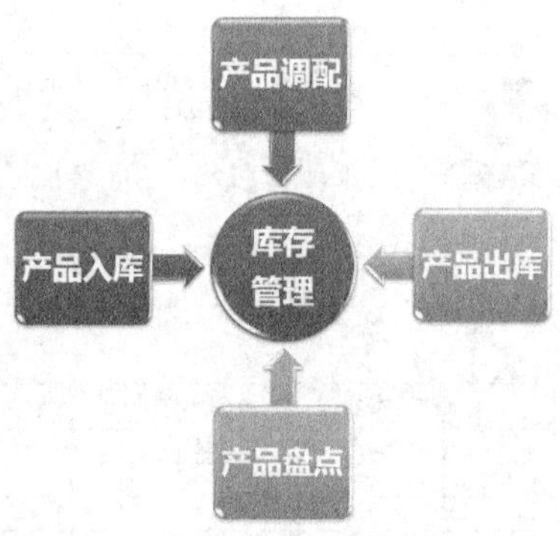

图7-50 库存管理各工序的关系

7.5.3 操作思路

完成本实训需要打开"库存明细汇总表.xlsx"工作簿，在其中进行排序、筛选、分类汇总操作，其操作思路如图7-51所示。

图7-51 库存明细汇总表的制作思路

STEP 1 打开"库存明细汇总表.xlsx"工作簿，使用组合排序对其进行组合排序。

STEP 2 当完成排序后，还需使用高级筛选功能对其进行高级筛选，其中设置"列表区域"为A2:K21单元格区域，设置"条件区域"为B23:C24单元格区域，再设置"复制到"为A26:K52单元格区域，完成高级筛选操作。

STEP 3 最后使用分类汇总的方法对数据进行分类汇总，设置分类汇总的字段为"行号"，"汇总方式"为"计数"，并取消选中"替换当前分类汇总"复选框。

7.6 常见疑难解析

问：如何快速对数据进行降序操作？

答：跟升序类似，只需选择排序的项目单元格，选择【数据】/【排序和筛选】组，单击"降序"按钮，即可快速对其进行降序操作。

问：如何按颜色对数据进行排序？

答：可通过选择【数据】/【排序和筛选】组，单击"排序"按钮，打开"排序"对话框，在“排序依据”下拉列表框中选择“字体颜色”选项，并在“次序”下拉列表框中选择排序颜色，完成后单击确定按钮。

问：如何折叠与展开汇总数据？

答：创建分类汇总后，数据表左侧会显示对应的“折叠”按钮与“展开”按钮，单击“展开”按钮，可以展开对应的明细数据；单击“折叠”按钮，则可将明细数据折叠起来，只显示汇总数据。

7.7 习题

本章主要介绍了“固定资产统计表”工作簿的相关操作，包括数据排序、数据筛选、分类汇总的操作，通过本章的学习，可对财务管理类表格的制作有一定的了解，为后面制作销售类工作表打下坚实的基础。

素材所在位置　光盘:\素材文件\第7章\习题\员工绩效统计表.xlsx、库存统计表.xlsx

效果所在位置　光盘:\效果文件\第7章\习题\员工绩效统计表.xlsx、库存统计表.xlsx

（1）统计员工绩效表的目的是企业对每位职工所承担的工作，应用各种科学的定性和定量方法进行数据统计，寻求劳动力最优分配方案，其参考效果如图7-52所示。

- 本练习中涉及的知识点包括高级筛选与分类汇总等。
- 注意嵌套分类汇总的方法。

	A	B	C	D	E	F	G
1	一季度员工绩效表						
2	编号	姓名	工种	1月份	2月份	3月份	季度总产量
3	CJ-0111	张敏	检验	480	526	524	1530
4	CJ-0109	王濮妃	检验	515	514	527	1556
5	CJ-0113	王冬	检验	570	500	486	1556
6	CJ-0116	吴明	检验	530	485	505	1520
7			检验 平均值				1540.5
8			检验 汇总				6162
9	CJ-0121	黄鑫	流水	521	508	515	1544
10	CJ-0119	赵菲菲	流水	528	505	520	1553
11	CJ-0124	刘松	流水	533	521	499	1553
12			流水 平均值				1550
13			流水 汇总				4650
14	CJ-0118	韩柳	运输	500	520	498	1518
15	CJ-0123	郭永新	运输	535	498	508	1541
16	CJ-0115	程旭	运输	516	510	528	1554
17			运输 平均值				1537.666667
18			运输 汇总				4613
19	CJ-0112	程建茹	装配	500	502	530	1532
20	CJ-0110	林琳	装配	520	528	519	1567
21			装配 平均值				1549.5
22			装配 汇总				3099
23			总计平均值				1543.666667

图7-52　“员工绩效统计表”工作簿最终效果

（2）某企业需要编制库存统计表，通过对月末库存数、月末盘点数进行分类汇总，使其对各种规格的平均值和汇总更加完整地显示，参考效果如图7-53、图7-54所示。

- 使用筛选功能，筛选带有5L规格的数据。
- 利用分类汇总，对月末库存数、月末盘点数进行分类汇总并查看其效果。
- 单击不同的级别，使其分级显示。

企业产品库存统计表

序号	产品名称	规格	月初库存量	入库数量	出库数量	月末库存数	月末盘点数	差数
1	150mm冷水管	5L	476	1190	1190	476	476	0
2	151mm冷水管	5L	392	1136	1082	446	446	0
3	152mm冷水管	5L	350	1170	1173	347	347	0
4	153mm冷水管	5L	686	1168	1133	721	721	0
5	154mm冷水管	5L	630	1113	1177	566	566	0

Sheet1 Sheet2

图7-53　筛选数据效果

企业产品库存统计表

序号	产品名称	规格	月初库存量	入库数量	出库数量	月末库存数	月末盘点数	差数
1	150mm冷水管	5L	476	1190	1190	476	476	0
2	151mm冷水管	5L	392	1136	1082	446	446	0
3	152mm冷水管	5L	350	1170	1173	347	347	0
4	153mm冷水管	5L	686	1168	1133	721	721	0
5	154mm冷水管	5L	630	1113	1177	566	566	0
		5L 平均值				511.2	511.2	
		5L 汇总				2556	2556	
6	155mm冷水管	18L	700	1169	1188	681	680	1
		18L 平均值				681	680	
		18L 汇总				681	680	
7	156mm冷水管	18KG	441	1124	1127	438	437	1
		18KG 平均值				438	437	
		18KG 汇总				438	437	
8	157mm冷水管	150KG	469	1119	1220	368	368	0
		150KG 平均值				368	368	

Sheet1 Sheet2

图7-54　汇总后的效果

课后拓展知识

1. 插入图片

对于汇总后的工作表，除了可简单地进行编辑使其美观外，还可插入图片使其更加美观，其方法：在【插入】/【插图】组中单击“图片”按钮，在打开的“插入图片”对话框中选择需要插入的图片选项，并单击 插入(S) 按钮。当然还可插入剪切画，其方法与插入图片类似。

2. 插入SmartArt图形

SmartArt图形是一种包含特定层次结构的图形对象，在统计表中除了可进行数据筛选和分类汇总外，还可绘制SmartArt图形来表现数据的各种关系。

PART 8

第8章 制作员工销售额分析图

情景导入

经过前面的学习，小白发现仅通过普通的数字很难表现数据随时间的变化趋势，于是他去问老张该如何操作，老张告诉他除了通过筛选查看数据外，还可使用图表、透视表、透视图来展示数据。

知识技能目标

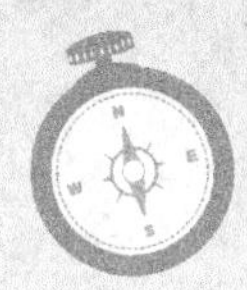

- 学会插入迷你图。
- 学会创建并编辑图表。
- 学会创建并编辑数据透视表。
- 学会创建并编辑数据透视图。

- 认识提升销售额的重要因素。
- 了解销售分析的主要内容和目的。

实例展示

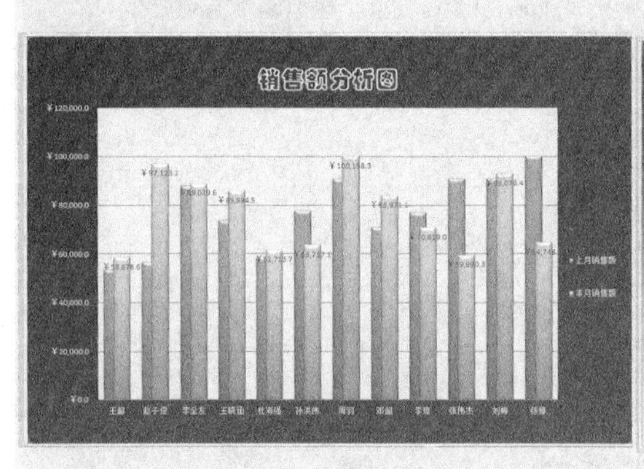

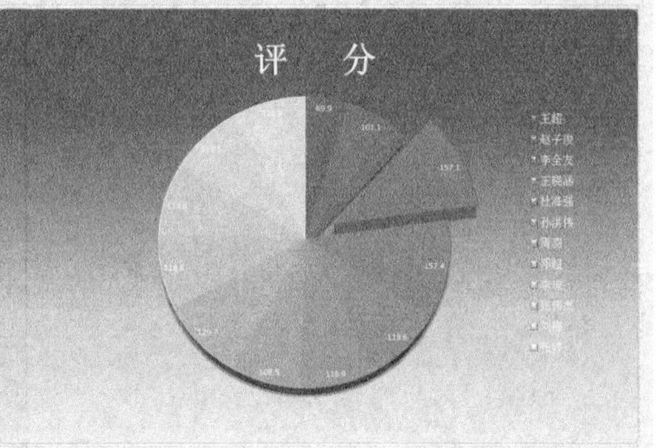

8.1 实例目标

老张告诉小白，图表用于将数据以图例的形式显示出来，使用户更加直观地查看数据的分布，而数据透视表和数据透视图可汇总、分析、浏览提供的汇总数据，并以透视图的形式对其进行显示与查看。

图8-1~图8-4所示即“员工销售额分析图”工作簿的最终效果。通过对本例效果的预览，可以了解该实例的重点是对表格中的内容进行迷你图的查看、图表的创建、数据透视表的创建与编辑、数据透视图的创建与编辑，帮助用户分析其中的数据。

素材所在位置　光盘:\素材文件\第8章\销售额统计表.xlsx
效果所在位置　光盘:\效果文件\第8章\员工销售额分析图.xlsx

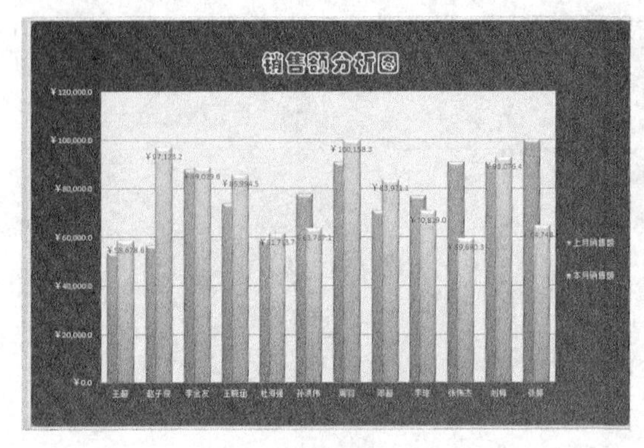

图8-1　销售额分析图

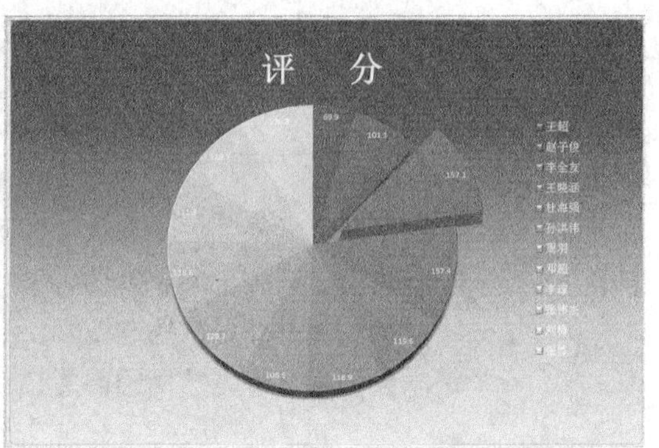

图8-2　评分分析图

姓名	求和项:上月销售额	求和项:本月销售额	求和项:计划回款额	求和项:实际回款额
邓超	70819	83971.1	94088.1	88017.9
杜海强	58678.6	61713.7	55643.5	91053
李琼	76889.2	70819	70819	91053
李全友	88017.9	89029.6	53620.1	76889.2
刘梅	91053	93076.4	51596.7	56655.2
孙洪伟	77900.9	63737.1	76889.2	73854.1
王超	53620.1	58678.6	69807.3	80936
王晓涵	73854.1	85994.5	71830.7	87006.2
张婷	100158.3	64748.8	90041.3	89029.6
张伟杰	91053	59690.3	76889.2	50585
赵子俊	56655.2	97123.2	55643.5	77900.9
周羽	91053	100158.3	56655.2	62725.4
总计	**929752.3**	**928740.6**	**823523.8**	**925705.5**

销售额分析图　员工评分分析图　销售部　销售额

图8-3　数据透视表效果图

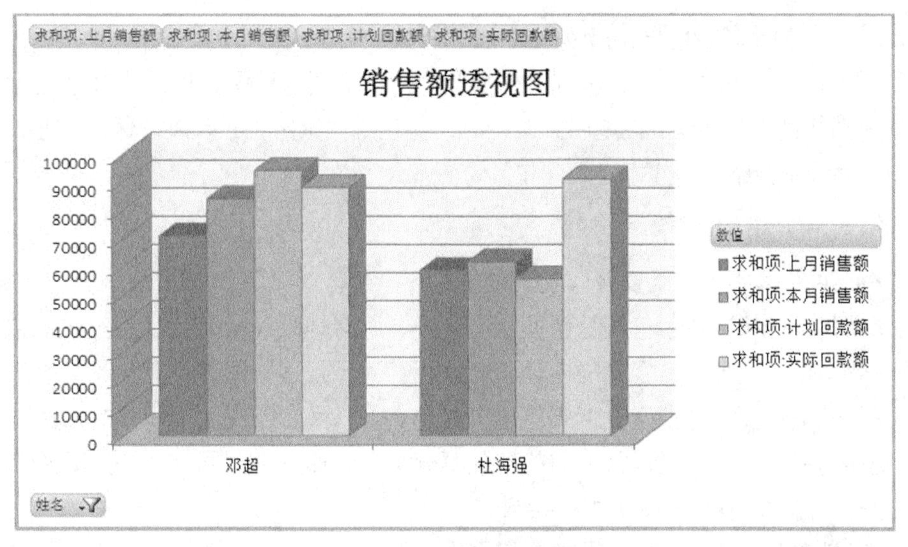

图8-4 数据透视图效果

8.2 实例分析

销售额分析就是指对企业某个部门的全部销售数据的研究与分析，小白对这些知识不了解，也不知道制作该图表该如何入手，此时老张告诉他，在绘制前应先去了解提升销售额的重要因素和销售分析的内容和目的，再根据这些重要因素，进行表格的制作。

8.2.1 提升销售额的重要因素

若想对销售额进行提升，需要通过不同方面对销售额进行了解，再根据了解的内容体现销售额，其中提升销售额的重要因素包括提升产品质量，做好售后服务、媒体广告、网络广告和营销推广，下面分别进行介绍。

- **提升产品质量**：要有好的销售额，产品的质量是最关键的一点，因此要想提升销售额，一定要严把质量关。
- **售后服务**：卖出去产品并不是企业销售的结束，而是销售的开始。一款好的产品，不仅体现在过硬的品质上，更体现在高质量的售后服务上。
- **媒体广告**：广告的效应是毋庸置疑的，如黄金时段的天价广告费用足以证明它的价值。此类广告对提升销售额的作用比较显著，但是巨额的广告费用也是一些企业所无法承担的，故此类广告不是越多越好，要量力而行。
- **网络广告**：网络广告与媒体广告相比，花费相对少，效果也很显著。但是网络广告有个弊端，越到后期花费越多，效果反而更不显著。
- **网络营销推广**：免费的网络营销推广是目前普遍使用的一种方式。具体做法：在各大商贸平台、大型论坛、博客平台、用户邮箱免费发布广告信息。这种方式由于费用少，只需耗费一定的时间和人力，所以特别受中小企业的青睐。

8.2.2 销售额分析的内容和目的

当认识影响销售额的重要因素后，在企业的销售管理过程中，还需要经常进行销售分析，在发现销售过程中存在的问题时，应及时对销售方案做出相应改进，保证企业销售目标的实现，下面分别介绍销售分析的内容和目的。

1. 销售额分析的内容

销售分析的内容很多，主要包含以下3方面。

- **总销售额分析**：总销售额是企业所有客户、所有地区和所有产品销售额的总和。这一数据可以展现一家企业的整体运营状况。对于管理者而言，销售趋势比某一年的销售额更重要，包括企业近几年的销售趋势，以及企业在整个行业的市场占有率的变动趋势。本例着重进行月份的销售额分析，并通过计划回款额和实际回款额进行分析，再对增长率的图表进行绘制。
- **地区销售额分析**：如果企业的规模很大，销售范围涉及其他地区，仅对总销售额的分析已不能满足企业管理层对销售进行详尽管理的需要，单一的总量数据对管理层的价值有限，所以还需要按地区对销售额进行进一步的分析。
- **产品销售额分析**：与按地区分析销售额一样，按产品系列分析企业销售额对企业管理层的决策也很有帮助。

2. 销售额分析的目的

企业对销售进行分析的目的主要有以下几点。

- **分析各产品对企业的贡献程度**：通过对各产品销售的分析，可以得出企业产品的市场占有率和市场增长率。市场占有率是反映产品市场竞争力的重要指标，市场增长率是衡量产品发展潜力的重要指标。根据这两项指标可以大致了解产品对企业的贡献程度，企业据此可以对相应产品采取合适的销售策略。
- **分析企业的经营状况**：采用盈亏平衡点对企业的销售额和经营成本进行分析，可以得出企业的经营状况信息。若企业实际销售额高于盈亏平衡点的销售额，那么企业处于赢利状态；若等于或低于盈亏平衡点的销售额，则企业处于保本或亏损状态。
- **对企业的客户进行分类**：企业经营的目的是赢利，因此不会以同一标准对待所有客户，而是将客户按其价值分成不同的等级和层次，这样才能将有限的时间、精力、财力放在价值更高的客户身上。

8.3 制作思路

当小白认识了什么是销售额分析后，老张告诉小白，分析主要通过迷你图、图表、数据透视表、数据透视图进行表示，而它们的操作是不同的，在制作时需根据不同的销售额进行不同的图表分析。制作本例的具体思路如下。

（1）打开“销售额统计表.xlsx”工作簿，对其中的数据进行迷你图的制作，其中主要使用迷你图的柱形图进行表示，参考效果如图8-5所示。

（2）迷你图主要表现单行的数据状况，而销售额的状况需要使用图表的形式进行表现，创建与编辑后的销售额分析图效果如图8-6所示。

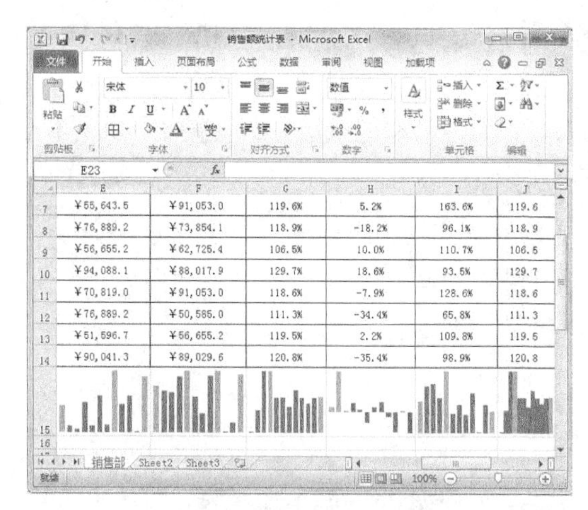

	E	F	G	H	I	J
7	¥55,643.5	¥91,053.0	119.6%	5.2%	163.6%	119.6
8	¥76,889.2	¥73,854.1	118.9%	-18.2%	96.1%	118.9
9	¥56,655.2	¥62,725.4	106.5%	10.0%	110.7%	106.5
10	¥94,088.1	¥88,017.9	129.7%	18.6%	93.5%	129.7
11	¥70,819.0	¥91,053.0	118.6%	-7.9%	128.6%	118.6
12	¥76,889.2	¥50,585.0	111.3%	-34.4%	65.8%	111.3
13	¥51,596.7	¥56,655.2	119.5%	2.2%	109.8%	119.5
14	¥90,041.3	¥89,029.6	120.8%	-35.4%	98.9%	120.8

图8-5　创建并编辑迷你图

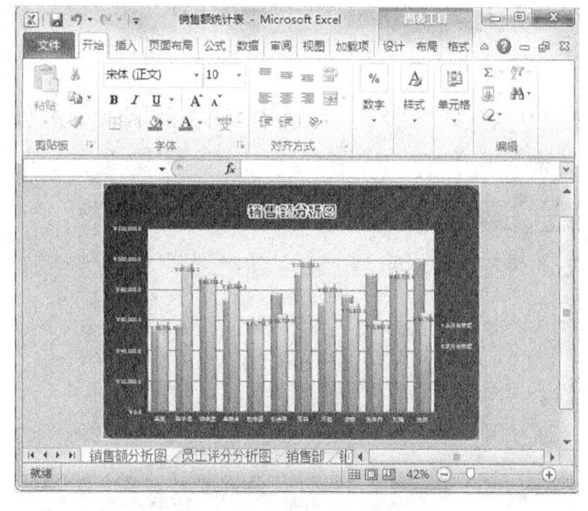

图8-6　制作销售额分析图

（3）创建数据透视表，并对创建后的透视表进行编辑操作，包括设置图表样式，参考效果如图8-7所示。

（4）继续在数据透视表的形态上创建数据透视图，对创建的透视图进行编辑，并对数据透视图进行美化操作，如图8-8所示。

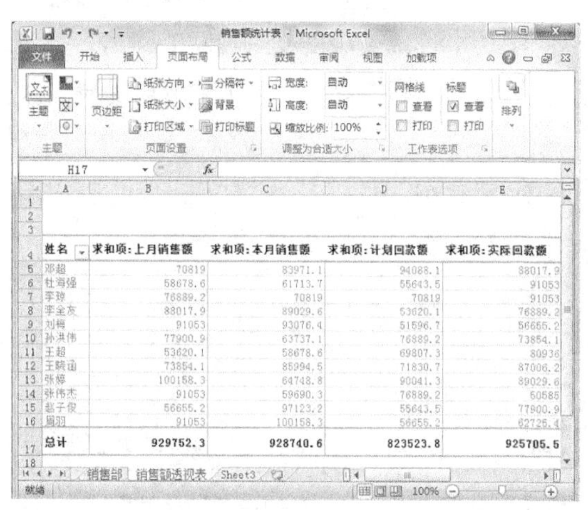

姓名	求和项:上月销售额	求和项:本月销售额	求和项:计划回款额	求和项:实际回款额
邓超	70819	83971.1	94088.1	88017.9
杜海强	58678.6	61713.7	55643.5	91053
李琼	76889.2	70819	70819	91053
李全友	88017.9	89029.6	53620.1	76889.2
刘梅	91053	93076.4	51596.7	56655.2
孙洪伟	77900.9	63737.1	76889.2	73854.1
王超	53620.1	58678.6	69807.3	80936
王晓涵	73854.1	85994.5	71830.7	87006.2
张婷	100158.3	64748.8	90041.3	89029.6
张伟杰	91053	59690.3	76889.2	60585
赵子俊	56655.2	97123.2	55643.5	77900.9
周羽	91053	100158.3	56655.2	62725.4
总计	929752.3	928740.6	823523.8	925705.5

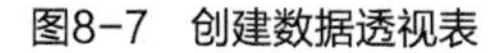

图8-7　创建数据透视表

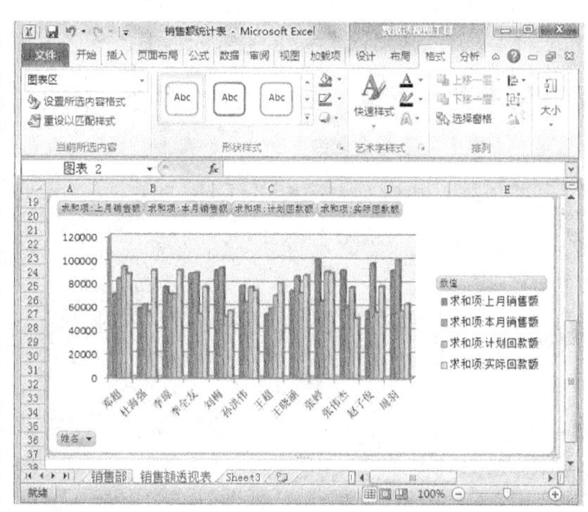

图8-8　制作并美化数据透视图

8.4　制作过程

小白开始对销售额统计表中的数据进行分析，主要包括创建并编辑迷你图、创建并编辑图表、创建并编辑数据透视表、创建并编辑数据透视图，下面分别对其进行介绍。

8.4.1 创建并编辑迷你图

迷你图主要指使用简单的图表显示单列或单行的数据，使用迷你图不但简洁美观，而且能清晰展现数据的变化趋势，占用空间小，下面将对销售额统计表中的数据进行迷你图的创建，并对创建的图表进行编辑操作，其具体操作如下（微课：光盘\微课视频\第8章\创建并编辑迷你图.swf）。

STEP 1 打开“销售额统计表.xlsx”工作簿，选择C3:J14单元格区域，选择【插入】/【迷你图】组，单击“柱形图”按钮，如图8-9所示。

STEP 2 打开“创建迷你图”对话框，在“选择放置迷你图的位置”栏的“位置范围”文本框中输入创建的迷你图区域“$C$15:$J$15”。单击 确定 按钮，如图8-10所示。

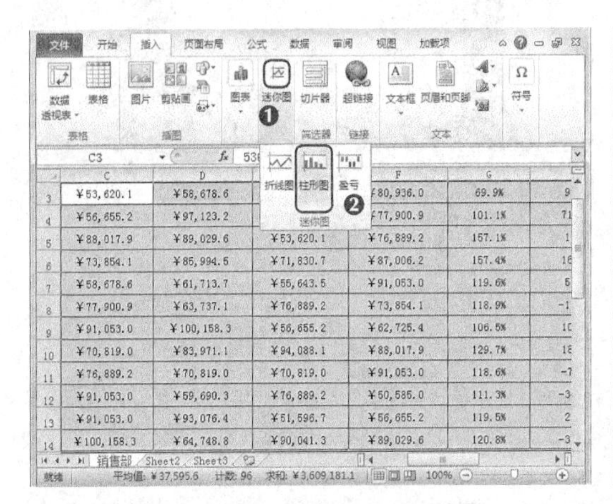

图8-9 单击“柱形图”按钮

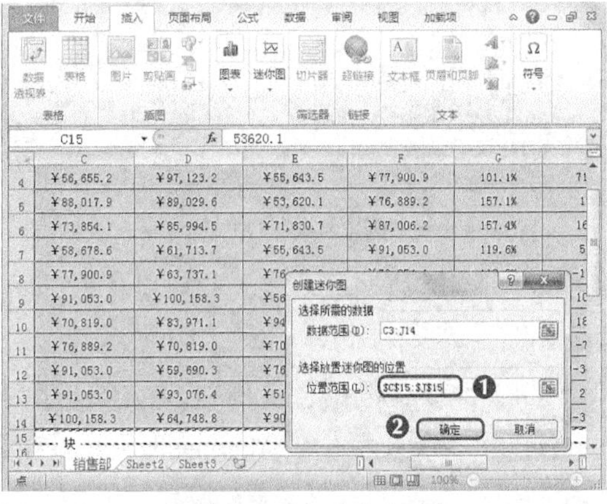

图8-10 选择迷你图位置

STEP 3 将鼠标光标移动到15行下方的行线上，当其变为╪形状时，向下拖曳放大显示迷你图，如图8-11所示。

STEP 4 选择【设计】/【样式】组，单击“迷你图颜色”按钮，在打开的下拉列表中选择“水绿色，强调文字颜色5，深色25%”选项，如图8-12所示。

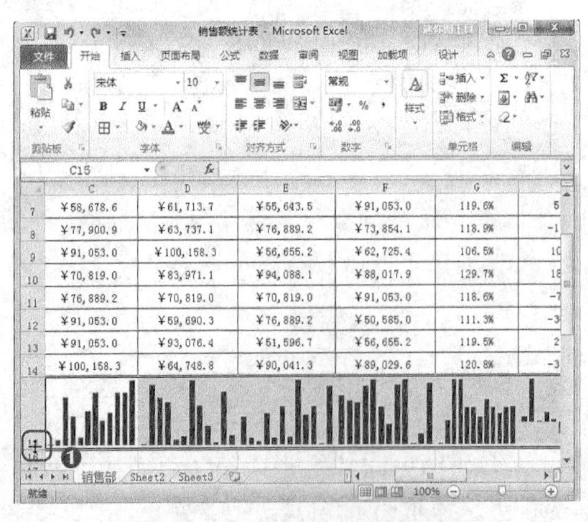

图8-11 调整迷你图显示大小

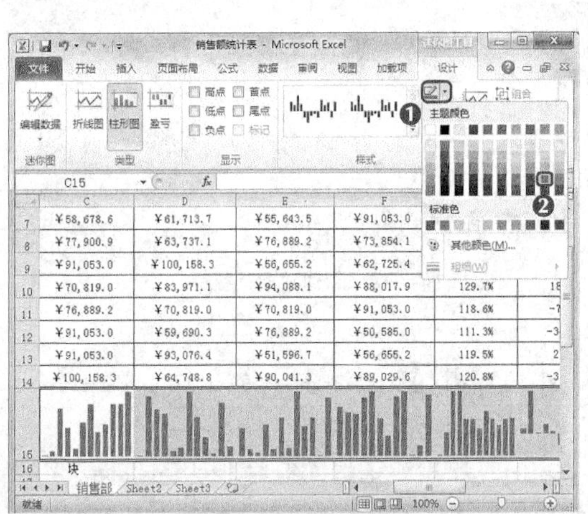

图8-12 调整迷你图颜色

STEP 5 继续选择【设计】/【样式】组，单击“标记颜色”按钮，在打开的下拉列表中选择“高点”选项，在打开的子列表的“主题颜色”栏中选择“橄榄色，强调文字颜色3”选项，如图8-13所示。

STEP 6 继续单击“标记颜色”按钮，在打开的下拉列表选择“低点”选项，在打开的子列表的“主题颜色”栏中选择“紫色，强调文字颜色4”选项，如图8-14所示。

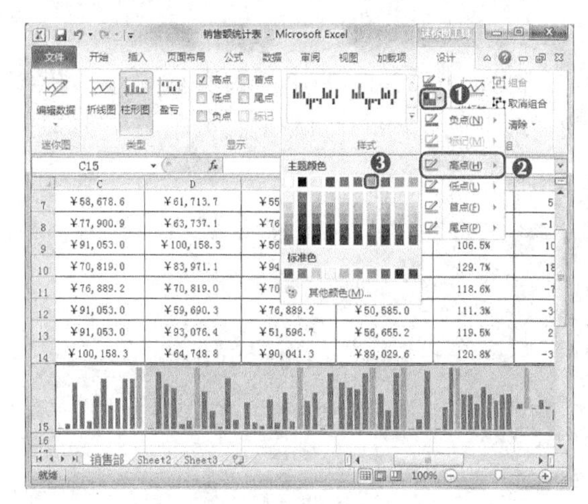

图8-13 编辑高点颜色

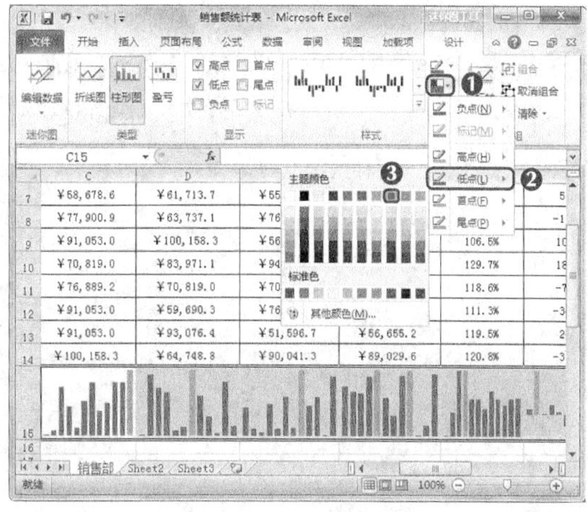

图8-14 编辑低点颜色

STEP 7 选择【设计】/【显示】组，单击选中“首点”和“尾点”复选框，即可查看绘制的迷你图已发生变化，如图8-15所示。

STEP 8 取消迷你图的选择状态，即可查看完成的迷你图效果，如图8-16所示。

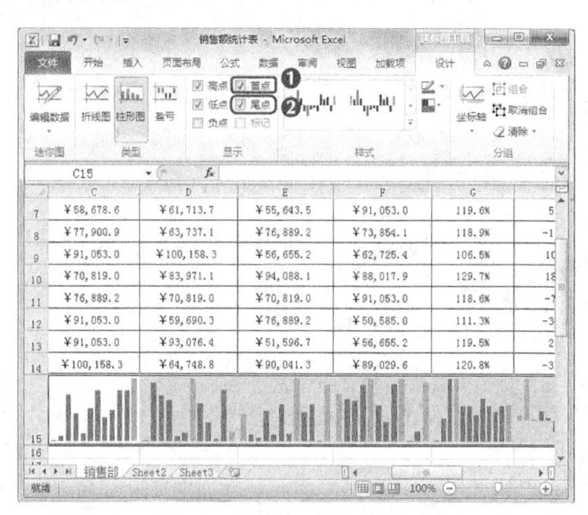

图8-15 单击选中首点和尾点

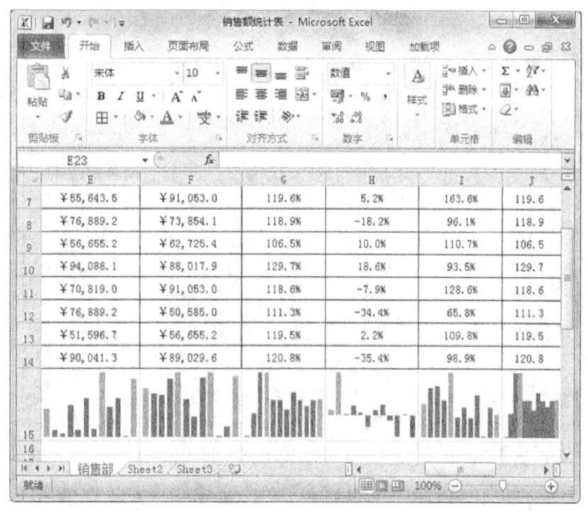

图8-16 查看完成后的效果

知识提示

在制作迷你图时，如发现制作的图不适合，可将该迷你图删除，重新进行制作。其删除方法：选择【设计】/【分组】组，单击“清除”按钮，在打开的下拉列表中选择需要清除的选项。

8.4.2 创建并编辑图表

图表的功能在于将枯燥的数据通过图形化显示，方便查看。它的显示与迷你图相比，更加直观，并适用于各种场合，其具体操作如下（微课：光盘\微课视频\第8章\创建并编辑图表.swf）。

STEP 1 选择A2:A14、C2:D14单元格区域，在【插入】/【图表】组中单击“柱形图”按钮，在打开的下拉列表的“二维柱形图”栏中选择“簇状柱形图”选项，如图8-17所示。

STEP 2 此时即可在当前工作表中创建一个柱形图，图表中显示了各人员上月与本月销售额情况。将鼠标光标移动到图表中的某一系列，即可查看该系列对应的人员在上月与本月的销售额情况，如图8-18所示。

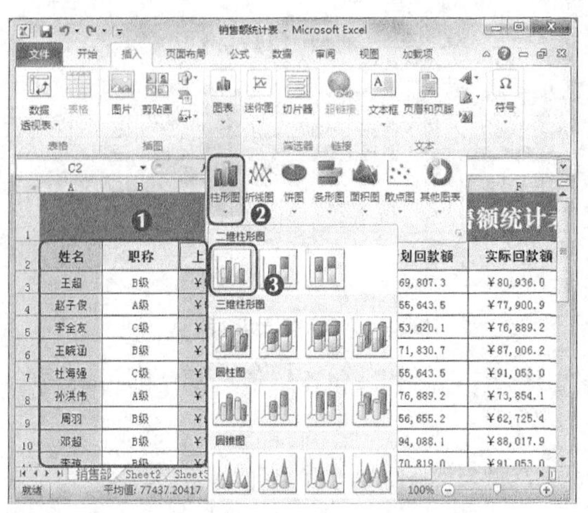

图8-17 选择柱形图

图8-18 单击“编辑自定义列表”按钮

STEP 3 在【设计】/【位置】组中单击“移动图表”按钮，如图8-19所示。

STEP 4 打开“移动图表”对话框，单击选中“新工作表”单选项，在后面的文本框中输入工作表的名称，这里输入“销售额分析图”，单击 确定 按钮，如图8-20所示。

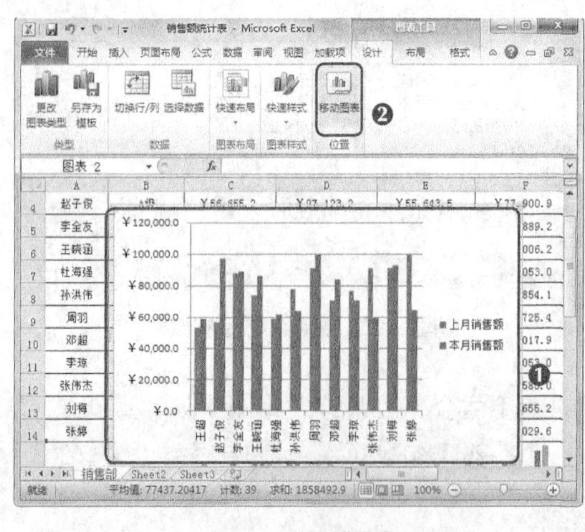

图8-19 移动图表

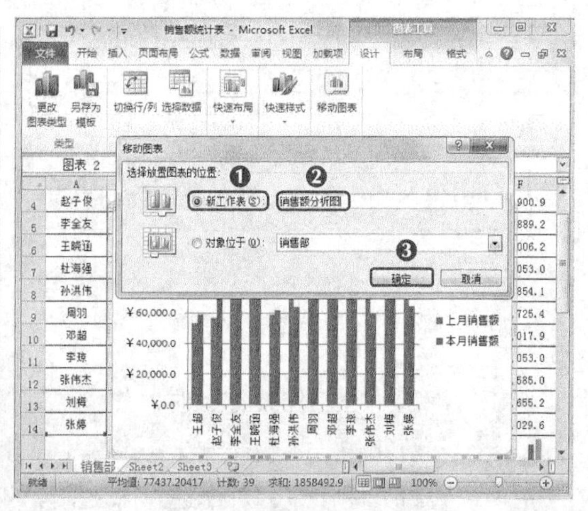

图8-20 设置移动图表位置

STEP 5 在【设计】/【快速样式】组的下拉列表框中选择“样式45”选项，为其应用样式，如图8-21所示。

STEP 6 在【设计】/【快速布局】组的下拉列表框中选择“布局10”选项，为其应用该布局样式，如图8-22所示。

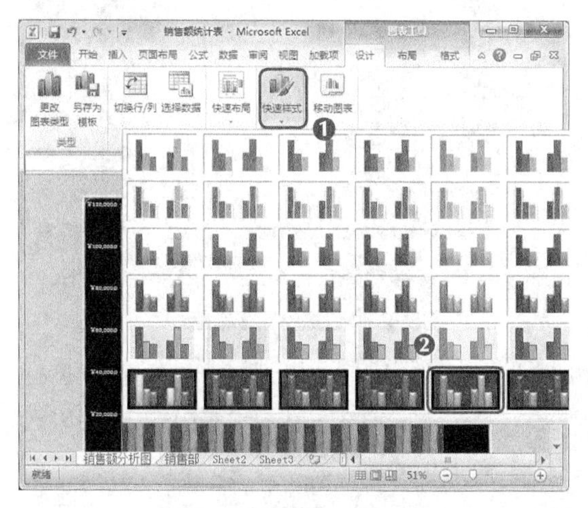

图8-21 选择快速样式

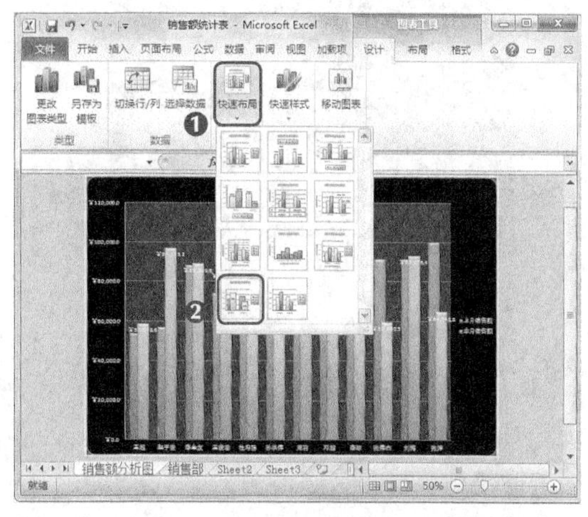

图8-22 快速应用布局

STEP 7 选择标题文本，在其中输入“销售额分析图”，完成标题文本的修改，如图8-23所示。

STEP 8 选择图表区，选择【格式】/【形状样式】组，单击“形状填充”按钮，在打开的下拉列表的“主题颜色”栏中选择“橄榄色，强调文字颜色3，深色50%”选项，如图8-24所示。

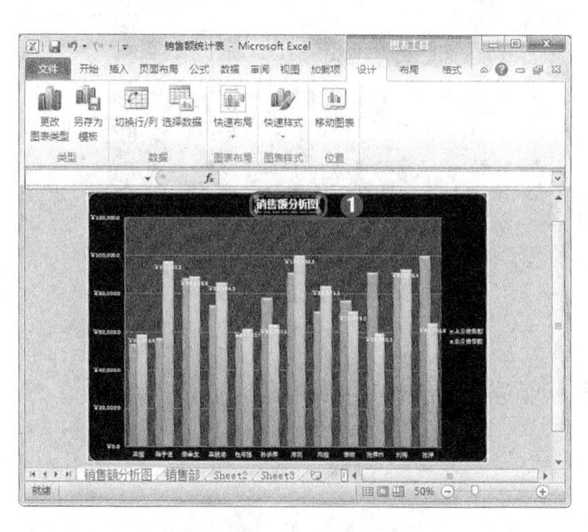

图8-23 输入标题文本

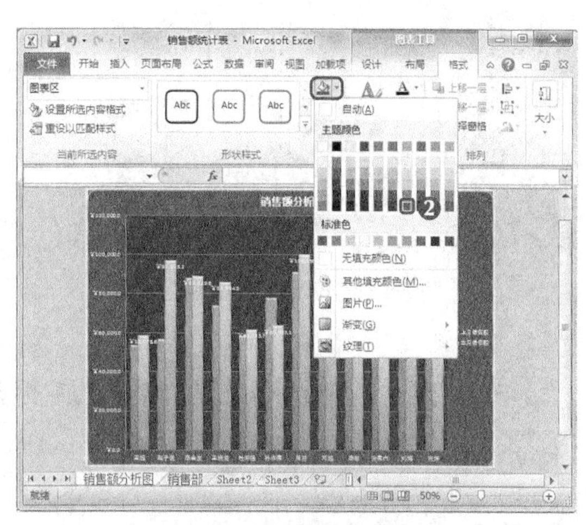

图8-24 设置图表区颜色

STEP 9 继续单击“形状填充”按钮，在打开的下拉列表的“渐变”选项，在打开的子列表中的“深色渐变”栏中选择“线性对角—左上到右下”选项，如图8-25所示。

STEP 10 选择绘图区，单击“形状填充”按钮，在打开的下拉列表的“主题颜色”栏中选择“橄榄色，强调文字颜色3，淡色80%”选项，如图8-26所示。

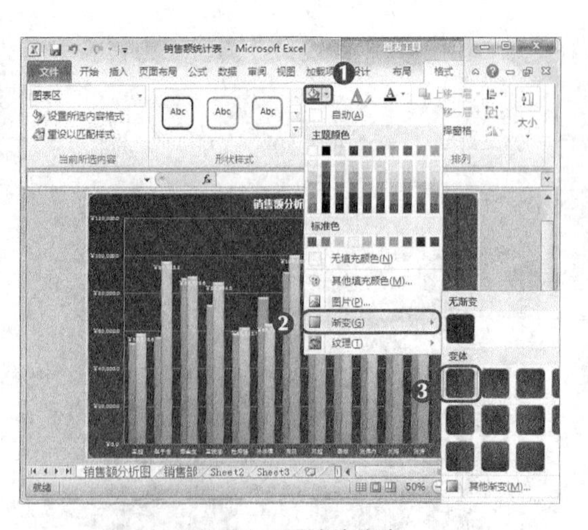

图8-25　设置颜色渐变

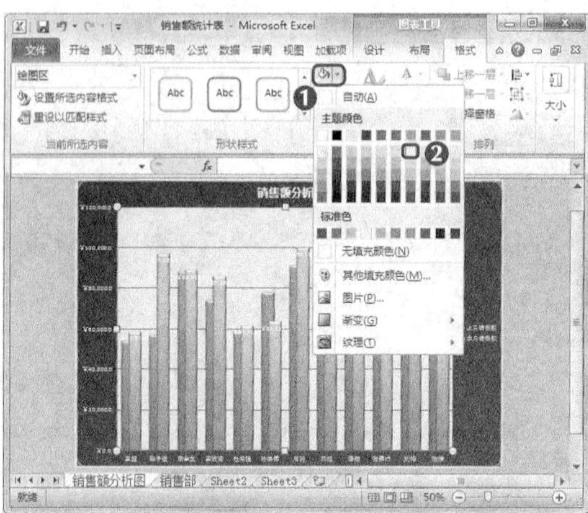

图8-26　设置绘图区颜色

STEP 11 选择标题文字，将其字体和字号分别设置为“华文彩云”“28”，选择数据标签，选择【格式】/【艺术字样式】组，单击“文本填充”按钮A，在打开的下拉列表中选择“橄榄色，强调文字颜色3，深色50%”选项，如图8-27所示。

STEP 12 调整绘图区位置，拖曳绘图区4个对角点，调整绘图区大小，效果如图8-28所示。

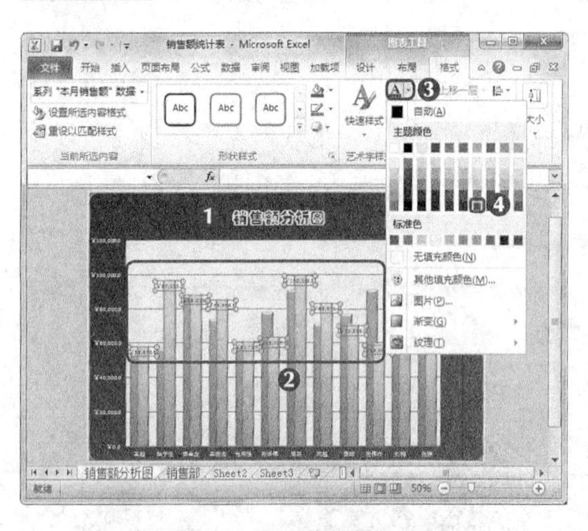

图8-27　修改数据标签颜色

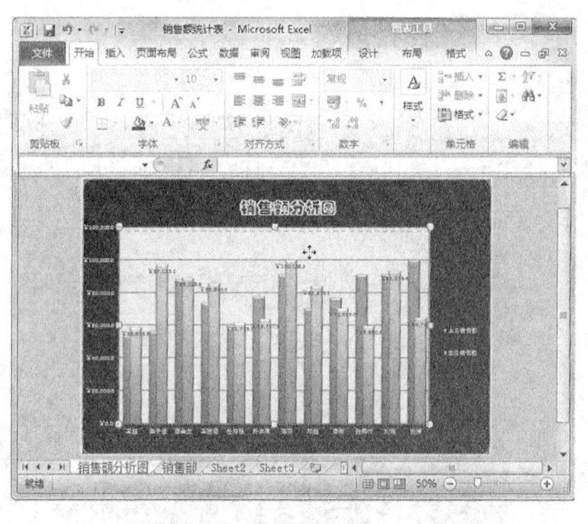

图8-28　完成图表创建

需要注意的是，不同的数据表只能采用相应类型的图表，通过其他类型的图表将无法完整地体现出数据。

STEP 13 返回“销售部”工作表，在【插入】/【图表】组中单击“饼图”按钮，在打开的下拉列表的“二维饼图”栏中选择“饼图”选项，如图8-29所示。

STEP 14 在图表的空白区域上单击鼠标右键，在弹出的快捷菜单中选择“选择数据”命令，打开“选择数据”对话框，单击“添加(A)”按钮，如图8-30所示。

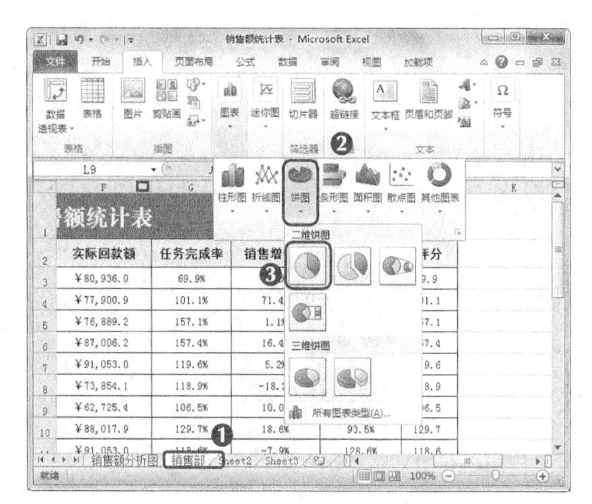

图8-29　选择“饼图”选项

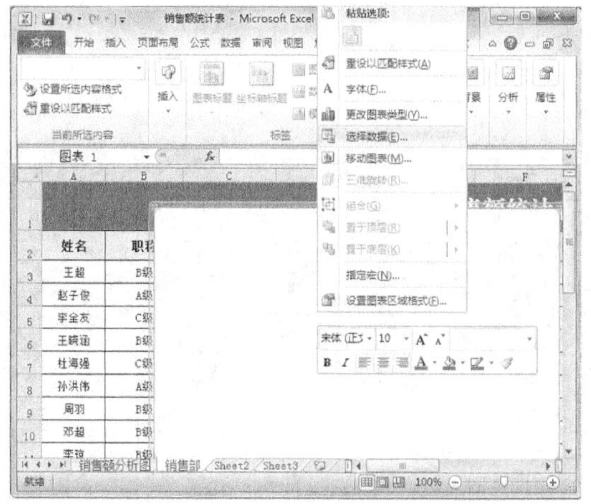

图8-30　选择“选择数据”命令

STEP 15 打开“编辑数据系列”对话框，在“系列名称”栏下的文本框中输入“=销售部!$J$2”在“系列值”栏下的文本框中输入“=销售部!$J$3:$J$14”，单击 确定 按钮，如图8-31所示。

STEP 16 返回“选择数据源”对话框，此时可发现“图例项（系列）”栏已发生变化，单击“水平（分类）轴标签”栏 编辑 按钮，如图8-32所示。

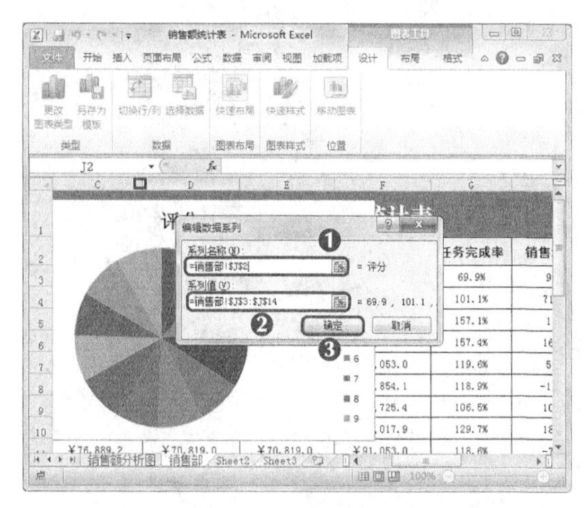

图8-31　编辑数据系列

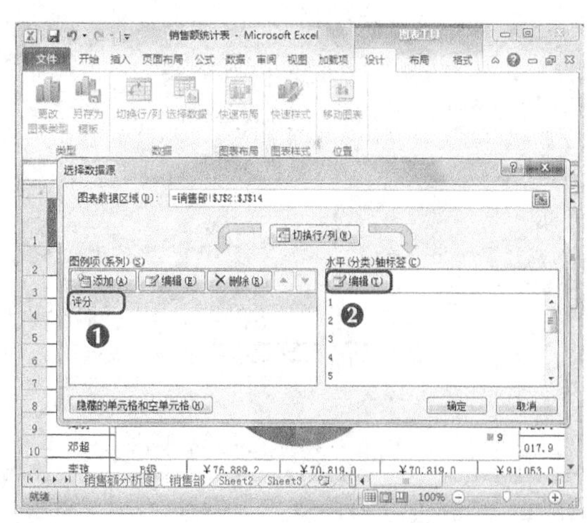

图8-32　单击“编辑”按钮

STEP 17 打开“轴标签”对话框，在“轴标签区域”栏下的文本框中输入“=销售部!$A$3:$A$14”，单击 确定 按钮，如图8-33所示。

STEP 18 返回“选择数据源”对话框，此时可发现“水平（分类）轴标签”栏已发生变化，单击 确定 按钮，完成编辑，查看编辑后的图表效果，如图8-34所示。

多学一招

若发现编辑添加的图例项发生错误，可选择图例项后，单击 编辑(E) 按钮，对错误部分进行重新编辑，或单击 删除(R) 按钮将错误的图例项直接删除。

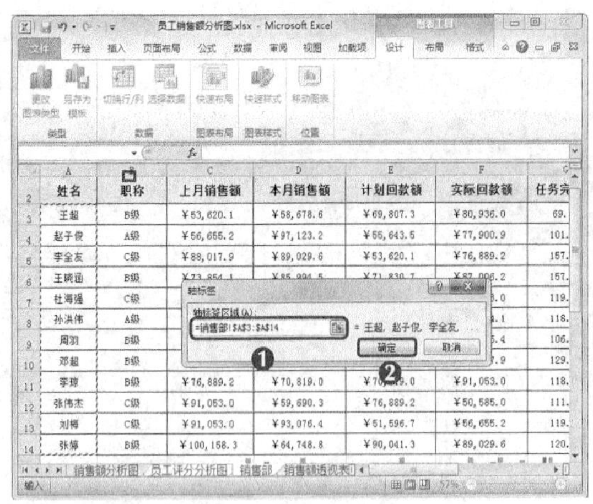

图8-33　编辑数据系列

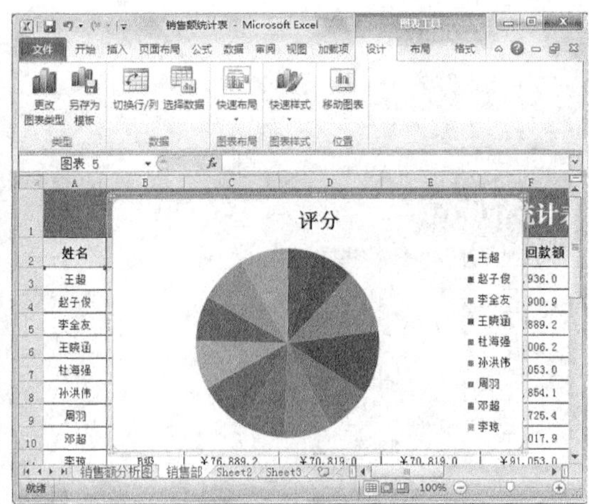

图8-34　完成编辑

STEP 19 单击“移动图表”按钮，打开“移动图表”对话框，单击选中“新工作表”单选项，在其后的文本框中输入“员工评分分析图”，并单击确定按钮，如图8-35所示。

STEP 20 完成图表的移动后，在【设计】/【类型】组中单击“更改图表类型”按钮，打开“更改图表类型”对话框，在“饼图”栏中选择“三维饼图”选项，单击确定按钮，如图8-36所示。

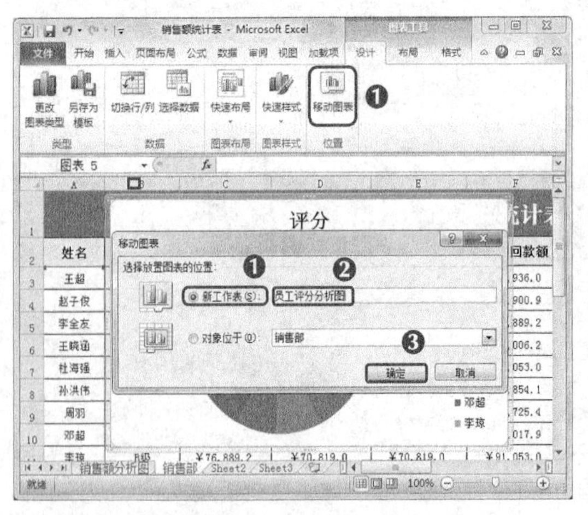

图8-35　移动饼形图

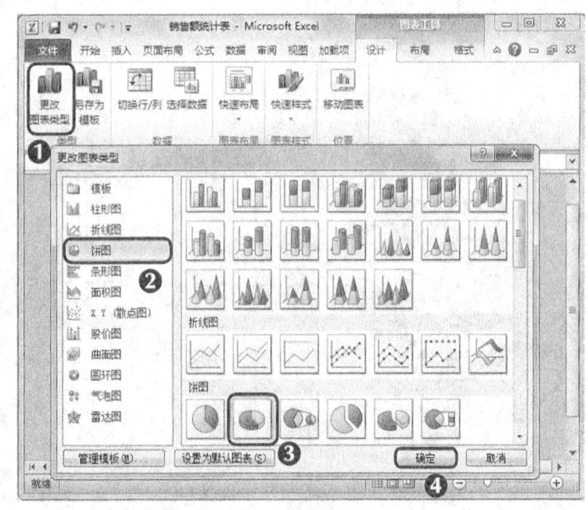

图8-36　更改图表类型

STEP 21 在【设计】/【快速样式】组的下拉列表框中选择“样式45”选项，为其应用该样式，如图8-37所示。

STEP 22 在应用样式的图形上单击鼠标右键，在弹出的快捷菜单中选择“设置数据标签格式”命令，在绘图区中显示每个区域代表的数据，如图8-38所示。

STEP 23 在绘图区中双击鼠标左键选择“李全友”代表的数据饼图块，按住鼠标不放，向右拖曳到适当位置后释放鼠标，查看单个图块效果，如图8-39所示。

STEP 24 按照前面的方法，调整绘图区以及文本的大小与位置，效果如图8-40所示。

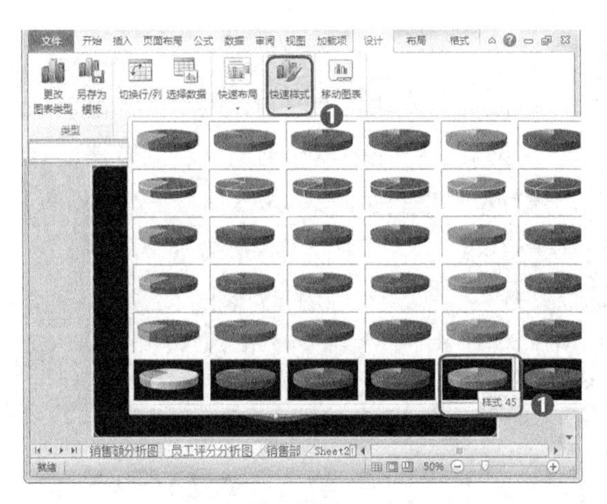
图8-37 选择图表样式

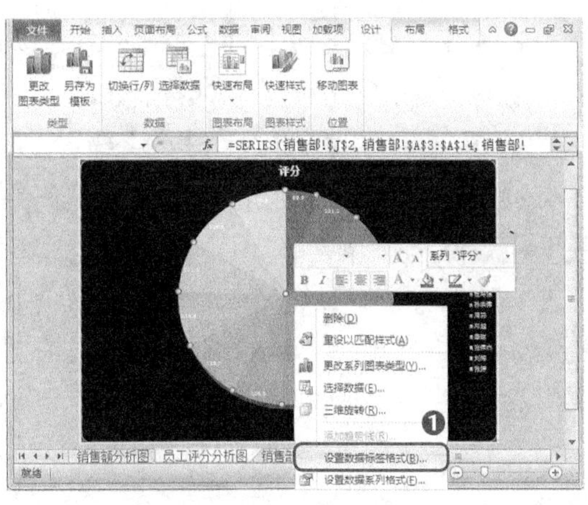
图8-38 设置数据标签格式

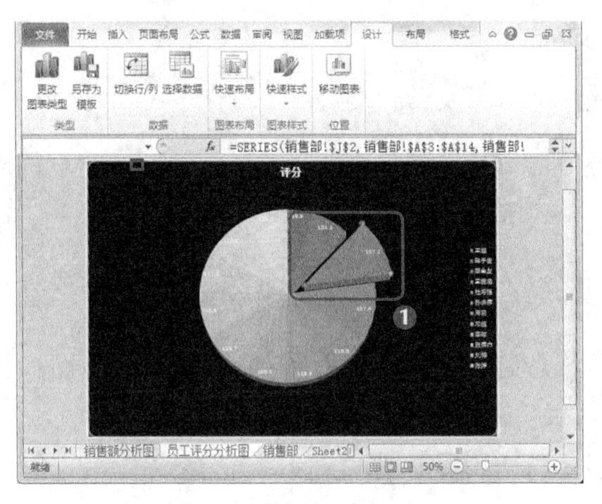
图8-39 调整饼块位置

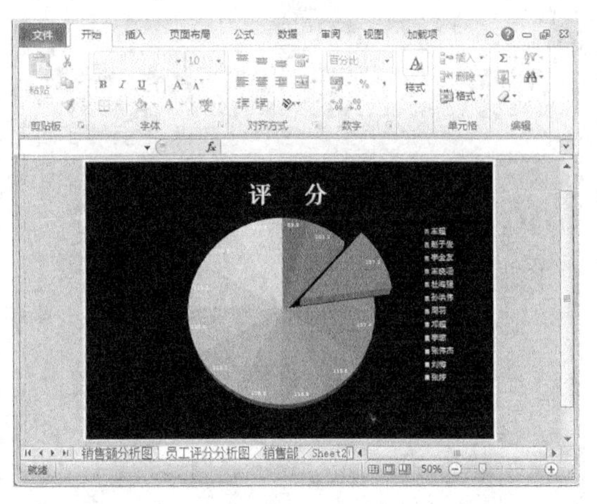
图8-40 调整绘图区文本的大小与位置

STEP 25 在图表区中双击鼠标左键，打开“设置图表区格式”对话框，在“填充”栏单击选中“渐变填充”单选项，并在其下方的“渐变光圈”栏中设置渐变颜色，完成后单击 关闭 按钮完成创建，如图8-41所示。

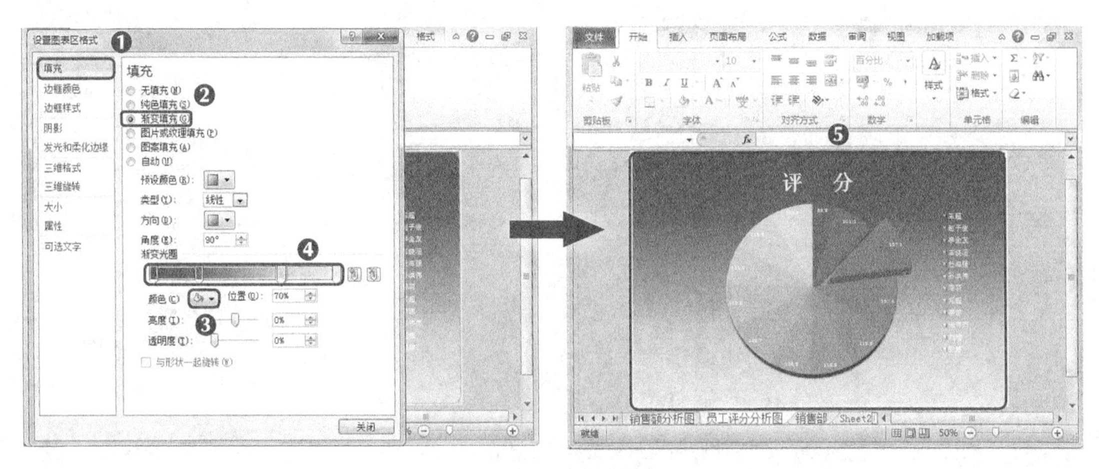
图8-41 设置渐变颜色

8.4.3 创建并编辑数据透视表

数据透视表是一种交互式数据报表，用于为数据透视图统计图表内容，因此数据透视表是数据透视图的前提，也是图表的升级，下面将具体讲解创建并编辑数据透视表的方法，其具体操作如下（微课：光盘\微课视频\第8章\创建并编辑数据透视表.swf）。

STEP 1 在“销售部”工作表中选择A2:G14单元格区域，在【插入】/【表格】组中单击“数据透视表”按钮，在打开的下拉列表中选择“数据透视表”选项，如图8-42所示。

STEP 2 打开“创建数据透视表”对话框，单击选中“现有工作表”单选项，并在“位置”栏中输入“Sheet2!$A$1:$J$20”，单击 确定 按钮，如图8-43所示。

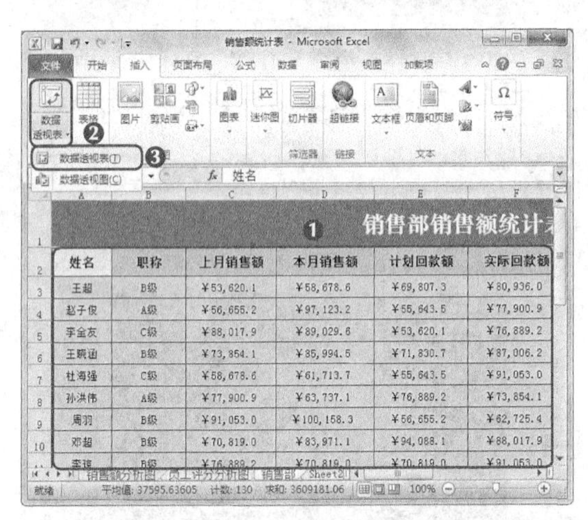

图8-42 单击“数据透视表”按钮

图8-43 设置数据透视表位置

STEP 3 此时创建空白数据透视表，右侧显示出“数据透视表字段列表”窗格。在“数据透视表字段列表”窗格中将“姓名”字段拖曳到“行标签”下拉列表框中，数据表中将自动添加行标签字样，如图8-44所示。

STEP 4 用同样的方法将“上月销售额”“本月销售额”“计划回款率”“实际回款率”字段拖曳到“数值”下拉列表框中，如图8-45所示。

图8-44 设置行标签

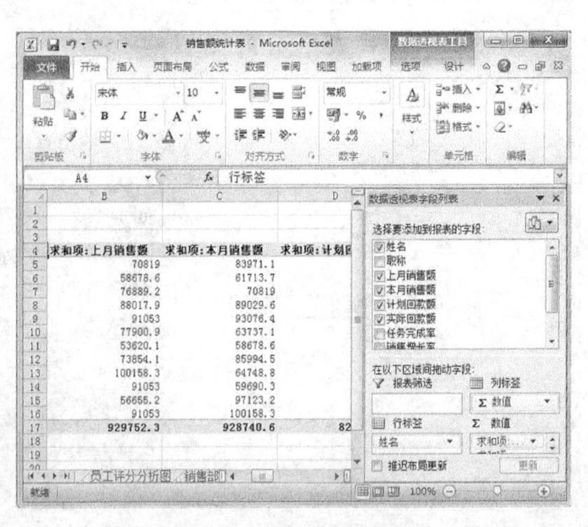

图8-45 添加数值选项

STEP 5 将工作表标签修改为“销售额透视表”，并将鼠标光标移动到“数据透视表字段列表”窗格右侧，单击“关闭”按钮×，关闭该窗格，如图8-46所示。

STEP 6 单击【设计】/【数据透视表仰视】组右侧的下拉按钮，在打开的下拉列表中选择“数据透视表样式浅色11”选项，并单击选中“镶边行”“镶边列”复选框，如图8-47所示。

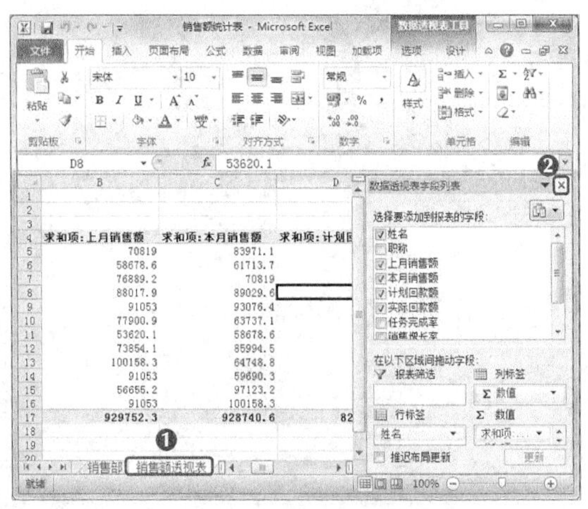

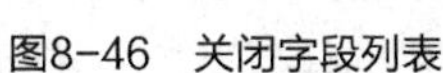

图8-46 关闭字段列表

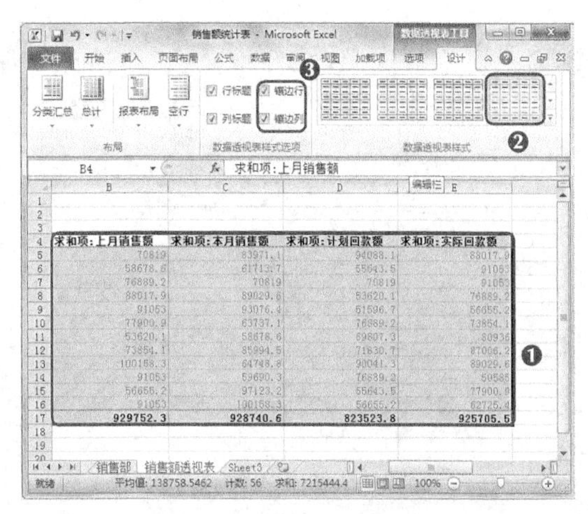

图8-47 设置透视表样式

STEP 7 选择【设计】/【布局】组，单击“报表布局”按钮，在打开的下拉列表中选择“以表格形式显示”选项，如图8-48所示。

STEP 8 调整单元格大小，选择【页面布局】/【工作表选项】组，取消选中“查看”复选框，并查看完成后的效果，如图8-49所示。

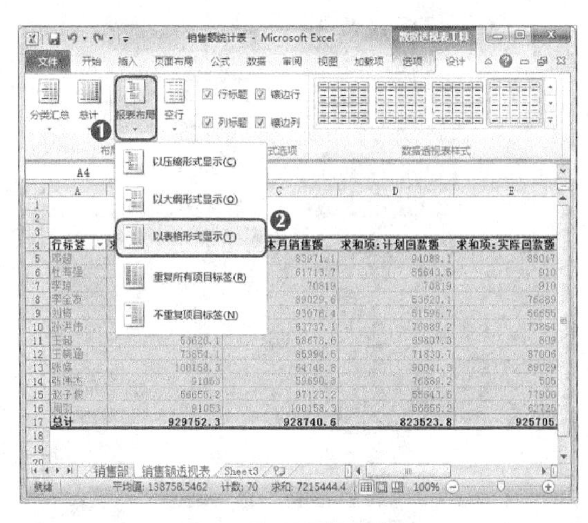

图8-48 设置报表布局

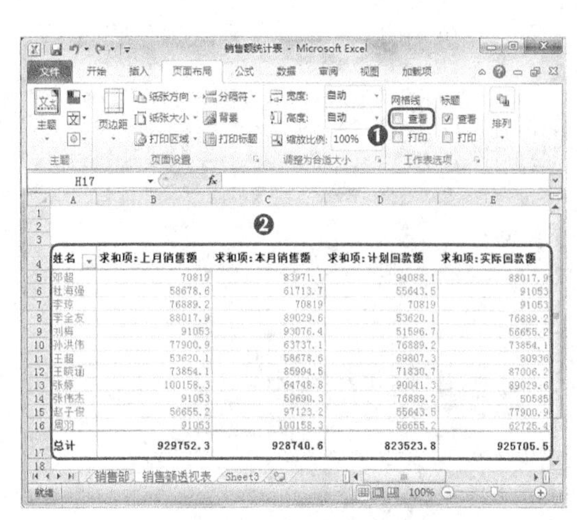

图8-49 完成数据透视表的创建

8.4.4 创建并编辑数据透视图

当完成数据透视表的创建后，即可在该基础上创建数据透视图，在创建完成后还可对创建后的透视图进行美化操作，其具体操作如下（微课：光盘\微课视频\第8章\创建并编辑数据透视图.swf）。

STEP 1 在数据透视表中选择任意单元格，选择【选项】/【工具】组，单击“数据透视图”按钮，如图8-50所示。

STEP 2 打开“插入图表”对话框，在“柱形图”栏中选择“三维簇状柱形图”选项，单击 确定 按钮，如图8-51所示。

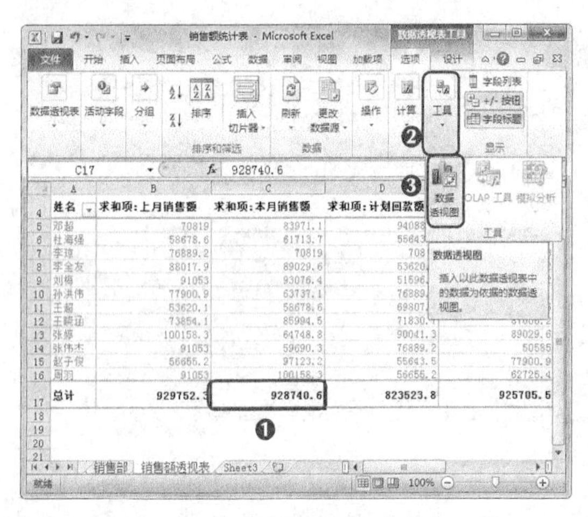

图8-50 单击“数据透视图”按钮

图8-51 选择“三维簇状柱形图”选项

STEP 3 将完成后的图表移动到透视表下方，并调整其大小使其与数据透视表相同，其效果如图8-52所示。

STEP 4 选择数据透视图，选择【设计】/【图表样式】组，单击“快速样式”按钮，在打开的下拉列表中选择“样式37”选项。单击【格式】/【形状样式】右侧的下拉按钮，选择“彩色轮廓-橄榄色，强调颜色3”选项，为其应用形状样式效果，如图8-53所示。

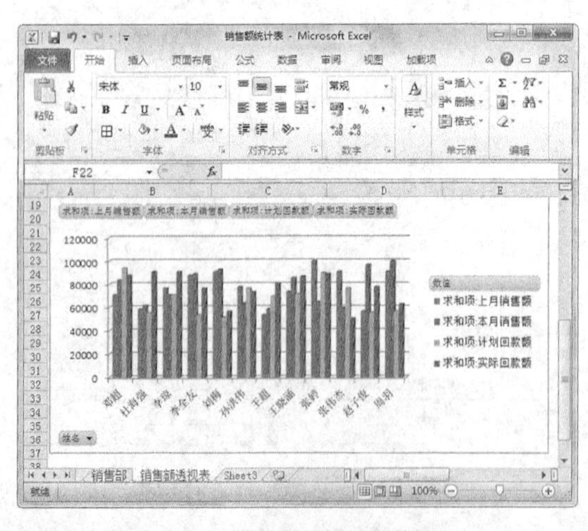

图8-52 调整数据透视图位置

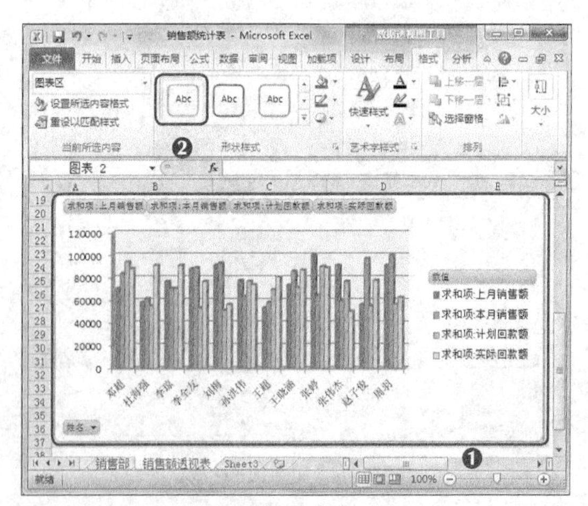

图8-53 设置透视图样式

STEP 5 选择【布局】/【标签】组，单击“图表标题”按钮，在打开的下拉列表中选择“图表上方”选项，输入透视图名称，如图8-54所示。

STEP 6 单击“手动筛选”按钮 姓名，在打开的下拉列表中取消选中“全选”复选框，并单击选中“邓超”复选框，单击 确定 按钮，如图8-55所示。

图8-54　输入透视图名称

图8-55　选择查看名称

STEP 7 筛选完成后即可发现数据透视图中的数据只显示了所选名称对应的透视图，如图8-56所示。

STEP 8 使用相同的方法，再次单击选中“杜海强”复选框，此时透视图中将显示两个名称对应的透视图，如图8-57所示。

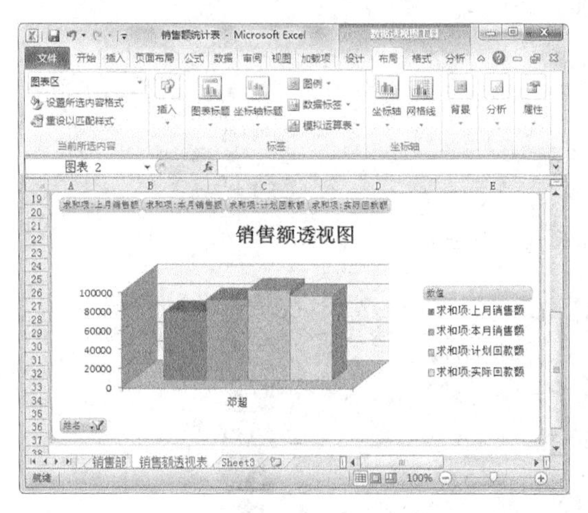

图8-56　查看一个名称筛选效果

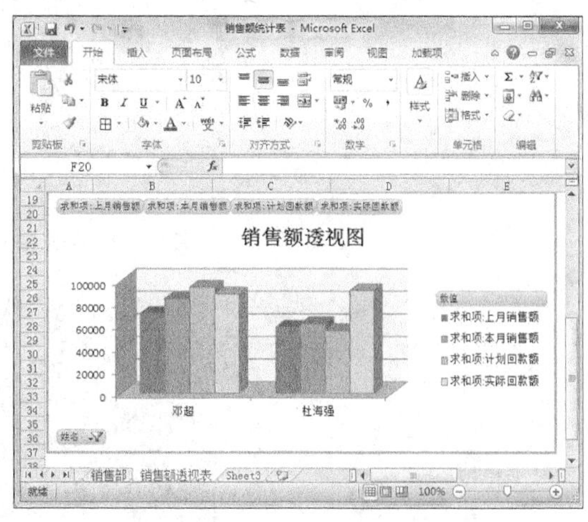

图8-57　查看两个名称筛选效果

职业素养

在工作当中，每一种图表都带有各自表现的意义，如柱形图用于不同时期或不同类别数据之间的比较；折线图常用于预测未来的发展趋势，如股票等；散点图用来说明若干组变量之间的相互关系，可表示变量随自变量而变化的大致趋势，如分布表现等；饼图主要用来分析内部各个组成部分对事件的影响，其各部分百分比之和必须是100%，如表示本年收入所占比例；雷达图用于对两组变量进行多种项目的对比，反映数据相对中心点和其他数据点的变化情况，常用于多项指标的全面分析。

8.5 实训——制作部门开销分析图

8.5.1 实训目标

本实训的目标是制作“部门开销分析图.xlsx”工作簿，它的制作与编辑方法与“员工销售额分析图.xlsx”工作簿的制作与编辑方法类似，包括图表、数据透视表、数据透视图的创建与编辑操作，如图8-58和图8-59所示为使用图表编辑的个人支出情况分析图和使用数据透视图制作的部门支出比例图。

素材所在位置　光盘:\素材文件\第8章\实训\部门开销统计表.xlsx
效果所在位置　光盘:\效果文件\第8章\实训\部门开销分析图.xlsx

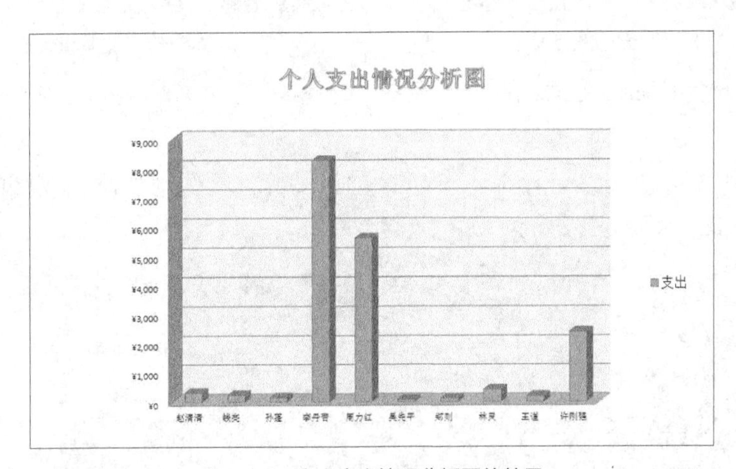

图8-58　个人支出情况分析图的效果

图8-59　部门支出比例图的效果

8.5.2 专业背景

事业单位支出必须按国家规定的标准开支，对于发给个人的工资、津贴、补贴和抚恤救济费等，应根据实有人数和实发金额，取得本人签收的凭证后列报支出；购入办公用品可直接列报支出；购入其他各种材料，可在领用时列报支出，本例中的支出就是该项支出项目；

社会保障费、职工福利费和管理部门支付的工会经费，按照规定标准和实有人数每月计算提取，直接支出；固定资产修购基金按核定的比例直接支出；购入固定资产，经验收后支出。

8.5.3 操作思路

完成本实训需要打开“部门开销统计表.xlsx”工作簿，在其中需要使用图表、数据透视表、数据透视图相关知识，其操作思路如图8-60所示。

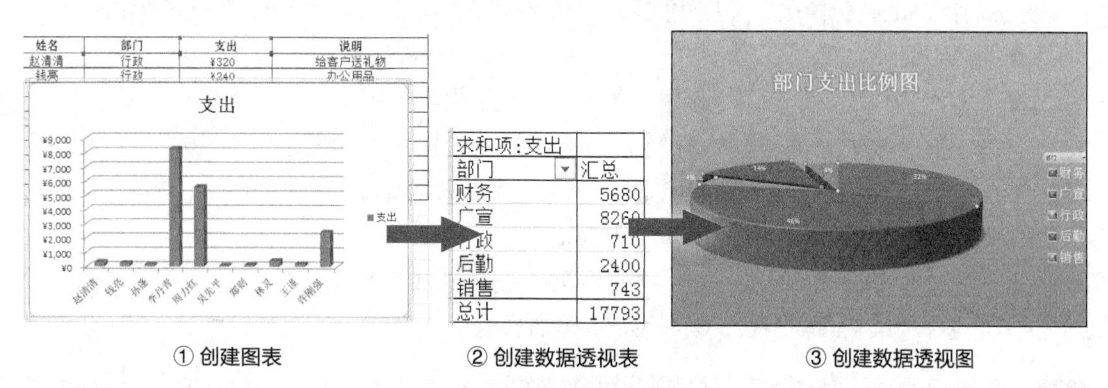

图8-60 开销分析图的制作思路

STEP 1 打开“部门开销统计表.xlsx”工作簿，选择C2:C12、E2:E12单元格区域，进行图表的插入，这里插入“三维簇状柱形图”，并对该图表设置样式进行美化操作。

STEP 2 选择A2:E12单元格区域，创建数据透视表，并将“部门”放于“行标签”列表中，将“支出”放于“数值”列表中。

STEP 3 在数据透视表的基础上创建数据透视图，并根据前面所学方法对数据透视图进行美化操作。

8.6 常见疑难解析

问：如何快速删除数据透视表中某一类数据？

答：可在数据透视表中的该数据上单击鼠标右键，在弹出的快捷菜单中选择“删除”命令，即可快速将其删除。

问：数据透视图和图表的效果怎么都是类似的？

答：因为数据透视图和图表都是使用图表的形式表现数据，它们的目的是一样的，只是数据透视图针对的数据更加复杂，而且表现形式更加多样。对于操作图表的方法，可以在数据透视图中继续使用。

8.7 习题

本章主要介绍了图表等相关操作，包括创建并编辑迷你图、创建并编辑图表、创建并编辑数据透视表和透视图的操作，通过本章的学习，可对销售类表格的制作有一定的了解，为后面销售月报图表和市场份额图表的创建打下坚实的基础。

素材所在位置　光盘:\素材文件\第8章\习题\销售月报表.xlsx、份额表.xlsx
效果所在位置　光盘:\效果文件\第8章\习题\销售月报表.xlsx、份额表.xlsx

（1）公司需要对旗下门店一季度的销售情况进行统计，请制作月报表，要求可以查看并对比各种产品的销售情况，并使用图表来显示报表数据，其参考效果如图8-61所示。

- 根据数据表创建图表。
- 设置图表样式，显示图表标题，并为图表设置背景。

（2）公司需要对不同类型的汽车在不同市场所占的销售比例进行统计分析，并使用图表显示份额效果，请制作一个市场份额分析图表，参考效果如图8-62所示。

- 本例主要应用的是制作和编辑图表的知识。
- 根据本例的要求，要显示不同数据所占的比例，可以使用具有堆积效果的图形，这里选择“堆积圆柱图”，创建图表并设置图表格式。

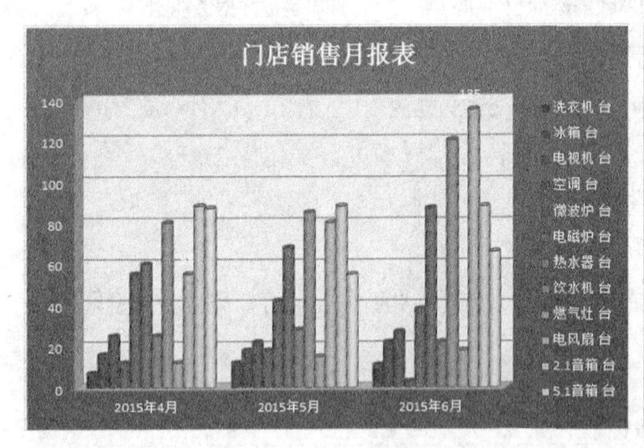

图8-61　月报表效果

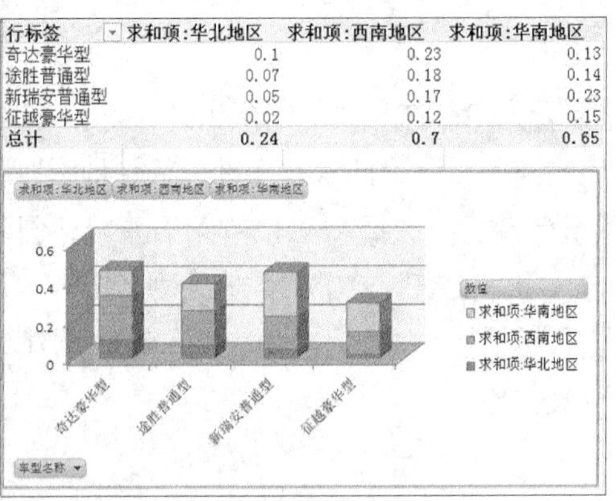

行标签	求和项:华北地区	求和项:西南地区	求和项:华南地区
奇达豪华型	0.1	0.23	0.13
途胜普通型	0.07	0.18	0.14
新瑞安普通型	0.05	0.17	0.23
征越豪华型	0.02	0.12	0.15
总计	0.24	0.7	0.65

图8-62　市场份额分析图表效果

课后拓展知识

在使用Excel生成图表时，如果希望图表变得更加生动、美观，可以用图片来代替原来的单色数据条。其方法：打开一个创建好的图表，在图表中需要添加图片的位置（可以是图表背景、数据背景、数据系列或单独的数据条）单击鼠标右键，在弹出的快捷菜单中选择“设置XX格式”命令，打开设置对话框。单击“填充”选项卡，单击选中“图片或纹理填充”单选项，然后通过单击 文件(F)... 或 剪贴画(R)... 按钮为对象添加图片。

PART 9

第9章 制作“工作计划”演示文稿

情景导入

随着业务范围的扩展，小白被调到了策划部，在进该部门前，老张告诉他，在上班前需要先使用PowerPoint制作一份工作计划，在其中需要计划公司明年的目标与走向，于是小白又开始为新工作忙碌了。

知识技能目标

- 学会创建新幻灯片。
- 学会创建演示文稿大纲。
- 学会在幻灯片中输入文本。
- 学会设置文本与段落格式。

- 认识工作计划的分类。
- 了解工作计划的作用。

实例展示

2015销售工作计划

策划部2015年度工作计划报告

1

一、扩展销售队伍

- 人才的引进和培养是最根本的，也是最核心的，人才是第一生产力。企业无人则止，加大人才的引进大量补充公司的新鲜血液。
- 加强和公司办公室人沟通，多选拔和引进优秀销售人员。
- 培养榜样从而树立典型，因为榜样的力量是无穷的。
- 对销售队伍的知识培训，专业知识、销售知识的培训始终不能放松。培训对业务队伍的建立和巩固是很重要的一种手段。

2

二、完善销售渠道

▲为确保完成全年销售任务，销售人员应积极搜集信息并及时汇总，力争在新区域开发市场，以扩大产品市场占有额。合理有效的分解目标。

▲如果业务人员自己开拓市场，公司前期从业务上去扶持，时间上一个月重点培养，后期以技术上进行扶持利用三个月的时间进行维护。

3

三、调整与更新产品

✓ 一个产品的寿命是有限的，不断的补充新产品，一方面显示出公司的实力，一方面显示出公司的活力。淘汰无利润和不适应市场的产品。结合公司业务人员专业素质，产品要往三个有利于方面调整：有利于公司的发展、有利于业务人员的销售、有利于客户的需求。

✓ 产品要体现公司的特色，走差异化道路。一方面，要有公司的品牌产品。一个产品可以打造一个品牌。所以产品要走精细化道路。

四、促销宣传

✓ 宣传是长久的，促销是短暂的。促销一时，宣传一世。重点的开展促销活动使产品在一个市场上树立起名气，就是品牌意思。结合市场和疫情发展变化，使产品坐庄，达到营销造势的目的。就重点产品和重点市场，因地制宜的开展各种各样的促销活动。当然最主要的工作重心还是在产品的宣传上，具办各种知识讲座。利用公司网站，把产品及时发布出去，利用互联网发布产品上市等信息。

五、自我提高

✓ 为积极配合销售，自己计划努力学习。在管理上多学习，在销售上多研究。自己在搞好销售的同时计划认真学习业务知识、管理技能及销售实践来完善自己的理论知识，力求不断提高自己的综合素质，为企业的再发展奠定人力资源基础。

9.1 实例目标

工作计划是行政活动中使用范围很广的重要文件，机关、团体、企事业单位的各级机构，对一定时期的工作预先做出安排和打算时，都要制订工作计划。老张告诉小白，本次制作的工作计划主要是制作“销售工作计划”演示文稿，并以幻灯片演示文稿进行制作。

图9-1所示即“工作计划”演示文稿的最终效果。通过对本例效果的预览，可以了解该任务的重点是创建新幻灯片、创建颜色文稿大纲、在幻灯片中输入文本、设置文本样式、设置段落格式及保存幻灯片。

效果所在位置 光盘:\效果文件\第9章\工作计划.pptx

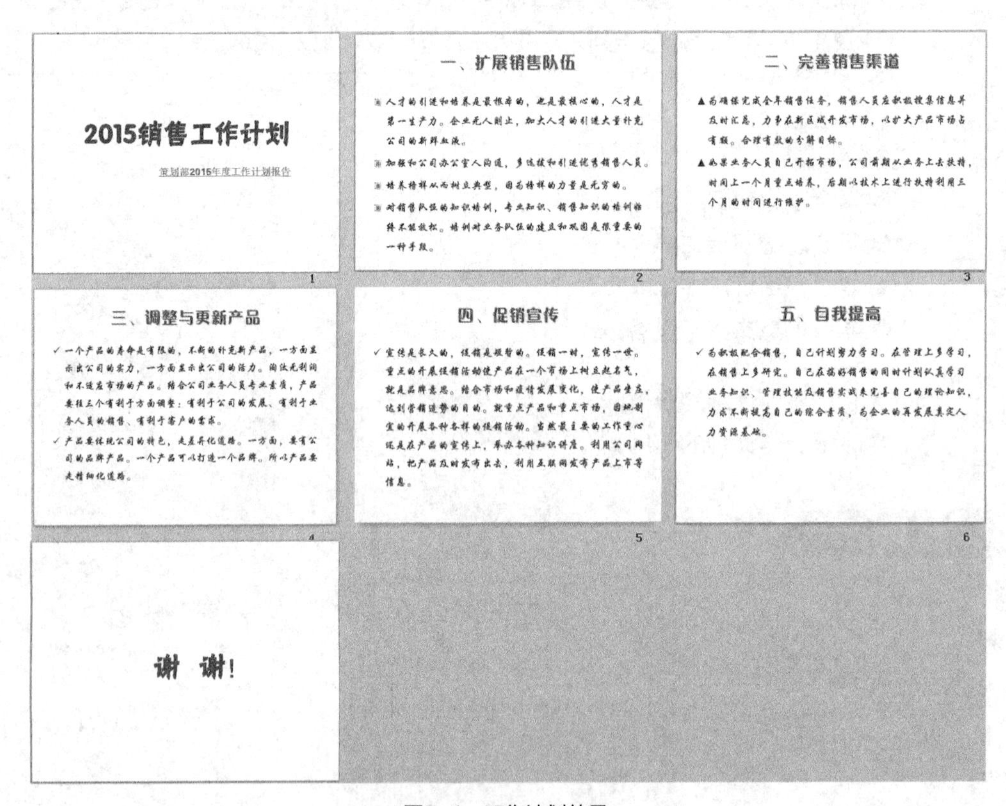

图9-1 工作计划效果

9.2 实例分析

在制作幻灯片之前，老张告诉小白，要熟练使用PowerPoint制作工作计划，首先需要认识工作计划的分类，再认识工作计划的作用，最后根据其作用以及PowerPoint的使用方法，进行该幻灯片的制作。

9.2.1 工作计划的分类

工作计划分为不同类型，它不是固定的，在制作时根据不同的角度，工作计划可以分成以下4类。

- **按时间的长短划分：**长期工作计划、中期工作计划和短期工作计划；年工作计划、季度工作计划、月工作计划和周工作计划。
- **按紧急程度划分：**正常的、紧急的、非常紧急的工作计划。
- **按制订计划的主体划分：**自己制订的和上司下达的工作计划，以及同等职位请求协助完成的工作计划，本例中的工作计划即该类。
- **按任务的类型划分：**日常的和临时的工作计划。

9.2.2 工作计划的作用

由于工作竞争激烈，为了满足社会的生产力，不得不提高工作效率，与此同时，工作的步伐就加快了，为了不影响正常的秩序，这时就要提出计划，制订工作计划主要有以下作用。

- **提高工作效率：**无论是单位还是个人，都应有个打算和安排。有了工作计划，工作就有了明确的目标和具体的步骤，协调大家的行动，增强工作的主动性，减少盲目性，使工作有条不紊地进行。同时，计划本身又是对工作进度和质量的考核标准，对大家有较强的约束和督促作用。所以计划对工作既有指导作用，又有推动作用，搞好工作计划，是建立正常的工作秩序，提高工作效率的重要手段。
- **提升管理水平：**个人的发展要讲长远的职业规划，对于一个不断发展壮大，人员不断增加的企业和组织来说，计划显得尤为迫切。小企业的问题并不多，沟通与协调起来也比较简单，只需要少数几个领导人就可以把发现的问题解决，故可以不拟定计划。但是企业大了，人员多了，部门多了，问题也多了，沟通也更困难了，领导精力这时也显得有限。计划的重要性就体现出来了。
- **化被动为主动：**有了工作计划，我们不需要再等主管或领导的吩咐，只是在某些需要决策的事情上请示主管或领导就可以了。我们可以做到整体的统筹安排，个人的工作效率自然也就提高了。通过工作计划变个人驱动的为系统驱动的管理模式，这是企业成长的必经之路。

职业素养

影响工作计划的四大因素。

① 在制作计划时应规定出在一定时间内所完成的目标、任务和应达到要求。

② 要明确何时实现目标和完成任务，就必须制订出相应的措施和办法，这是实现计划的保证。

③ 明确执行计划的工作程序和时间安排。

④ 明确该任务的完成期限。

9.3 制作思路

小白没想到制作一份演示文稿还有这么多的要求与知识，老张告诉小白，确定工作计划的内容后，就可以制作简单的幻灯片大纲了，再按照大纲结构完善每一张幻灯片的内容，其具体如下。

（1）在PowerPoint中新建一个空白演示文稿，并根据规划的内容量创建相应数目的空白幻灯片，如图9-2所示。

（2）可以通过“幻灯片/大纲”窗格的“大纲”选项卡直接设置相应的幻灯片标题，制作大纲，效果如图9-3所示。

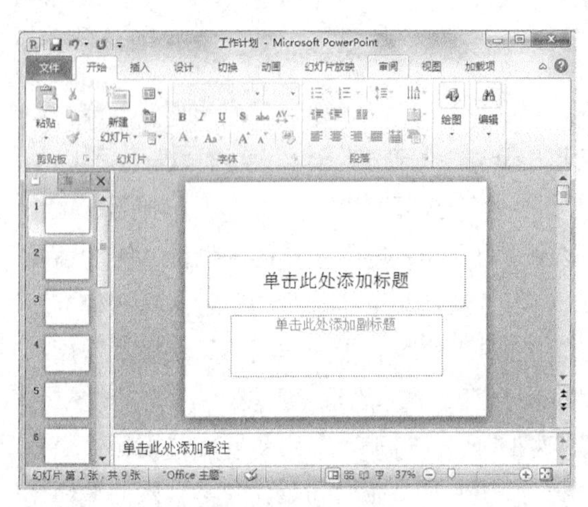

图9-2 复制幻灯片

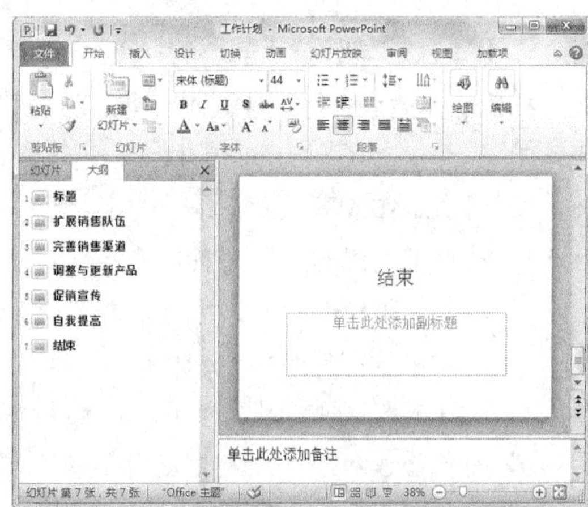

图9-3 在大纲重命名标题

（3）对内容进行梳理，并在每一张幻灯片中输入相应的内容，注意内容量的控制，不宜太多或太少，参考效果如图9-4所示。

（4）分别设置每一张幻灯片中标题与正文内容的文本与段落格式，完成后对其进行保存操作，如图9-5所示。

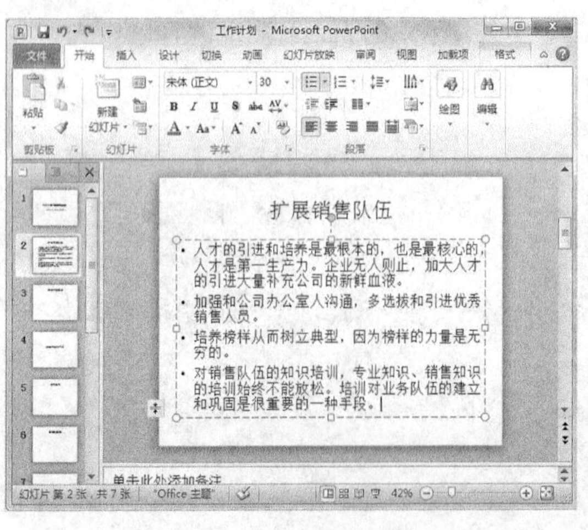

图9-4 设置并输入文字

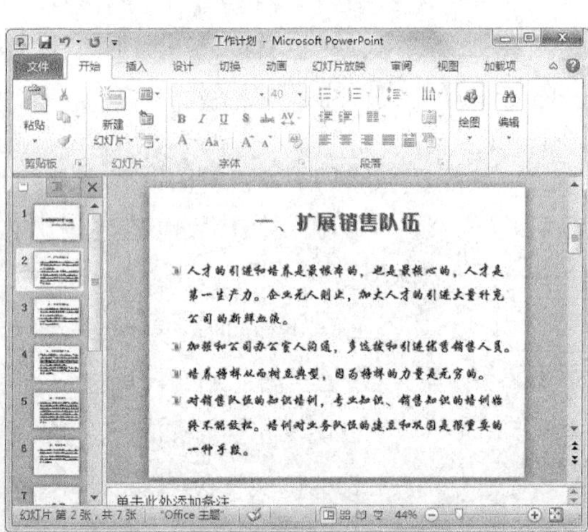

图9-5 添加项目符号

9.4 制作过程

小白开始对“工作计划”演示文稿进行制作，制作该幻灯片需要先创建幻灯片、创建演示文稿大纲，然后在幻灯片中输入文本、设置文本样式、设置段落样式，最后保存幻灯片，下面分别对其进行介绍。

9.4.1 创建幻灯片

创建幻灯片与创建Excel工作簿的方法类似，在创建时应先启动PowerPoint演示文稿，再创建一个空白幻灯片，然后根据内容的编排需要，创建并插入相应数目的空白幻灯片，其具体操作如下（微课：光盘\微课视频\第9章\创建幻灯片.swf）。

STEP 1 选择【开始】/【所有程序】/【Microsoft Office】/【Microsoft PowerPoint 2010】命令，启动PowerPoint 2010，如图9-6所示。

STEP 2 此时将自动创建一个空白的演示文稿，其工作界面如图9-7所示。

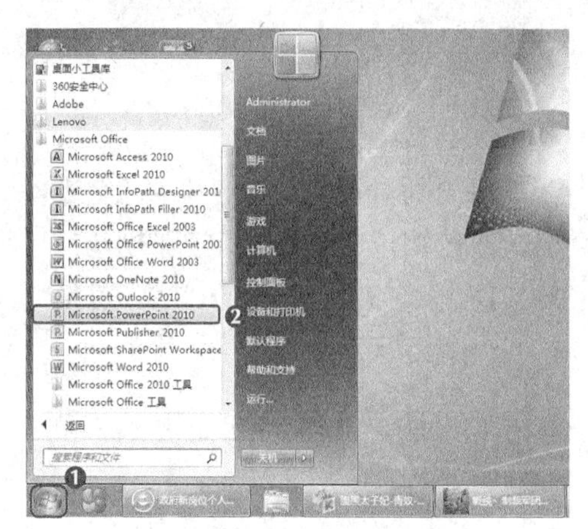

图9-6　启动PowerPoint程序

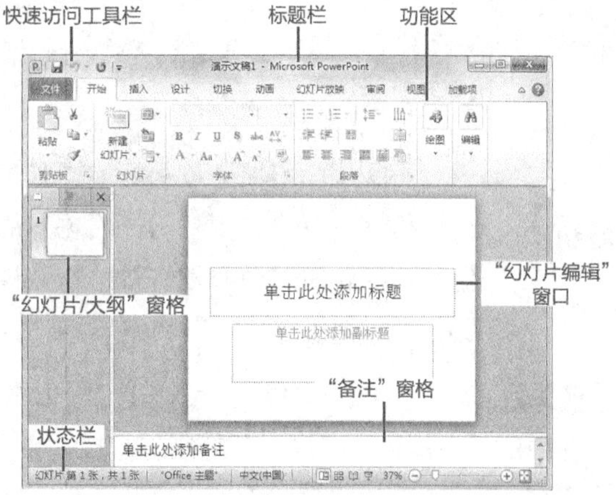

快速访问工具栏　标题栏　功能区
“幻灯片/大纲”窗格　“幻灯片编辑”窗口　“备注”窗格　状态栏

图9-7　创建演示文稿

STEP 3 选择【文件】/【保存】菜单命令，打开“另存为”对话框，如图9-8所示。

STEP 4 在“另存为”下拉列表中选择保存位置，在“文件名”文本框中输入文件名称，这里输入“工作计划”，单击保存(S)按钮，如图9-9所示。

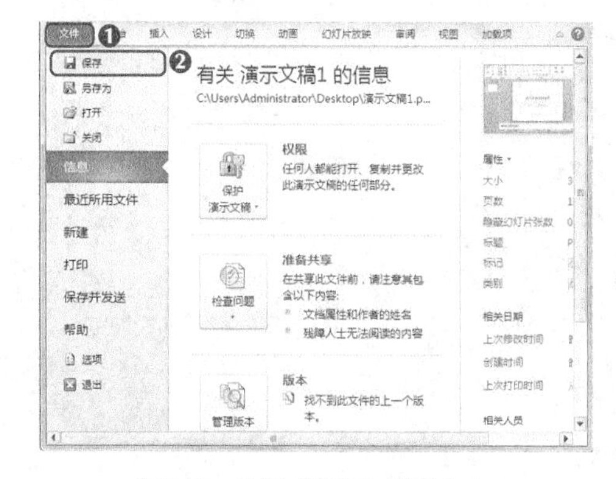

图9-8　选择“保存”菜单命令

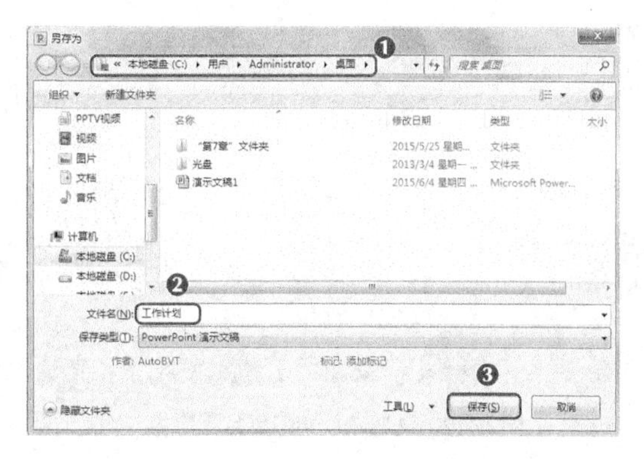

图9-9　设置文件保存位置与名称

STEP 5 返回演示文稿，可发现演示文稿的名称已发生变化，在【开始】/【幻灯片】组中单击“新建幻灯片”按钮新建幻灯片，如图9-10所示。

STEP 6 在第2张幻灯片上单击鼠标右键，在弹出的快捷菜单中选择“新建幻灯片”命令新建幻灯片，如图9-11所示。

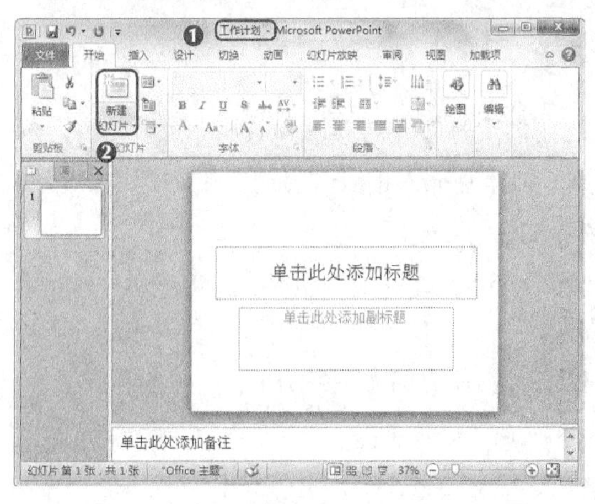

图9-10 新建幻灯片

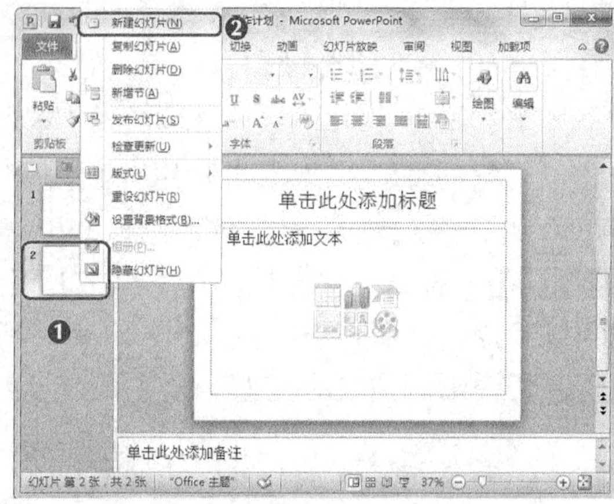

图9-11 使用命令新建幻灯片

多学一招

一些用户习惯先创建好空白幻灯片，然后分别对每一张幻灯片的内容进行编排；也有一些用户习惯对创建的幻灯片进行编排后，再继续逐张创建其他幻灯片。所以在对幻灯片进行创建和编排时，不必采用固定的模式，可根据自己的制作习惯决定创建顺序。

STEP 7 选择第1张幻灯片，按住【Ctrl】键，选择第2张和第3张幻灯片，单击鼠标右键，在弹出的快捷菜单中选择“复制幻灯片”命令，如图9-12所示。

STEP 8 此时幻灯片中包含6张幻灯片，按【Ctrl+C】组合键复制选择的幻灯片，按【Ctrl+V】组合键粘贴选择的幻灯片，此时幻灯片中包含9张幻灯片，如图9-13所示。

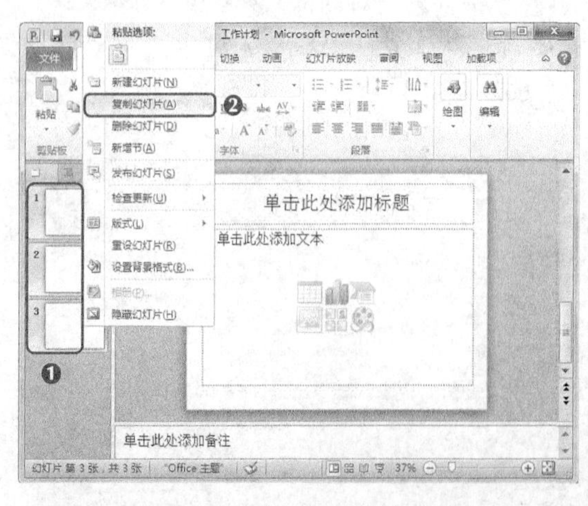

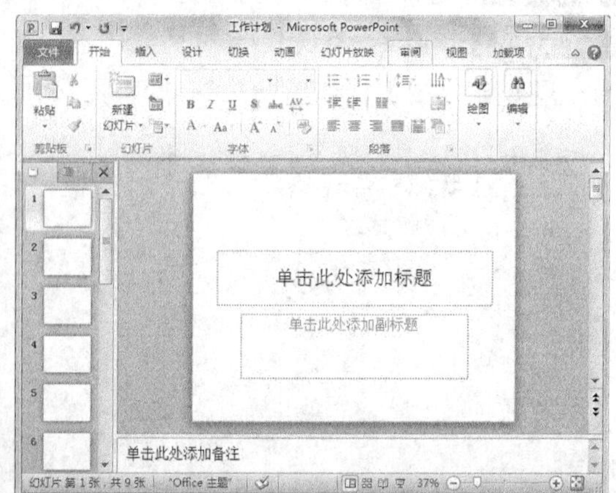

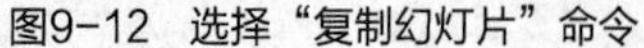

图9-12 选择“复制幻灯片”命令

图9-13 复制其他幻灯片

STEP 9 选择第8张幻灯片，单击鼠标右键，在弹出的快捷菜单中选择“删除幻灯片”命令，删除多余的幻灯片，如图9-14所示。

STEP 10 继续选择第8张幻灯片，按【Delete】键，删除第8张幻灯片，并查看新建后的幻灯片，如图9-15所示。

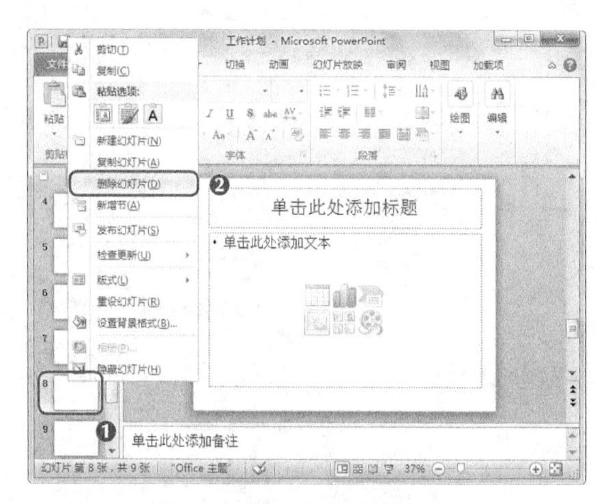

图9-14 使用命令删除幻灯片

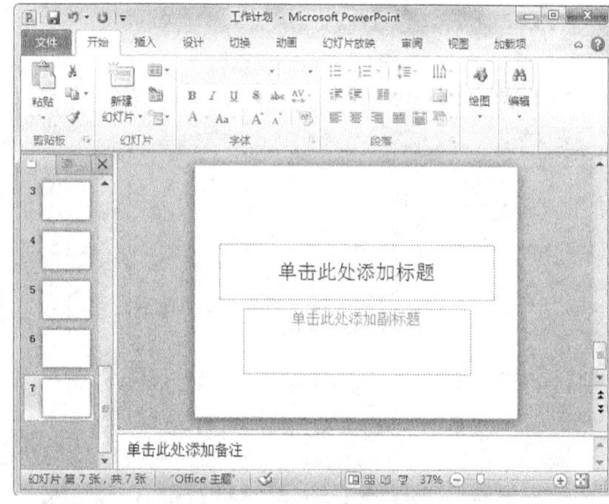

图9-15 使用按键删除幻灯片

9.4.2 创建幻灯片大纲

幻灯片大纲是指对将要编排的幻灯片结构进行规划，将数据信息合理划分在各个幻灯片中，确保信息能够直观清晰地展现，其具体操作如下（**微课**：\光盘\微课视频\第9章\创建幻灯片大纲.swf）。

STEP 1 在“幻灯片/大纲”窗格中单击“大纲”选项卡。单击第1张幻灯片图标的右侧，将文本插入点定位到该处，如图9-16所示。

STEP 2 输入第1张幻灯片的大纲内容。实际编排幻灯片时输入的大纲标题内容，会同时显示在幻灯片的标题占位符中，如图9-17所示。

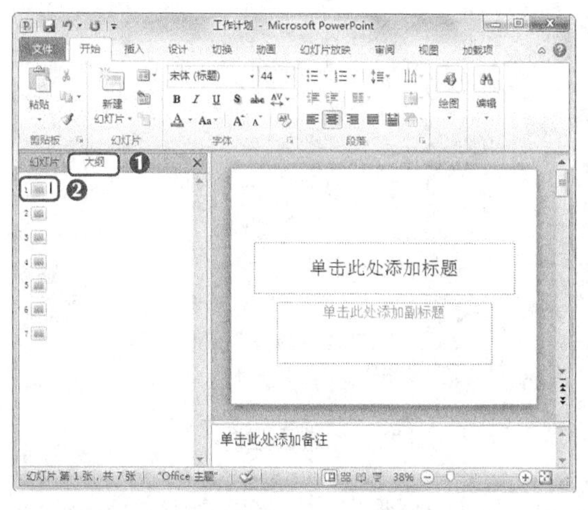

图9-16 在大纲窗格中定位文本插入点

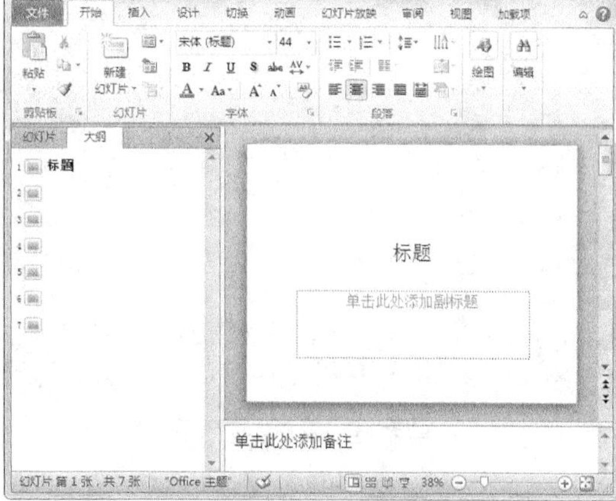

图9-17 输入标题大纲文本

STEP 3 继续在第2张幻灯片中输入大纲内容，若输入的大纲内容超过了占位符，将自动换行，如图9-18所示。

STEP 4 使用相同的方法，输入其他占位符内容，并查看完成后的效果，如图9-19所示。

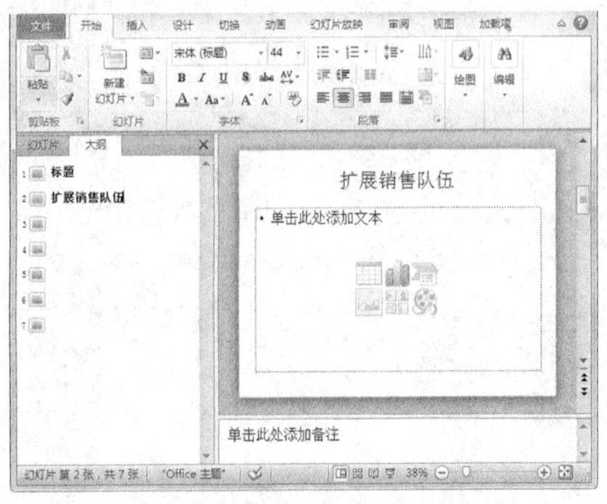

图9-18 输入第2张大纲内容

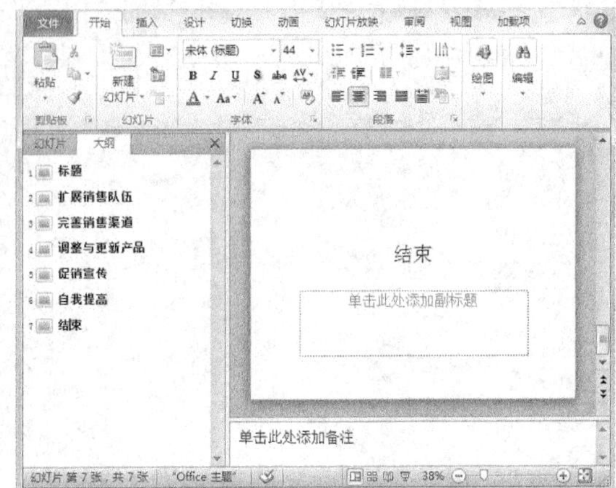

图9-19 输入其他大纲内容

9.4.3 在幻灯片中输入文本

当完成大纲的设置后，即可对单张幻灯片输入文本，使每张幻灯片能更加完整，其具体操作如下（微课：\光盘\微课视频\第9章\在幻灯片中输入文本.swf）。

STEP 1 单击“幻灯片/大纲”窗格中的“幻灯片”选项卡，选择第1张幻灯片，单击幻灯片中的标题占位符，删除原有文字后，输入演示文稿标题“2015销售工作计划”，如图9-20所示。

STEP 2 单击幻灯片中的副标题占位符，在其中输入副标题内容“策划部2015年度工作计划报告”，如图9-21所示。

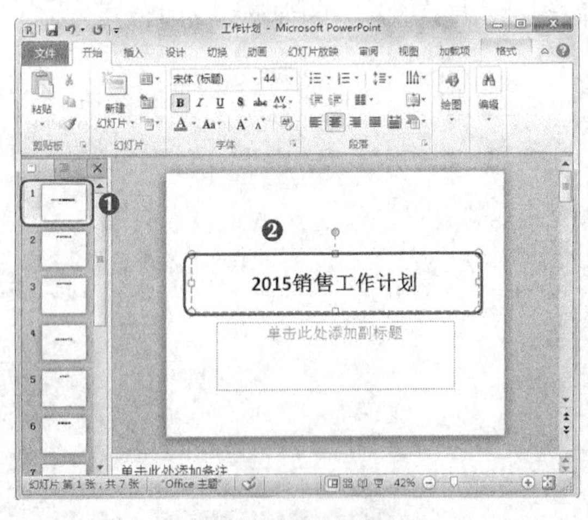

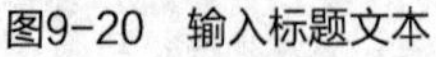
图9-20 输入标题文本

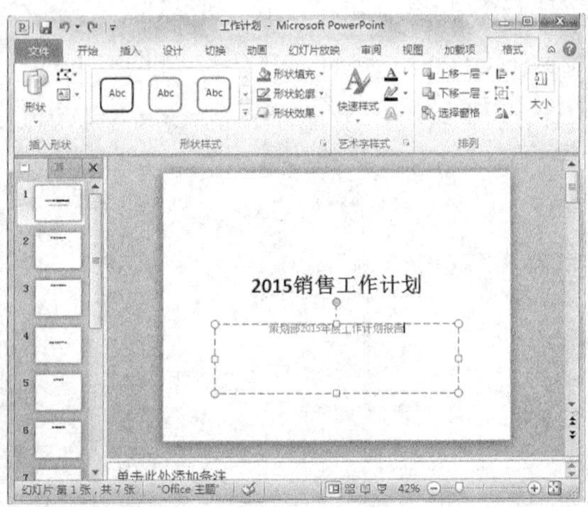

图9-21 输入副标题文本

知识提示

PowerPoint中是不能直接将文字输入到幻灯片中的，这就需要用到占位符。占位符相当于一个文本框，用于放置幻灯片中的文本及将文本划分为区域并在幻灯片中任意排列。

STEP 3 在“幻灯片/大纲”窗格中选择第2张幻灯片，单击幻灯片中的标题和正文占位符，然后输入第2张幻灯片中的内容，在需要换行的位置按【Enter】键换行，如图9-22所示。

STEP 4 依次切换到其他幻灯片，并分别在每张幻灯片中的正文占位符中输入相应内容。输入完成后，单击“幻灯片浏览”按钮，切换到幻灯片浏览视图查看各张幻灯片中的内容，如图9-23所示。

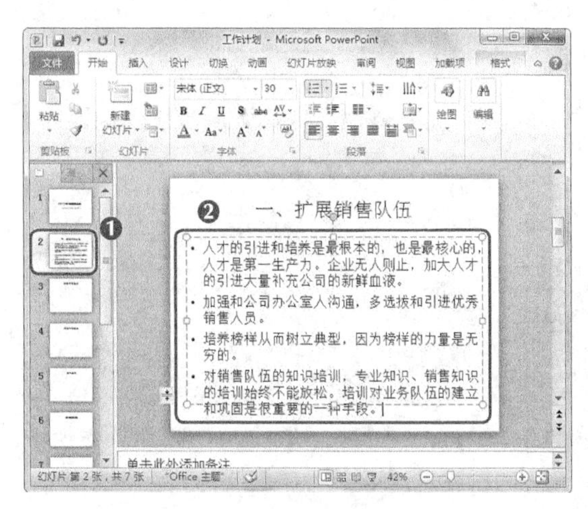

图9-22　输入正文文本

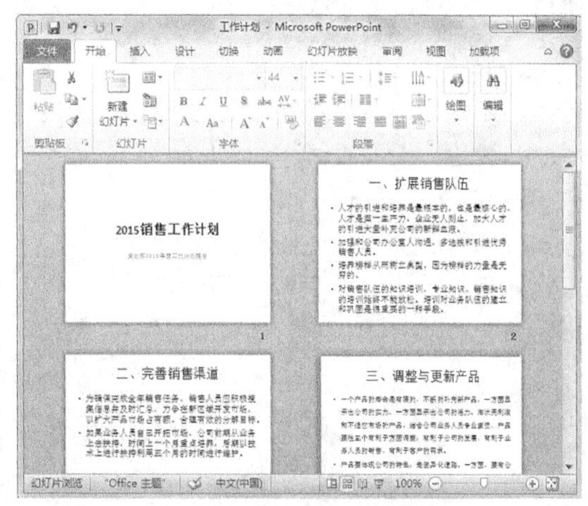

图9-23　输入其他文本

为满足用户不同的需求，PowerPoint 2010提供了普通视图、幻灯片浏览视图、阅读视图和幻灯片放映视图4种视图模式，单击“视图切换按钮组”中的任意一个按钮，即可切换至相应的视图模式。下面简单介绍各种视图模式的作用。

① 普通视图：由“幻灯片/大纲”窗格、“幻灯片编辑”窗口和“备注”窗格组成。它是制作演示文稿时最常用的视图模式。

② 幻灯片浏览视图：常用于演示文稿的整体编辑，如新建、删除和发布幻灯片等，但是不能对幻灯片的内容进行编辑。

③ 阅读视图：在“阅读视图”模式下会自动开始播放演示文稿。单击状态栏中的或按钮可切换至上一张或下一张幻灯片。

④ 幻灯片放映视图：将通过全屏方式，按编号依次放映所有幻灯片，同时，还可查看演示文稿的动画、声音和幻灯片之间的切换动画等效果。

9.4.4 设置字体格式

当输入文本后需要对文本格式进行相应的设置，从而使幻灯片内容结构更加规范和完整，便于幻灯片内容的阅读，其具体操作如下（微课：光盘\微课视频\第9章\设置字体格式.swf）。

STEP 1 选择第1张幻灯片中标题占位符内的文本。选择【开始】/【字体】组，单击

“字体”右侧的下拉按钮，在打开的下拉列表中选择“方正艺黑简体”选项，如图9-24所示。

STEP 2 保持文本的选择状态，单击“字号”右侧的下拉按钮，在打开的下拉列表中选择“60”选项，如图9-25所示。

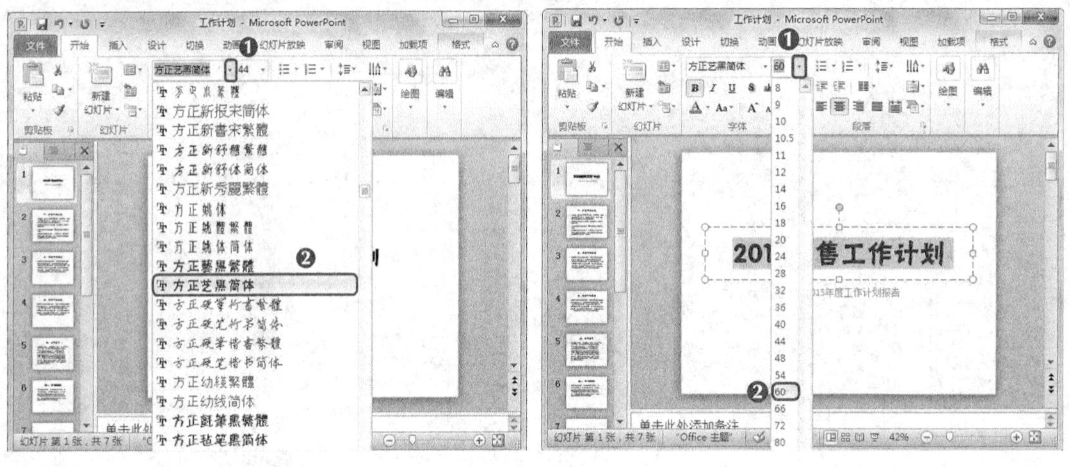

图9-24　设置字体　　　　图9-25　设置字号

STEP 3 继续保持文本的选择状态，在“字体”组中单击“字符颜色”右侧的下拉按钮，在打开的下拉列表中选择“水绿色，强调文字颜色5，深色50%”选项，如图9-26所示。

STEP 4 选择副标题文本，单击鼠标右键，在弹出的快捷菜单中选择“字体”命令，如图9-27所示。

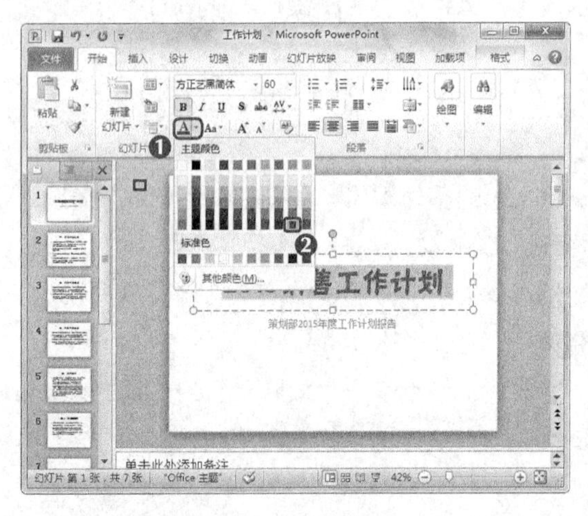

图9-26　设置字体颜色

图9-27　选择“字体”命令

STEP 5 打开“字体”对话框，在“西文字体”栏下的下拉列表中选择“方正大黑简体”选项，在“字体样式”下拉列表中选择“加粗”选项，并在“大小”数值框中输入“35”，单击“字体颜色”按钮，在打开的下拉列表中选择“水绿色，强调文字颜色5，深色25%”选项，在“下画线线型”下拉列表中选择“单线”选项，单击 确定 按钮，如图9-28所示。

STEP 6 返回幻灯片，即可查看设置后的效果，如图9-29所示。

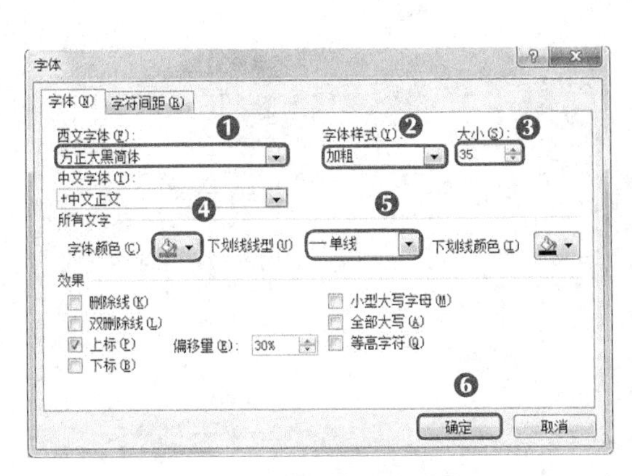

图9-28 设置字体样式

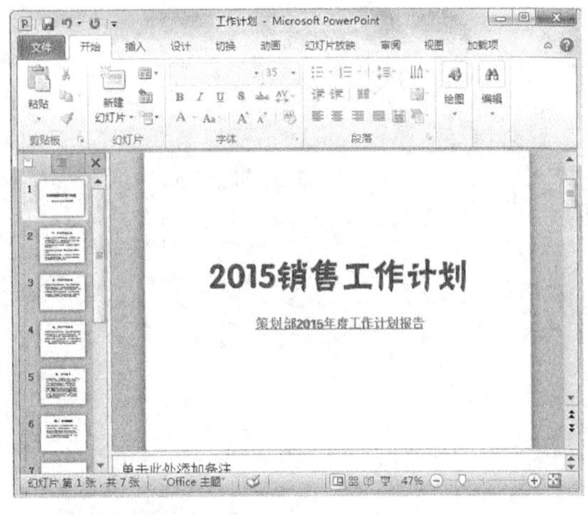

图9-29 查看设置后的效果

STEP 7 选择第2张幻灯片，选择标题占位符中的文本，设置“字体”为“方正粗活意简体”，单击“文字阴影”按钮为文字添加阴影，设置“字号”为“40”，“字体颜色”为“水绿色，强调文字颜色5，深色50%”，如图9-30所示。

STEP 8 选择正文占位符中的文本，在“字体”组中单击“字体”按钮，打开“字体”对话框，在“中文字体”下拉列表中选择“方正行楷简体”选项，在“字体样式”下拉列表中选择“加粗”选项，并设置“大小”为“25”，单击确定按钮，如图9-31所示。

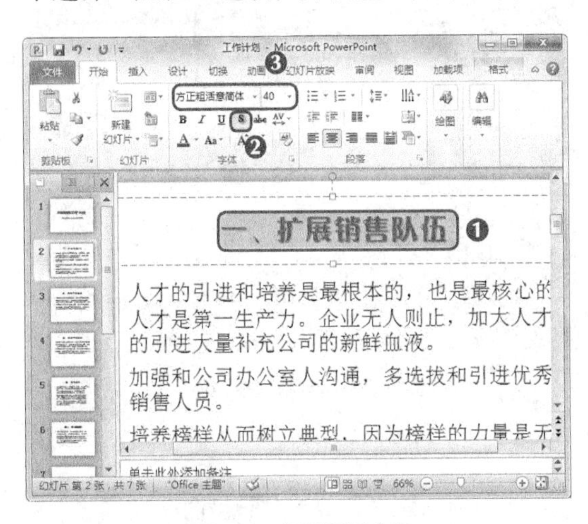

图9-30 设置标题字体

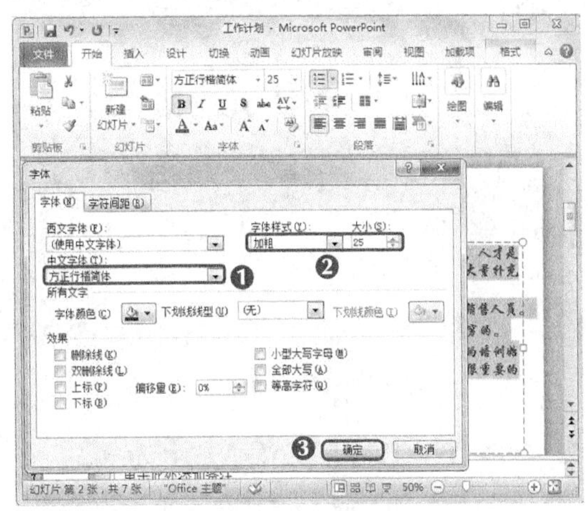

图9-31 设置正文字体样式

STEP 9 选择第2张幻灯片的标题占位符，双击【开始】/【剪贴板】组中的“格式刷”按钮，如图9-32所示。

STEP 10 切换到第3张幻灯片，单击标题占位符，即可复制第2张幻灯片中的标题样式，如图9-33所示，使用相同的方法，对第4~第6张幻灯片复制字体标题文本样式。

STEP 11 再次切换到第2张幻灯片，选择正文占位符，双击“格式刷”按钮。切换到第3张幻灯片，单击正文占位符，复制第2张幻灯片中的正文格式，如图9-34所示。使用相同的方法，对第4~第6张幻灯片应用正文文本样式。

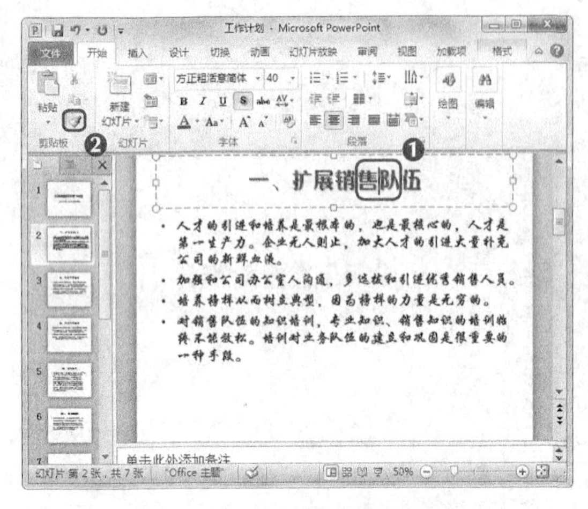

图9-32 单击“格式刷”按钮

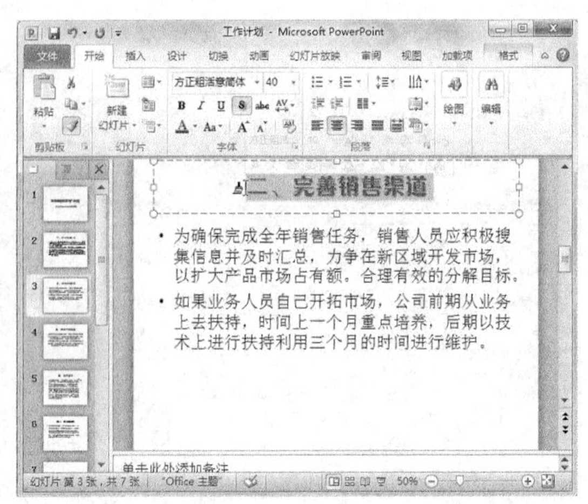

图9-33 复制标题样式

STEP 12 切换到第7张幻灯片，单击选择正文占位符，并按【Delete】键将占位符删除。选择包含文字的标题占位符，将其移动到幻灯片水平中心位置。使用格式刷为文本复制第1张幻灯片标题样式，如图9-35所示。

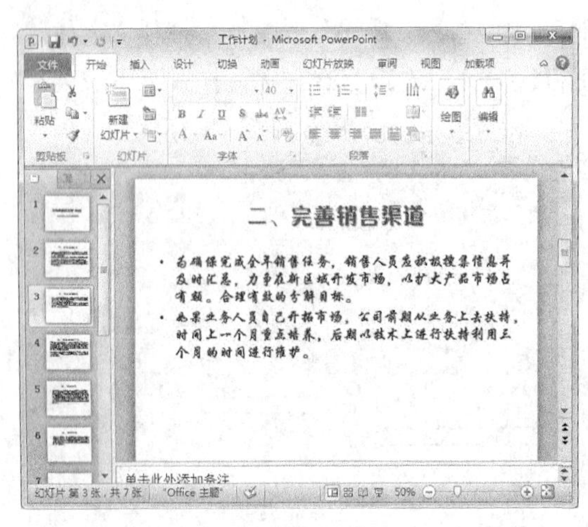

图9-34 复制正文样式

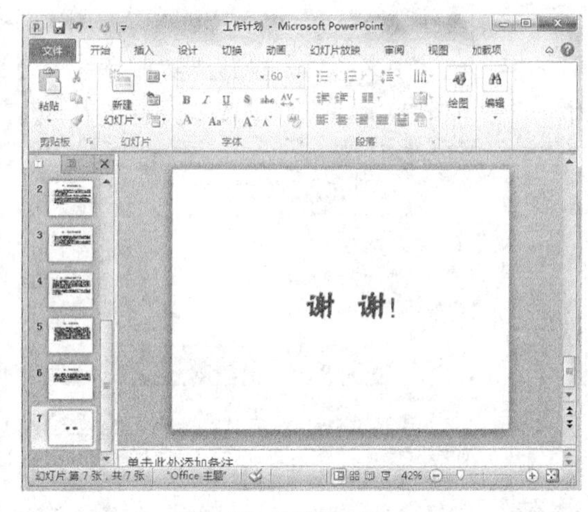

图9-35 复制标题样式

9.4.5 设置段落对齐方式

设置段落的对齐方式可以使段落更加整齐、美观，其具体操作如下（微课：光盘\微课视频\第9章\设置段落对齐方式.swf）。

STEP 1 选择第1张幻灯片，选择副标题占位符，在【开始】/【段落】组中单击“右对齐”按钮，将文本在占位符中右对齐，如图9-36所示。

STEP 2 选择第2张幻灯片，在【开始】/【段落】组中单击“段落”按钮，打开“段落”对话框，在“对齐方式”栏右侧的下拉列表中选择“两端对齐”选项，单击确定按钮，如图9-37所示。

图9-36　副标题右对齐

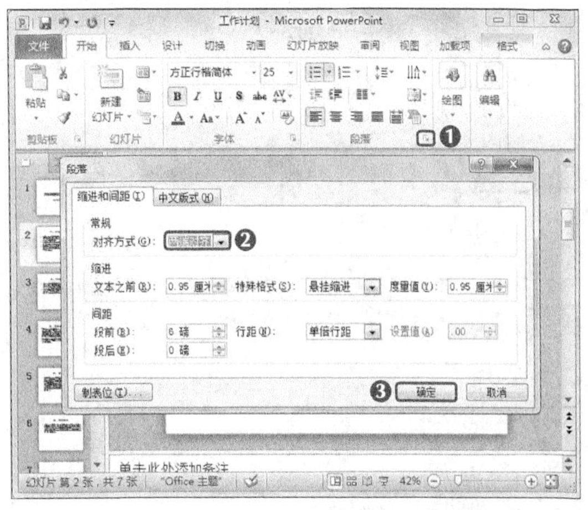

图9-37　正文字符两端对齐

STEP 3　选择第3张幻灯片，选择副标题占位符，在其上单击鼠标右键，在弹出的快捷菜单中选择“段落”命令，如图9-38所示。打开“段落”对话框，在“对齐方式”栏右侧的下拉列表中选择“两端对齐”选项，单击 确定 按钮。

STEP 4　使用相同的方法对第4、第5、第6张幻灯片进行相同调整，完成后的效果如图9-39所示。

图9-38　副标题右对齐

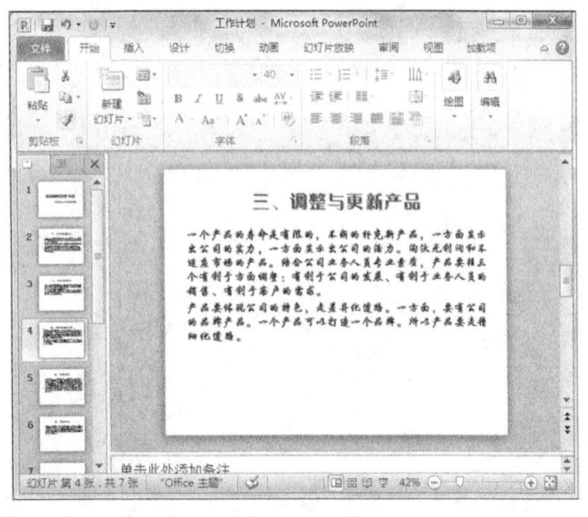

图9-39　正文字符两端对齐

知识提示

段落对齐方式包括左对齐、右对齐、居中对齐与两端对齐。标题多采用左对齐或居中对齐、正文多采用左对齐或两端对齐；落款或日期时间等末尾信息多采用右对齐。

9.4.6　设置项目符号与间距

完成对齐方式的设置后，并不表示该幻灯片已经完成，还可对需要设置项目符号的段落进行项目符号的设置，然后调整其行间距，其具体操作如下（**微课**：光盘\微课视频\第9章\设置项目符号与间距.swf）。

STEP 1 选择第2张幻灯片，选择正文占位符中的段落。在【开始】/【段落】组中单击“项目符号”下拉按钮，在打开的下拉列表中选择“项目符号和编号”选项，如图9-40所示。

STEP 2 打开“项目符号和编号”对话框，单击 图片(P)... 按钮，打开“图片项目符号”对话框，如图9-41所示。

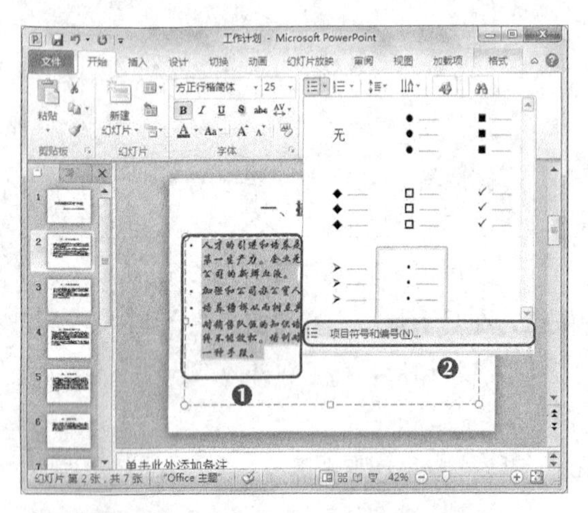

图9-40 选择“项目符号和编号”命令

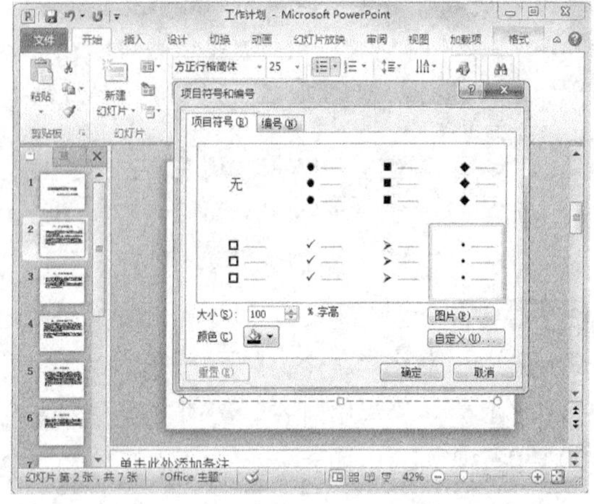

图9-41 单击“图片”按钮

STEP 3 在打开的对话框中单击选中“包含来自Office.com的内容”复选框，选择如图9-42所示的图形样式，单击 确定 按钮。

STEP 4 选择第3张幻灯片，选择正文占位符中的段落，单击鼠标右键，在弹出的快捷菜单中选择【项目符号】/【项目符号和编号】命令，如图9-43所示。

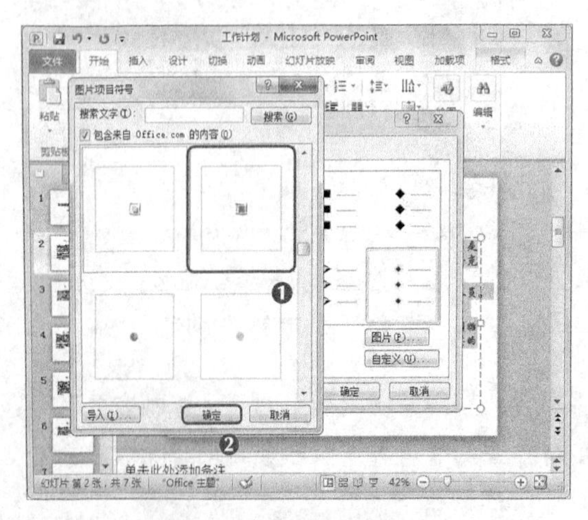

图9-42 选择图片项目符号

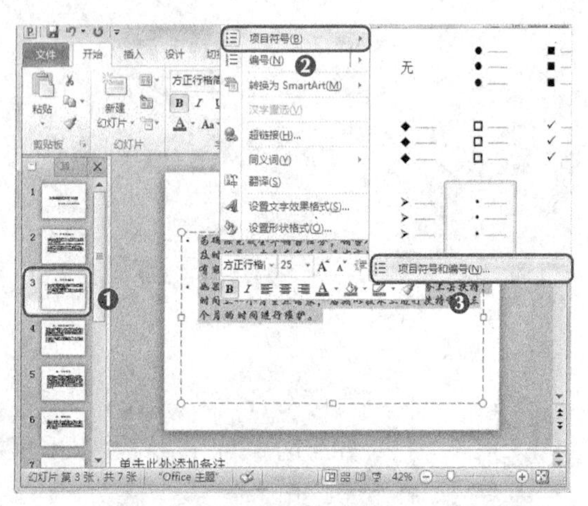

图9-43 选择“项目符号和编号”命令

STEP 5 打开“项目符号和编号”对话框，单击 自定义(U)... 按钮，打开“符号”对话框，在“子集”栏右侧的下拉列表中选择“几何图形符”选项，在其下方列表框中单击■形状，单击 确定 按钮，完成符号的选择，如图9-44所示。

STEP 6 选择第4张幻灯片中正文占位符中的段落，单击鼠标右键，在弹出的快捷菜单中选择“项目符号”命令，在弹出的子菜单中选择第2行第3个选项，对其应用如图9-45所示的样式。使用相同的方法，对第5张和第6张幻灯片应用项目符号。

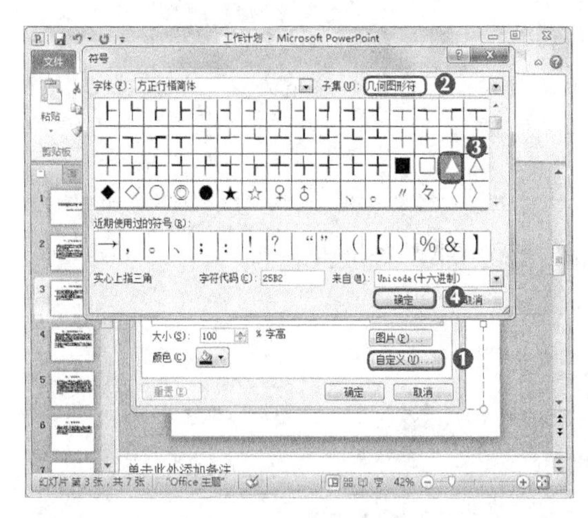

图9-44 设置符号样式

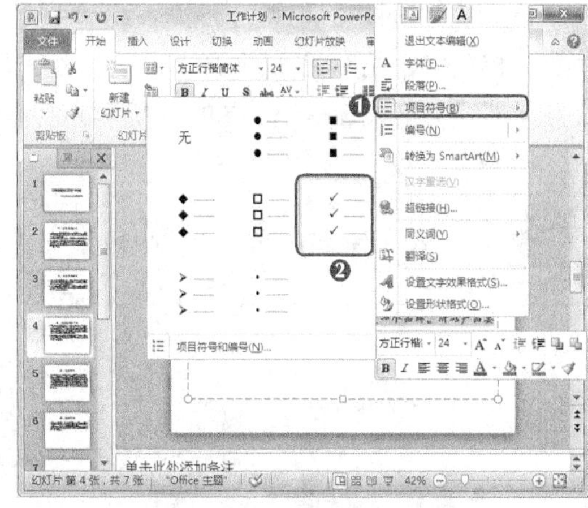

图9-45 应用其他项目符号

STEP 7 选择第2张幻灯片，选择正文占位符中的段落。在【开始】/【段落】组中单击“行距”下拉按钮，在打开的列表中选择“1.5”选项，如图9-46所示。

STEP 8 再次选择设置格式后的段落，双击“格式刷”按钮复制格式。对其他幻灯片应用行距样式，如图9-47所示。完成本例的制作，并单击“保存”按钮，保存设置后的演示文稿。

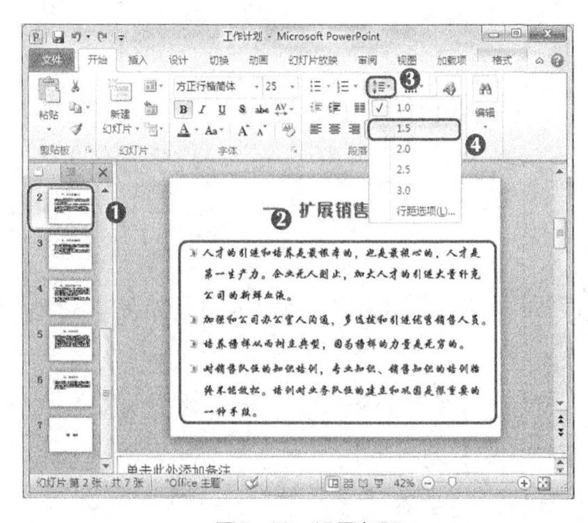

图9-46 设置行距

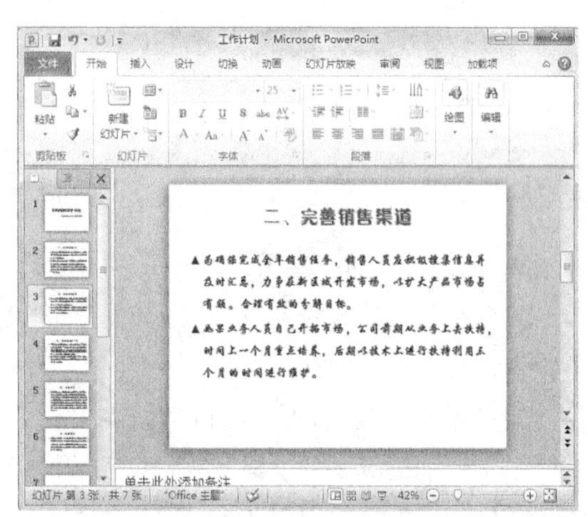

图9-47 设置其他行距

多学一招

除了可以设置行距外，还可打开“段落”对话框，在“缩进”栏中输入精确的缩进值、行距值或段落间距值，最后单击 确定 按钮，对缩进值进行设置。

9.5 实训——制作“财务报告”演示文稿

9.5.1 实训目标

本实训的目标是制作“财务报告”演示文稿，它的制作与编辑方法与制作“工作计划”演示文稿类似，主要包括创建幻灯片、创建演示文稿大纲、在幻灯片输入文本、设置文本样式及设置段落格式等操作，图9-48所示为制作后的效果。

效果所在位置　光盘:\效果文件\第9章\实训\财务报告.pptx

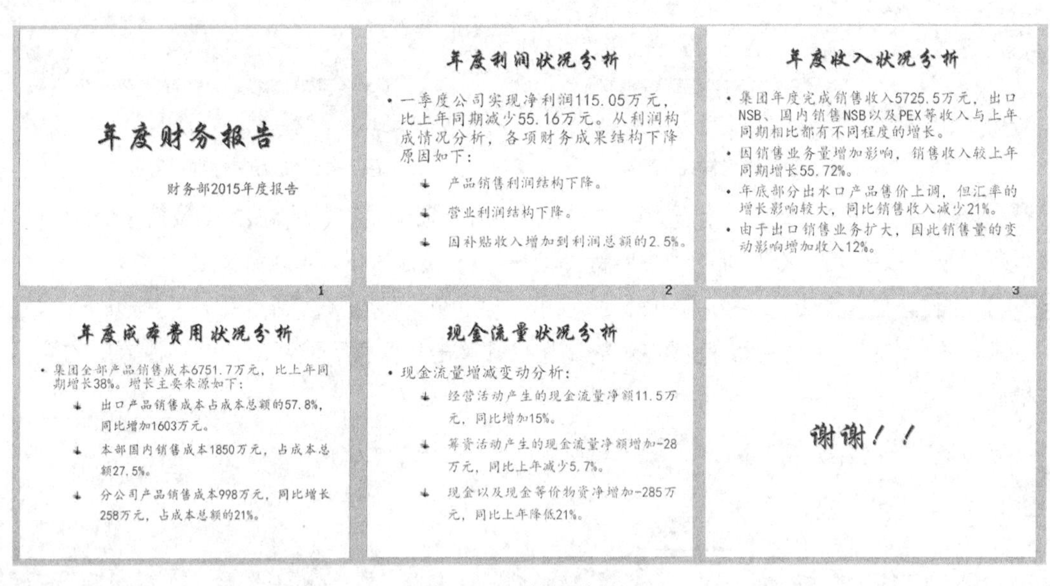

图9-48　财务报告效果

9.5.2 专业背景

财务报告是反映企业财务状况和经营成果的书面文件，一般国际或区域会计准则都对财务报告设有专门的独立准则。

财务报告主要说明了企业的生产经营状况、利润实现和分配情况、资金增减和周转情况、税金缴纳情况、各项财产物资变动情况；对本期或下期财务状况发生重大影响的事项；资产负债表日后至报出财务报告前发生的对企业财务状况变动有重大影响的事项，以及需要说明的其他事项。

9.5.3 操作思路

完成本实训需要新建“财务报告”演示文稿，在其中确定财务报告的体系和内容后，就可以制作简单的幻灯片大纲，再按照大纲结构完善每一张幻灯片的内容，其操作思路如图9-49所示。

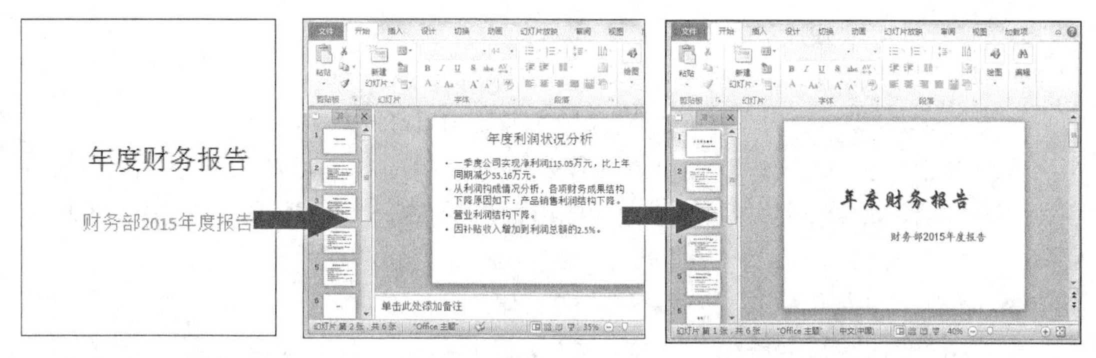

① 输入标题文本 ② 输入其他文本 ③ 设置字体样式和对齐方式

图9-49 财务报告的制作思路

STEP 1 在PowerPoint中新建一个空白演示文稿，在其中输入标题文本与副标题文本，并对其进行保存。

STEP 2 新建幻灯片，在其中输入内容，使用相同的方法新建5张幻灯片，并在每一张幻灯片中输入相应的内容。

STEP 3 分别设置每一张幻灯片中标题与正文内容的文本与段落格式，完成后对其进行保存操作。

9.6 常见疑难解析

问：在新建幻灯片过程中还可新建其他幻灯片版式吗？

答：可以。在【开始】/【幻灯片】组中单击“新建幻灯片”按钮，在打开的下拉列表中可选择插入的新幻灯片的版式。

问：当发现设置的幻灯片不需要时该怎么办呢？

答：可以将其删除，只需选择需删除的1张或多张幻灯片，然后在所选幻灯片上单击鼠标右键，在弹出的快捷菜单中选择“删除幻灯片”命令，即可删除所选幻灯片。

9.7 习题

本章主要介绍了幻灯片的基本操作，包括创建幻灯片、创建演示文稿，以及输入并编辑文字的操作，通过本章的学习，可对总结报告的制作有一定的了解，为后面制作推广类演示文稿打下坚实的基础。

效果所在位置 光盘:\效果文件\第9章\习题\年度总结报告.pptx、实习总结报告.pptx

（1）年终本公司需要对销售情况进行总结，来表现本年度的销售情况，并对销售状况进行分析，为下一年的销售做准备，其参考效果如图9-50所示。

- 创建幻灯片并创建演示文稿大纲。
- 输入文本并对其进行字体样式的设置，并添加项目符号。

（2）学生在进入大三学年后，即可选择公司进行实习，当实习完成后，需对实习的内容进行终结，本例中就是赵蕊同学对实习做的实习总结报告，其完成后的参考效果如图9-51所示。

- 了解实习报告的目的、内容及获得的心得体会。
- 根据本例的要求，新建演示文稿，输入文本并设置段落与字体样式。

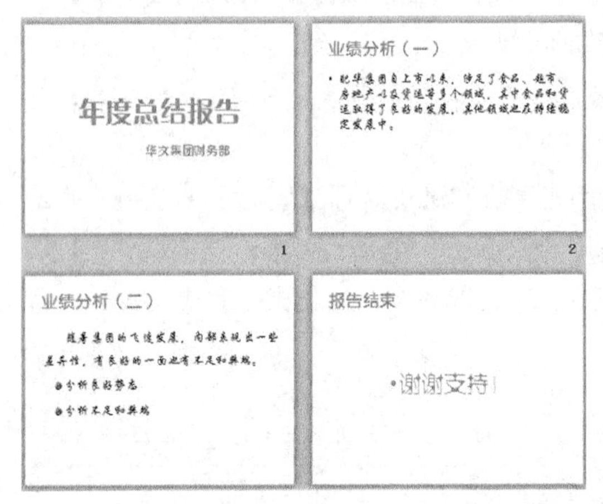

图9-50　年度总结报告的效果

图9-51　实习总结报告的效果

课后拓展知识

对于制作好的演示文稿，有时为了满足不同的放映要求，需要将演示文稿中的部分幻灯片隐藏，等到需要时再将其显示出来。隐藏或显示幻灯片的操作很简单，下面将进行具体介绍。

- **隐藏幻灯片**：选择需隐藏的幻灯片，在【幻灯片放映】/【设置】组中单击“隐藏幻灯片”按钮，即可完成隐藏操作。此后，进行全屏幻灯片放映时，隐藏的幻灯片将不再放映。
- **显示隐藏的幻灯片**：在普通视图或幻灯片浏览视图中可查看隐藏后的幻灯片，当需要显示隐藏的幻灯片时，在【幻灯片放映】/【设置】组中单击“隐藏幻灯片”按钮取消其选中状态即可。

PART 10

第10章 制作“产品推广”演示文稿

情景导入

当学习了“工作计划”演示文稿的创建方法后，小白又接到了一个新的任务，那就是对新产品制作产品推广。小白去请教老张关于产品推广的知识，老张告诉他，新产品都应该先对其推广，再发放市场。

知识技能目标

- 学会设置幻灯片背景。
- 学会插入并编辑图片。
- 学会插入并编辑剪贴画。
- 学会插入表格、图表以及应用Flash动画。

- 认识产品推广的基本信息。
- 认识产品推广采用的方式。

实例展示

1

2

3

媒介目标

- 长远目标:使<美西>彩妆成为家喻户晓的民族品牌
- 媒介目标:①提高知名度

  ②扩大品牌影响力

  ③提升品牌美誉度

4

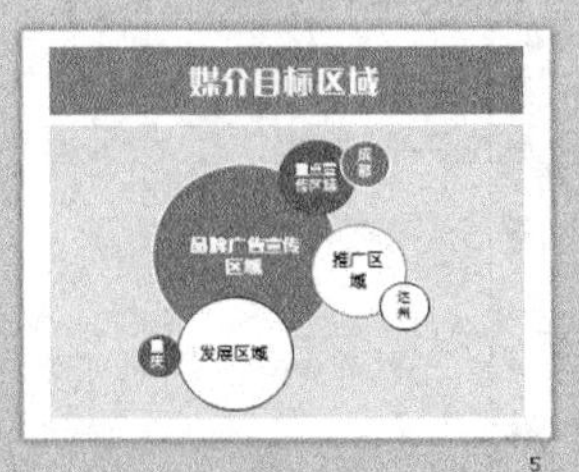

5

市场调查统计表

统计单位	女性	男性
网络	63.5%	50%
电视	23%	30%
杂志	46%	10%
户外	80%	60%

6

10.1 实例目标

产品推广是指企业产品问世后进入市场所经过的一个阶段，是网络营销的服务之一。老张告诉小白，本次制作的产品推广主要是针对化妆品而言的。因此，在制作时色彩要鲜亮，内容要丰富、精彩。

图10-1所示即“产品推广”演示文稿的最终效果。通过对本例效果的预览，可以了解该任务的重点是插入图片、插入表格、插入图表、添加视频文件，最后对幻灯片进行放映操作。

素材所在位置　光盘:\素材文件\第10章\化妆品图片\
效果所在位置　光盘:\效果文件\第10章\产品推广.pptx

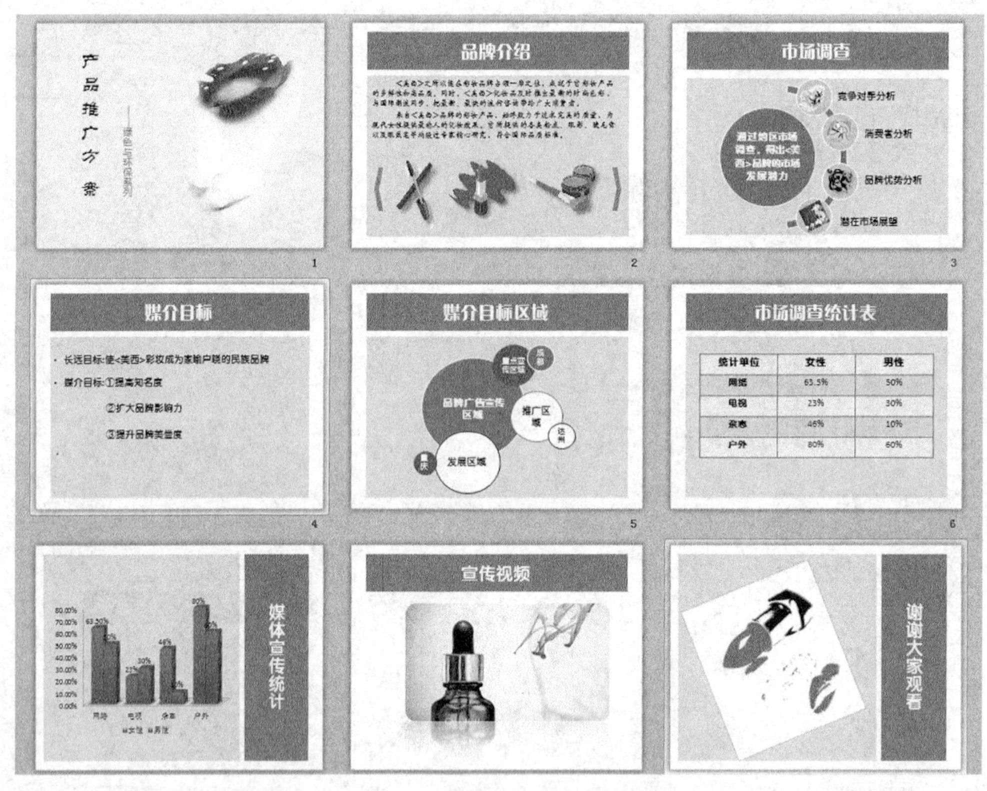

图10-1　产品推广效果

10.2 实例分析

关于制作产品推广，小白之前从未接触过类似工作，老张告诉小白，制作产品推广幻灯片可根据不同的方法来确认幻灯片的内容，于是小白开始查找制作的相关信息，包括产品推广的基本信息和内容及原则。

10.2.1　产品推广的基本信息

产品推广就是对企业产品进行市场分析、竞争分析、受众分析、产品与产品分析、独特销售主张提炼、创意策略制订、整体运营步骤规划、网站规划、传播内容规划等，对产品进行整合传播推广，快速提升产品知名度。

10.2.2　产品推广采用的方式

因为推广的方式有很多，每个公司采用的方式也不相同，常用的包括搜索引擎推广、电子邮件推广、资源合作推广、信息发布推广、快捷网址推广、网络广告推广等，下面分别进行介绍。

- **搜索引擎推广**：指利用搜索引擎、分类目录等具有在线检索信息功能的网络工具进行网站推广的方法。从发展趋势来看，搜索引擎推广在产品推广中的地位很重要，并且受到越来越多企业的认可，搜索引擎推广的方式也在不断发展演变，因此应根据环境的变化选择搜索引擎推广的合适方式。
- **电子邮件推广**：以电子邮件为主要的网站推广手段，常用的方法包括电子刊物、会员通信、专业服务商的电子邮件广告等。
- **资源合作推广**：通过网站交换链接、交换广告、内容合作、用户资源合作等方式，在具有类似目标网站之间实现互相推广的目的，其中最常用的资源合作方式为网站链接策略，利用合作伙伴之间网站访问量资源合作互为推广。
- **信息发布推广**：将有关的网站推广信息发布到其他潜在用户可能访问的网站上，利用用户在这些网站获取信息的机会实现网站推广的目的，适用于这些信息发布的网站包括在线黄页、分类广告、论坛、博客网站、供求信息平台、行业网站等。信息发布是免费网站推广的常用方法之一。
- **快捷网址推广**：合理利用网络实名、通用网址及其他类似的关键词网址快捷访问的方式来实现网站推广的目的。
- **网络广告推广**：常用的网络营销策略之一，在网络品牌、产品促销、网站推广等方面均有明显作用，因此运用较常见。

本例中制作的产品推广与前面讲解的推广方式不同，它不是指推广方法，而是针对单个品牌的介绍、市场调查、媒介目标、媒介目标区域、媒介收看人统计以及策略等内容制作的调查报告，并通过报告内容讲解给其他员工。

10.3　制作思路

老张告诉小白，本次制作的“产品推广”演示文稿主要用于下级员工在会议中了解产品的市场调查信息及媒介目标、媒介目标区域、宣传力度等，让员工对宣传与推广方向有一定的了解，制作本例的具体思路如下。

（1）新建一个PowerPoint演示文稿，将其保存为“产品推广.pptx”，然后在其中插入背景，输入幻灯片标题等文字内容，并为其设置字符格式与文字显示方式，参考效果如图10-2所示。

（2）插入推广图片，为插入的图片应用图片样式，并调整版式，效果如图10-3所示。

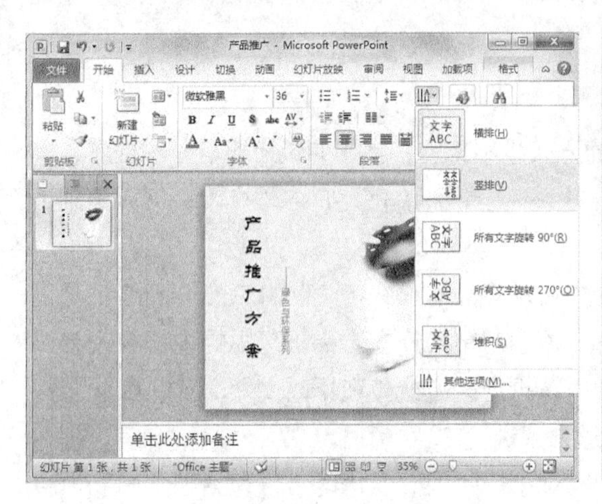

图10-2　首张幻灯片效果

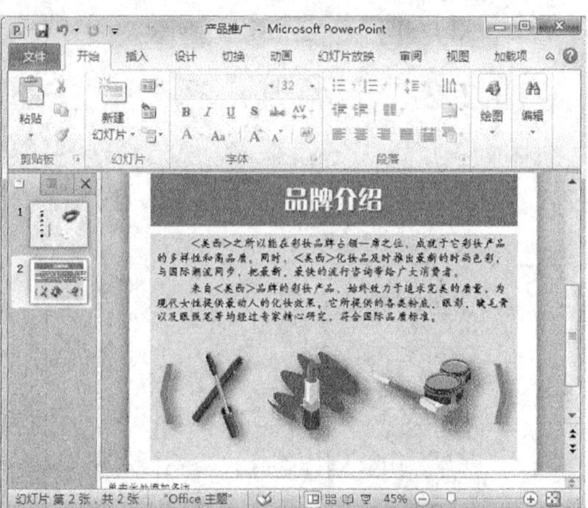

图10-3　插入图片

（3）插入SmartArt图形，并对其样式进行设置，再在其中输入数据，插入和编辑剪贴画，效果如图10-4所示。

（4）使用形状工具创建新的形状，并在其中输入文本，使其更加美观多样，如图10-5所示。

图10-4　插入SmartArt图形

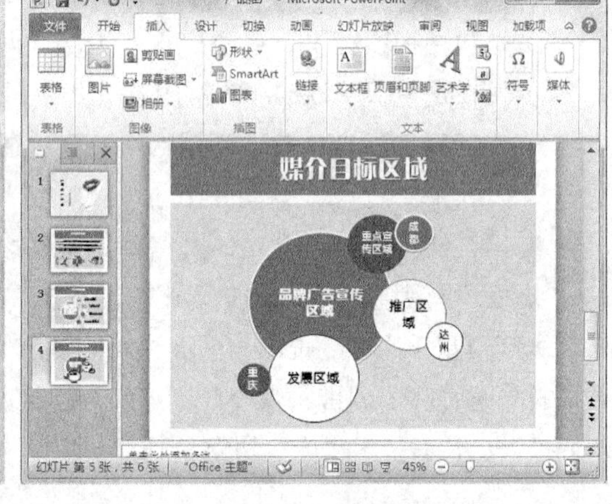

图10-5　创建形状

（5）使用表格工具创建表格，并在表格中输入数据，再根据需要在该数据的基础上创建图表，并对创建的图表进行美化，参考效果如图10-6所示。

（6）新建幻灯片，在其中插入视频，对视频进行裁剪操作，并设置视频样式，如图10-7所示。

（7）完成制作后，按【F5】键播放制作后的幻灯片，查看播放后的效果。

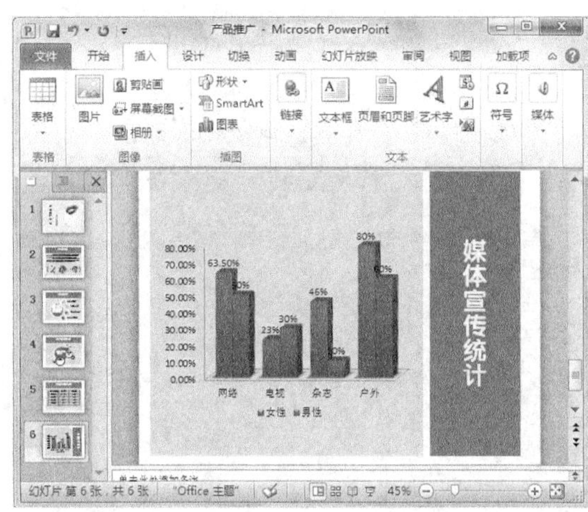

图10-6　创建与美化图表

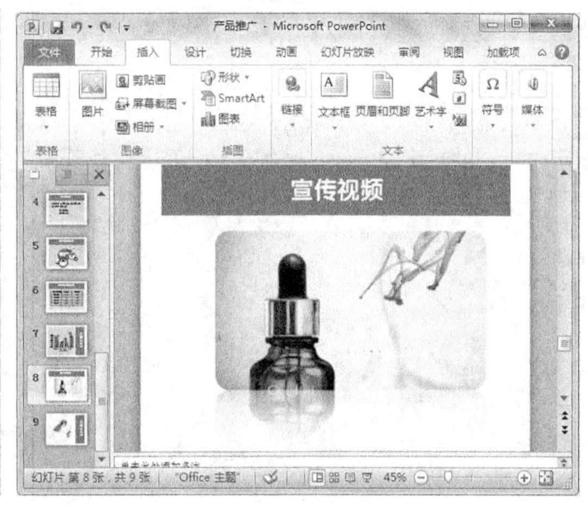

图10-7　插入视频

10.4　制作过程

小白开始对“产品推广”演示文稿进行制作，因为小白已经对PowerPoint的制作方法有了一定的了解，因此该制作对他来讲相对简单，于是小白就在老张的督促下开始对产品推广进行制作了，下面分别对其进行介绍。

10.4.1　制作幻灯片背景

背景在幻灯片的制作中起到至关重要的作用，它不但可使幻灯片更加美观，并且使幻灯片更便于查看，其具体操作如下（**微课**：光盘\微课视频\第10章\制作幻灯片背景.swf）。

STEP 1 启动PowerPoint 2010，在“快速访问工具栏”中单击“保存”按钮，在打开的“另存为”对话框中设置文件的保存位置和文件名，然后单击保存(S)按钮，如图10-8所示。

STEP 2 在【插入】/【插图】组中单击“图片”按钮，打开“插入图片”对话框，在其中选择“背景”图片，单击插入(S)按钮，如图10-9所示。

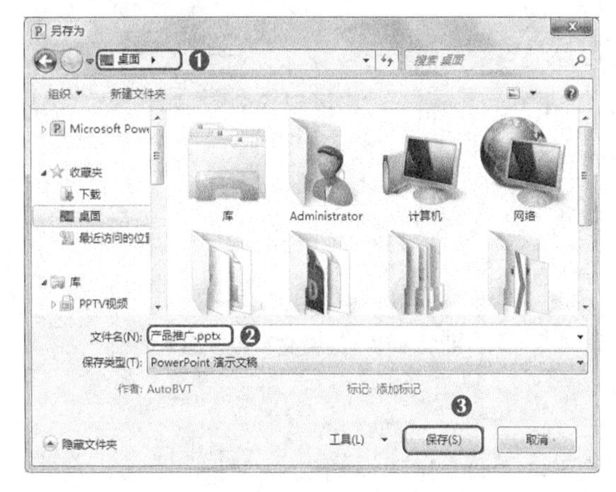

图10-8　保存演示文稿

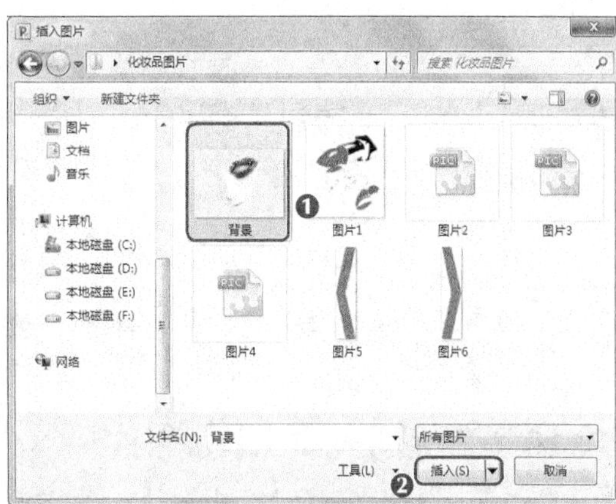

图10-9　选择插入图片

STEP 3 此时图片呈选择状态，拖曳图片四周的控制点，将其调整至页面大小，如图10-10所示。

STEP 4 保存图片的选择状态，在【格式】/【排列】组中单击“下移一层”按钮右侧的下拉按钮，在打开的下拉列表中选择“置于底层”选项，将背景图片移至底层，如图10-11所示。

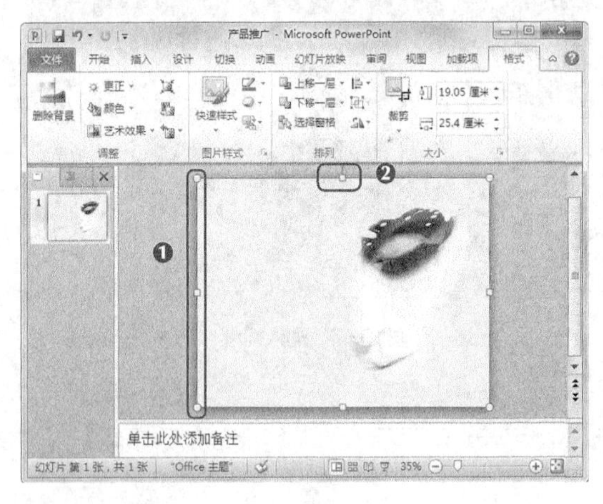

图10-10 调整图片大小

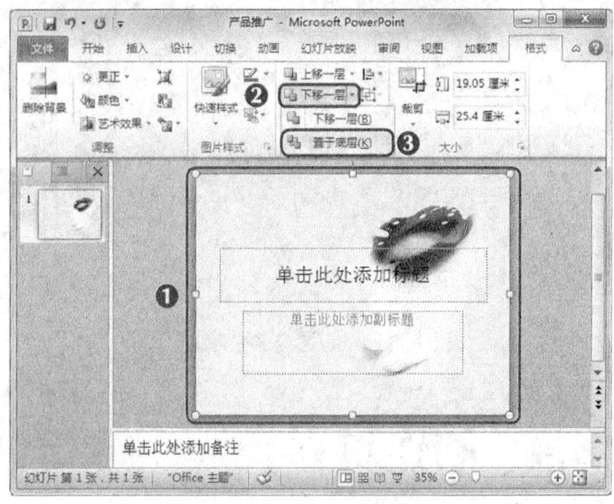

图10-11 将图片置于底层

STEP 5 在标题占位符中输入“产品推广方案”文本，在【开始】/【字体】组中设置字符格式为“华文隶书、72号”并添加文字阴影，如图10-12所示。在副标题占位符中输入“——绿色与环保系列”文本，设置字符格式为“微软雅黑、36号”。

STEP 6 拖曳文本框四周的控制点，调整文本框的大小，将文本框置于幻灯片左侧，并选择文本，在【开始】/【段落】组中单击“文字方向”按钮，在打开的下拉列表中选择“竖排”选项，将文本竖排显示，如图10-13所示。

图10-12 输入并设置文本

图10-13 设置文本竖排显示

10.4.2 插入并编辑图片

在制作其他幻灯片时，可插入图片对文字进行修饰，同时可设置幻灯片版式，对于插入的图片进行编辑，其具体操作如下（微课：光盘\微课视频\第10章\插入并编辑图片.swf）。

STEP 1 选择第1张幻灯片，在其上单击鼠标右键，在弹出的快捷菜单中选择“新建幻灯片”命令新建一张幻灯片，如图10-14所示。

STEP 2 在“单击此处添加标题”占位符中输入“品牌介绍”文本。选择输入的文本，在【开始】/【字体】组中设置字符格式为“方正粗倩简体、44号”，单击“文字阴影”按钮，为文本添加阴影效果，如图10-15所示。

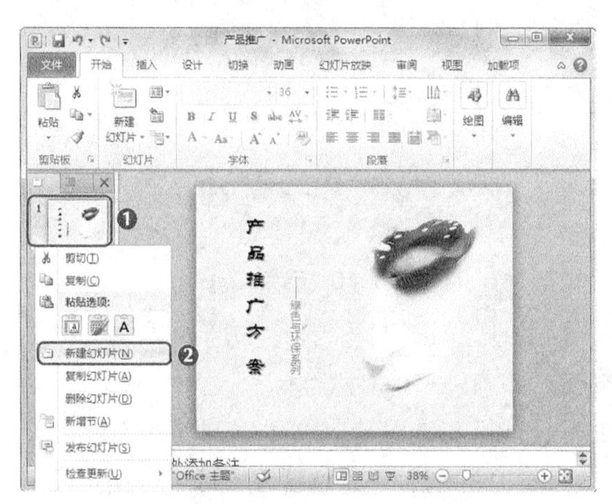

图10-14　新建幻灯片

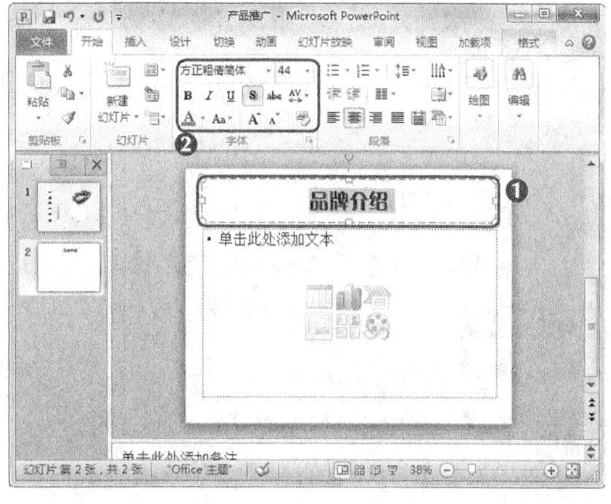

图10-15　输入与设置文本

STEP 3 在【开始】/【绘图】组中，单击“形状填充”按钮，在打开的下拉列表中选择“黑色，文字1，淡色50%”选项，如图10-16所示。

STEP 4 在下方的占位符中输入文本，设置字符格式为“汉仪中楷简、20号”，拖曳占位符四周的控制点调整其大小，如图10-17所示。

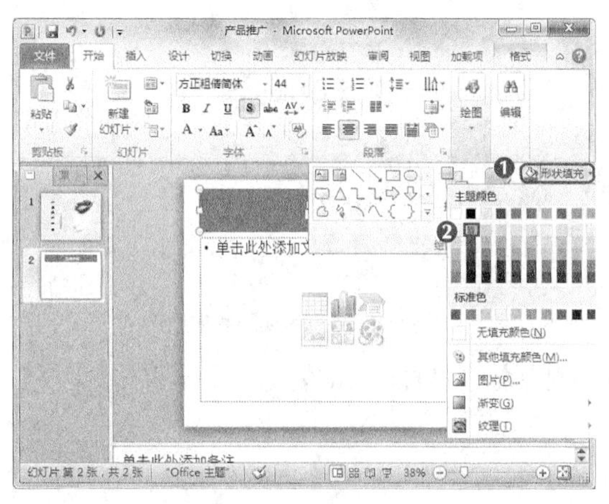

图10-16　设置形状填充色

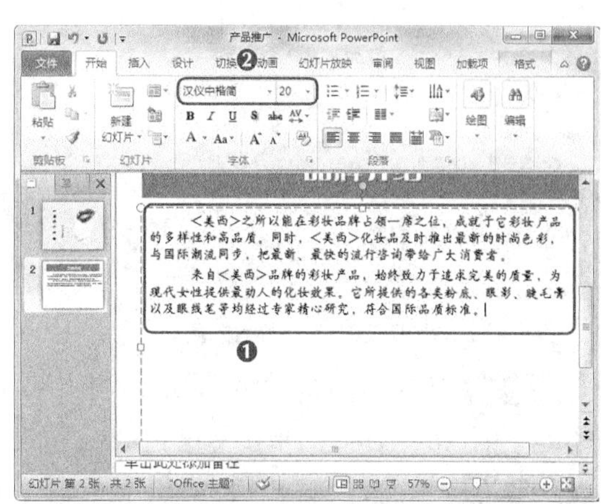

图10-17　输入其他占位符文字

STEP 5 在【开始】/【绘图】组中，单击“形状填充”按钮，在打开的下拉列表中选择“其他填充颜色”选项，如图10-18所示。

STEP 6 打开“颜色”对话框，单击“自定义”选项卡，在其下方“颜色模式”栏右侧的下拉列表中选择“RGB”选项，并设置“红色”为“214”，设置“绿色”为“225”，设置“蓝色”为“189”，单击 确定 按钮，如图10-19所示。

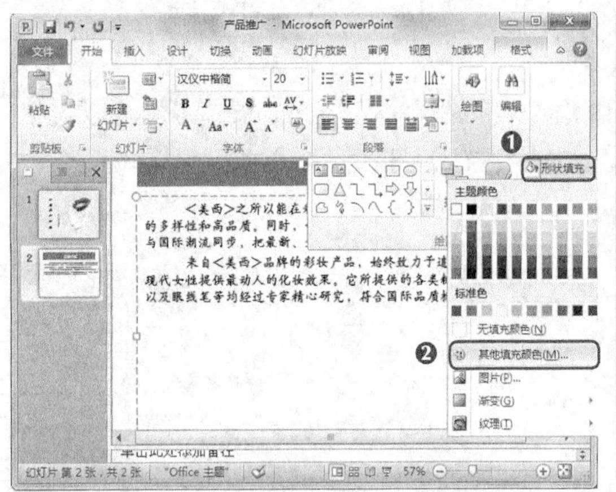

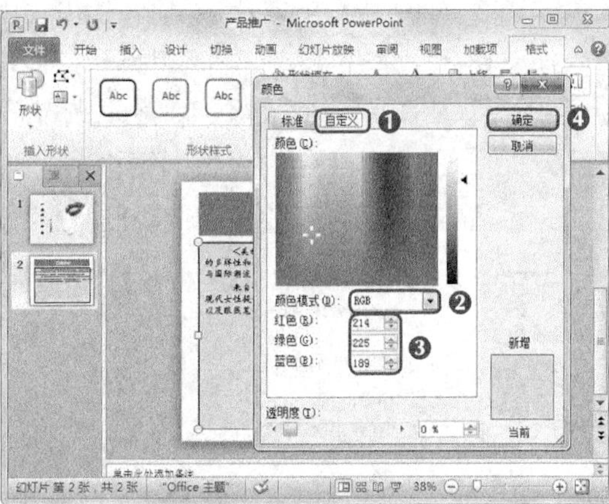

图10-18　选择“其他填充颜色”选项

图10-19　自定义颜色

STEP 7 在【插入】/【图像】组中单击“插入图片”按钮，打开“插入图片”对话框，选择要插入幻灯片中的图片，单击 插入(S) 按钮，如图10-20所示。

STEP 8 拖曳图片四周的控制点调整图片大小，然后移动图片到文本下方。在【格式】/【图片样式】组中单击“图片效果”按钮，在打开的列表中选择【阴影】/【右上斜偏移】选项，如图10-21所示。

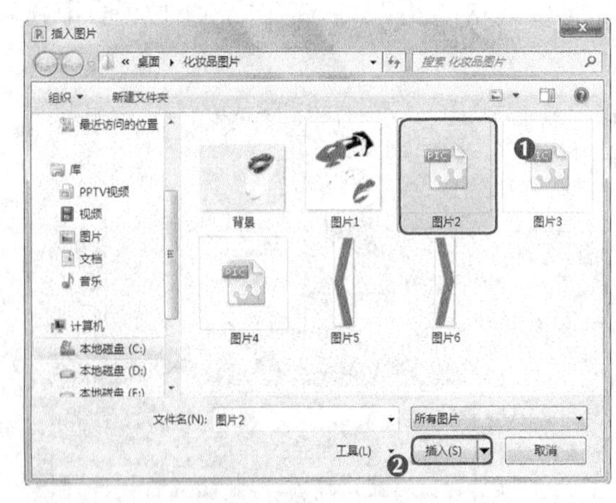

图10-20　选择插入的图片

图10-21　添加阴影效果

STEP 9 使用相同的方法，打开“插入图片”对话框，按住【Ctrl】键，连续选择图片3、图片4、图片5、图片6，单击 插入(S) 按钮，如图10-22所示。

STEP 10 拖曳图片四周的控制点调整图片大小，然后在【格式】/【图片样式】组中单击“快速样式”按钮，在打开的列表中选择“矩形投影”选项，移动各张图片到文本下方的适当位置，并查看完成后的效果，如图10-23所示。

STEP 11 完成后，返回幻灯片，即可查看设置阴影后的效果。

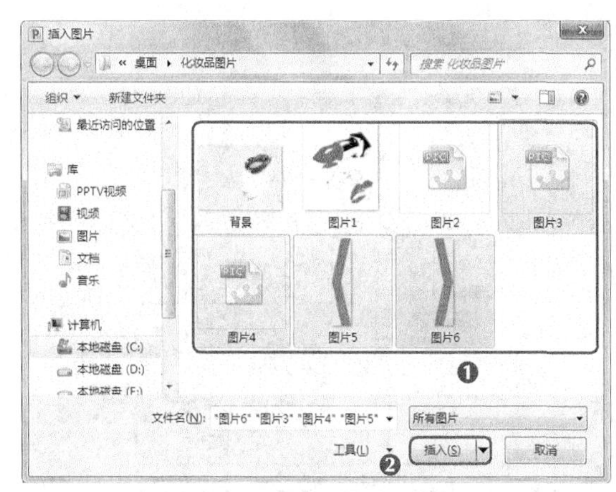

图10-22　选择插入的图片

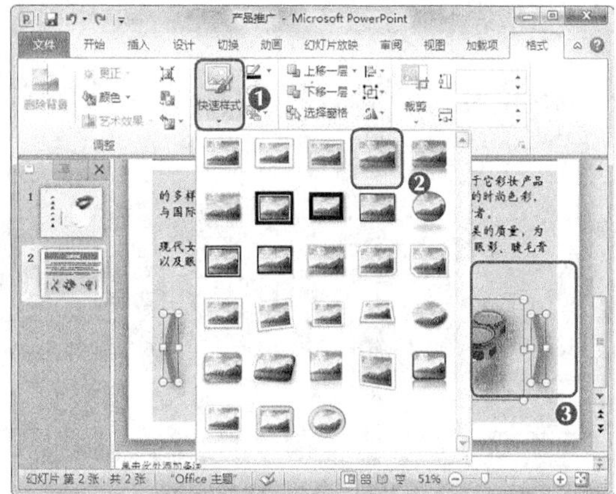

图10-23　设置图片的快速样式

10.4.3　插入与编辑SmartArt图形

SmartArt图形主要用于简洁直观地展现具有一定规律、结构或流程的信息，以便轻松理解幻灯片中的内容，下面讲解插入SmartArt图形的方法，其具体操作如下（微课：光盘\微课视频\第10章\插入与编辑SmartArt图形.swf）。

STEP 1 新建一张幻灯片，在新建的幻灯片上单击鼠标右键，在弹出的快捷菜单中选择【版式】/【仅标题】命令，如图10-24所示。

STEP 2 在标题文本中输入“市场调查”文本，单击“格式刷”按钮，将第2张幻灯片标题样式复制到第3张幻灯片中，并对其填充对应的效果，其完成后的效果如图10-25所示。

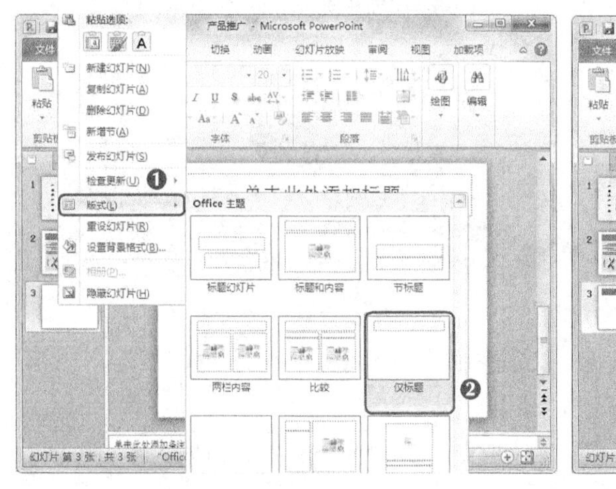

图10-24　选择标题版式

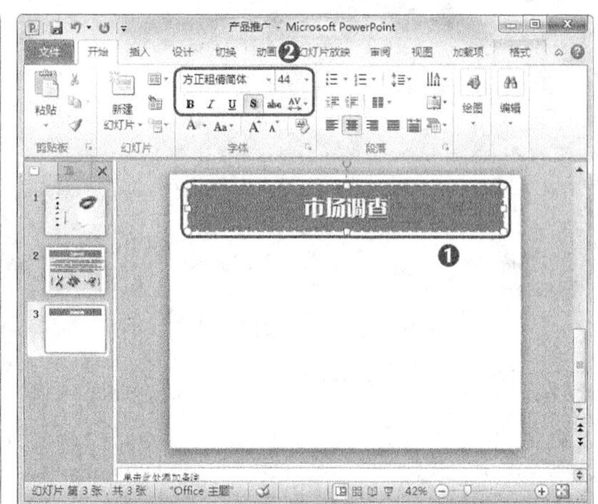

图10-25　输入第3张标题文本

STEP 3 在【插入】/【插图】组中单击“SmartArt”按钮，打开“选择SmartArt图形”对话框。在左侧列表中单击“图片”选项卡，在中间列表中选择“射线图片列表”选项，单击 确定 按钮，如图10-26所示。

STEP 4 单击按钮，在打开的窗格中根据提示输入需要的文本。按【Enter】键换行即可在该形状的下方创建一个新形状，在其中输入文本即可，效果如图10-27所示。

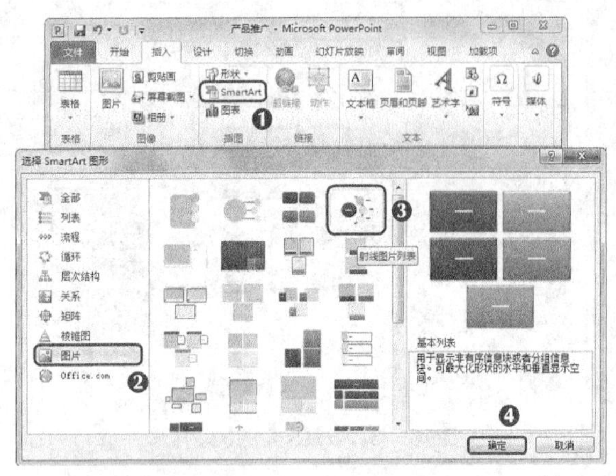

图10-26　选择SmartArt图形

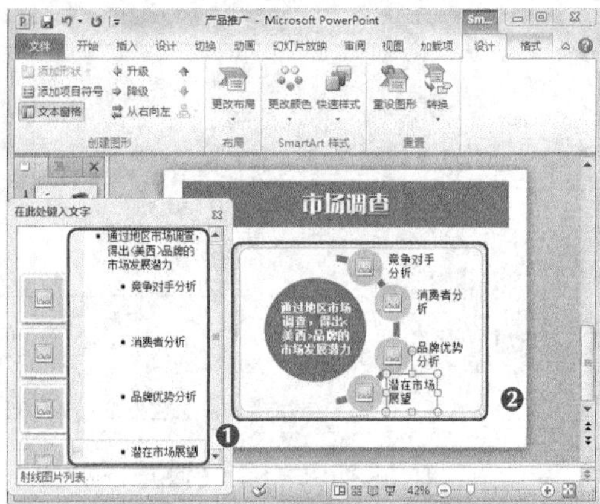

图10-27　输入SmartArt内容

STEP 5 关闭列表，在【设计】/【SmartAtr样式】组中单击“更改颜色”按钮，在打开的列表框中选择“色彩填充-强调文字颜色2”选项，如图10-28所示。

STEP 6 选择SmartArt图形，拖曳四周的控制点调整大小，并将其移动至合适位置，效果如图10-29所示。

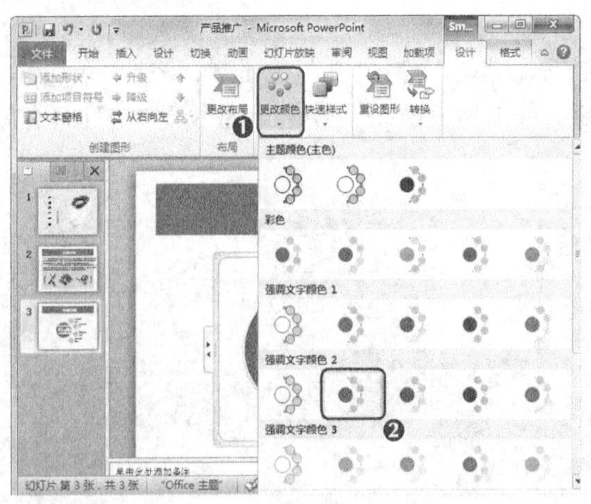

图10-28　选择标题版式

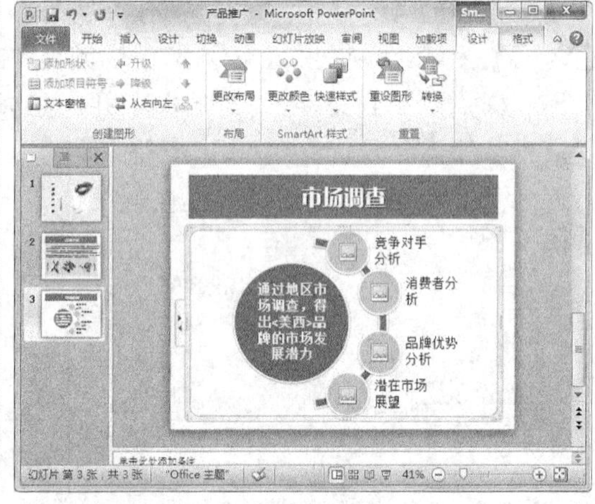

图10-29　调整SmartAtr大小

STEP 7 选择右侧文本，设置“字体”为“方正粗圆简体”，“字号”为“24”，并应用到其他文字中，如图10-30所示。

STEP 8 设置其他SmartAtr样式中的文字，并填充幻灯片2的背景色，完成后的效果如图10-31所示。

多学一招

当发现设置的SmartAtr样式不适合该图形时，选择【设计】/【布局】组，单击“更改布局”按钮，在打开的下拉列表中重新选择新的布局样式即可。

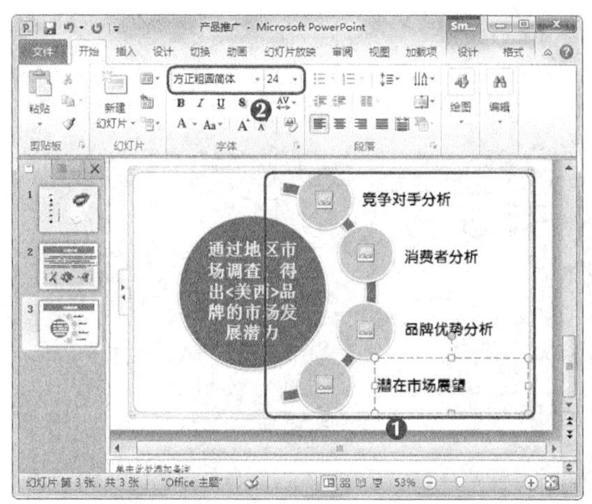

图10-30 设置字体格式

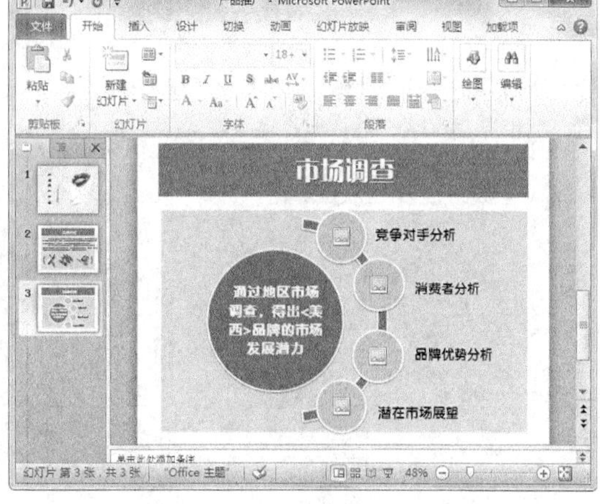

图10-31 设置其他SmartArt图形

10.4.4 插入剪贴画

PowerPoint自带了许多剪贴画，用户可根据需要将这些剪贴画插入幻灯片中，使幻灯片更加美观，达到更好的表现效果，其具体操作如下（微课：光盘\微课视频\第10章\插入剪贴画.swf）。

STEP 1 选择第3张幻灯片中SmartArt图形的第一个插入剪贴画的图片位置，选择【插入】/【图像】组，单击“剪贴画”按钮，如图10-32所示。

STEP 2 此时右侧将打开“剪贴画”窗格，在“搜索文字”文本框中输入“商业”文本，然后单击搜索按钮开始搜索，如图10-33所示。

图10-32 选择插入剪贴画的位置

图10-33 搜索剪贴画

STEP 3 在下方的列表框中列出了搜索到的剪贴画，单击需要插入的剪贴画右侧的下拉按钮，在打开的下拉列表中选择“插入”选项，如图10-34所示。

STEP 4 拖曳剪贴画四周的控制点调整其大小，并将其拖曳至合适位置，如图10-35所示。

图10-34　插入剪贴画

图10-35　调整剪贴画大小

STEP 5　使用相同的方法，在“剪贴板”窗格中单击需要的图片，可查看选择的图片并插入到图形中，调整图像大小，并移动到适当位置，如图10-36所示。

STEP 6　使用相同的方法，插入其他图片，并将其移动到适当位置，关闭“剪贴板”窗格，查看完成后的效果，如图10-37所示。

图10-36　插入第2张剪贴画

图10-37　插入其他剪贴画

10.4.5　插入并编辑形状

当学习了插入与编辑SmartArt图形后，还可对特殊的变化形式进行形状的表现，使其更加符合实际的需要，下面对插入并编辑形状的方法进行介绍，其具体操作如下（微课：光盘\微课视频\第10章\插入并编辑形状.swf）。

STEP 1　选择第2张幻灯片，单击鼠标右键，在弹出的快捷菜单中选择“复制幻灯片”命令，复制该幻灯片，如图10-38所示。

STEP 2　单击复制后的幻灯片，按住鼠标左键不放并将其拖曳到适当位置后，释放鼠标即可完成移动操作，如图10-39所示。

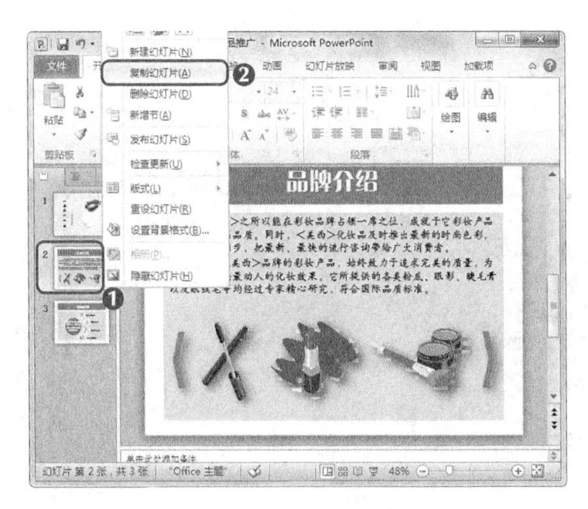

图10-38　复制幻灯片

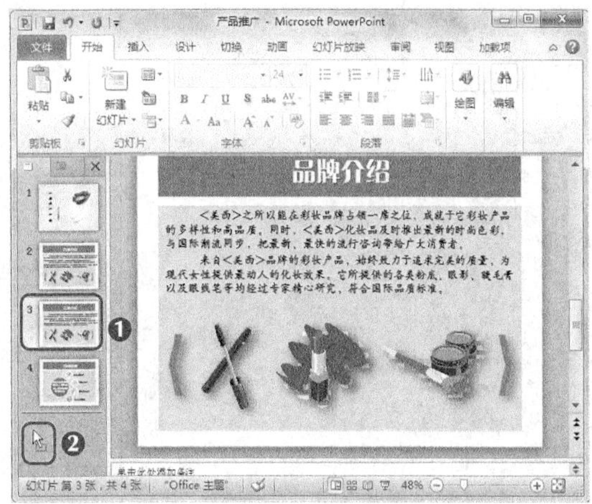

图10-39　移动幻灯片

STEP 3　选择下方占位符文字，对其中文字进行修改，并删除插入的图片，再修改其标题文字，如图10-40所示。

STEP 4　复制第4张幻灯片，并删除下方占位符的文字，再在上方标题文本处输入标题，如图10-41所示。

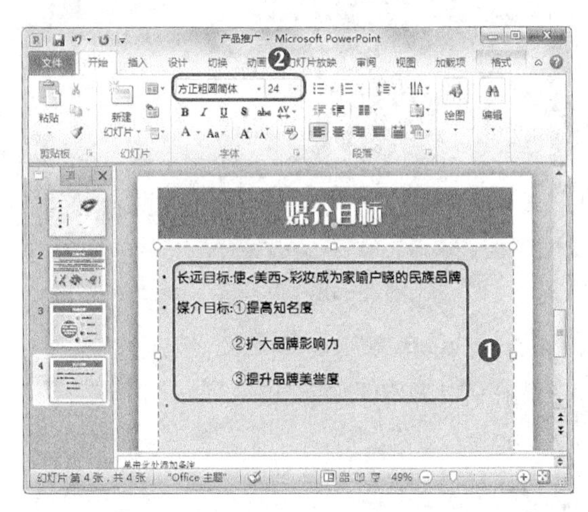

图10-40　修改文字

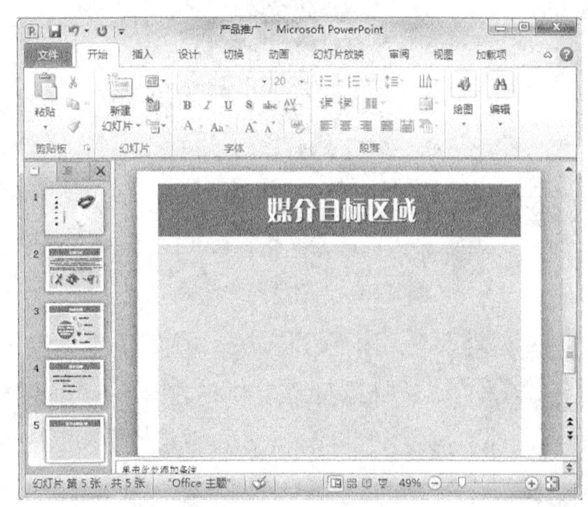

图10-41　建立第5张幻灯片

STEP 5　在【插入】/【插图】组，单击“形状”按钮，在打开的下拉列表中选择“流程图”栏的“联系”按钮○，如图10-42所示。

STEP 6　此时鼠标光标呈“+”形状显示，在下方绘制圆，并调整圆大小，如图10-43所示。

STEP 7　使用相同的方法，绘制其他大小的圆形图形，并根据前后需要进行排列，其绘制后的效果，如图10-44所示。

STEP 8　选择第1个绘制的圆，在【格式】/【形状样式】组单击“形状填充”按钮，在打开的下拉列表中选择“红色，强调文字颜色2”选项，为其填充背景颜色，如图10-45所示。

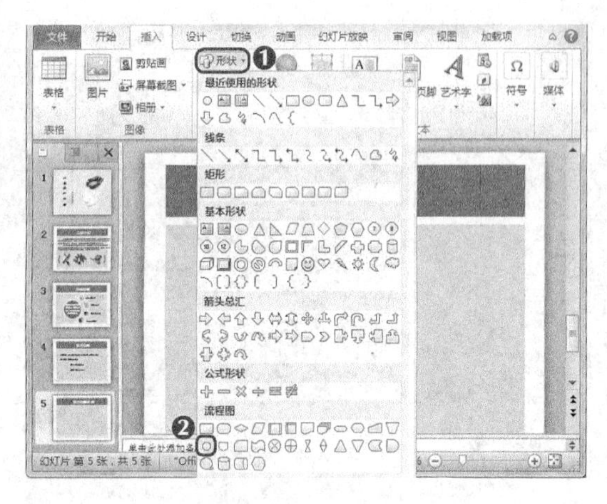

图10-42　选择形状

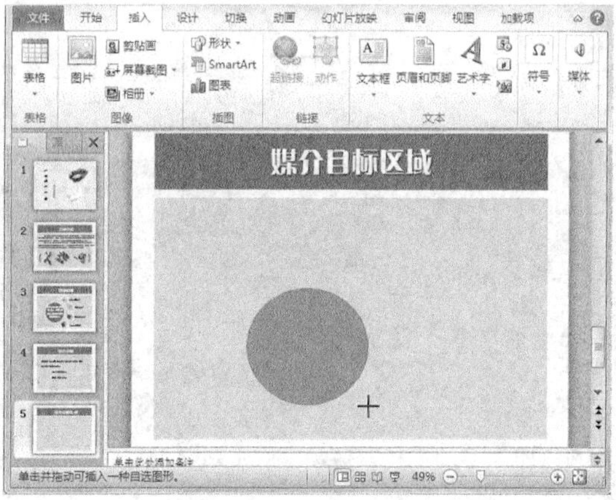

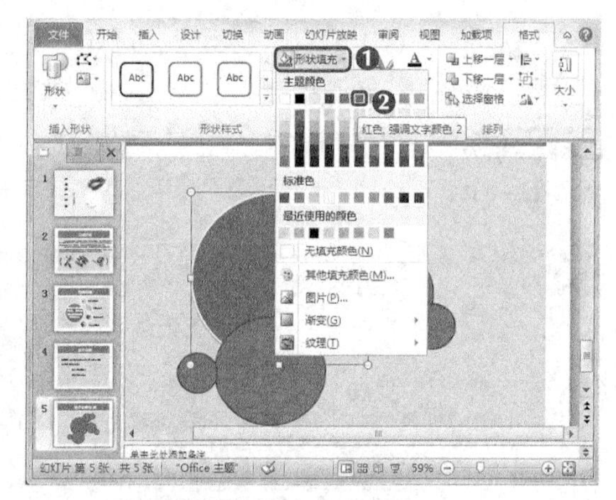

图10-43　绘制形状

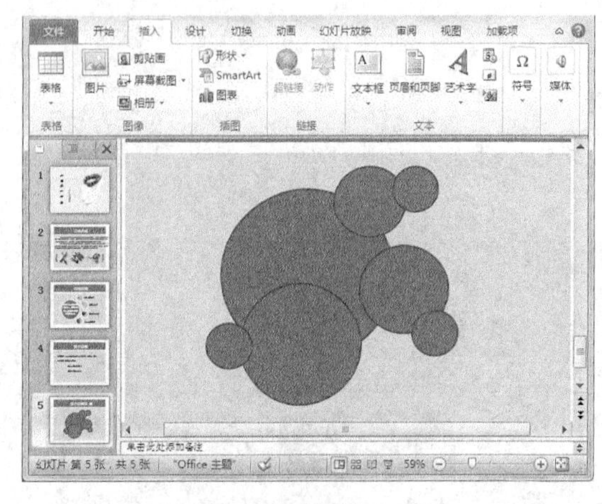

图10-44　绘制其他形状

图10-45　填充颜色

STEP 9 使用相同的方法，填充其他颜色，并查看填充后的效果，如图10-46所示。

STEP 10 选择需插入文本的图形，单击鼠标右键在弹出的快捷菜单中选择“编辑文字”命令，此时该图形将出现文本插入点，如图10-47所示。

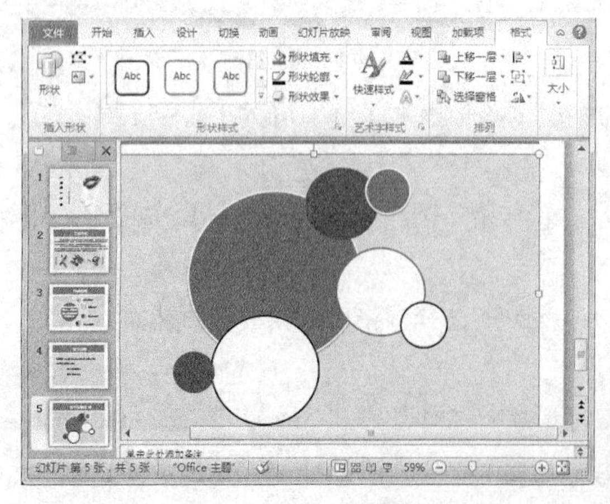

图10-46　添加其他颜色

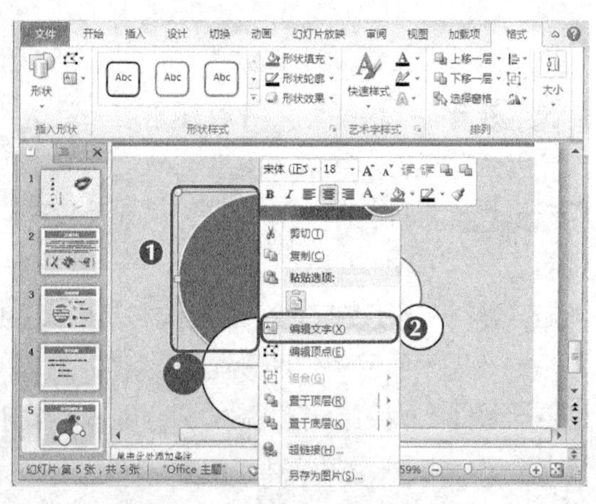

图10-47　选择“编辑文字”命令

STEP 11 在文本插入点处输入文本，这里输入“品牌广告宣传区域”，并设置“字体”为“方正粗圆简体”，“字号”为“24”，如图10-48所示。

STEP 12 使用相同的方法，输入其他文本。查看完成后的效果，如图10-49所示。

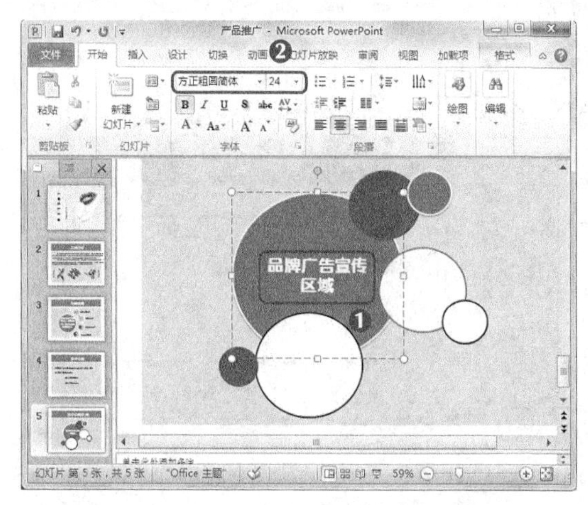

图10-48 输入文字并设置文字样式

图10-49 输入其他文字

10.4.6 插入并编辑表格

表格主要用于编排幻灯片中的数据内容，合理使用表格能够让幻灯片的内容展现更加合理。下面将讲解插入表格的方法，并讲解如何在表格中输入内容，其具体操作如下（微课：光盘\微课视频\第10章\插入并编辑表格.swf）。

STEP 1 复制上一张幻灯片，并删除多余的文字与形状，输入标题，在【插入】/【表格】组中单击“表格”按钮。在打开的下拉列表中拖动鼠标选择表格行数与列数，这里选择3行5列，如图10-50所示。

STEP 2 释放鼠标即可将表格插入幻灯片，拖曳表格四周的控制点调整表格大小。再选择【设计】\【表格样式】组，单击按钮，在打开的下拉列表中选择“中度样式4-强调2”选项，效果如图10-51所示。

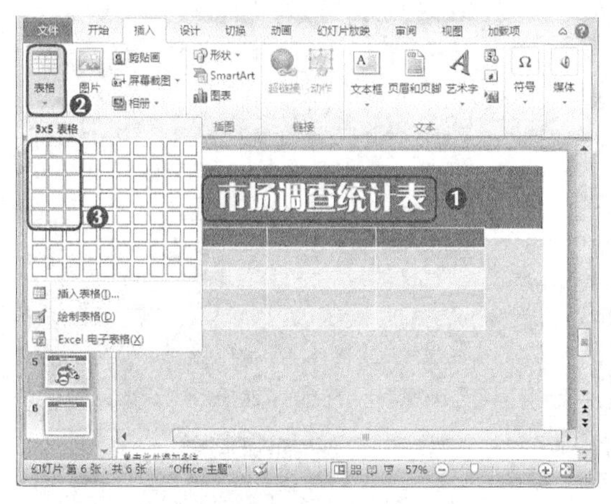

图10-50 创建表格

图10-51 调整表格大小与样式

STEP 3 在表格中输入文字，并设置文字的对齐方式为居中对齐，再设置表格中的文字样式，其完成后的效果如图10-52所示。

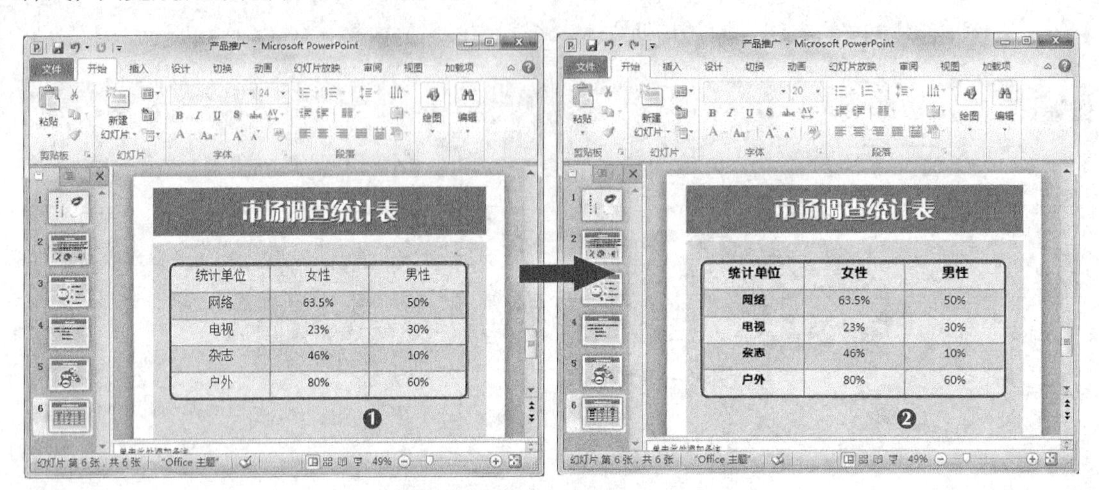

图10-52　输入并设置字体样式

10.4.7　插入并编辑图表

图表主要用于将数据以图例的方式展现出来便于查看数据，下面将具体讲解插入图表的方法，其具体操作如下（微课：光盘\微课视频\第10章\插入并编辑图表.swf）。

STEP 1 新建幻灯片并设置幻灯片版式为“垂直排列标题与文本”，并在右侧输入标题文字，这里输入“媒体宣传统计”，在其中设置字体样式并填充与前面相同的填充颜色，其完成后的效果如图10-53所示。

STEP 2 在【插入】/【插图】组中，单击“图表”按钮，打开“插入图表”对话框，单击“柱形图”选项，在右侧的列表框中选择“三维簇状柱形图”选项，然后单击确定按钮，如图10-54所示。

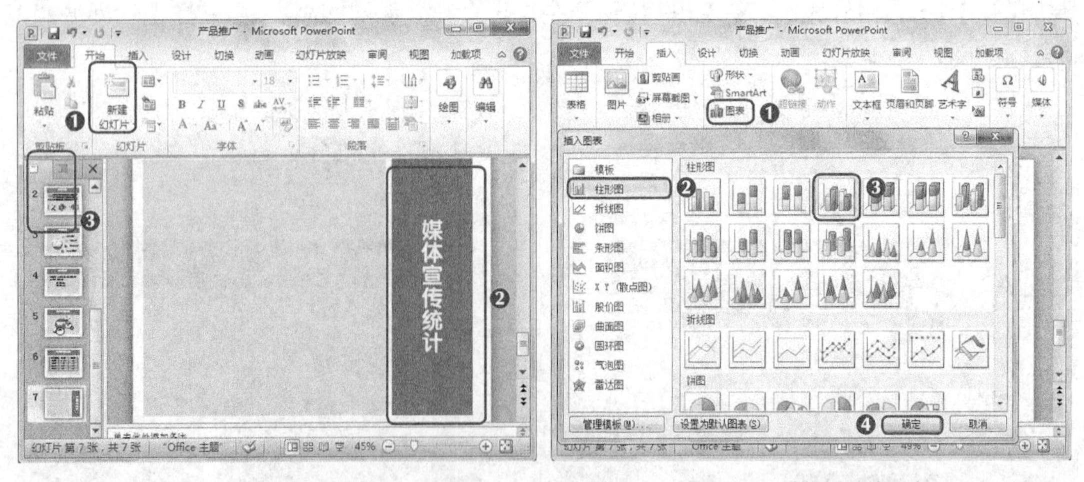

图10-53　输入标题文本　　　图10-54　选择插入的图表

STEP 3 此时将自动打开Excel工作簿，并在工作表的单元格中预设了图表数据，根据需要对数据进行修改即可，如图10-55所示。

STEP 4 关闭Excel，返回PowerPoint中即可查看图表中各数据的变化，并将数据移动到适当位置，如图10-56所示。

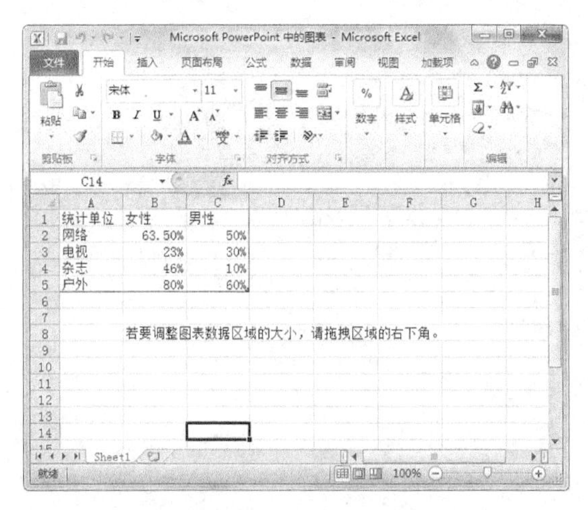

图10-55 输入图表数据

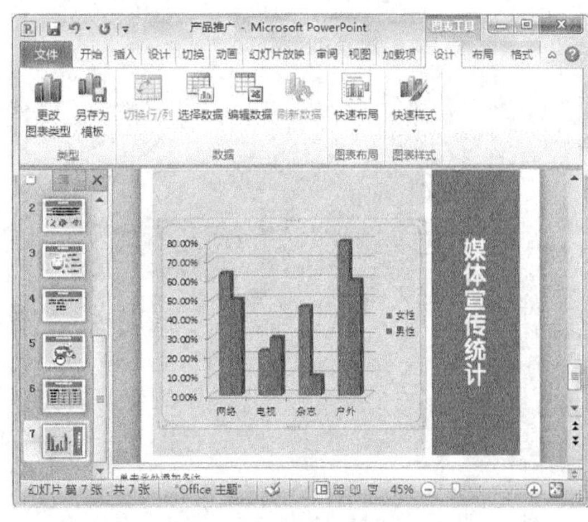

图10-56 移动图表

STEP 5 选择图表，选择【设计】/【快速布局】组，单击“快速布局”按钮，在打开的下拉列表中选择“布局4”选项，完成布局样式的设置，如图10-57所示。

STEP 6 在【设计】/【图表样式】组单击“快速样式”按钮，在打开的下拉列表中选择“样式26”选项，并查看完成后的效果，如图10-58所示。

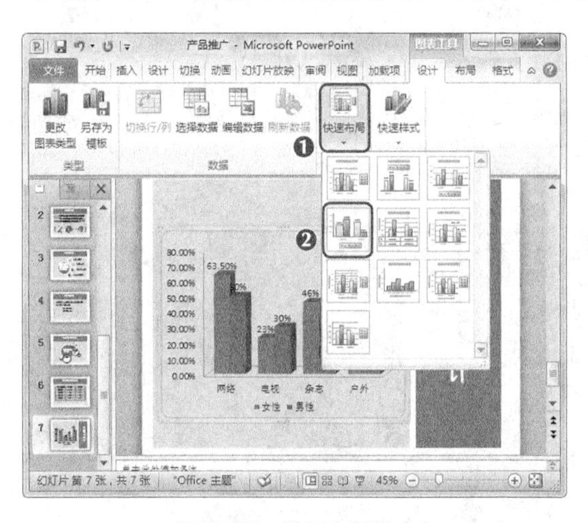

图10-57 选择布局样式

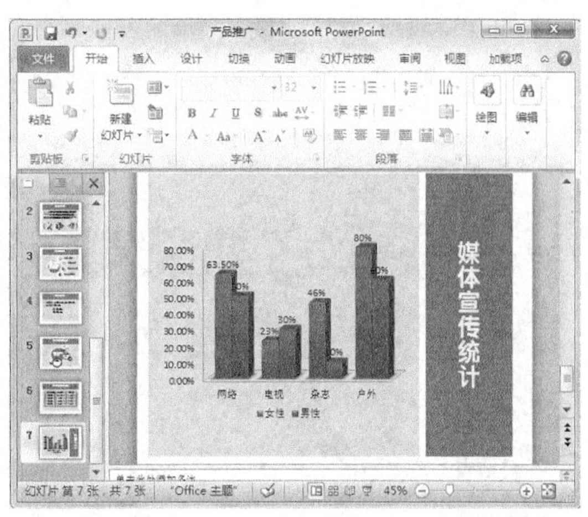

图10-58 查看完成后的效果

10.4.8 添加视频文件

当编辑图表后，还可在幻灯片中插入视频，插入后可在幻灯片播放的同时放映视频内容，从而增强演示文稿的真实性与说服力，其具体操作如下（微课：光盘\微课视频\第10章\添加视频文件.swf）。

STEP 1 新建一张幻灯片，将版式更改为“仅标题”，输入标题文字并设置与前面相同的字体样式。在【插入】/【媒体】组中单击“视频”按钮，在打开的下拉列表中选择“文件中的视频”选项，效果如图10-59所示。

STEP 2 打开“插入视频文件”对话框，选择需要插入幻灯片中的视频文件，这里选择“视频”，单击插入(S)按钮，如图10-60所示。

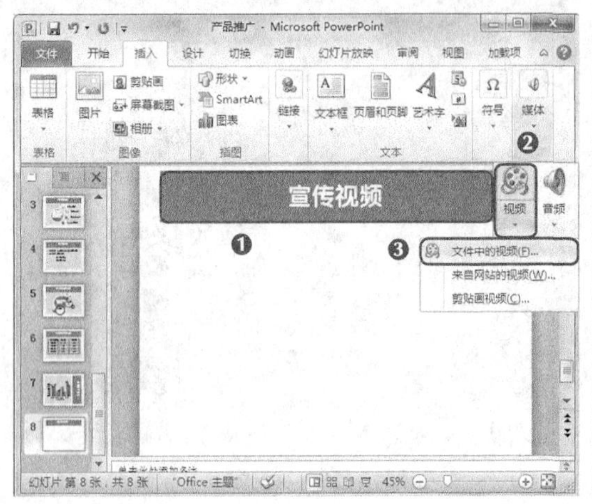

图10-59 选择“文件中的视频”选项

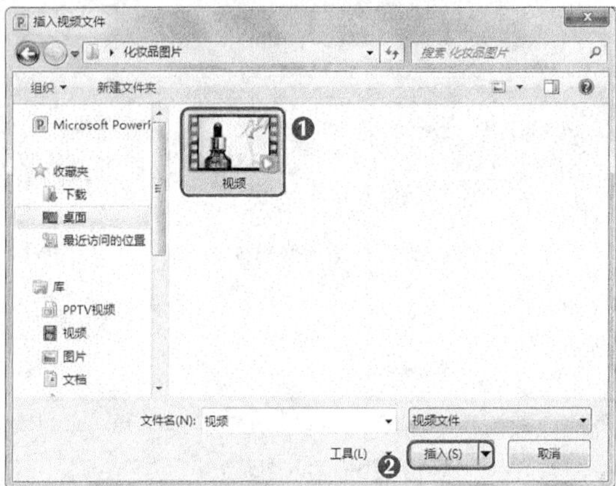

图10-60 选择需插入的视频

STEP 3 拖曳视频区域四周的控制点调整其大小，并将其拖曳到合适的位置，效果如图10-61所示。

STEP 4 在【播放】/【视频选项】组中的“开始”下拉列表框中选择“自动”选项，如图10-62所示。

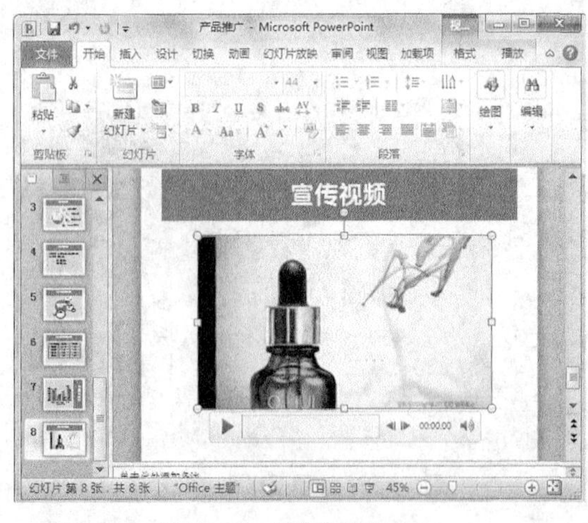

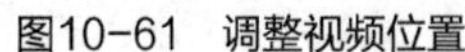
图10-61 调整视频位置

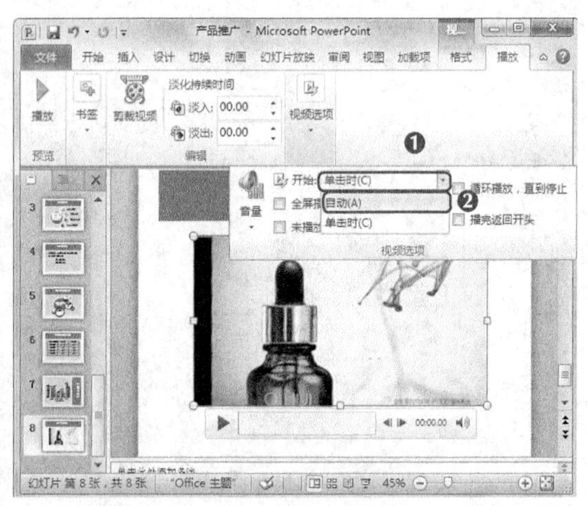

图10-62 设置自动播放

STEP 5 在【格式】/【视频样式】组中单击“视频样式”按钮，在打开的列表框中选择“强烈”栏中的“映像圆角矩形”选项，并单击“裁剪”按钮，拖曳控制点裁剪黑色部分，如图10-63所示。

STEP 6 将鼠标光标移动到视频区域，其下方将出现浮动播放控制条，单击“播放”按钮▶预览视频，如图10-64所示。

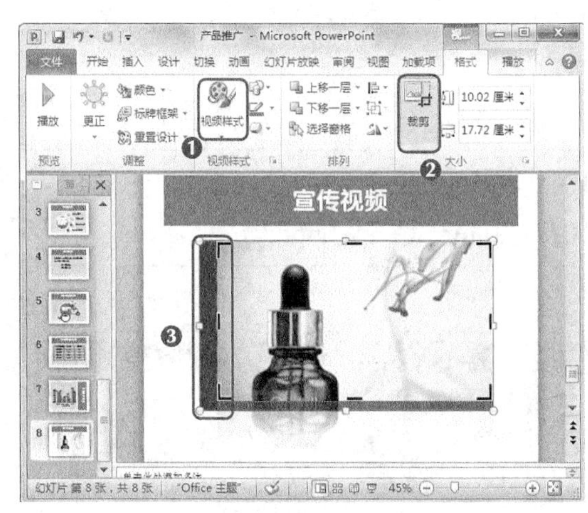

图10-63 裁剪幻灯片

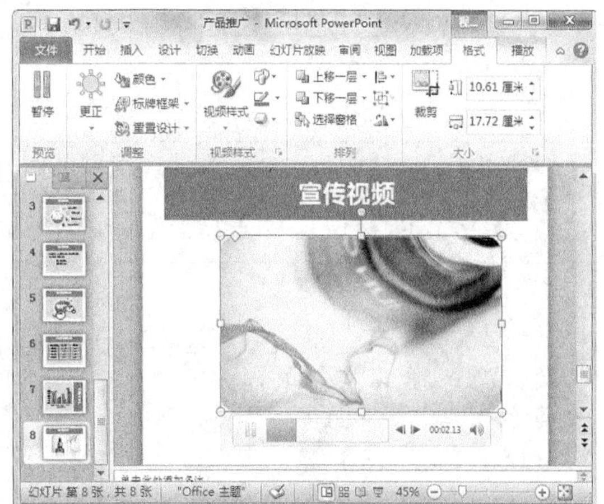

图10-64 播放视频

STEP 7 复制第7张幻灯片内容，并修改其中的内容，再使用前面插入图片的方法插入“图片1”，如图10-65所示。

STEP 8 在【格式】/【图片样式】组中单击“快速样式”按钮，在打开的下拉列表中选择“旋转，白色”选项，并调整图片大小，如图10-66所示。

图10-65 插入图片

图10-66 设置图片快速样式

STEP 9 完成设置后，按【F5】键即可放映设置的幻灯片，并查看放映后的效果。

职业素养

在制作不同的幻灯片时，因为制作的幻灯片表现的内容各不相同，应该在选择主打色时，根据制作幻灯片的元素对其主打色定位，如销售类应采用积极的颜色，而婚礼类应采用带有浪漫性质的颜色等。

10.5 实训——制作“产品介绍”演示文稿

10.5.1 实训目标

本实训的目标是制作“产品介绍”演示文稿，它的制作及编辑方法与制作“产品推广”

演示文稿类似，主要包括添加图片、剪贴画、图形、视频文件、表格等。图10-67所示为制作后的效果。

素材所在位置　光盘:\素材文件\第10章\实训\产品介绍\
效果所在位置　光盘:\效果文件\第10章\实训\产品介绍.pptx

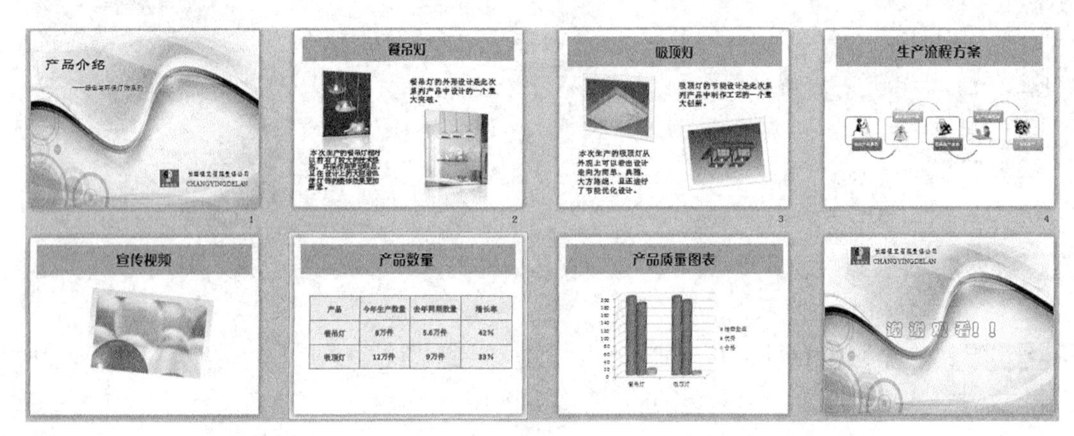

图10-67　产品介绍效果

10.5.2　专业背景

产品介绍演示文稿用于介绍产品的特点和发展前景，因此在制作时要两者兼顾考虑，首先从顾客角度出发，介绍产品特点时可以先对产品进行简单说明，如规格、主要成分、配方和批准文号等资料；其次是作用、产品优势、适用人群、注意事项和搭配方法等；对于产品发展前景的介绍方法可通过表格数据或图表等方式来体现，一般放在产品特点介绍的后面，利用产品的实际市场参数来进行预测，预算销售前景，并将其体现在产品介绍幻灯片中。

10.5.3　操作思路

完成本实训需要新建“产品介绍”演示文稿，再根据需要插入图片与剪贴画，接着插入SmartArt图形，最后根据需要插入图表与视频，其制作思路如图10-68所示。

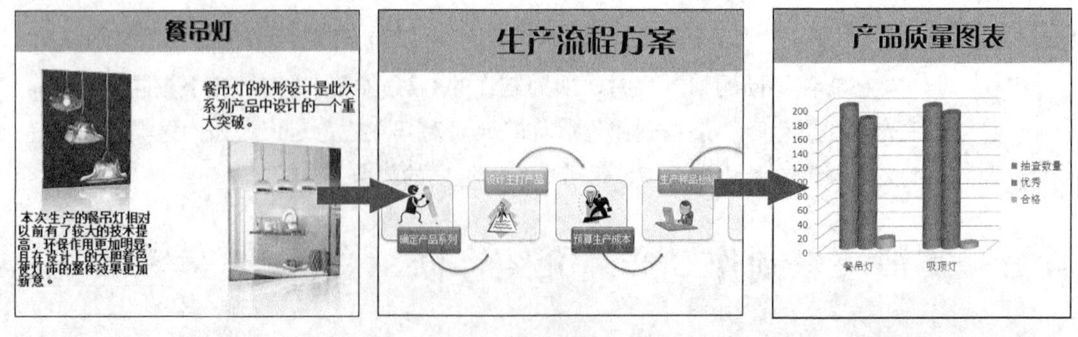

① 插入并编辑图片　　② 插入并编辑SmartArt图形　　③ 制作图表

图10-68　产品介绍的制作思路

STEP 1 新建一个PowerPoint演示文稿，并将其保存为“产品介绍.pptx”，然后在其中插入背景，输入幻灯片标题等文字内容，并为其设置字符格式。

STEP 2 新建一张幻灯片，插入产品图片，为插入的图片应用图片样式，并调整版式，最后设置字体格式，美化产品特点介绍的版块。

STEP 3 继续新建空白幻灯片，在其中插入SmartArt图形，然后输入相关的文本，为SmartArt流程图应用样式，并在其中插入剪贴画。

STEP 4 新建幻灯片，在其中插入宣传视频文件并设置其样式，再插入表格，并输入相关数据，然后设置表格格式。

STEP 5 根据表格中的数据创建图表，使数据表现更加直观，复制首页幻灯片，制作结尾幻灯片，更改幻灯片中的文本，完成制作。

10.6 常见疑难解析

问：如何将制作的图形保存为图片格式?

答：在演示文稿中选择要保存为图片的形状，单击鼠标右键，在弹出的快捷菜单中选择“另存为图片”命令。在打开的“另存为图片”对话框中设置图片保存位置和名称，然后单击 保存(S) 按钮即可。

问：如何将几个单一的图形组合为一个图形?

答：可按住【Ctrl】键选择需要组合为一个图形的单个图，单击鼠标右键，在弹出的快捷菜单中选择【组合】/【组合】命令，完成组合图形。

问：如何修改剪贴画样式?

答：在剪贴画上单击鼠标右键，在弹出的快捷菜单中选择【组合】/【取消组合】命令，剪贴画将被分解成多个对象。此时可对单个或多个对象进行删除、移动或旋转等处理。完成修改后，再选择【组合】/【重新组合】命令使其成为一个整体。

10.7 习题

本章主要介绍了编辑幻灯片的相关操作，通过本章的学习，可对产品推广的制作有一定的了解，下面将通过对“公司宣传”演示文稿和“广告策划”演示文稿的制作来巩固所学知识。

素材所在位置　光盘:\素材文件\第10章\习题\公司宣传\策划图片\
效果所在位置　光盘:\效果文件\第10章\习题\公司宣传.pptx、广告策划.pptx

（1）新一轮的销售已经拉开帏幕，销售部长找到小白，希望小白帮忙制作关于公司宣传的演示文稿，请你代替小白设计一个公司宣传演示文稿，其参考效果如图10-69所示。

- 在演示文稿中新建幻灯片，然后输入文本并设置字体格式。

● 在幻灯片中插入需要的对象元素，并对其进行编辑。

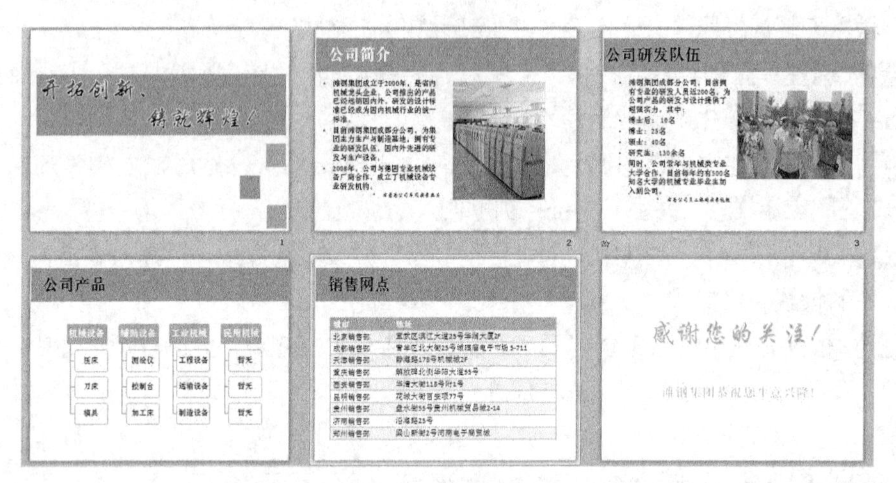

图10-69　公司宣传效果

（2）这段时间公司出了新的饮料产品，在进入市场前，需制作广告策划，方便广告宣传，达到促进购买的目的，其完成后的参考效果如图10-70所示。

● 了解策划方案的策划项目，并认识各个区域所制订的策略。

● 根据本例的要求，输入并编辑文本，插入剪贴画与图片，并编辑SmartArt图形。

图10-70　广告策划效果

课后拓展知识

插入幻灯片中的 SmartArt 图形不一定能符合实际的制作需求，在其中添加或删除形状是最常用的操作。在SmartArt 图形中添加形状的方法：单击SmartArt图形中最接近新形状添加位置的现有形状，然后单击【设计】/【创建图形】组中“添加形状”按钮右侧的下拉按钮，在打开的下拉列表中便可选择新形状的插入位置。

PART 11

第11章 制作“教学课件”演示文稿

情景导入

小白因为对PowerPoint已经可以熟悉运用，因此他接到了各色各样的任务，其中之一就是制作教学课件，小白知道教学课件主要是给老师准备的，但是老张告诉他，在制作时应多考虑学生的接受需求。

知识技能目标

- 学会编辑幻灯片主题。
- 学会编辑幻灯片母版。
- 学会设置与编辑幻灯片背景。
- 学会创建超链接。

- 了解教学课件的目的与意义。
- 了解教学课件的主要内容。

实例展示

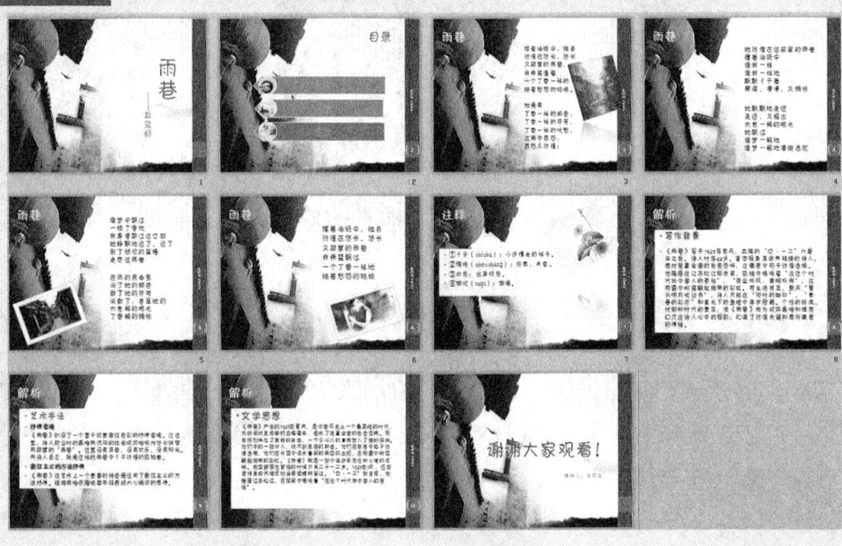

11.1 实例目标

教学课件是根据教学大纲的要求，经过教学目标确定，教学内容和任务分析，教学活动结构及界面设计等环节，而加以制作的课程文件，它与课程内容有着直接联系。老张告诉小白，本次制作的教学课件为语文课件，因为具有文学性内容所以应该严谨，选择的图片应该使人身临其境，美观大方。

图11-1所示即“教学课件”演示文稿的最终效果。通过对本例效果的预览，可以了解该任务的重点是编辑幻灯片主题、编辑幻灯片母版、设置背景、根据需要置入内容并创建超链接。

素材所在位置　光盘:\素材文件\第11章\课件\
效果所在位置　光盘:\效果文件\第11章\教学课件.pptx

图11-1　教学课件效果

11.2 实例分析

因为小白已经制作了许多演示文稿，对演示文稿的制作已经有了一定的了解，因此这次信心十足，他先去收集并了解了教学课件的目的与意义，再去认识教学课件的主要内容，老张对小白这一做法非常满意，于是小白在老张的赞许下开始认识这些内容了。

11.2.1 教学课件的目的与意义

教学课件是指根据教师的教案，把需要讲述的教学内容通过计算机多媒体（视频、音频、动画）图片、文字来表述并构成的课堂要件。它可以生动、形象地描述各种教学问题，增加课堂教学气氛，提高学生的学习兴趣，拓宽学生的知识视野，帮助学生更好地融入课堂氛围，并以图片或单个数据的形式，吸引学生关注课堂教学知识，帮助学生增进对教学知识的理解，达到举一反三的效果，从而更好地实现学习目的。

11.2.2 教学课件原则

因为课件是多样的，每一个学科制作课件的方法与内容都不相同，因此若想制作一个好的课件应认识其制作的一般原则，下面对其进行分别介绍。

- **教育性原则**：要明确教学目标、突出重点难点、有灵活的教学形式、教学对象要有针对性，只有具有针对性才能因地制宜地针对教学。
- **启发性原则**：主要包括兴趣启发、比喻启发、设题启发，因为教学对象一般为孩子，对于下一代的培养应该从小事抓起，而教学课件也应起到该作用。
- **科学性原则**：课件应该能正确表达学科的知识内容。
- **艺术性原则**：艺术性也是课件的重要原则，一个不美观的教学课件不能提高孩子的关注度，因此艺术性原则也非常重要。

本例主要制作语文课件，因为篇名为“雨巷”，因此其中的主题多为烟雨蒙蒙的江南，将淡淡的墨影带入淡淡的雨巷深处，因此该篇主要以墨色为主进行课件的制作。

职业素养

《雨巷》是戴望舒的成名作，作者通过对狭窄阴沉的雨巷，在雨巷中徘徊的独行者，以及那个像丁香一样有着愁怨的姑娘的描写， 含蓄地暗示出作者既迷惘感伤又有期待的情怀，并给人一种朦胧而又幽深的美感。也有人把这些意象解读为反映当时黑暗社会的缩影，或者是在革命中失败的人和朦胧的、时有时无的希望。

11.3 制作思路

老张告诉小白，本次制作需要先制作母版，而在制作母版时，也应该按照一定的步骤进行，当制作完成后才能对内容进行编辑，于是小白开始根据老张的提示进行思路的编写了，制作本例的具体思路如下。

（1）在PowerPoint中新建一个空白演示文稿并设置和调整幻灯片主题，参考效果如图11-2所示。

（2）进入母版视图，对幻灯片主题和母版样式进行调整，并设置标题占位符和文本，效果如图11-3所示。

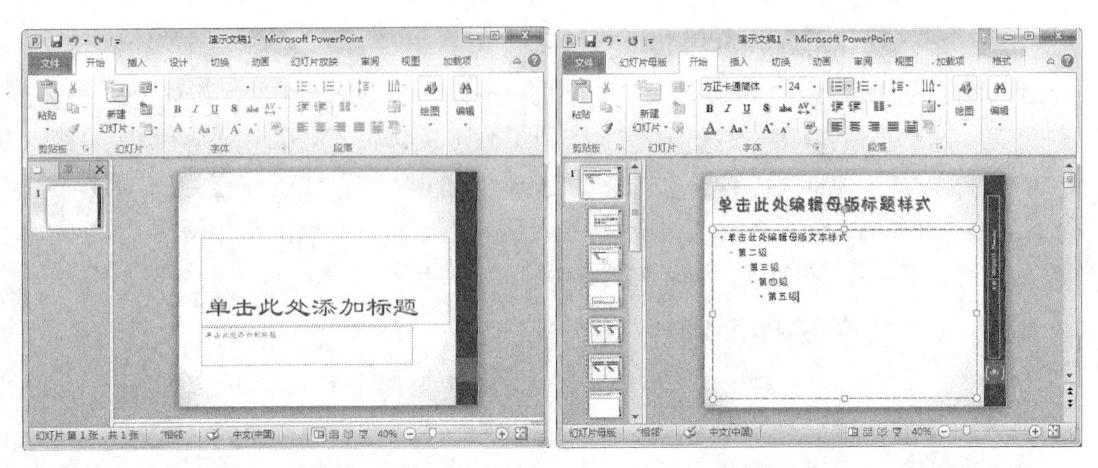

图11-2　为幻灯片添加主题　　　　图11-3　在母版中调整占位符位置

（3）为幻灯片添加背景，并输入与编辑数据。使用图形编辑目录，效果如图11-4所示。

（4）对幻灯片的目录部分创建超链接，方便快速查看，完成后保存幻灯片，并加密演示文稿，如图11-5所示。

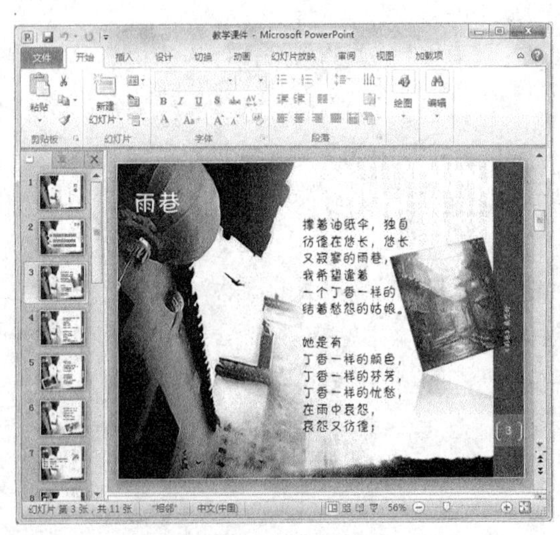

图11-4　输入并编辑数据

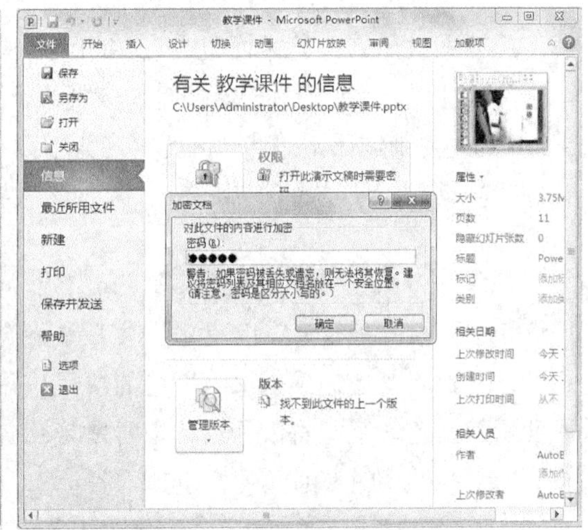

图11-5　设置密码

11.4　制作过程

小白开始对“教学课件”演示文稿进行制作，根据前面的认识，小白先添加了幻灯片主题，再编辑幻灯片主题，设置幻灯片背景，最后输入内容并创建超链接，下面分别对其进行介绍。

11.4.1　编辑幻灯片主题

幻灯片主题是指应用的幻灯片整体方案，主题中包含了幻灯片风格、布局、版式和文本框，通过该操作可快速对幻灯片样式进行应用，其具体操作如下（微课：光盘\微课视频

\第11章\编辑幻灯片主题.swf）。

STEP 1 新建一个演示文稿，单击【设计】/【主题】组中右侧的下拉按钮，在打开的下拉列表中选择“相邻”选项，如图11-6所示。

STEP 2 在【设计】/【主题】组中单击“颜色”按钮，在打开的下拉列表中选择要采用的配色方案，这里选择“黑领结”选项，效果会实时应用到所有幻灯片中，如图11-7所示。

图11-6 选择背景样式

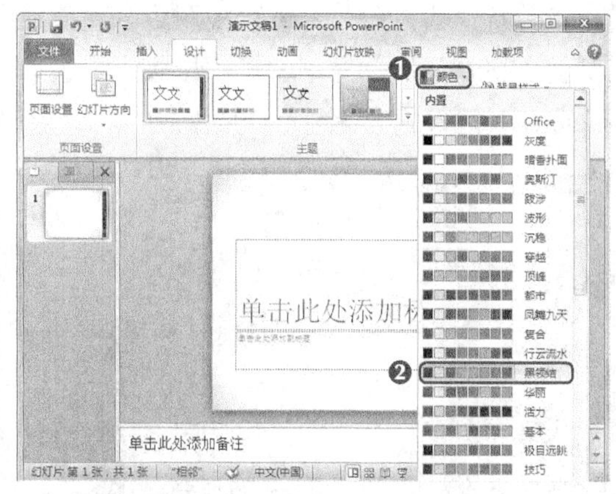

图11-7 选择需要的主题颜色

STEP 3 继续在【设计】/【主题】组中单击“字体”按钮，在打开的下拉列表中选择“龙腾四海”选项，如图11-8所示。

STEP 4 返回幻灯片窗口，可查看设置主题后的效果，如图11-9所示。

图11-8 选择主题字体

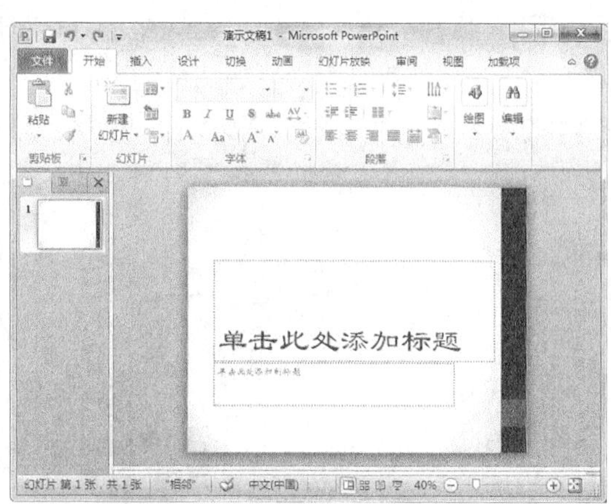

图11-9 查看效果

多学一招

若需要隐藏背景图形便于查看，可在【设计】/【背景】组中单击选中“隐藏背景图形”复选框，可将背景隐藏。

11.4.2　编辑幻灯片母版

当完成主题的编辑后，即可切换到幻灯片母版对母版视图进行编辑，包括对各张幻灯片母版中占位符的布局以及占位符中文本格式进行设置，其具体操作如下（微课：光盘\微课视频\第11章\编辑幻灯片母版.swf）。

STEP 1 单击【视图】/【母版视图】组中的“幻灯片母版”按钮，进入幻灯片母版编辑状态，如图11-10所示。

STEP 2 进入幻灯片母版视图后，左侧大纲窗格中显示了所有版式的幻灯片母版。其中第1张幻灯片母版为通用幻灯片母版（设置该幻灯片将应用于演示文稿中的所有幻灯片），第2张幻灯片母版为标题幻灯片母版，后面为对应不同版式的幻灯片母版，如图11-11所示。

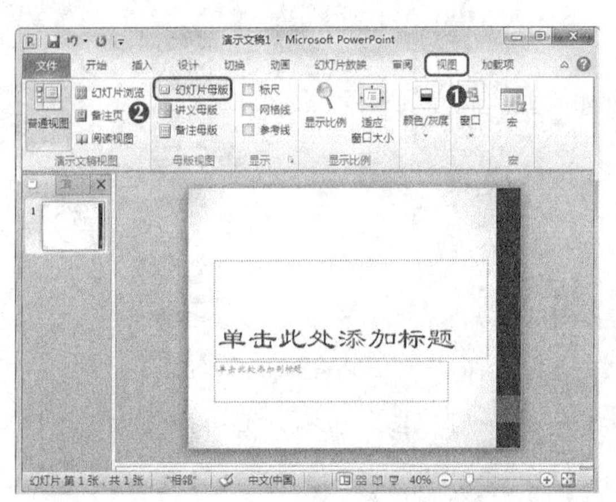

图11-10　单击“幻灯片母版”按钮

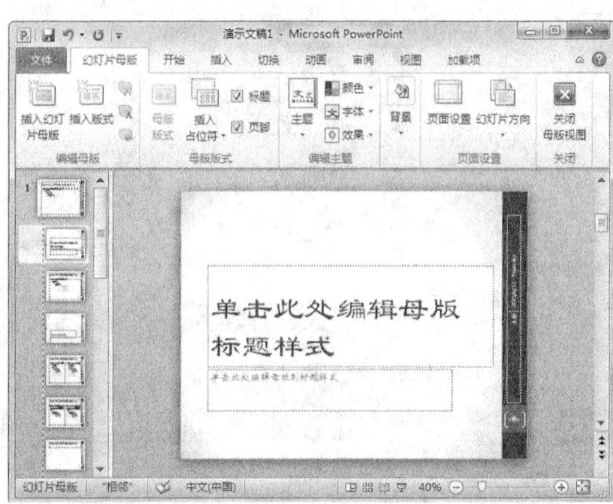

图11-11　查看不同幻灯片母版

STEP 3 在大纲窗格中选择第2张幻灯片母版，即选择标题幻灯片母版。调整幻灯片中对象、占位符的布局及大小，如图11-12所示。

STEP 4 切换到第1张通用幻灯片母版。重新调整幻灯片中图形对象及占位符的大小与位置，如图11-13所示。

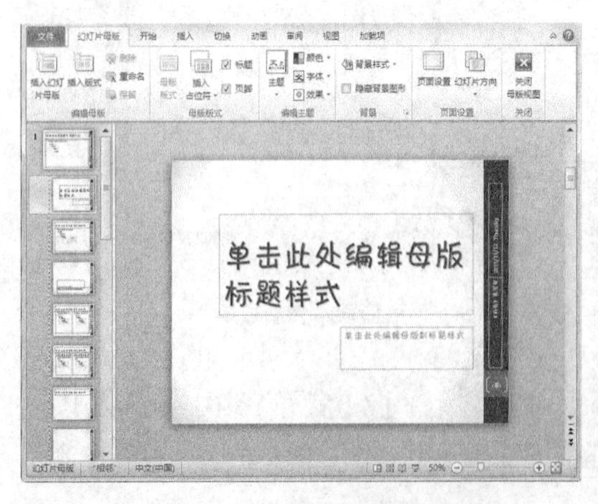

图11-12　调整标题位置

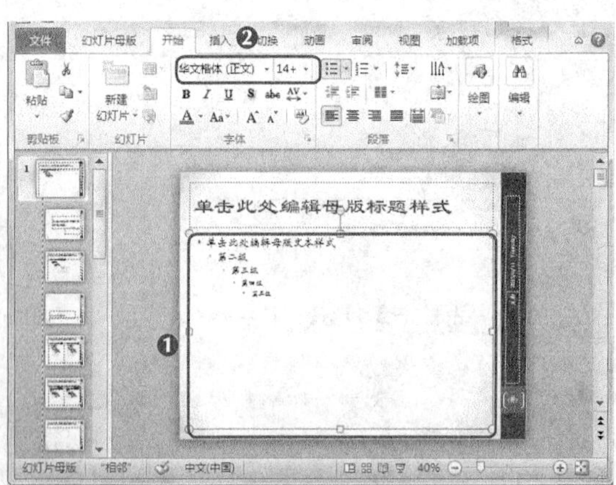

图11-13　调整通用幻灯片母版

如果对版式不满意，还可选择需要的版式，在选择【格式】/【形状样式】组中进行形状样式的设置。

STEP 5 在第1张幻灯片中依次选择标题占位符和正文占位符。切换到“开始”选项卡，分别将标题格式设置为“方正卡通简体、44磅”，并添加阴影，将正文格式设置为“方正卡通简体、24磅”，如图11-14所示。

STEP 6 切换到“幻灯片母版”选项卡，单击“关闭母版视图”按钮，退出幻灯片母版视图，如图11-15所示。

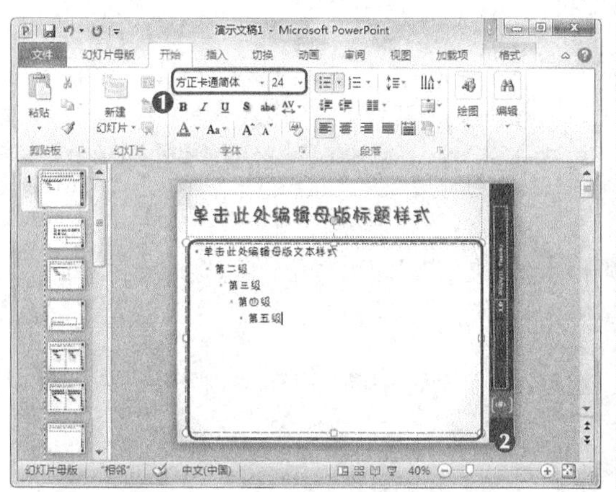

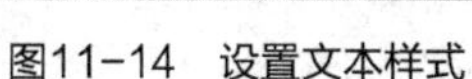
图11-14 设置文本样式

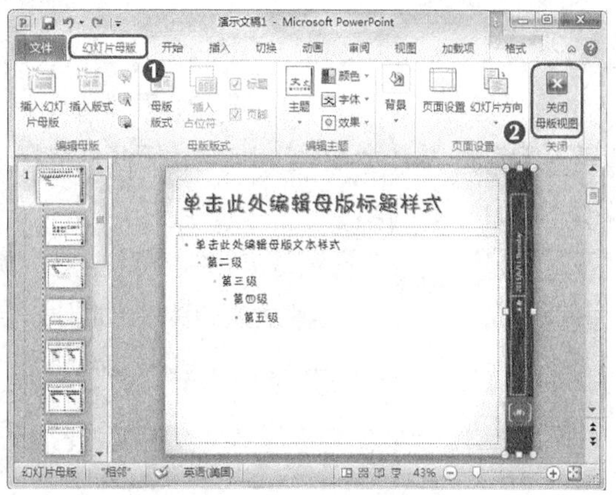

图11-15 关闭母版视图

如果希望每张幻灯片中文本的格式根据幻灯片版式的不同而不同，那么就不能在通用幻灯片母版中设置，而是选择下方相应的幻灯片母版来分别设置。

11.4.3 设置幻灯片背景

幻灯片背景是指演示文稿中每张幻灯片的背景，它可以是纯色、渐变色、图案或图片。对于已经使用了主题的幻灯片而言，设置背景可能会影响到主题风格，但合理采用背景能够强化主题效果，使幻灯片整体更加美观，下面将具体讲解设置幻灯片背景的方法，其具体操作如下（**微课**：光盘\微课视频\第11章\设置幻灯片背景.swf）。

STEP 1 选择标题幻灯片，在【设计】/【背景】组中单击“背景样式”按钮，在打开的下拉列表中选择“设置背景格式”选项，如图11-16所示。

STEP 2 打开“设置背景格式”对话框，单击“填充”选项，在右侧列表中单击选中“图片或纹理填充”单选项，在下方单击“文件(F)...”按钮，如图11-17所示。

打开“设置背景格式”对话框后，在其中可选择纯色填充、渐变填充、图片或纹理填充、图案填充，然后在下方设置相应选项，即可设置不同的幻灯片背景。

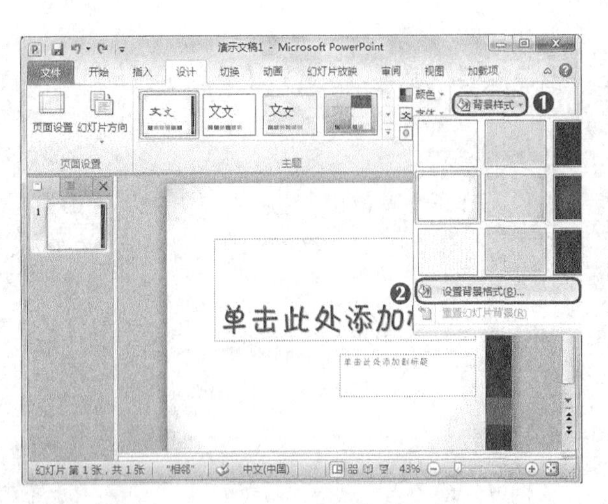

图11-16　选择“设置背景格式”选项

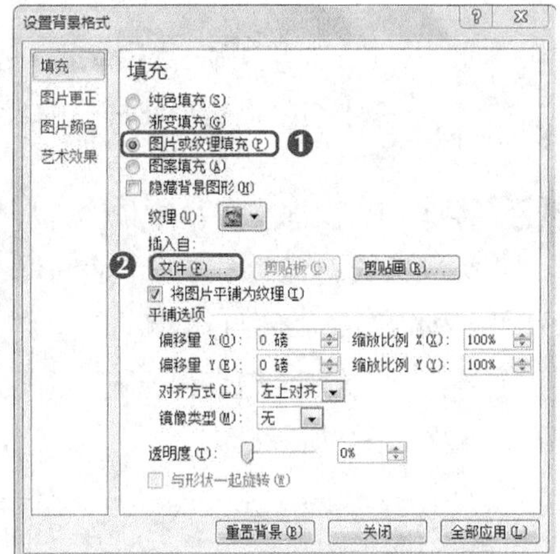

图11-17　设置背景格式

STEP 3　打开“插入图片”对话框，选择素材文件夹中的“图片1”图片。单击 打开(O) 按钮，如图11-18所示。

STEP 4　返回“设置背景格式”对话框，单击 关闭 按钮即可为标题幻灯片设置所选的图片背景，查看插入图片后的效果，如图11-19所示。

图11-18　选择插入的图片

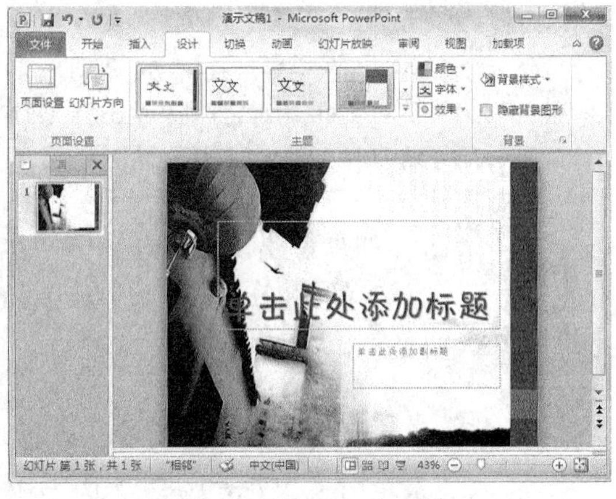

图11-19　查看图片背景效果

STEP 5　新建幻灯片并切换到第2张幻灯片，按同样的方法为幻灯片添加“图片2”背景，单击文本占位符中的“插入SmartArt图形”按钮，效果如图11-20所示。

STEP 6　打开“选择 SmartArt 图形”对话框，选择“列表”选项，在其右侧选择“垂直图片重点列表”选项，单击 确定 按钮，如图11-21所示。

在幻灯片中插入SmartArt图形只能在该页显示，若需要在其他页面中选择，可将其插入幻灯片母版中，当需应用时可选择插入图片的版式即可。

STEP 7　在【设计】/【SmartAtr样式】组中单击“更改颜色”按钮，在打开的下拉列表中选择“彩色范围-强调文字颜色5至6”选项，如图11-22所示。

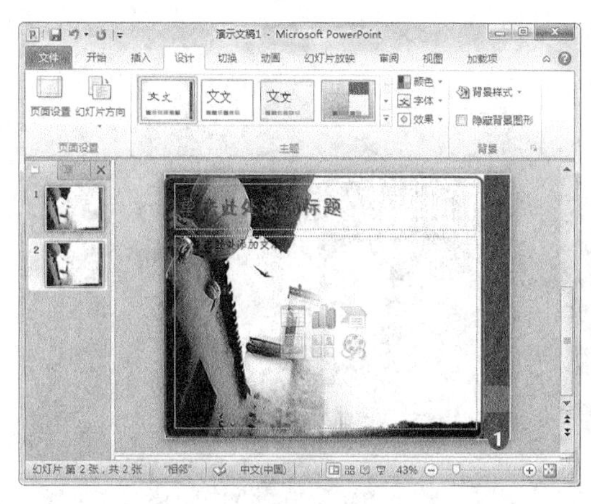

图11-20　插入SmartArt图形

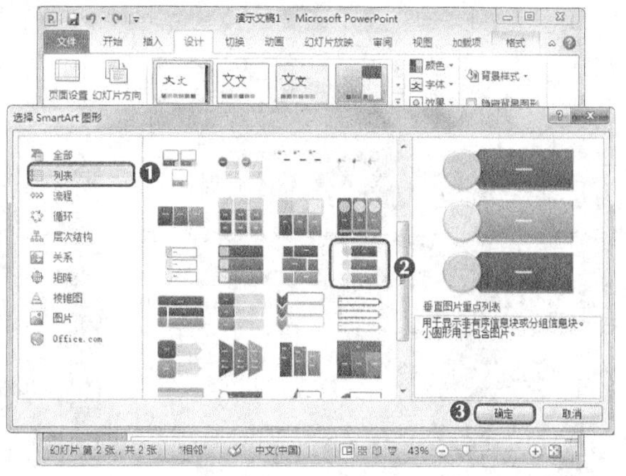

图11-21　选择SmartAtr样式

STEP 8　在【格式】/【排列】组中单击“下移一层”按钮，在打开的下拉列表中选择“置于底层”选项，如图11-23所示。

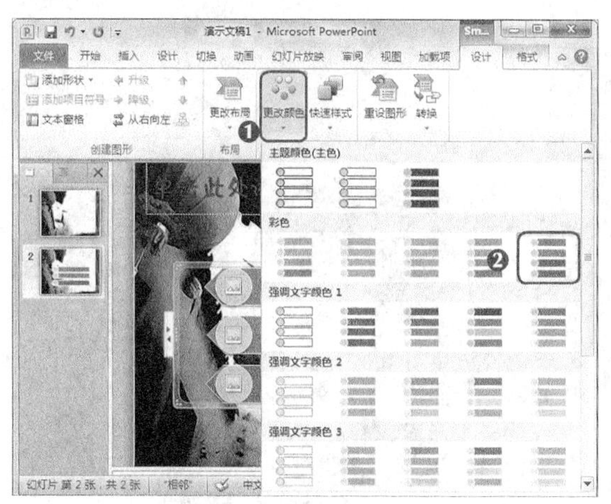

图11-22　更改SmartArt图形颜色

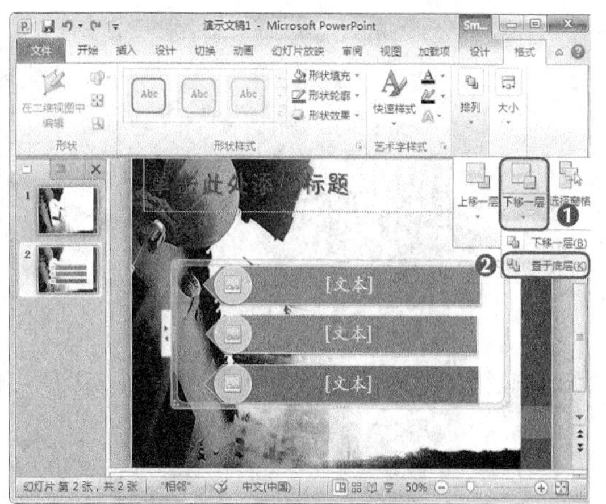

图11-23　调整排列顺序

11.4.4　为幻灯片添加页眉和页脚

当在幻灯片中输入与编辑内容后，便可进一步美化幻灯片的版面，使其更加引人注目。在幻灯片中添加页眉和页脚是常用的美化手法之一，页眉和面脚中可插入页码、日期、方案名称，其具体操作如下（**微课**：光盘\微课视频\第11章\为幻灯片添加页眉和页脚.swf）。

STEP 1　继续新建9张幻灯片，并对其应用版式和添加背景样式，其创建后的效果如图11-24所示。

STEP 2　在大纲窗格中选择标题幻灯片，在标题占位符与副标题占位符中输入相应的文字内容，如果正文内容较少，可以适当增大正文字号并调整文字的方向，其效果如图11-25所示。

STEP 3　选择第2张幻灯片，分别输入标题与目录内容，并在右侧图片占位符中分别插入素材文件夹中的“图片3”“图片4”“图片5”，如图11-26所示。

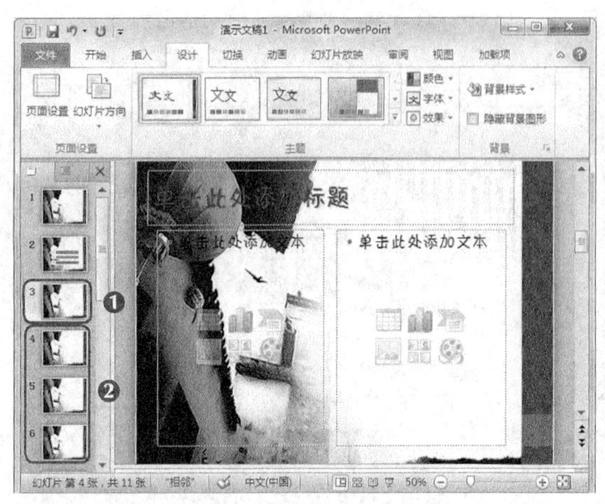

图11-24　新建幻灯片

图11-25　输入文本

STEP 4 使用相同的方法，制作其他幻灯片，在其中输入文字和插入相应的图片并进行设置，完成后的效果如图11-27所示。

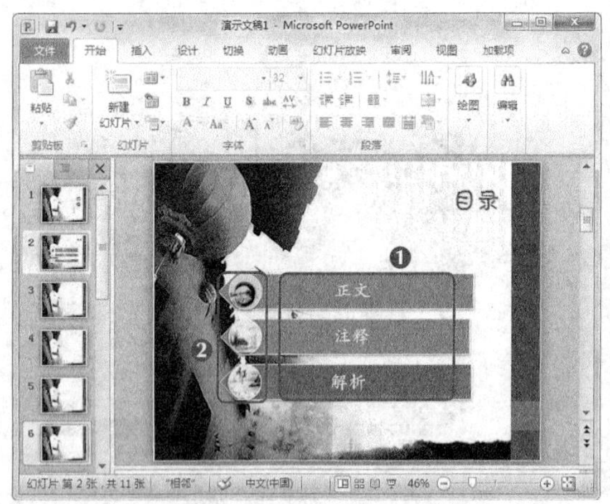

图11-26　输入目录文字并插入图片

图11-27　输入文字并插入图片

STEP 5 编辑好演示文稿的基本内容后，单击【插入】/【文本】组中的“页眉和页脚”按钮，打开“页眉和页脚”对话框，如图11-28所示。

STEP 6 在“幻灯片”选项卡中单击选中“幻灯片编号”复选框。单击选中“页脚”复选框后，在下方的文本框中输入“《雨巷》戴望舒”文本，单击选中“标题幻灯片中不显示”复选框。单击全部应用(Y)按钮，为当前演示文稿中的所有幻灯片添加设定的页眉和页脚，如图11-29所示。

多学一招

如对页眉页脚的位置不满意，可在幻灯片母版中对页眉和页脚的位置进行编辑。

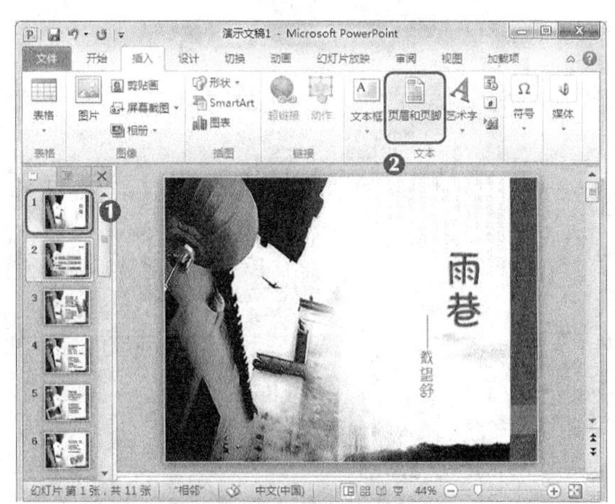

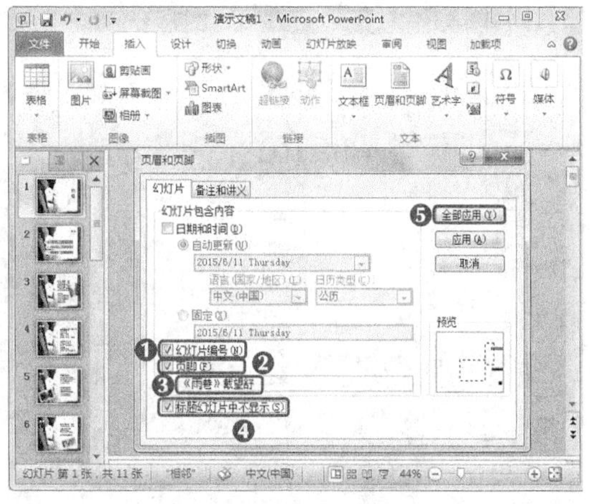

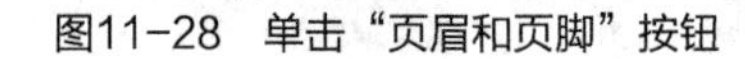

图11-28　单击“页眉和页脚”按钮　　　　图11-29　设置页眉与页脚

11.4.5　创建超链接

当完成页眉和页脚的插入后，可根据需要对目录与正文进行链接，使其成为一个整体，在播放时可在目录中选择对应的内容进行查看，其具体操作如下（微课：光盘\微课视频\第11章\创建超链接.swf）。

STEP 1　选择第2张幻灯片，选择“正文”文本。在【插入】/【链接】组中，单击“超链接”按钮，如图11-30所示。

STEP 2　打开“插入超链接”对话框，在“链接到”栏中选择“本文档中的位置”选项，在“请选择文档中的位置”下拉列表框中选择“3. 雨巷”选项，单击 确定 按钮，如图11-31所示。

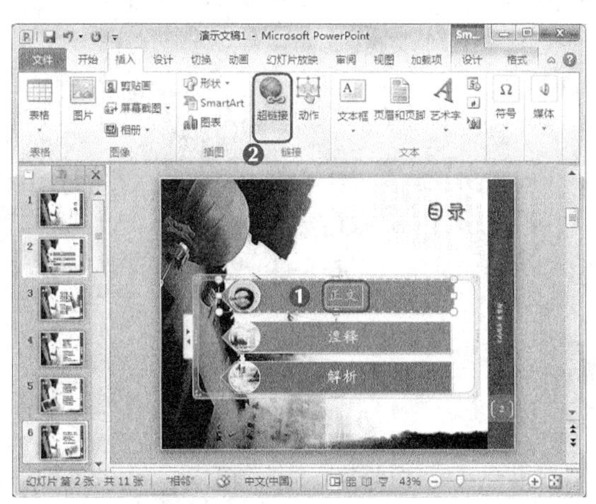

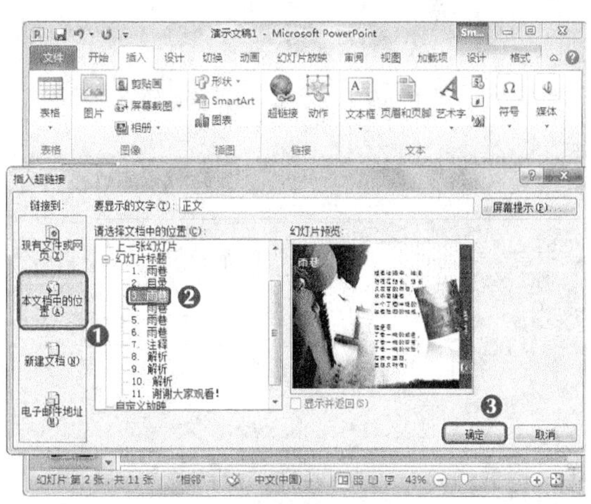

图11-30　选择文本　　　　图11-31　选择文档位置

STEP 3　选择“注释”文本。在【插入】/【链接】组中，单击“超链接”按钮，打开“插入超链接”对话框，在“链接到”栏中选择“本文档中的位置”选项，在“请选择文档中的位置”下拉列表框中选择“7. 注释”选项，单击 确定 按钮，如图11-32所示。

STEP 4　使用相同的方法，选择“解析”文本并选择对应的幻灯片，当按【F5】键进行播放时单击超链接，将切换到对应的页面，如图11-33所示。

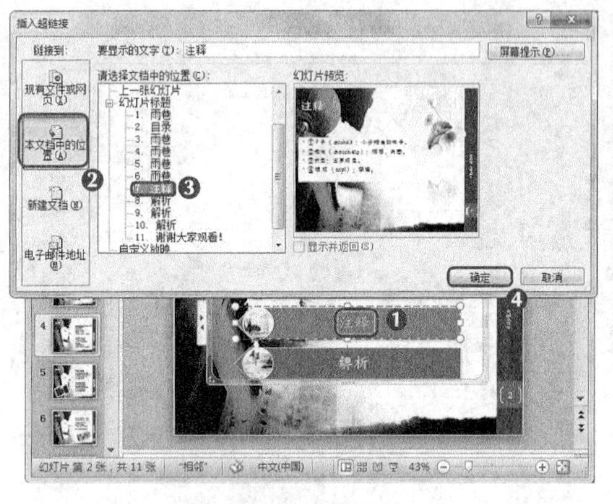
图11-32　选择链接位置

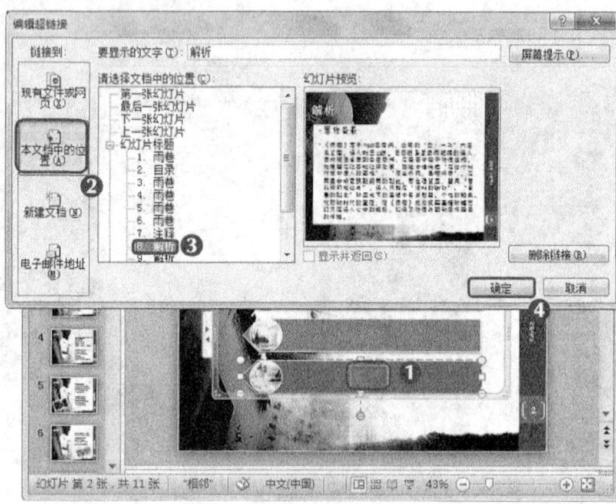
图11-33　插入其他链接

11.4.6　保存并加密演示文稿

因为课件可以重复利用，为了防止被他人修改和剪贴，可以对演示文稿进行加密，其具体操作如下（微课：光盘\微课视频\第11章\保存并加密演示文稿.swf）。

STEP 1 选择【文件】/【信息】菜单命令，在展开的面板中单击“保护演示文稿”按钮，在打开的下拉列表中选择“用密码进行加密”选项，如图11-34所示。

STEP 2 打开“加密文档”对话框，在“密码”文本框中输入密码，如“12345”，单击 确定 按钮，如图11-35所示。

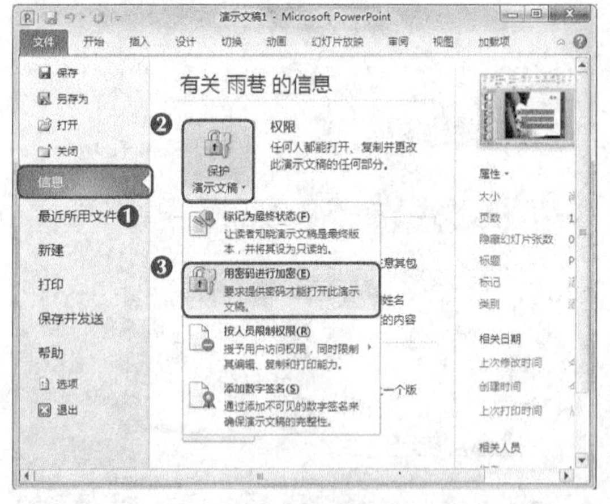
图11-34　选择“用密码进行加密”选项

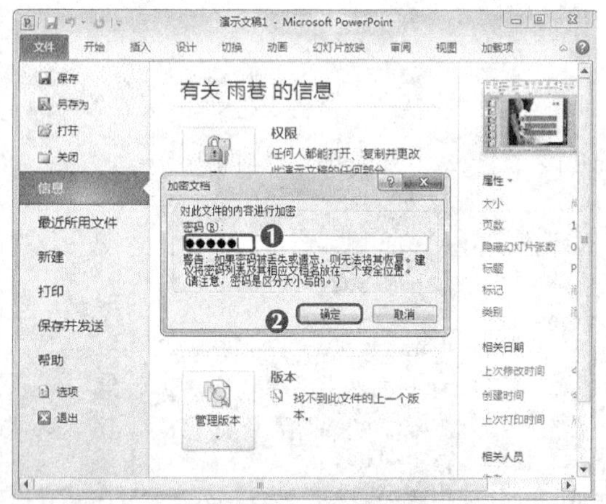
图11-35　输入密码

STEP 3 在打开的“确认密码”对话框中再次输入相同密码，单击 确定 按钮，如图11-36所示。

STEP 4 加密演示文稿后将其以“教学课件”名进行保存，再次打开该演示文稿时将会打开提示框，只有输入正确的密码才能打开，如图11-37所示。

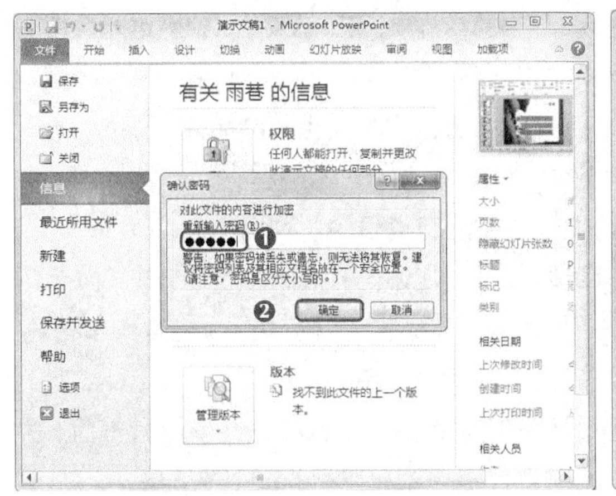

图11-36 确认密码

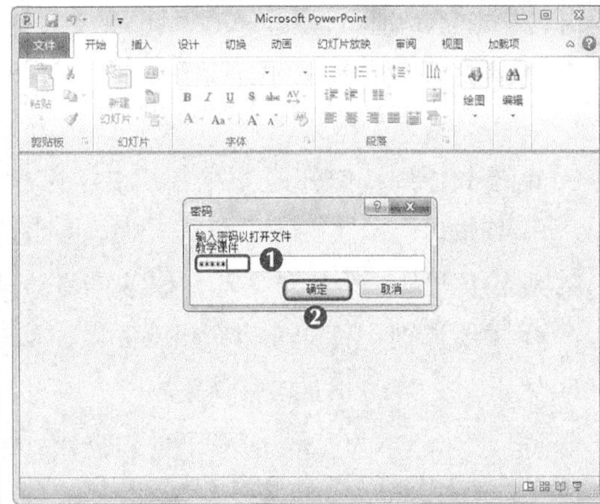

图11-37 再次输入密码

11.5 实训——制作“职业规划”演示文稿

11.5.1 实训目标

本实训的目标是制作“职业规划”演示文稿，它的制作及编辑方法与制作“教学课件”演示文稿类似，主要包括编辑幻灯片主题、编辑幻灯片母版、设置背景音乐、编辑内容、创建超链接等，图11-38所示为制作后的效果。

素材所在位置 光盘:\素材文件\第11章\实训\职业规划\
效果所在位置 光盘:\效果文件\第11章\实训\职业规划.pptx

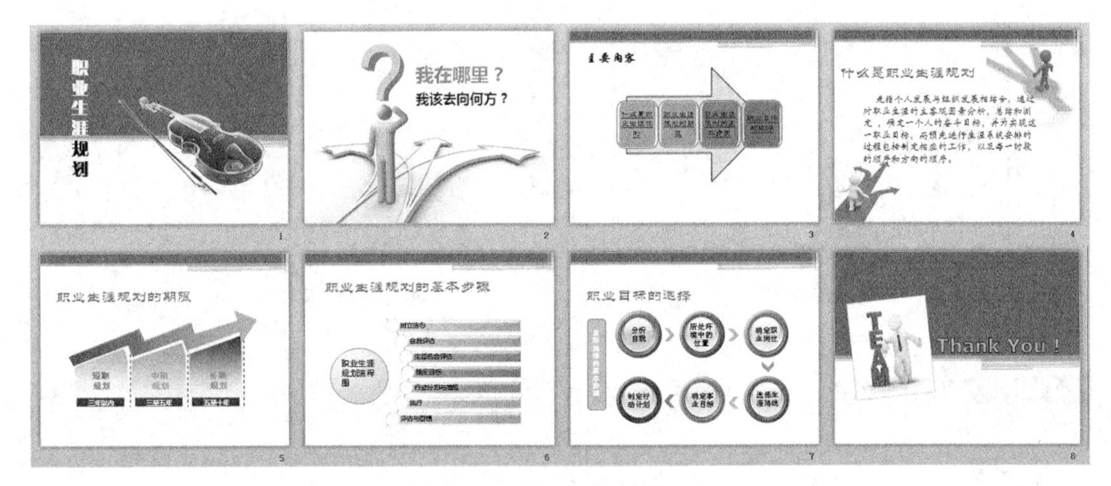

图11-38 职业规划效果

11.5.2 专业背景

职业规划就是对职业生涯乃至人生进行持续的、系统的计划的过程。一个完整的职业规划由职业定位、目标设定和通道设计3个要素构成，它主要包含4大原则，下面分别进行介绍。

- **喜好原则**：只有这个事情是自己喜欢的，才有可能在碰到强大对手的时候仍然坚持，在遇到极其困难情况时不会放弃，在有巨大诱惑的时候也不会动摇。
- **擅长原则**：做你擅长的事，才有能力做好；有能力做好，才能解决具体的问题。只有做自己最擅长的事情，才能做得比别人好，才能在竞争中脱颖而出。
- **价值原则**：你得认为这件事够重要，值得你做，否则你再有能耐也不会开心。
- **发展原则**：首先你得有机会去做，有了机会还得有足够大的市场，足够大的成长空间，这样的职业才有奔头。

如果一个人做自己最喜欢的同时也是自己最擅长的事情，而且觉得这件事最有价值，那么做成的概率会很大；如果这件事情还很有发展前途，那么就可以获得更长久的成功。所以要想获得职业生涯的真正成功，坚持这4条原则非常重要！

11.5.3　操作思路

完成本实训需要新建一个PowerPoint演示文稿，再根据需要创建主题、编辑幻灯片母版、设置背景、创建超链接和加密演示文稿，其操作思路如图11-39所示。

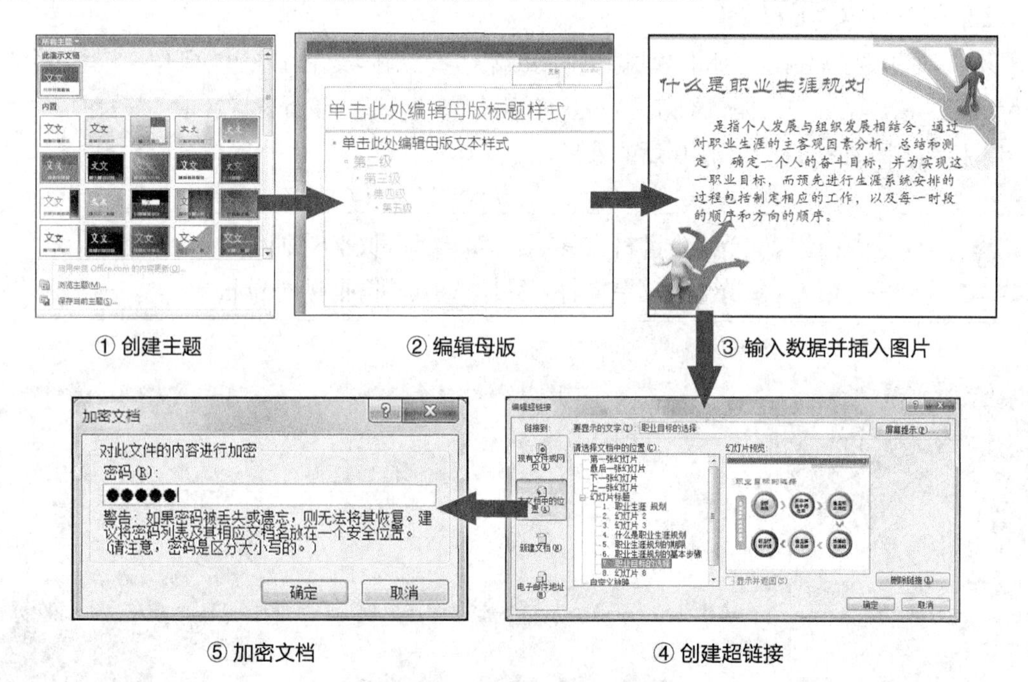

图11-39　职业规划的制作思路

STEP 1 新建一个PowerPoint演示文稿，设置“幻灯片主题”为“都市”，并设置“颜色”为“顶峰”。

STEP 2 切换到母版幻灯片，调整幻灯片字符位置。

STEP 3 关闭幻灯片母版，在幻灯片中输入文本和插入图片并进行相应的设置。

STEP 4 对主要内容插入超链接，使其便于查看。完成后，对幻灯片加密，密码为“12345”。

11.6 常见疑难解析

问：如何应用已有幻灯片的主题？

答：在“主题”下拉列表中选择“浏览主题”选项。在打开的对话框中选择要使用主题的演示文稿。单击 应用(P) 按钮，即可为当前演示文稿应用所选演示文稿的主题。

问：如何为幻灯片设置相同背景？

答：只需在为任意一张幻灯片设置背景后，单击“设置背景格式”对话框中的 全部应用(L) 按钮即可。这样即使再创建新的幻灯片，也会自动沿用已经设置的背景。

11.7 习题

本章主要介绍了编辑母版与主题的相关操作，通过本章的学习，可对母版的编辑方法与制作有一定的了解，下面将通过“工作汇报”演示文稿和“英语课件”演示文稿的制作对所学知识进行巩固。

素材所在位置　光盘:\素材文件\第11章\习题\LOGO.png、英语课件\
效果所在位置　光盘:\效果文件\第11章\习题\工作汇报.pptx、英语课件.pptx

（1）工作汇报是很多公司采用的一种工作交流方式。为了规范汇报形式，需要制作一份工作汇报的演示模板，以便于员工使用，其参考效果如图11-40所示。

- 先制作母版，将统一的对象添加到母版中，如公司LOGO、占位符格式等。
- 编排幻灯片内容时，也需要从母版制作的角度出发，明确每一张幻灯片的用途。

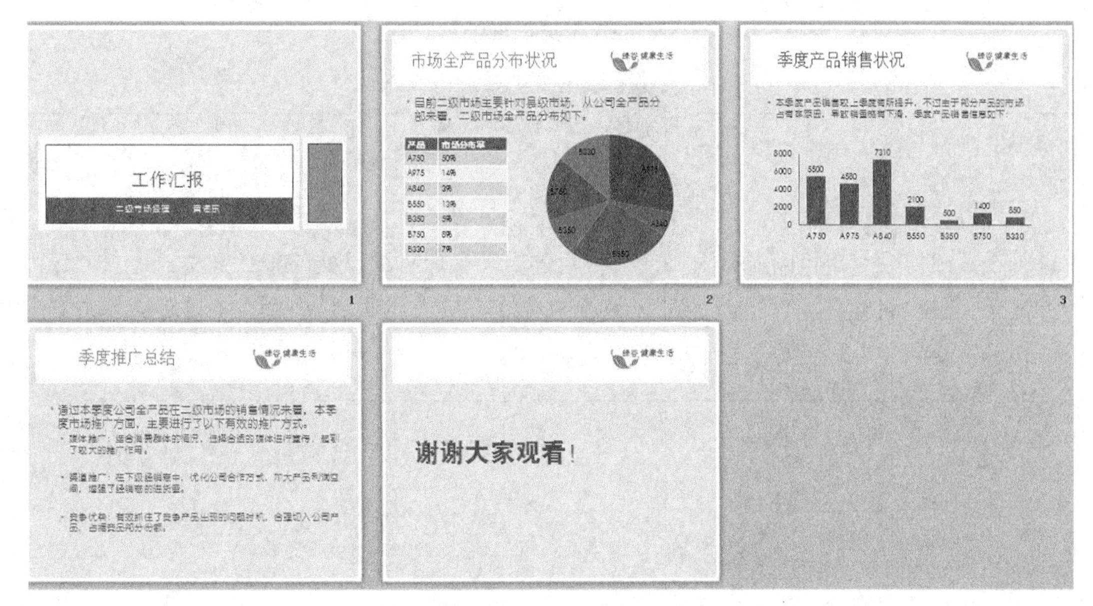

图11-40　工作汇报效果

（2）这段时间因为同事的需要，要制作一个英语课件的演示文稿，便于上公开课时使用，在制作时因为听课的孩子年龄较小，因此画面以儿童画为主，其完成后的参考效果如图11-41所示。

● 了解儿童的各种接受需求，采用图像讲解的方法。

● 根据本例的要求，编辑幻灯片母版，并设置主题，最后插入需要的图片和文字。

图11-41　英语课件效果

课后拓展知识

在办公环境中，很多时候都是多人共用一台计算机，为了防止其他用户对演示文稿进行查看或修改，也可以通过限制使用权限的方法来保护演示文稿。其方法：单击“保护演示文稿”按钮，在打开的下拉列表中选择【按人员限制权限】/【限制访问】选项，然后开启“信息权限服务”功能即可。

PART 12

第12章 制作“电话营销培训”演示文稿

情景导入

为了保证企业的生存和发展，公司将要使用电话营销的方法促进销量，而小白作为这次的培训人员，需要先制作“电话营销培训”演示文稿方便进行员工的培训，于是小白便开始进行该演示文稿的制作了。

知识技能目标

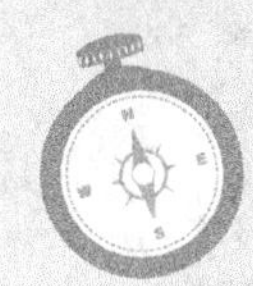

- 学会添加并设置幻灯片动画。
- 学会制作交互动作。
- 学会应用声音。
- 学会设置幻灯片放映时间。

- 了解电话营销目标。
- 了解电话营销的常用技巧。

实例展示

12.1 实例目标

电话营销作为一种新型的营销手段，虽然能快速地将信息传递给目标客户，但真正能靠电话营销获得的订单却是寥寥无几，主要原因还是公司缺乏训练有素的电话销售人员，为了解决这一难题，经理让小白制作一个专业的“电话营销培训”演示文稿，并使用演示文稿对员工进行培训，让公司的每一位电话销售人员能尽快熟悉销售模式。

如图12-1所示即“电话营销培训”演示文稿的最终效果。通过对本例效果的预览，可以了解该任务的重点是讲解如何添加动画和如何使用交互动作，完成后再应用声音，让其更加生动。

素材所在位置　光盘:\素材文件\第12章\电话营销培训.pptx、当你听我说.mp3
效果所在位置　光盘:\效果文件\第12章\电话营销培训\

图12-1　电话营销培训效果

12.2 实例分析

在制作前老张告诉小白，因为是培训型幻灯片，因此需要分析在营销中遇到的问题，以及电话营销的目的和电话营销的技巧，再根据需要对这些内容进行串联，并使用动画的形式进行显示，下面将对其技巧与目的进行分析。

12.2.1　电话营销目标

电话营销是一种相对于传统销售更加便捷的一种销售方式。在电话营销的整个过程中，客户无法看到销售代表的肢体语言、面部表情和处事态度，营销人员只能依靠声音在极短的时间内将有效信息传递给客户，达成电话营销目的。电话营销目的主要包含以下4个方面。

- **潜在客户**：在电话营销过程中，潜在客户会表现出一些购买欲望，此时，电话销售人员就要及时把握住客户的购买欲望。怎么判断客户的购买信号呢？一般来讲，当客户提到具体细节时，如“我怎么下订单？”，则表明客户已经表现出了极大的购买欲望，一定要将其归集在潜在客户之中。
- **关键人物**：电话销售人员第一次打电话给陌生客户时，最好能直接询问到对方相关负责人所在的部门、姓名和联系方式等信息。这里所说的负责人就是电话营销中所指的关键人物。只有得知关键人物的相关信息后，才能进一步开展推广工作。
- **给客户留下良好印象**：给客户留下良好印象是开展电话营销的关键，也是促成电话销售的基础。在电话营销中，开场白是客户对电话营销人员第一印象的定格。一个好的开场白，不仅能引起客户的兴趣，使客户愿意继续谈下去，而且还能在交谈中发现客户的购买需求，从而实现成功预定的目的。
- **预约拜访时间**：首先一定要明确拜访目标，同时，还必须让客户选择见面时间和地点等。此外在交谈过程中，还要尽可能地消除与客户的陌生感。

12.2.2　电话营销的常用技巧

通过电话与客户进行良好沟通，并达成销售意向并不是一件简单的事情。在进行电话营销时，往往需要通过一些技巧才能争取见面机会，从而促成订单。常用的技巧有以下几种。

- **声音技巧**：打电话时，一定要充满热情，同时要注意控制语速和音量，恰到好处的语速可增加声音的感染力，而音量既不能太大也能太小。为了更加有效地吸引客户的注意力，还应在通话过程中运用停顿，并在整个通话过程中保持清晰的发音。
- **开场白技巧**：初次打电话给客户时，最好在20秒内对公司和自我做介绍，引起客户的兴趣，让谈话持续下去。在轻松的谈话氛围中询问客户，了解客户的实际需求。
- **询问技巧**：对于电话营销人员来说，在电话沟通过程中，如果能够灵活运用询问技巧，会给电话销售带来意想不到的收获。进行提问时，要明确提问目的和提问方式，不要毫无目的地对客户进行提问，这会造成客户的逆反心理。
- **倾听技巧**：倾听是沟通的重要基础，有效的倾听是电话营销成功的第一步。在每一个通话过程中，要真正“听懂”客户，了解客户“话里”或“话外”表达的问题与期望，不要打断客户的谈话。同时，还要努力将自己的真诚从电话中传递过去。

职业素养

要想成为电话营销高手，除了掌握必要的沟通技巧外，电话营销人员自身还需要具备一定专业素质，并对推销的产品了如指掌，这样才能让客户感到你是这一类产品的专家。

12.3 制作思路

老张告诉小白，本次制作主要是对制作好的幻灯片添加并设置动画，再制作交互动作、插入声音、设置幻灯片的时间并对幻灯片进行打包操作，最后制作成CD，制作本例的具体思路如下。

（1）为幻灯片中的对象添加并设置动画效果，以及为幻灯片设置切换效果，参考效果如图12-2所示。

（2）设置幻灯片的交互动作，使幻灯片能够按照移动的顺序进行播放，效果如图12-3所示。

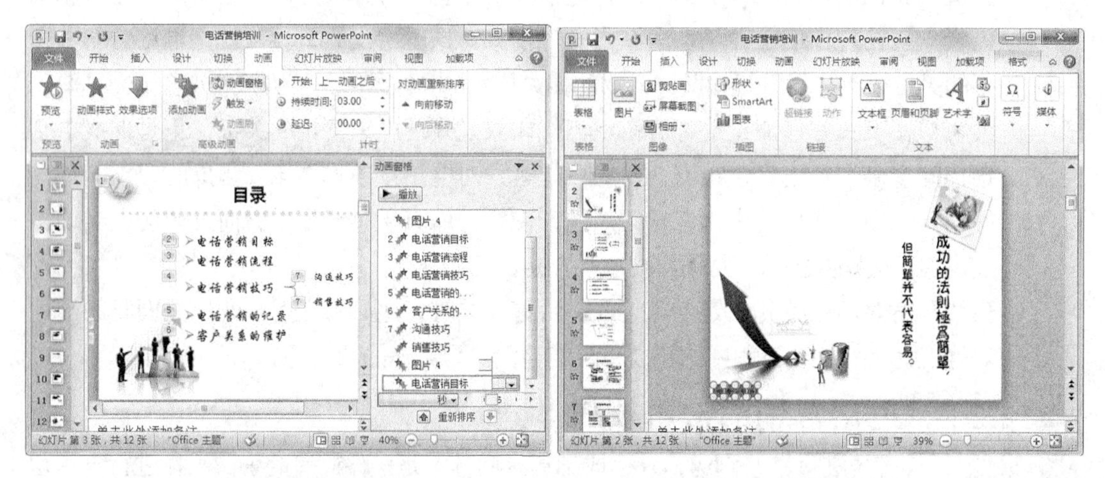

图12-2　设置动画效果　　　　图12-3　设置交互动作

（3）添加声音并对设置好的幻灯片设置放映方式，完成后设置幻灯片的放映时间以方便查看，效果如图12-4所示。

（4）设置放映幻灯片的方式，并对幻灯片进行打包操作，并使用播放器播放打包后的效果，如图12-5所示。

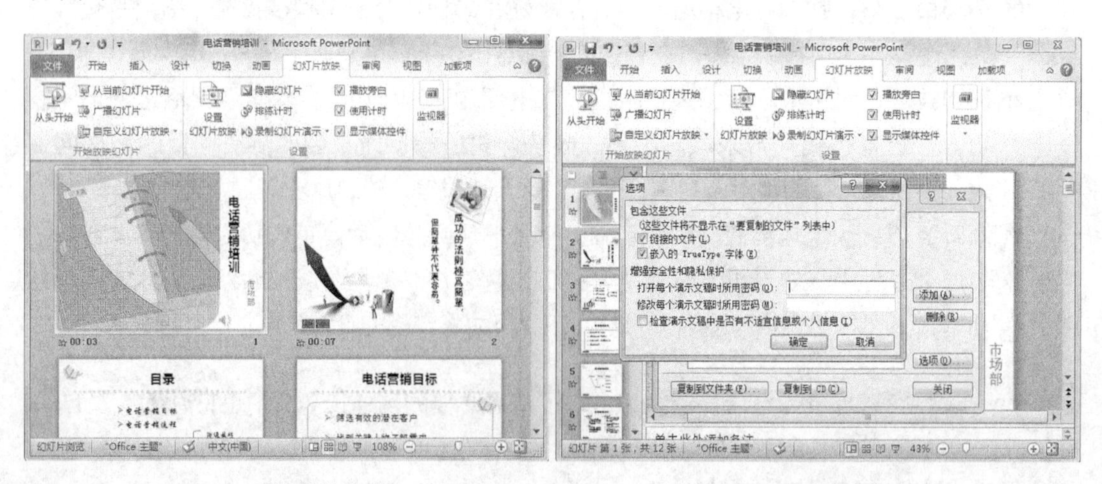

图12-4　设置放映时间　　　　图12-5　打包演示文稿

12.4 制作过程

小白开始对“电话营销培训”演示文稿进行制作，因为前面已经对基本内容进行了编辑，因此只需要添加并设置幻灯片动画、制作交互动作、应用声音和设置放映时间即可，完成后对幻灯片进行打包操作，并使用播放器进行播放，下面分别对其进行介绍。

12.4.1 添加幻灯片动画

下面将打开“电话营销培训.pptx”演示文稿，并根据其中的内容按照显示的先后顺序添加不同的动画效果，使其查看更加美观，其具体操作如下（微课：光盘\微课视频\第12章\添加幻灯片动画.swf）。

STEP 1 双击打开“电话营销培训.pptx”演示文稿，在其中选择第1张幻灯片，并选择其中的标题文字，在【动画】/【动画】组中单击“动画样式”按钮★，在打开的下拉列表中选择“飞入”选项，如图12-6所示。

STEP 2 在【动画】/【动画】组中单击“效果选项”按钮，在打开的下拉列表中选择“自左侧”选项，如图12-7所示。

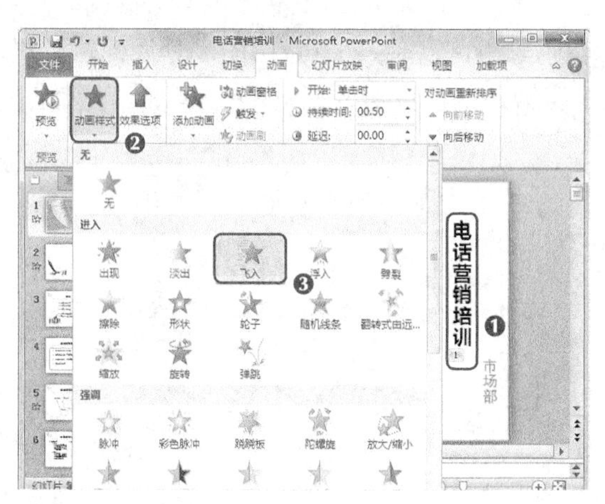

图12-6 设置动画样式

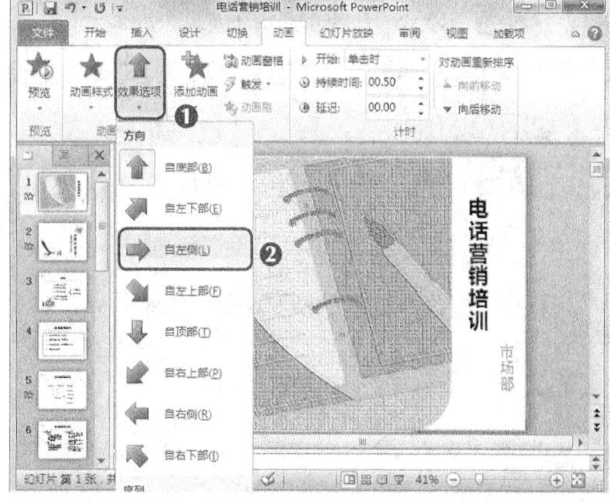

图12-7 设置效果选项

STEP 3 选择幻灯片副标题文本，在【动画】/【动画】组中单击“动画样式”按钮★，在打开的下拉列表中选择“脉冲”选项，如图12-8所示。

STEP 4 切换到第2张幻灯片，选择左下角图片，将动画样式设置为“形状”，依次选择右上角的图片、幻灯片文字，并设置动画样式为“淡出”。此时幻灯片各对象左侧会显示一个数字序号，表示动画的播放顺序，如图12-9所示。

知识提示

进入动画用于设置幻灯片对象在幻灯片中从无到有的动画效果，用于突出幻灯片对象的显示，也就是使特定对象的显示能够吸引观众；强调动画用于将幻灯片对象以各种明显的动画特征突出显示出来，也就是从对象存在到明显显示的过程；退出动画用于设置幻灯片对象从有到无的过程，用于淡出特定对象在幻灯片中的显示；路径动画用于设置幻灯片移动轨迹。

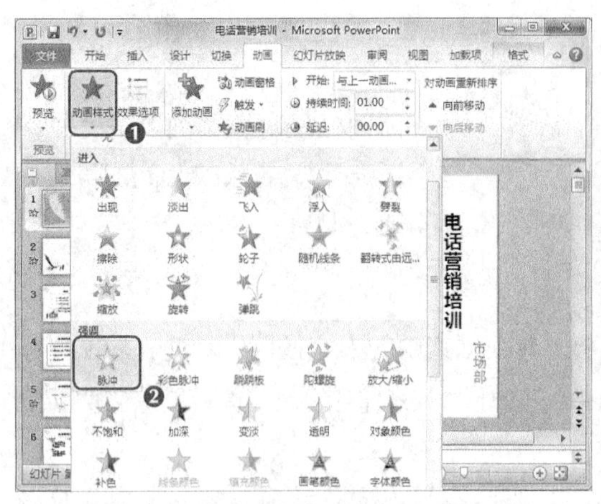
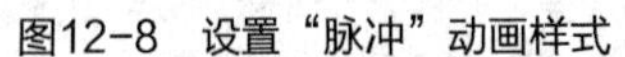

图12-8　设置“脉冲”动画样式

图12-9　设置第2张幻灯片的动画样式

部分动画效果是不能设置选项的。如果设置动画后，“效果选项”按钮★显示为灰色，就表示该动画无选项可以设置。

STEP 5 依次切换到第3~第11张幻灯片。分别按顺序将每张幻灯片中的幻灯片标题设置为“飞入”进入动画、图片设置为“随机线条”进入动画，正文设置为“出现”进入动画，效果如图12-10所示。

STEP 6 切换到第12张幻灯片，为幻灯片下方的人物图像与文本添加“淡出”动画效果，如图12-11所示。

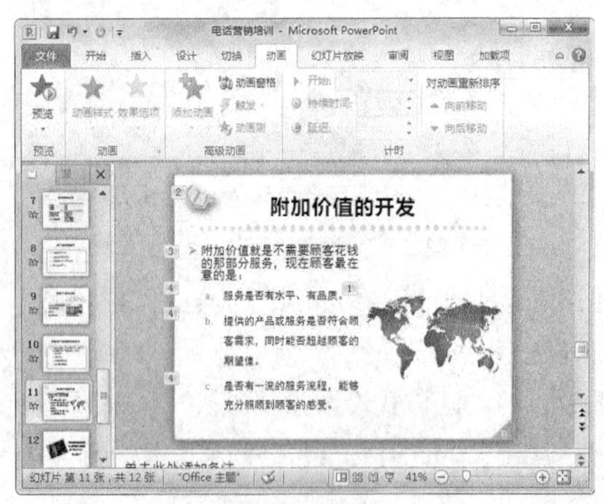

图12-10　设置幻灯片动画

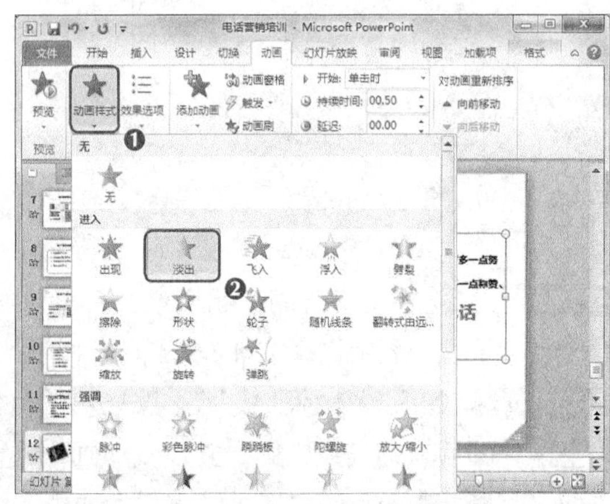

图12-11　设置“淡出”动画样式

在幻灯片中，设置动画的顺序也就是动画的播放顺序。因此在设置动画时，一定要按照预设的播放顺序来设置。虽然动画播放顺序在后期还可以任意调整，但如果幻灯片中包含太多对象时，可以一次设置正确，后期就不用再调整了。

12.4.2 编辑幻灯片动画

当完成幻灯片动画的添加后，除了部分动画需要设置方向等效果选项外，还需要对动画的开始方式、持续时间以及延迟时间进行调整。如果需要，还可以调整动画顺序，或者将设置错误的动画删除。具体操作如下（微课：光盘\微课视频\第12章\编辑幻灯片动画.swf）。

STEP 1 选择第1张幻灯片，并选择序号为“1”的动画。单击【动画】/【计时】组的“开始”栏右侧的下拉按钮，在打开的下拉列表中选择“与上一动画同时”选项，如图12-12所示。

STEP 2 在“持续时间”右侧的数字框中输入“2秒”，在“延迟”右侧的数字框中输入“0.5秒”，完成设置，如图12-13所示。

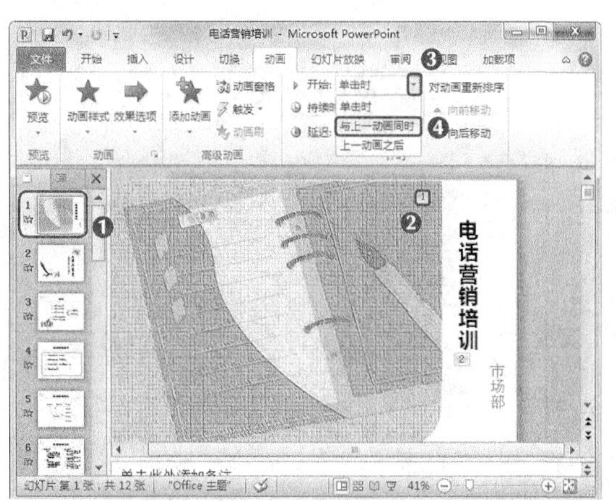

图12-12 设置放映开始方式

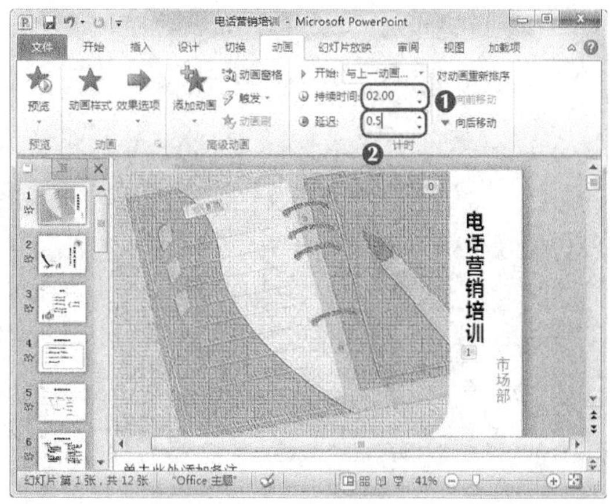

图12-13 设置持续时间

STEP 3 使用同样的方法对序号2进行相同的设置，并设置开始方式均为“上一动画之后”，如图12-14所示。

STEP 4 单击【动画】/【高级动画】组中的“动画窗格”按钮，在窗口右侧显示出动画窗格，在其中可查看每个动画的详情，如图12-15所示。

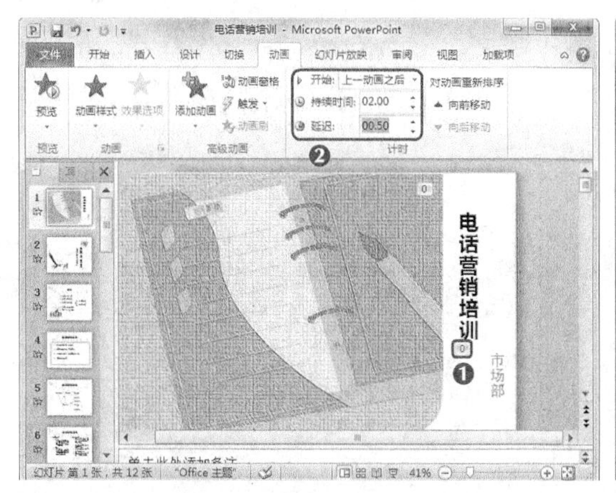

图12-14 设置序号2的动画时间

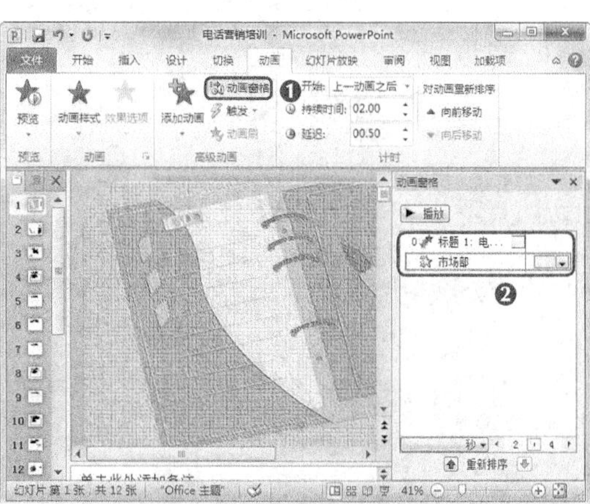

图12-15 打开动画窗格

知识提示

"单击时"表示单击鼠标触发动画播放；"与上一动画同时"表示与上一动画同时播放，第一顺序的动画则自动播放；"上一动画之后"表示上一顺序的动画完成后开始播放本次动画。在为幻灯片设置动画时，如果是手动换片，则设置为"单击时"；自动播放幻灯片则第一动画设置为"与上一动画同时"，后续动画均设置为"在上一动画之后"。

STEP 5 如果要调整动画的播放顺序，只需在列表中向上或向下拖曳动画到其他动画之前或之后即可。如果要删除动画，则用鼠标单击右侧下拉按钮，在打开的下拉列表中选择"删除"选项即可，如图12-16所示。

STEP 6 切换到第3张幻灯片，选择幻灯片下方的图像。单击【动画】/【高级动画】组中的"添加动画"按钮，在打开的下拉列表中选择"浮出"选项，如图12-17所示。

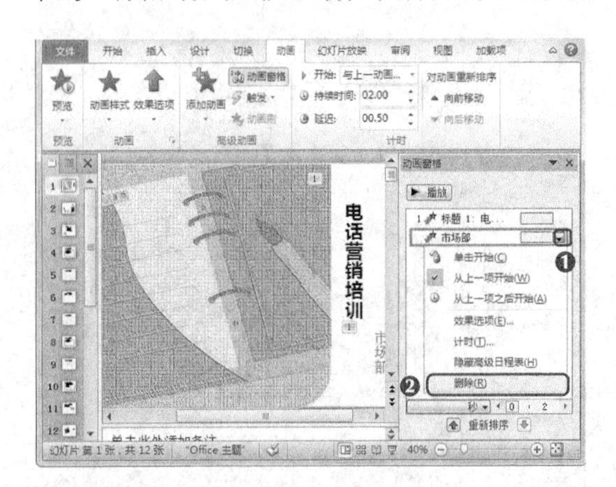

图12-16　删除动画

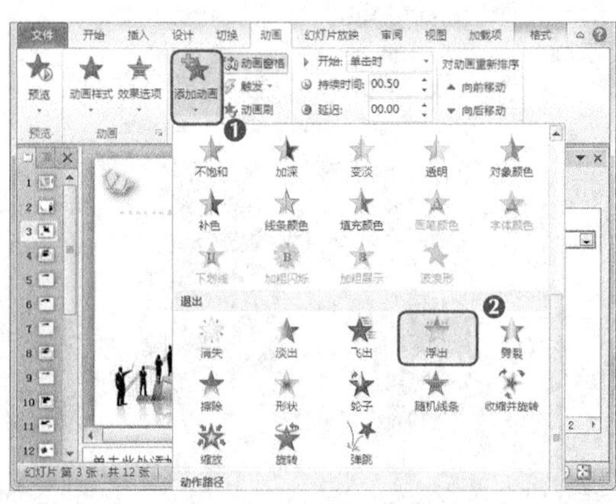

图12-17　添加动画

STEP 7 将效果选项设置为"上浮"，开始方式为"上一动画之后"，持续时间为"5秒"，如图12-18所示。

STEP 8 继续选择幻灯片中图像后面的文本，添加"浮出"退出动画，并更改动画方向为"下浮"，开始方式为"上一动画之后"，持续时间为"3秒"。设置后可打开"动画窗格"查看当前幻灯片的动画列表，如图12-19所示。

图12-18　设置动画持续时间

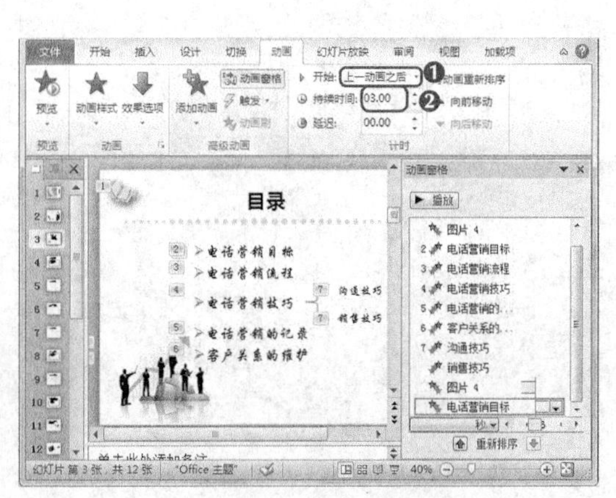

图12-19　添加文字动画

STEP 9 使用相同的方法，为其他文字设置添加“浮出”退出动画，并更改动画方向为“下浮”，开始方式为“上一动画之后”，持续时间为“3秒”，如图12-20所示。

STEP 10 使用相同的方法，设置添加其他幻灯片退出动画，并设置动画开始方式为“上一动画之后”、持续时间为“3秒”，如图12-21所示。

图12-20　添加其他退出动画

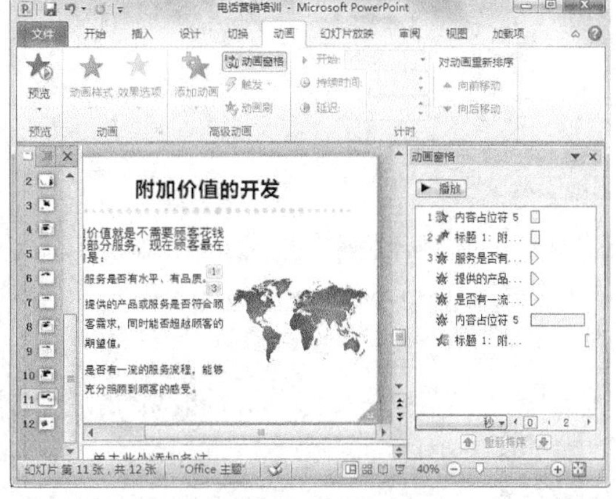

图12-21　设置其他幻灯片退出动画

STEP 11 选择第12张幻灯片中的图片，单击【动画】/【高级动画】组中的“添加动画”按钮，在打开的下拉列表中选择“弧形”选项，如图12-22所示。

STEP 12 在幻灯片中拖曳红色的箭头调整弧形大小，并设置开始方式为“上一动画之后”，持续时间为“3秒”，如图12-23所示。

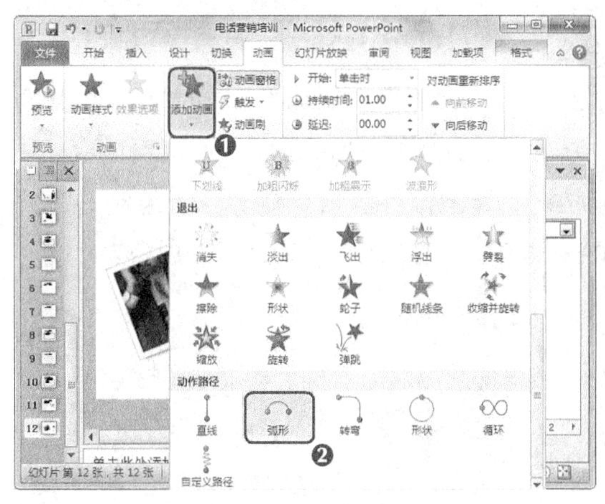

图12-22　添加动作路径

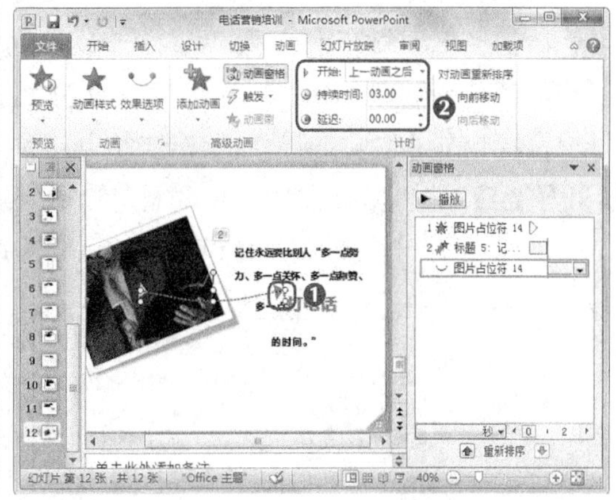

图12-23　调整路径与计时

STEP 13 选择第1张幻灯片，单击【切换】/【切换到此幻灯片】组的“切换方案”按钮，在打开的下拉列表中选择“溶解”选项，如图12-24所示。

STEP 14 在【切换】/【计时】组中将切换声音设置为“微风”，再将切换时间设置为“2秒”，换片方式设置为“单击鼠标时”，完成后单击全部应用按钮，其设置后的效果如图12-25所示。

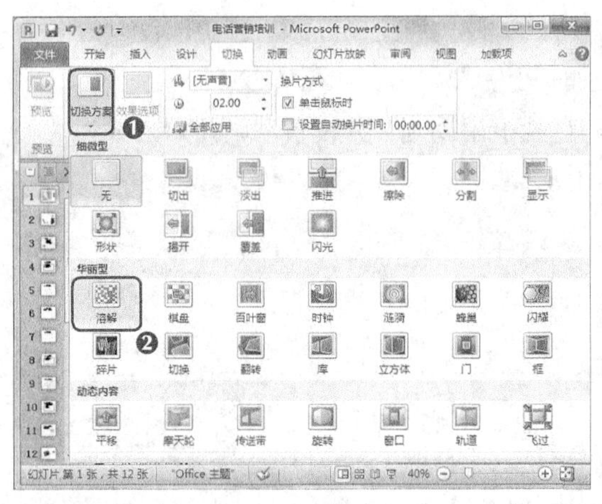

图12-24　设置切换方案

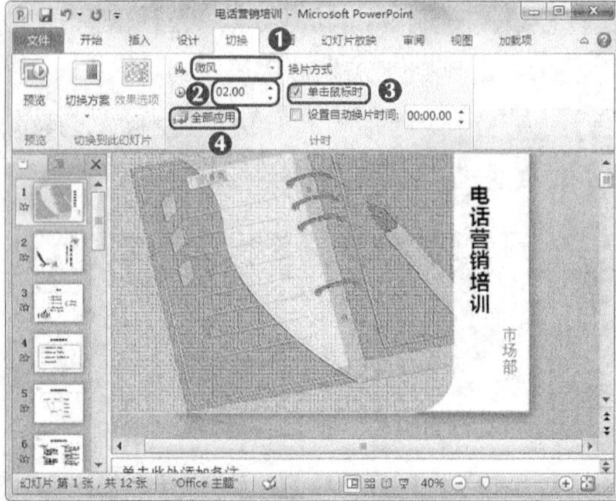

图12-25　设置切换计时

多学一招

为一张幻灯片设置切换效果并设置选项后，如果要为所有幻灯片设置相同的切换效果，只需单击全部应用按钮即可。如果要为每张幻灯片设置不同的切换效果，则分别切换到每张幻灯片后逐张设置。不过对于商务幻灯片而言，通常只采用一种切换方案，有时甚至不采用切换方案。

12.4.3　制作交互动作

在PowerPoint中，除了添加动画外，还可以为幻灯片添加各种交互动作，使幻灯片不仅能够按顺序放映，还能够交互放映，从而让幻灯片的放映与控制更加便捷，其具体操作如下（微课：光盘\微课视频\第12章\制作交互动作.swf）。

STEP 1　切换到第1张幻灯片，单击【插入】/【插图】组中的“形状”按钮，在打开的下拉列表中的“动作按钮”栏单击“结束”动作按钮，如图12-26所示。

STEP 2　拖曳鼠标在幻灯片左下角绘制动作按钮，释放鼠标完成绘制。由于绘制的是预设按钮，因此在打开的“动作设置”对话框中直接单击确定按钮，如图12-27所示。

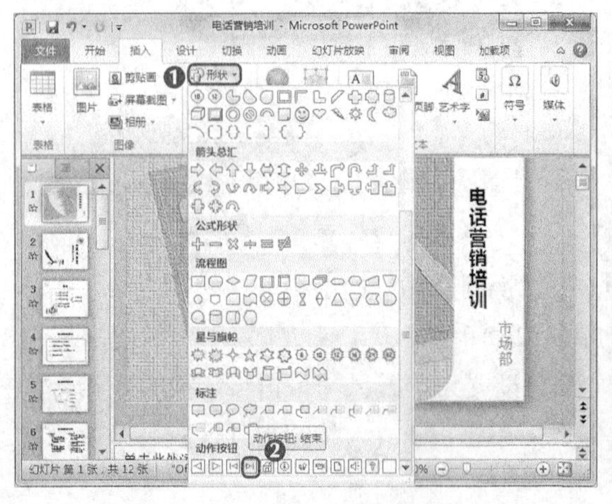

图12-26　选择动作按钮

图12-27　动作设置

STEP 3 继续在“动作按钮”列表中依次选择“前进”▷、“后退”◁、“开始”⏮、“结束”⏭按钮，并在幻灯片左下角按顺序绘制。绘制完毕后，按【Ctrl】键的同时单击选择4个动作按钮，再按【Ctrl+C】组合键复制，如图12-28所示。

STEP 4 依次切换到第3~第12张幻灯片，按【Ctrl+V】组合键粘贴动作按钮。粘贴到第12张幻灯片后，删除其中的“结束”按钮⏭，效果如图12-29所示。

图12-28 绘制其他动作按钮

图12-29 删除动作按钮

12.4.4 应用声音

当完成交互动作后，还可对其应用声音使其更加完整，其具体操作如下（微课：光盘\微课视频\第12章\应用声音.swf）。

STEP 1 选择第1张幻灯片，在【插入】/【媒体】组中单击“音频”按钮，在打开的下拉列表中选择“文件中的音频”选项，如图12-30所示。

STEP 2 打开“插入音频”对话框，选择音乐文件的保存位置，单击 插入(S) 按钮，如图12-31所示。

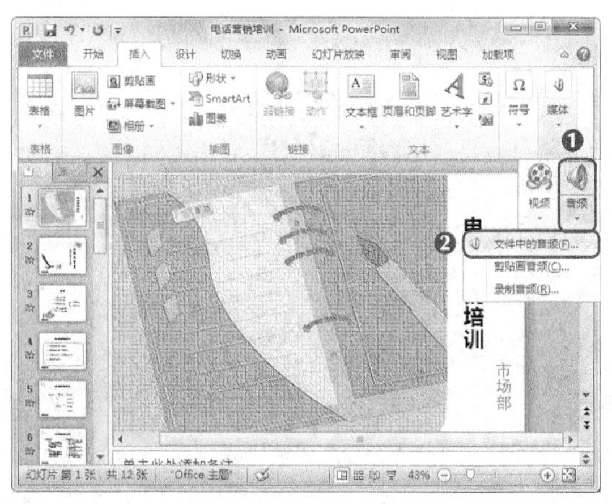

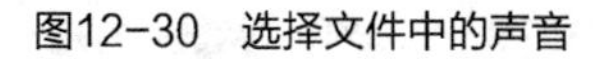
图12-30 选择文件中的声音

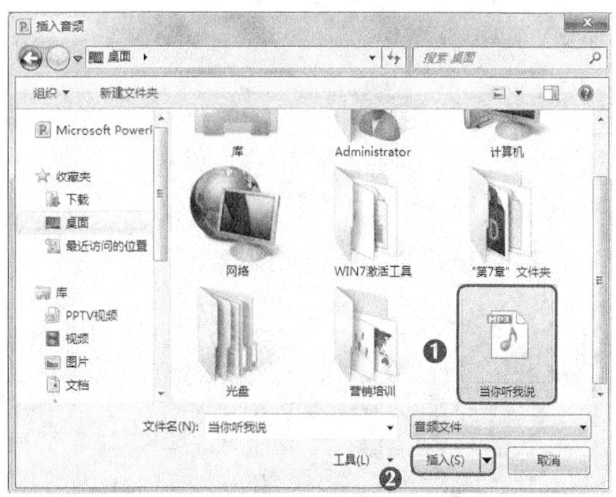

图12-31 选择音乐文件

STEP 3 返回幻灯片，在【播放】/【音频选项】组单击“开始”下拉列表框右侧的下拉按钮，在打开的下拉列表中选择“跨幻灯片播放”选项，如图12-32所示。

STEP 4 在【格式】/【调整】组中单击“颜色”按钮，在打开的下拉列表中选择“色温：4700K”选项，如图12-33所示。

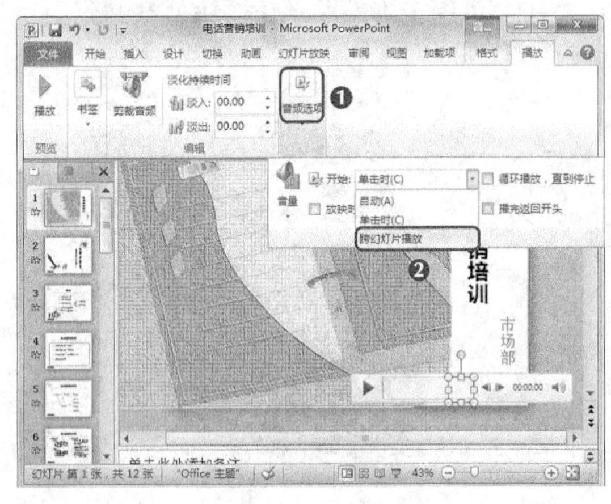

图12-32 设置播放方式

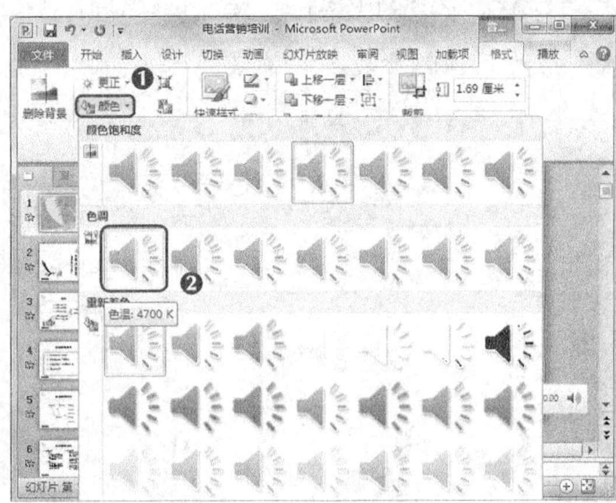

图12-33 重新着色

12.4.5 设置放映方式与时间

放映方式是指幻灯片的放映类型及换片方式等，不同的放映方式适合的放映环境不同，用户需要根据实际情况来选择。而放映时间指通过排练计时功能来合理设置每张幻灯片的自动播放时间，其具体操作如下（微课：光盘\微课视频\第12章\设置放映方式与时间.swf）。

STEP 1 选择第1张幻灯片，在【幻灯片放映】/【设置】组中单击“设置幻灯片放映”按钮，如图12-34所示。

STEP 2 打开“设置放映方式”对话框，在“放映类型”栏中选择要采用的放映方式。单击 确定 按钮，完成设置，如图12-35所示。

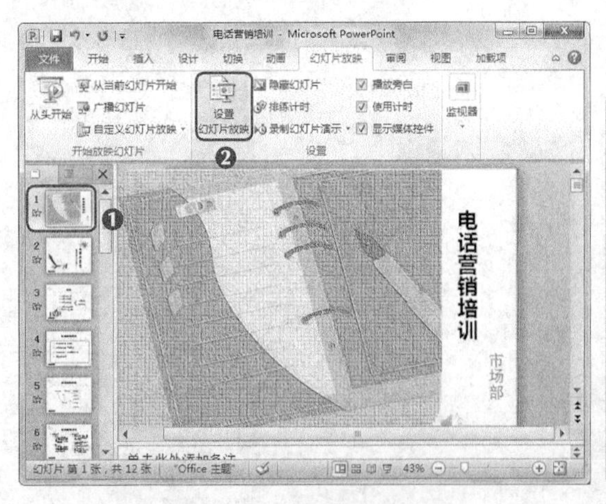

图12-34 准备设置幻灯片放映

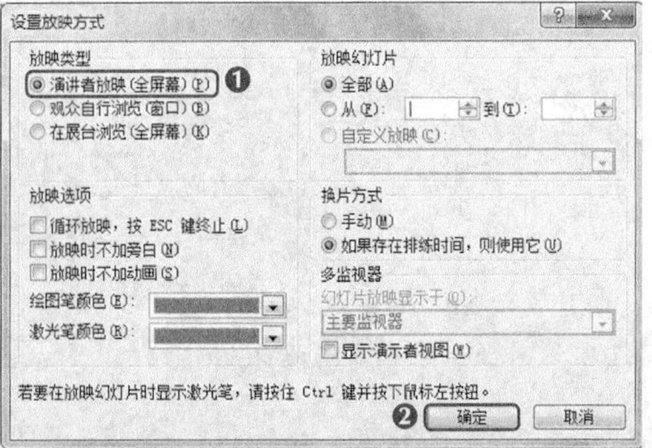

图12-35 选择幻灯片放映方式

STEP 3 在【幻灯片放映】/【设置】组中单击“排练计时”按钮，如图12-36所示。

STEP 4 进入到排练计时界面并开始放映幻灯片，在录制框中显示当前幻灯片的放映时间，等待幻灯片内容放映完毕，并且“录制”框中的时间达到期望时间后，单击“下一张”按钮，如图12-37所示。

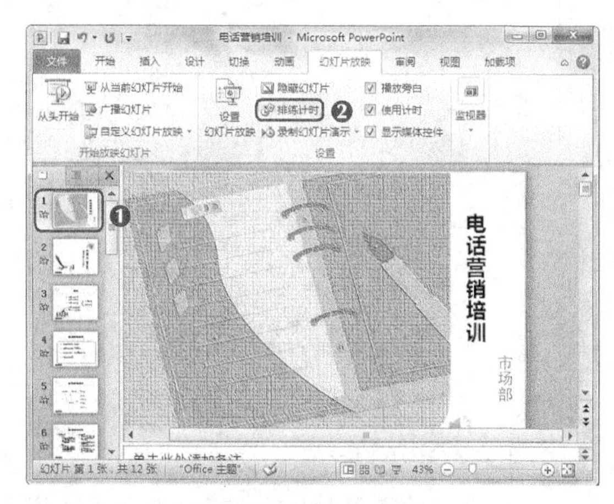

图12-36 进入排练计时

图12-37 排练计时效果

STEP 5 逐张播放幻灯片，对每张幻灯片的播放时间进行排练计时，当最后一张幻灯片播放完毕时，打开提示对话框显示放映总时间，单击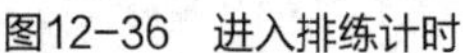按钮，如图12-38所示。

STEP 6 此时将自动进入幻灯片浏览视图，在每张幻灯片缩略图下方会显示幻灯片的放映时间，如图12-39所示。

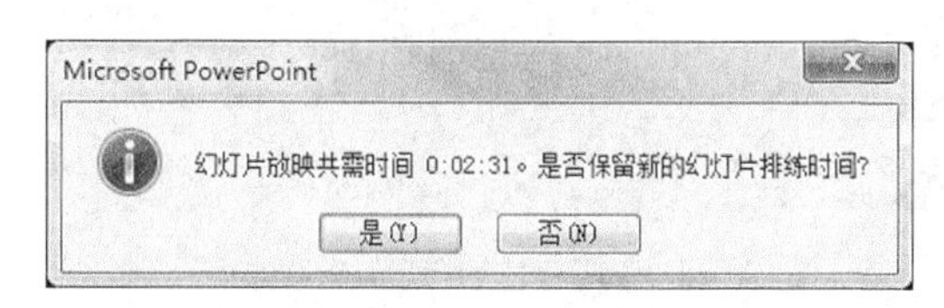

图12-38 确定排练时间

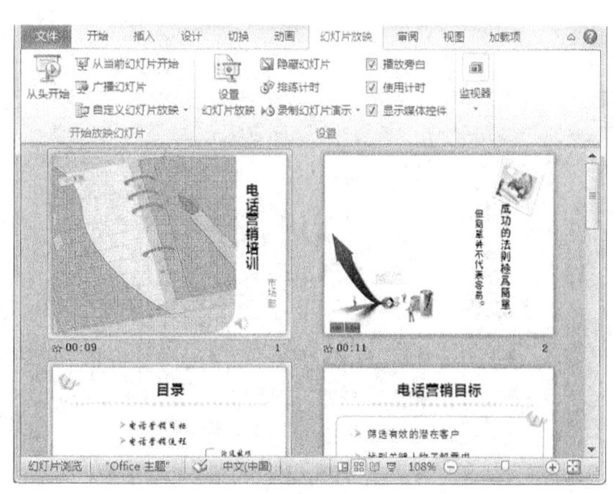

图12-39 查看放映时间

12.4.6 自定义放映演示文稿

前面对放映时间进行了设置，当完成后即可放映演示文稿，而不同场合播放幻灯片的方式可能也不同，下面将讲解自定义放映演示文稿的方法，其具体操作如下（微课：光盘\微课视频\第12章\自定义放映幻灯片.swf）。

STEP 1 单击“普通视图”按钮，在【幻灯片放映】/【开始放映幻灯片】组中单击“自定义幻灯片放映”按钮，在打开的下拉列表中选择“自定义放映”选项，如图12-40所示。

STEP 2 打开“自定义放映”对话框，单击右侧的 新建(N)... 按钮，如图12-41所示。

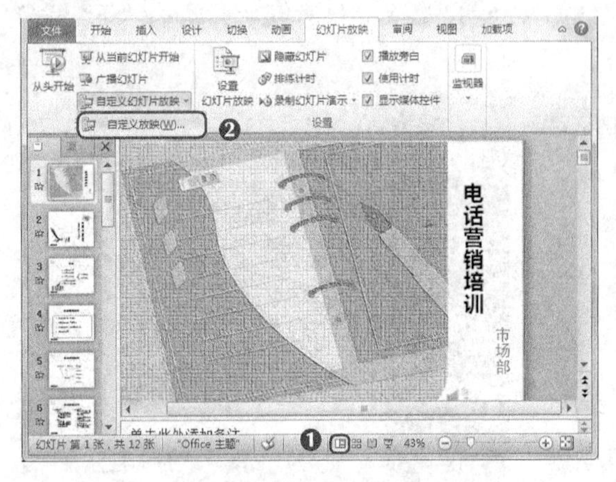

图12-40　选择“自定义放映”选项

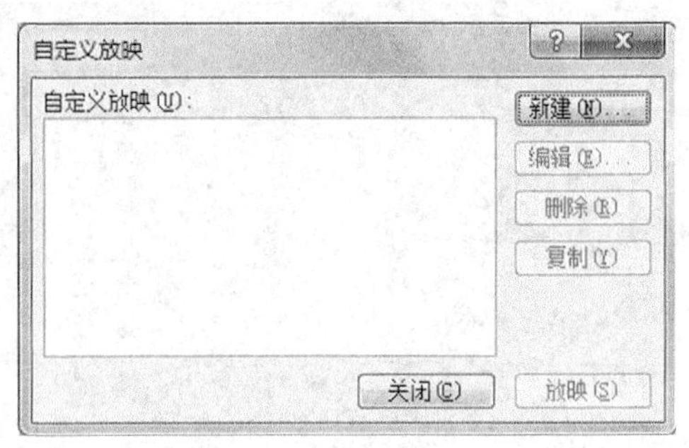

图12-41　新建放映

STEP 3 打开“定义自定义放映”对话框，在“幻灯片放映名称”文本框中输入自定义放映的名称。在左侧列表框中选择要放映的幻灯片。单击 添加(A) >> 按钮，将幻灯片添加到右侧列表框中，单击 确定 按钮，如图12-42所示。

STEP 4 返回到“自定义放映”对话框，可以看到已经创建了指定的幻灯片放映，单击 关闭(C) 按钮，返回到PowerPoint窗口后，再次单击“自定义幻灯片放映”按钮，在打开的下拉列表中即可选择并放映创建的自定义放映方案，如图12-43所示。

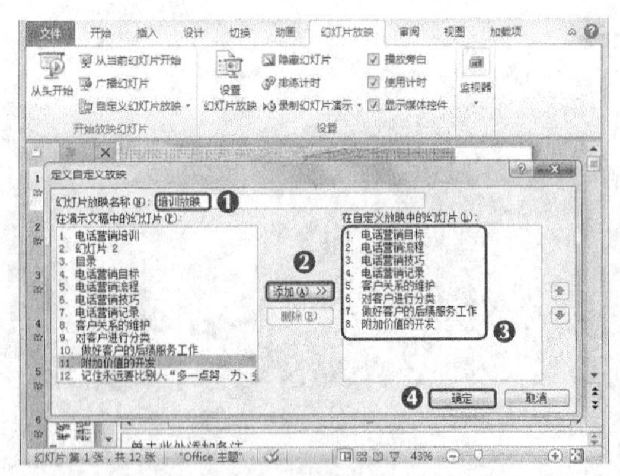

图12-42　打开“定义自定义放映”对话框

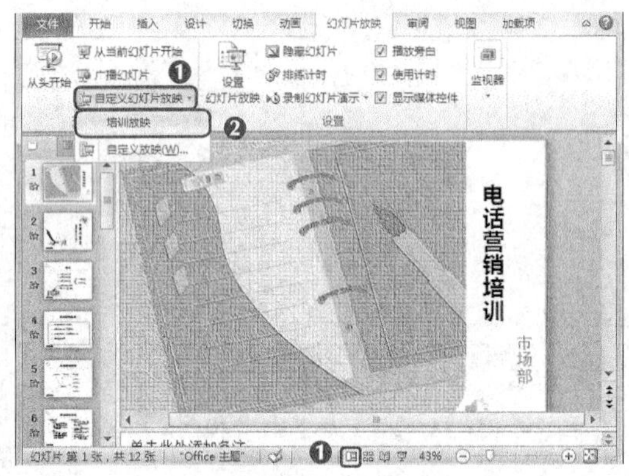

图12-43　查看添加的自定义放映方案

12.4.7　打包幻灯片

制作完演示文稿后，如果要将其复制到其他计算机中放映，可对演示文稿进行打包操作，其具体操作如下（微课：光盘\微课视频\第12章\打包幻灯片.swf）。

STEP 1 选择【文件】/【保存并发送】命令，在展开的列表中选择“将演示文稿打包成CD”选项。单击右侧界面中的“打包成CD”按钮，如图12-44所示。

STEP 2 打开“打包成CD”对话框，单击对话框中的 选项(O)... 按钮，打开“选项”对话框，单击选中“链接的文件”与“嵌入的TrueType字体”复选框。单击 确定 按钮，如图12-45所示。

图12-44 单击“打包成CD”按钮

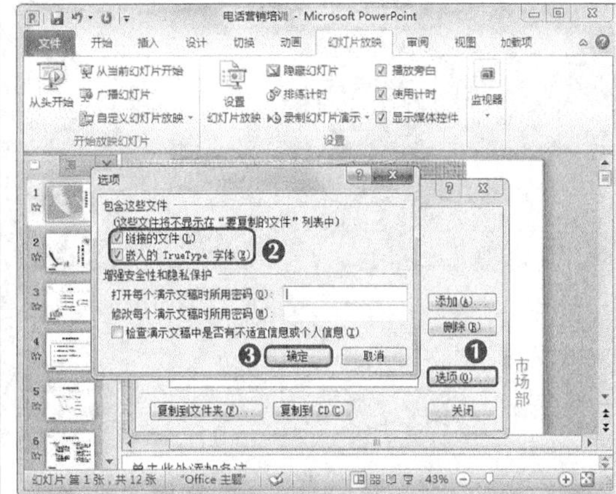

图12-45 设置打包选项

STEP 3 返回“打包成CD”对话框，单击 复制到文件夹(F)... 按钮。在打开的“复制到文件夹”对话框中设置文件夹名称与保存位置后，单击 确定 按钮，如图12-46所示。

STEP 4 此时将打开提示对话框，单击 是(Y) 按钮，即可完成打包操作，查看打开后的效果，如图12-47所示。

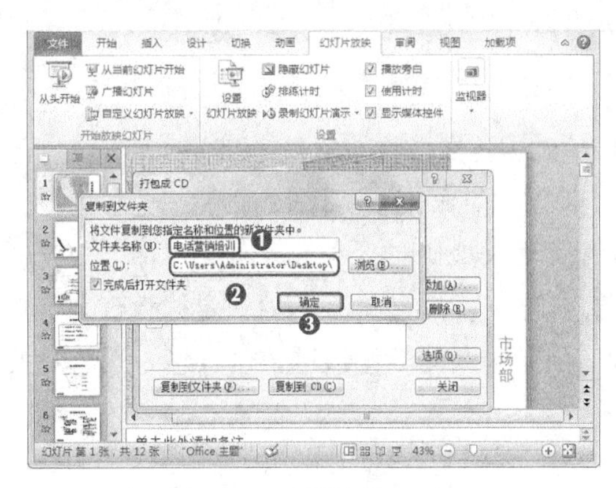

图12-46 复制文件夹

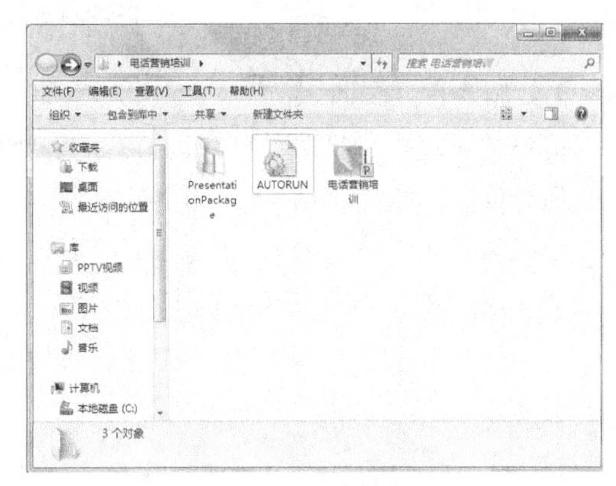

图12-47 查看打包后效果

12.5 实训——制作“商务培训”演示文稿

12.5.1 实训目标

本实训的目标是制作“商务培训.pptx”演示文稿，它的制作及编辑方法与制作“电话营销培训”演示文稿类似，主要包括添加幻灯片动画、制作交互动作、设置放映时间等操作，图12-48所示为制作后的效果。

素材所在位置 光盘:\素材文件\第12章\实训\商务培训.pptx
效果所在位置 光盘:\效果文件\第12章\实训\商务培训.pptx

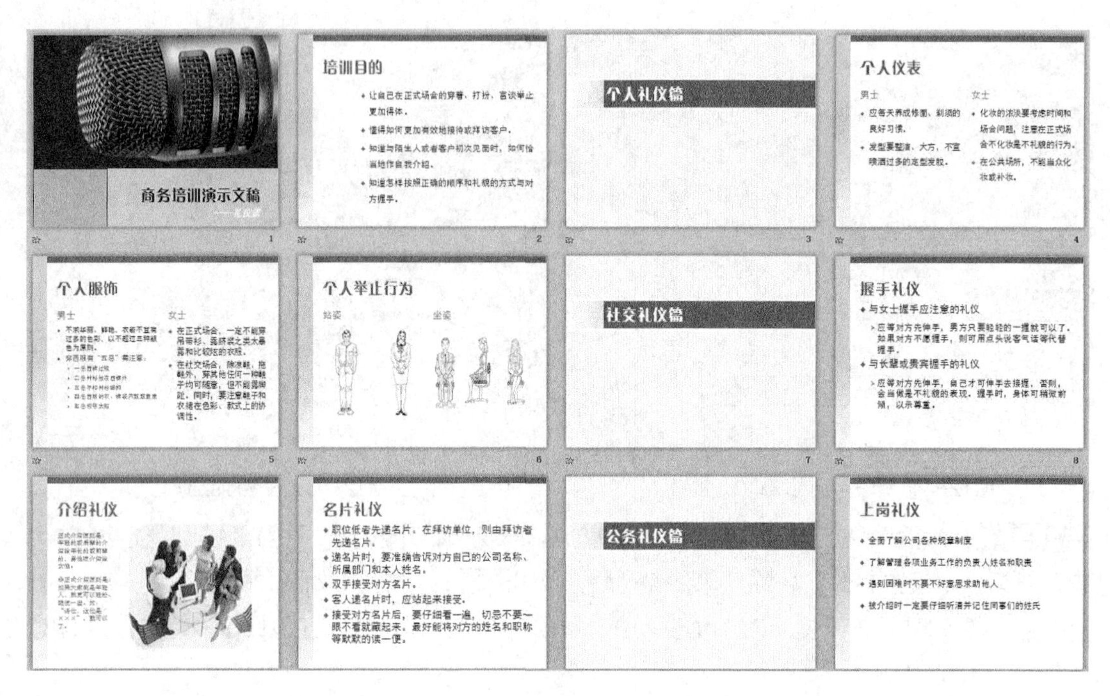

图12-48　商务培训效果

12.5.2　专业背景

商务培训是一种针对商贸活动进行的有组织的知识传递、技能传递、标准传递、信息传递、信念传递、管理训诫行为。目前国内商务培训侧重岗前培训、业务培训、理论培训等。为了实现统一的科学技术规范、标准化作业，通过目标规划设定、知识和信息传递、技能熟练演练、作业达成评测、结果交流公告等现代信息化的流程，让员工通过一定的教育训练技术手段，达到预期的水平提高目标。商务培训正由国内向国际化迈进，也日趋为人们所关注。 商务培训是企业活动中重要的核心工作之一。

12.5.3　操作思路

完成本实训需要新建一个PowerPoint演示文稿，再根据需要创建主题、编辑幻灯片母版、设置背景、创建超链接和加密演示文稿，其操作思路如图12-49所示。

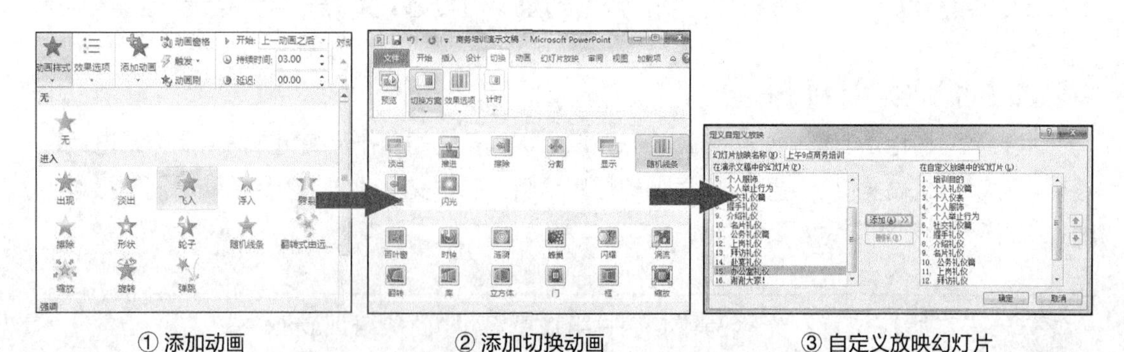

① 添加动画　　② 添加切换动画　　③ 自定义放映幻灯片

图12-49　商务培训的制作思路

STEP 1 打开“商务培训.pptx”演示文稿，设置标题动画样式为“飞入”，并设置正文动画样式为“浮入”，再根据需添加动画，并设置开始方式与动画持续时间。

STEP 2 单击“切换方案”按钮，在打开的下拉列表中选择“随机线条”选项，并设置效果选项为“水平”，再设置“持续时间为”为“3”。

STEP 3 完成后自定义幻灯片放映，并设置幻灯片放映名称为“商务培训”。

STEP 4 完成后保存设置后的幻灯片并进行播放。

12.6 常见疑难解析

问：如何播放当前幻灯片？

答：可切换到需要的幻灯片上，在【幻灯片放映】/【开始放映幻灯片】组中单击“从当前幻灯片开始”按钮，开始对该幻灯片进行播放，当完成播放后，单击鼠标右键，在弹出的快捷菜单中选择“结束放映”命令。

问：如何添加剪贴画音频？

答：与插入剪贴画类似，只需在【插入】/【音频】组中单击“音频”按钮，在打开的下拉列表中选择“剪贴画音频”选项，打开“剪贴画”面板，在其中选择需要的音频即可。

问：如何快速复制对象动画？

答：选择已经添加了动画的对象，单击【动画】/【高级动画】组中的“动画刷”按钮，单击要设置相同动画的对象，即可为对象复制已有的动画效果。

12.7 习题

本章主要介绍了制作与编辑幻灯片动画、制作交互动作、应用声音与打包幻灯片操作，通过本章的学习，可对设置幻灯片动画有一定的了解，下面将通过制作“培训计划”演示文稿和“营销计划”演示文稿对所学知识进行巩固。

素材所在位置　光盘:\素材文件\第12章\习题\培训计划.pptx
效果所在位置　光盘:\效果文件\第12章\习题\培训计划.pptx、营销计划.pptx

（1）最近公司的培训课程太多，出现了培训场地和经费紧张等问题，为了达到最佳的培训目的，经理要求各部门制订详细的培训演示文稿，对员工进行培训，其完成后的参考效果如图12-50所示。

- 清楚明白培训项目的内容，特别是在技能和专业培训这两方面要加强，另外，培训时间的安排和培训金费的合理分配也是必不可少的。
- 根据本例的要求，在提供的素材基础上添加并设置动画与交互动作。

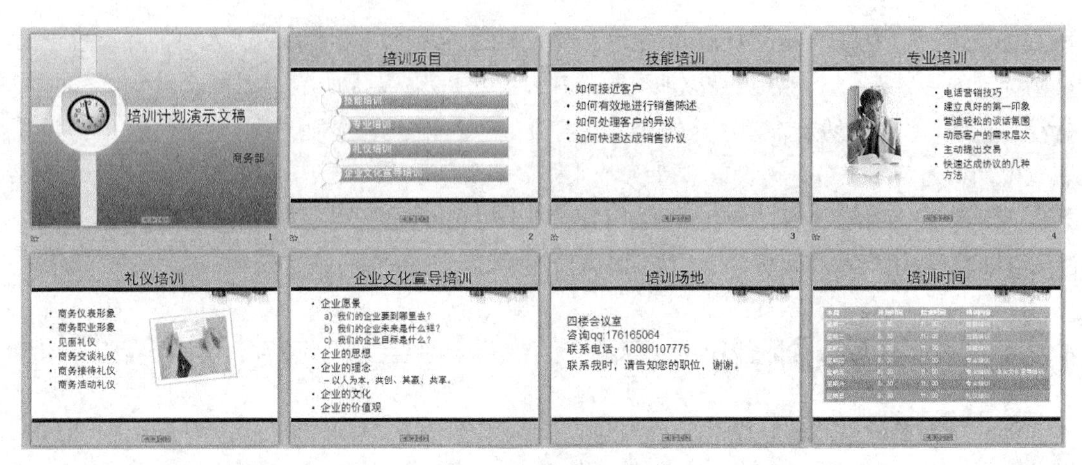

图12-50　培训计划效果

（2）公司年度营销会议即将召开，销售部门整理好了营销计划报告，需要小白对报告进行整理并为相应幻灯片应用动画，其参考效果如图12-51所示。

- 编排幻灯片内容时，对于分散的内容，一定要先规划好布局，然后通过文本框来放置在一起。
- 内容太多时，可以设置幻灯片内容动画的延迟显示，便于与演讲时间吻合。

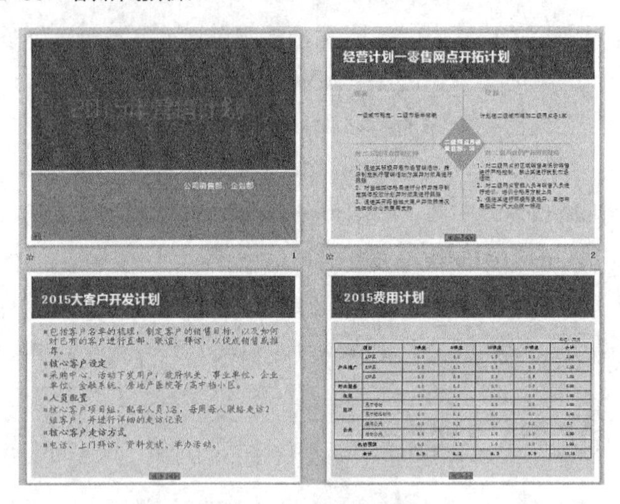

图12-51　营销计划效果

课后拓展知识

如果能将某些未设置动画效果的幻灯片保存为图片，这样，即使没有安装PowerPoint软件，也可以利用图片浏览器来观看，方法：打开相应的演示文稿，选择【文件】/【另存为】命令，打开“另存为”对话框，在“文件名”文本框中设置文件名；在“保存类型”下拉列表框中选择图片格式，其中包括GIF、JPEG和PNG多种，然后单击保存(S)按钮。在打开的提示对话框中单击仅当前幻灯片(C)按钮，只将当前幻灯片保存为图片；若单击每张幻灯片(E)按钮，则可将演示文稿中的所有幻灯片保存为图片。

PART 13

第13章 综合案例——旅游活动方案

情景导入

本年度的旅游福利时间到了，小白作为这次旅游的策划，感觉到责任的重大。作为一个资深的员工，他先使用Word制订了活动方案，再使用Excel对活动进行了预算，并使用PowerPoint制订了方案书对景点进行了介绍。

知识技能目标

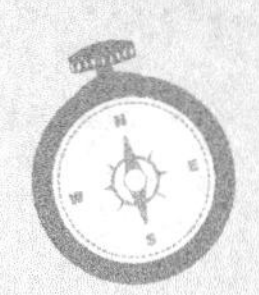

- 掌握Word 2010的使用。
- 掌握Excel 2010的使用。
- 掌握PowerPoint 2010的使用。
- 掌握Word、Excel、PowerPoint交互使用方法。

- 了解活动方案的意义。
- 了解活动方案的包含内容。

实例展示

活动方案　上海LOP有限公司

公司旅游活动方案

一、活动主题：

2015相约台湾，清凉一夏。

二、活动目的：

为了丰富广大员工的文化生活、完善公司福利，感谢各位员工辛勤的付出和努力的工作。通过本次活动促进员工之间的相互了解，增强相互之间的团结及友谊。

三、活动宗旨：

- 加强团队凝聚力与团队协作能力；
- 激发职员参与公司各项活动的热情；
- 加强和巩固职员对公司的管理制度、企业理念、产品知识等的熟悉；
- 休闲娱乐，缓解工作疲劳。

四、活动项目：

13.1 实例目标

本例将制作“公司旅游活动方案.docx”文档和“活动预算表.xlsx”工作簿，然后利用这两个文件制作并放映“活动与景点介绍.pptx”演示文稿。图13-1~图13-3所示即旅游活动方案的最终效果。

素材所在位置　光盘:\素材文件\第13章\活动方案\
效果所在位置　光盘:\效果文件\第13章\公司旅游活动方案.docx、活动预算表.xlsx、活动与景点介绍.pptx

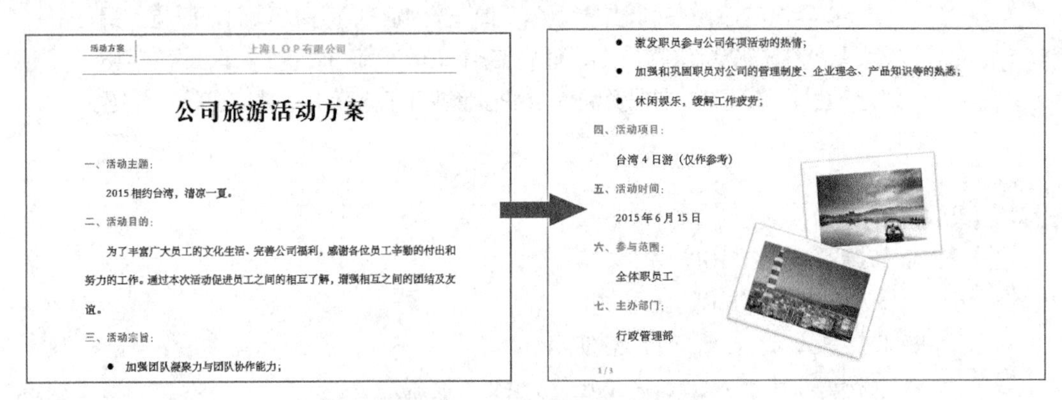

活动方案　上海LOP有限公司

公司旅游活动方案

一、活动主题：

2015相约台湾，清凉一夏。

二、活动目的：

为了丰富广大员工的文化生活、完善公司福利，感谢各位员工辛勤的付出和努力的工作。通过本次活动促进员工之间的相互了解，增强相互之间的团结及友谊。

三、活动宗旨：

- 加强团队凝聚力与团队协作能力；
- 激发职员参与公司各项活动的热情；
- 加强和巩固职员对公司的管理制度、企业理念、产品知识等的熟悉；
- 休闲娱乐，缓解工作疲劳；

四、活动项目：

台湾4日游（仅作参考）

五、活动时间：

2015年6月15日

六、参与范围：

全体职员工

七、主办部门：

行政管理部

1/3

图13-1　公司旅游活动方案效果

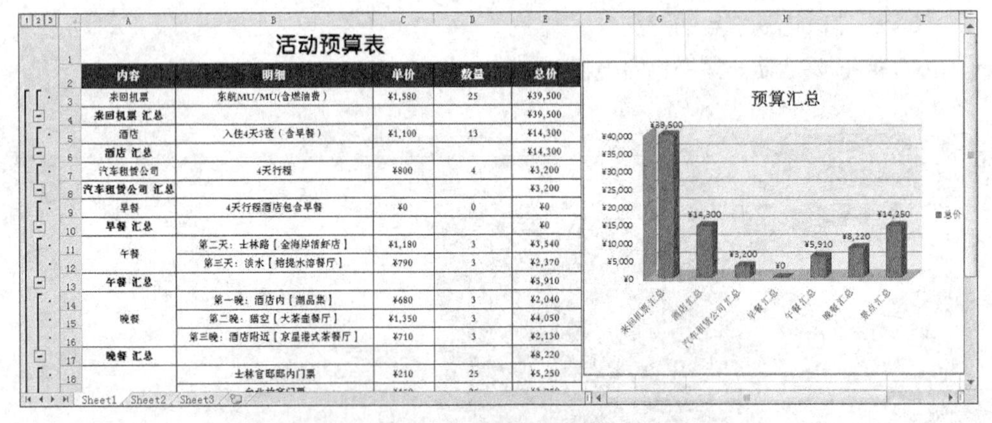

活动预算表

内容	明细	单价	数量	总价
来回机票	东航MU/MU(含燃油费)	¥1,580	25	¥39,500
来回机票 汇总				¥39,500
酒店	入住4天3夜（含早餐）	¥1,100	13	¥14,300
酒店 汇总				¥14,300
汽车租赁公司	4天行程	¥800	4	¥3,200
汽车租赁公司 汇总				¥3,200
早餐	4天行程酒店包含早餐	¥0	0	¥0
早餐 汇总				¥0
午餐	第二天：士林路［金海岸活虾店］	¥1,180	3	¥3,540
	第三天：淡水［榕堤水漾餐厅］	¥790	3	¥2,370
午餐 汇总				¥5,910
晚餐	第一晚：酒店内［潮品集］	¥680	3	¥2,040
	第二晚：猫空［大茶壶餐厅］	¥1,350	3	¥4,050
	第三晚：酒店附近［京星港式茶餐厅］	¥710	3	¥2,130
晚餐 汇总				¥8,220
	士林官邸邸内门票	¥210	25	¥5,250

图13-2　活动预算表效果

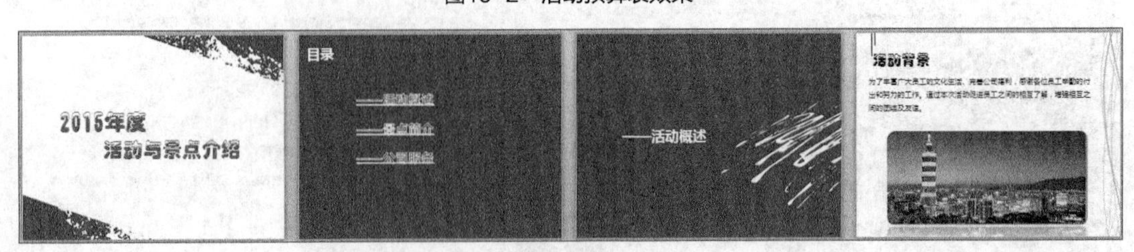

图13-3　活动与景点介绍效果

13.2 实例分析

在制作前老张告诉小白，掌握活动方案的意义和包含内容有助于制作出更佳的活动方案，于是小白开始对基本知识进行学习了。

13.2.1 活动方案的意义

活动方案指的是为某一次活动所指定的书面计划，包括具体行动实施办法细则、步骤等。对具体将要进行的活动进行书面的计划，对每个步骤进行详细分析、研究，可以确保活动顺利、圆满进行。因此活动方案的制作，是执行活动的前提，一个好的活动方案，可对活动的实行起到决定性的作用。

13.2.2 活动方案的包含内容

一个活动不是说开展就开展的，需要一定的内容，常见的活动方案包含的内容有活动标题、活动时间、活动的目的及意义、活动参加人员、具体负责组织人员、活动内容概述、活动过程等，只有包含了这些内容，才是一份完整的活动方案。

企业旅游常常采用报团的方式进行，因为报旅游团不但可以减少策划的麻烦，还可减少在旅游过程中的开支和合理应对旅途中的状况，使其更加符合企业的要求。

13.3 制作思路

制作本例需先使用Word制作旅游活动方案，然后根据预计开支情况制作活动预算，再根据两者的相关知识使用PowerPoint对活动与景点进行介绍，制作本例的具体思路如下。

（1）公司旅游活动方案详细地讲解了旅游活动内容和细节，因此在制作时需要新建文档并输入相关资料，再对文档中的文字进行美化，并通过创建表格和插入图片对其进行美化，参考效果如图13-4所示。

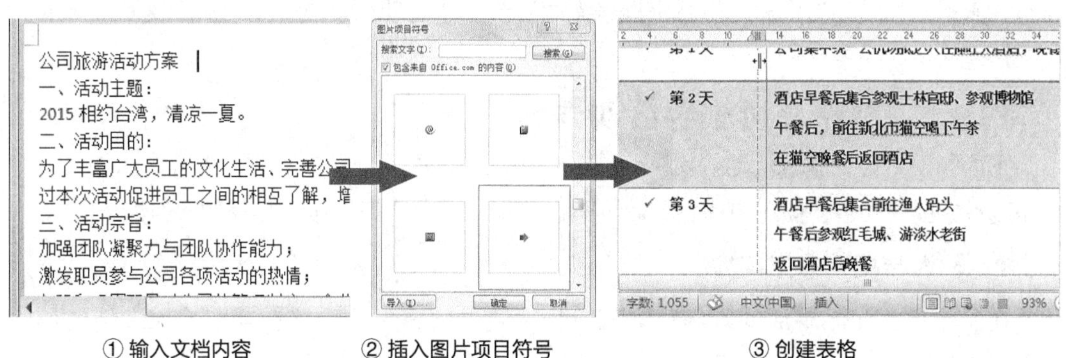

图13-4 公司旅游活动方案的制作思路

（2）当了解了活动内容后，即可对预算费用进行统计与制作，因为只有了解预算才可对大概消费有一定了解。在预算前应先建立工作簿并输入费用名称，对费用进行计算，再根据计算结果制作图表，如图13-5所示。

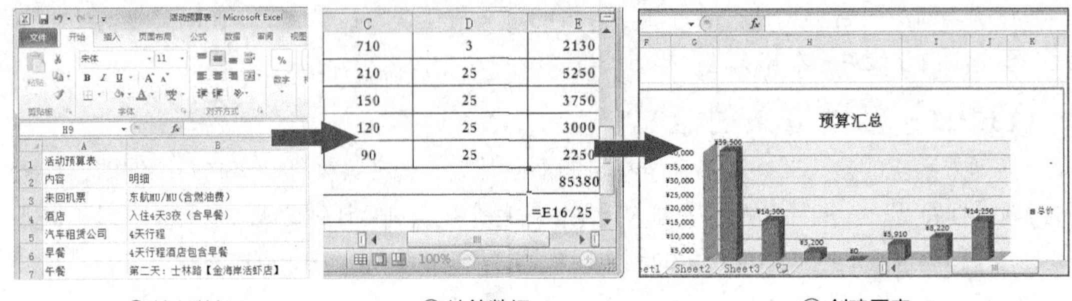

图13-5　活动预算表的制作思路

（3）光是预算还不够，还需要使用幻灯片对景点进行介绍，新建演示文稿并输入幻灯片内容，插入景区图片并设置简单动画效果方便查看，如图13-6所示。

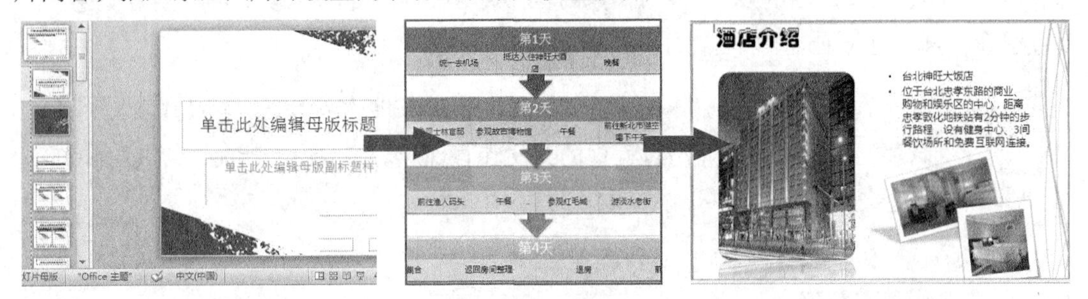

图13-6　活动与景点介绍演示文稿的制作思路

13.4　制作过程

小白开始对旅游活动方案进行制作，在制作前，先制作“公司旅游活动方案”文档，再制作“活动预算表”工作簿，最后根据景点内容制作“活动与景点介绍”演示文稿。下面分别对其进行介绍。

13.4.1　制作公司旅游活动方案

下面制作“公司旅游活动方案”文档。在制作时，需要进行输入方案内容、添加项目符号和编号、创建表格、插入图片和页眉页脚、美化文档内容等操作，其具体操作如下。

1. 输入与编辑方案内容

在制作“公司旅游活动方案”文档前，需要先新建文档，并在其中输入文档内容，并设置字符格式，其具体操作如下（微课：光盘\微课视频\第13章\输入与编辑方案内容.swf）。

STEP 1 启动Word 2010，将其保存为“公司旅游活动方案.docx”文档，再在其中输入活动的内容，如图13-7所示。

STEP 2 选择标题文本，将其字体设置为“方正大标宋简体、一号、加粗”，并设置对齐方式为“居中对齐”，如图13-8所示。

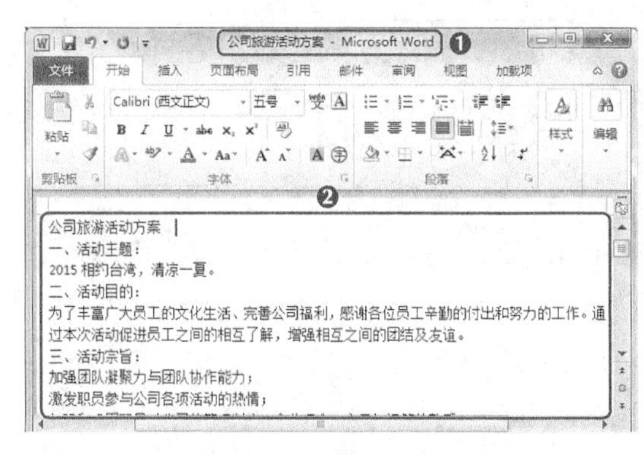

图13-7 输入文本

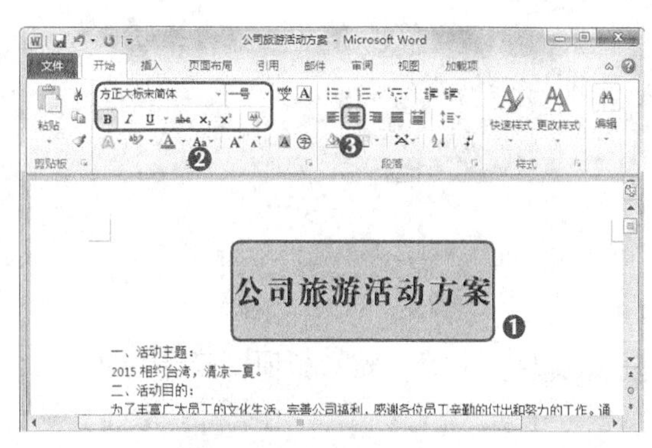

图13-8 设置标题文本格式与对齐方式

STEP 3 按住【Ctrl】键依次选择二级标题文本，将字体设置为“方正大黑简体、小四、红色”，如图13-9所示。

STEP 4 继续选择正文文本，将字体设置为“华文宋体、小四、加粗”，再在其上单击鼠标右键，在弹出的快捷菜单中选择“段落”命令，在打开的对话框中设置“特殊格式”为“首行缩进”，行距为“1.5倍行距”，单击 确定 按钮，如图13-10所示。

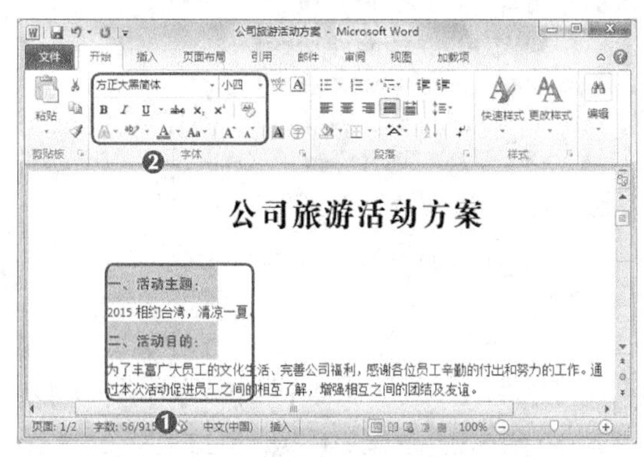

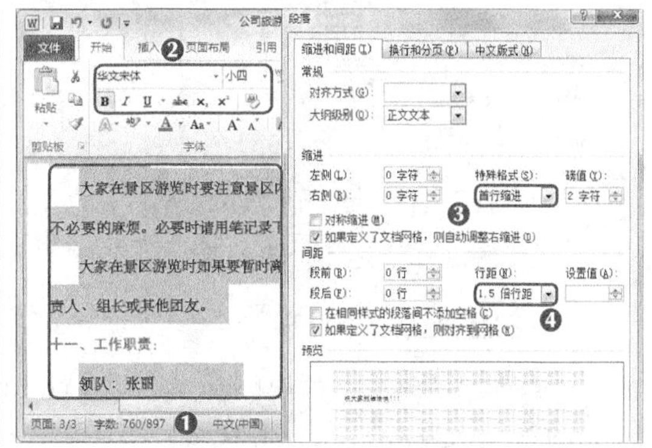

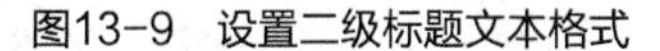

图13-9 设置二级标题文本格式

图13-10 设置首行缩进与行距

STEP 5 选择文档末尾的落款文本，将段落对齐设置为“右对齐”。

2．添加项目符号和编号

当完成文字的输入以及字符的基本设置后，即可对项目符号和编号进行插入操作，使其更加美观，其具体操作如下（微课：光盘\微课视频\第13章\添加项目符号和编号.swf）。

STEP 1 选择“活动宗旨”段落下的文本，单击鼠标右键，在弹出的快捷菜单中选择“项目符号”命令，在弹出的子菜单中选择“圆形”符号，如图13-11所示。

STEP 2 继续选择“活动包含项”段落下的文本，单击“项目符号”按钮，在打开的下拉列表中选择“定义新项目符号”选项，如图13-12所示。

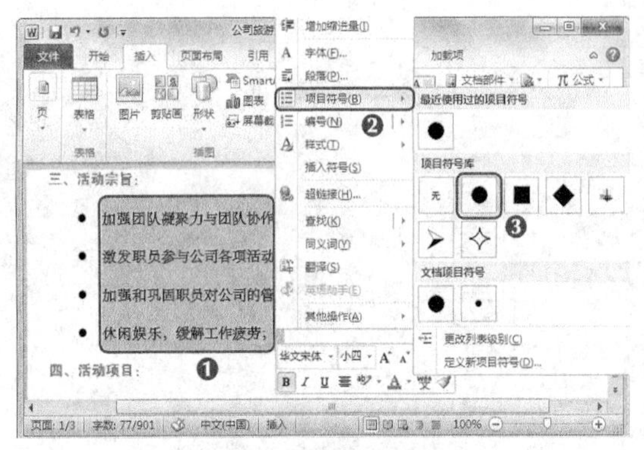
图13-11　选择项目符号

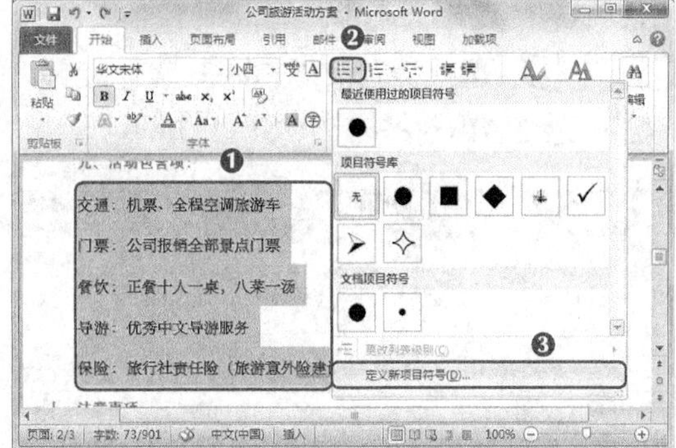
图13-12　定义新项目符号

STEP 3 打开“定义新项目符号”对话框，单击[图片(P)...]按钮，打开“图片项目符号”对话框，在其下方的列表框中选择需插入的图片，单击[确定]按钮，如图13-13所示。

STEP 4 选择“注意事项”段落下的文本，单击【开始】/【段落】组的“编号”按钮右侧的下拉按钮，在打开的下拉列表中选择“编号库”栏下的第2个选项，如图13-14所示。

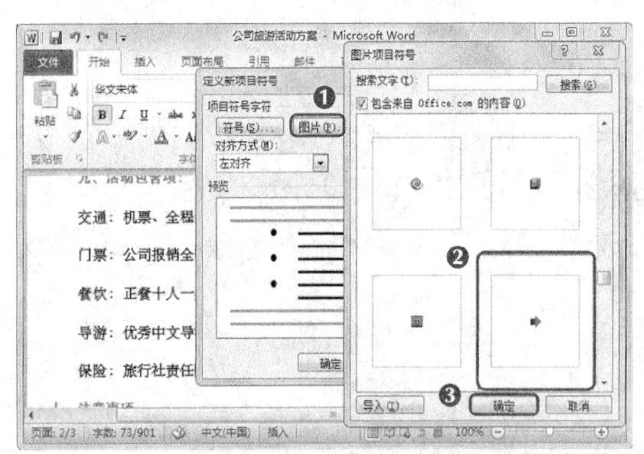
图13-13　选择项目符号图片

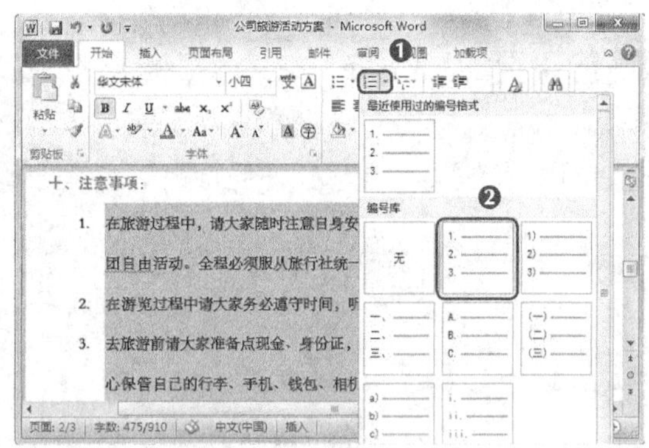
图13-14　选择编号格式

3．创建表格

当设置完项目符号和编号后，还需对特定区域创建图表，对表格进行相应的设置并输入具体内容，其具体操作如下（**微课**：光盘\微课视频\第13章\创建表格.swf）。

STEP 1 将文本插入点定位到“行程安排：”文本后，按【Enter】键换行，在【插入】/【表格】组中单击“表格”按钮，在打开的下拉列表中选择“插入表格”选项，如图13-15所示。

STEP 2 打开“插入表格”对话框，在“列数”数值框中输入“2”，在“行数”数值框中输入“4”，单击[确定]按钮，如图13-16所示。

STEP 3 选择插入的表格，在【设计】/【表格样式】组的“样式”下拉列表框中选择“浅色网格-强调文字颜色2”选项，如图13-17所示。

STEP 4 在表格中输入行程安排内容，并设置字体样式为“新宋体、11号、加粗”，如图13-18所示。

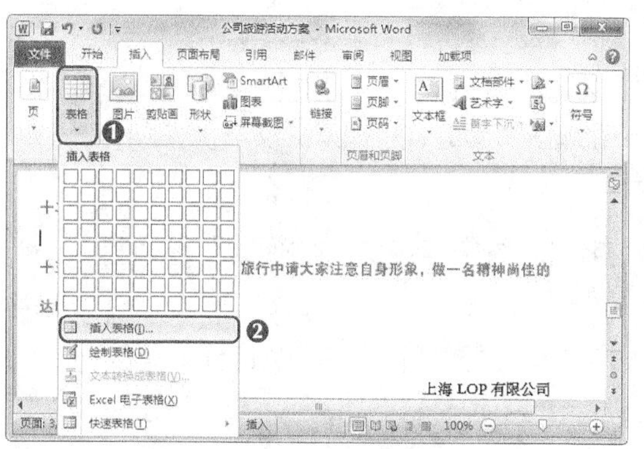

图13-15 选择“插入表格”选项

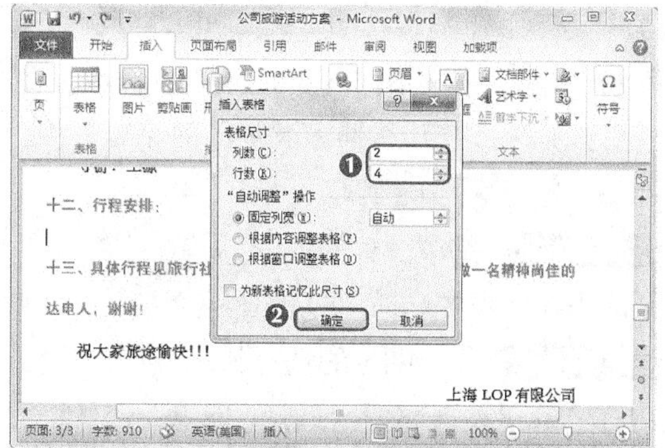

图13-16 设置表格尺寸

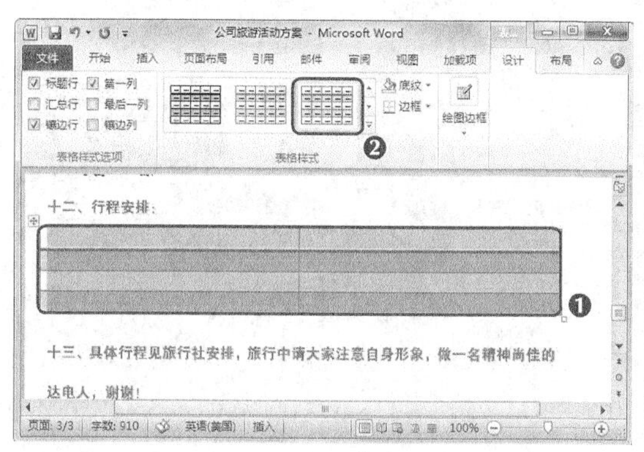

图13-17 设置表格样式

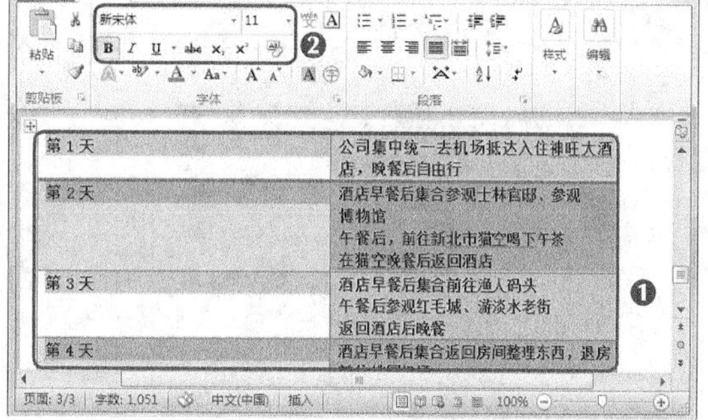

图13-18 输入内容并设置字体

STEP 5 选择左侧文字，单击“居中”按钮，将其居中显示并添加带勾的项目符号，单击“行和段落间距”按钮，设置行和段落间距为“1.5”，如图13-19所示。

STEP 6 将鼠标光标移动到表格中线上，当其变为形状时，按住鼠标左键并向左进行拖曳，当其移动到适当位置后，释放鼠标调整表格宽度，使用相同的方法调整其他表格位置，如图13-20所示。

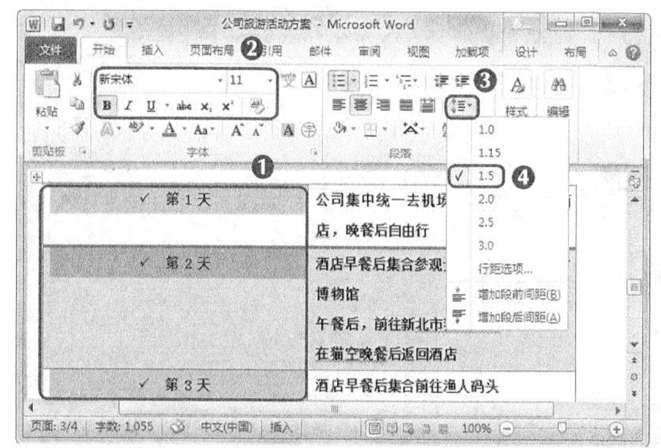

图13-19 设置间距添加项目符号

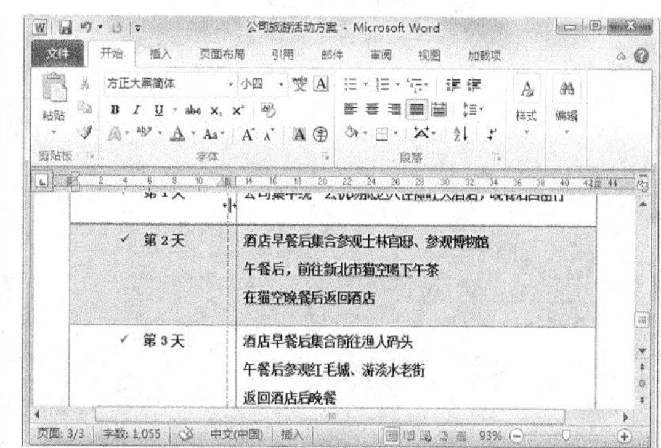

图13-20 调整表格位置

4．插入图片和页眉页脚

下面继续为文档插入图片和页眉页脚，以丰富文档内容，其具体操作如下（微课：光盘\微课视频\第13章\插入图片和页眉页脚.swf）。

STEP 1 将文本插入点定位到“活动项目”文本后，单击【插入】/【插图】组中的“图片”按钮，打开“插入图片”对话框，在其中选择需要插入的图片，这里选择“图片1”选项，单击 插入(S) 按钮。

STEP 2 完成图片的插入，并在【格式】/【排列】组中单击“自动换行”按钮，在打开的下拉列表中选择“四周型环绕”选项，如图13-21所示。

STEP 3 保持图片的选择状态，单击【格式】/【图片样式】组的“快速样式”按钮，在打开的下拉列表框中选择“旋转，白色”选项，然后适当缩小图片尺寸，使用相同的方法，插入“图片2”并对图片进行快速样式的设置，如图13-22所示。

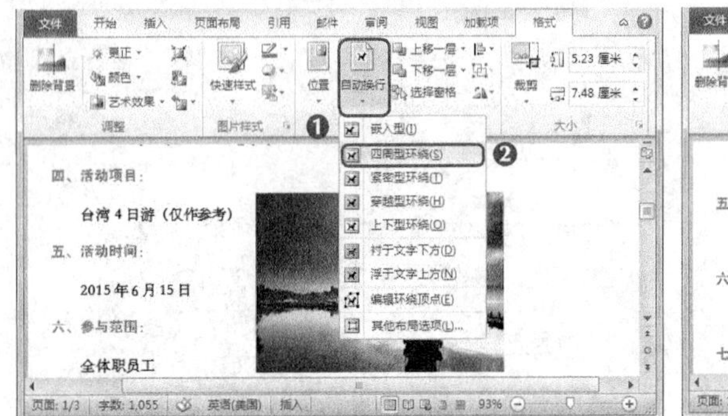

图13-21 设置环绕方式

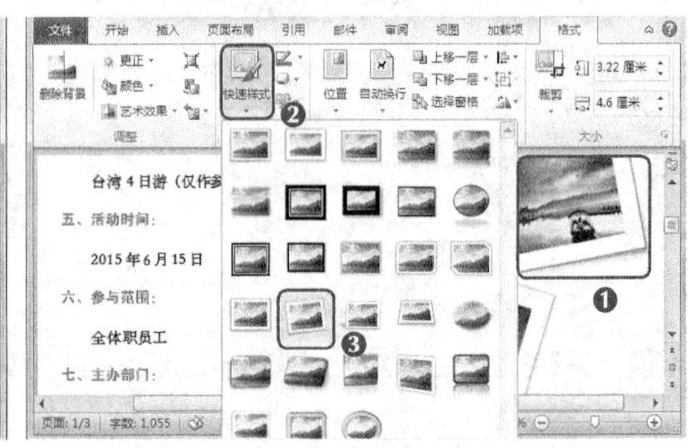

图13-22 设置快速样式

STEP 4 在【插入】/【页眉和页脚】组中单击“页眉”按钮，在打开的下拉列表中选择“边线型”选项，依次在插入的页眉中输入“活动方案”“上海LOP有限公司”并设置字体为“方正大黑简体、加粗”，如图13-23所示。

STEP 5 在【设计】/【导航】组中单击“转至页脚”按钮，并在“页眉和页脚”组中单击“页码”按钮，在打开的下拉列表中选择“页面底端”选项，并在打开的下拉列表中选择“加粗显示的数字1”选项，单击“关闭”组中的“关闭页眉和页脚”按钮，退出页眉页脚编辑状态，如图13-24所示。

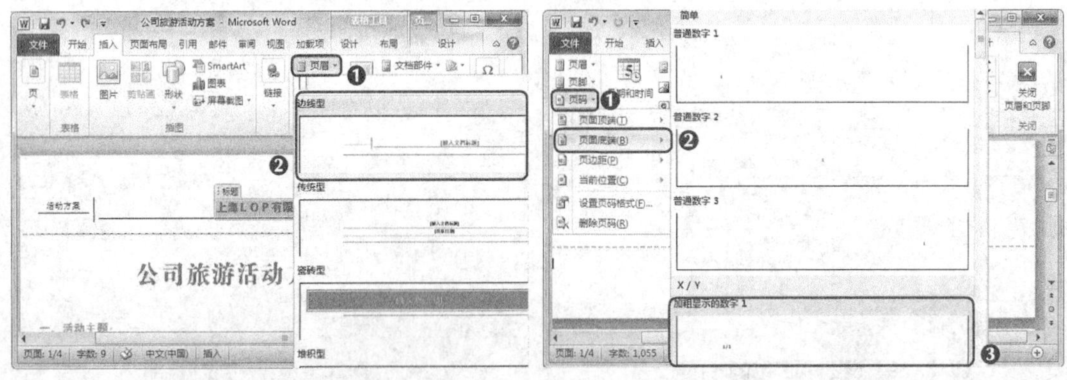

图13-23 添加动作路径

图13-24 调整路径

STEP 6 因为前面插入了页眉可能导致跳版，此时可调整文档，使其最后一段文字显示在同一张图纸上，完成文档的设置。单击“保存”按钮，保存文档的设置。

13.4.2 制作财务预算

当完成“公司旅游活动方案”文档的制作后，还需对活动的财务预算进行制作，让公司负责人对这次旅游支出有一定了解，其具体操作如下。

1. 输入并设置数据

启动Excel程序，进行输入和设置数据等操作完善表格内容，其具体操作如下（微课：光盘\微课视频\第13章\输入并设置数据.swf）。

STEP 1 启动Excel 2010，将其保存为“活动预算表”，然后分别在A1:E17单元格区域中输入表格标题和项目等数据，并调整单元格大小，使文字完全显示，设置“行高”为“20”，如图13-25所示。

STEP 2 选择A1:E1单元格区域，在【开始】/【对齐方式】组中单击“合并后居中”按钮，将其合并居中，效果如图13-26所示。使用相同的方法，将A16:D16、A17:D17、A7:A8、A9:A11、A12:A15单元格区域进行合并操作。

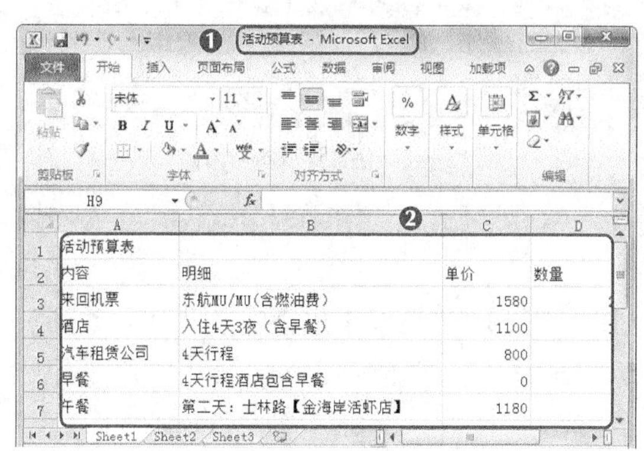

图13-25 输入数据

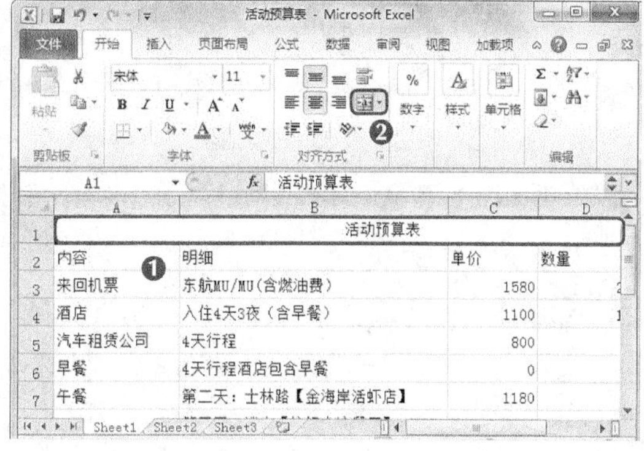

图13-26 合并居中

STEP 3 选择A1单元格，设置字体格式为“方正粗宋简体、24”，调整行高为“40”。使用相同的方法，选择A2:E2单元格区域，将字体格式设置为“方正粗宋简体、12、填充颜色-深蓝、字体颜色-白色、对齐方式-居中对齐”，如图13-27所示。

STEP 4 选择A3:E17单元格区域，将字体格式设置为“方正大标宋简体、11”，将对齐方式设置为“居中”，再选择A1:E17单元格区域，设置边框为“所有边框”，效果如图13-28所示。

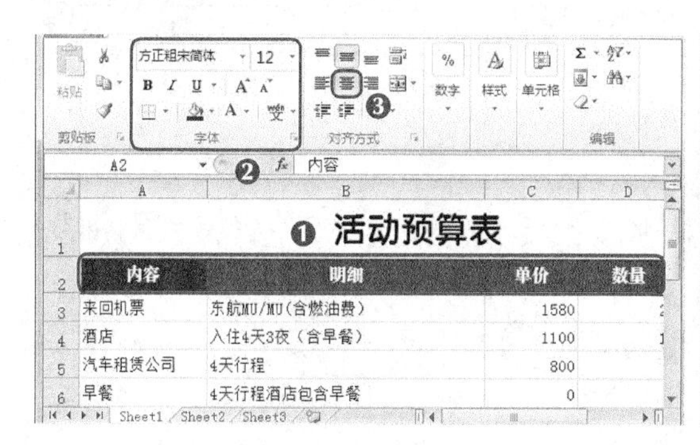

图13-27 设置标题文本

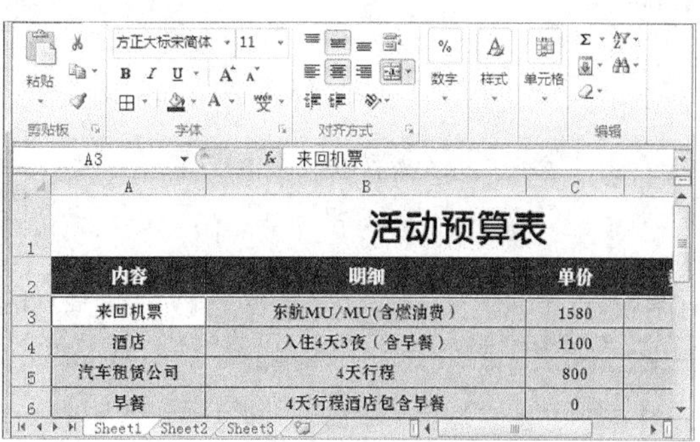

图13-28 设置边框样式

2. 计算数据

下面将利用表格中创建的数据，完成对财务预算的相关计算，其具体操作如下（微课：光盘\微课视频\第13章\计算数据.swf）。

STEP 1 选择E3:E15单元格区域，在编辑栏中输入“=C3*D3”，按【Ctrl+Enter】组合键完成公式的计算，如图13-29所示。

STEP 2 选择E16单元格，在编辑栏中输入“=SUM(E3:E15)”，按【Enter】键，计算活动总费用合计，如图13-30所示。

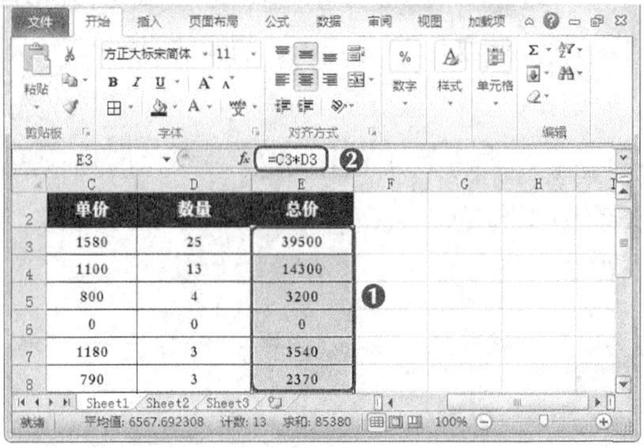

图13-29　公式计算数据 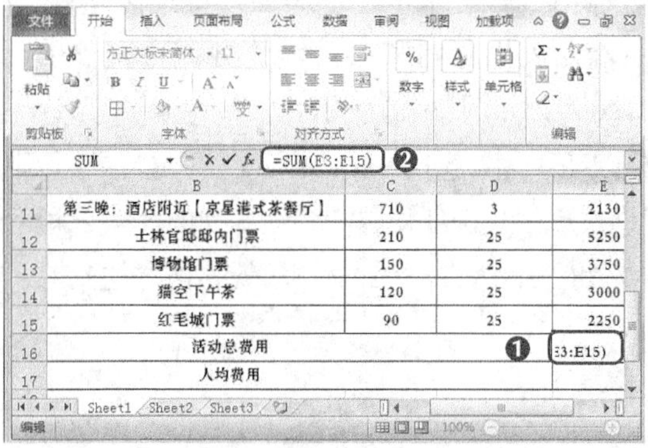　　　图13-30　函数计算费用合计

STEP 3 选择E17单元格，在编辑栏中输入“=E16/25”，按【Enter】键，计算人均费用，如图13-31所示。

STEP 4 选择C3:C15、E3:17单元格区域，在【开始】/【数字】组中设置“数字格式”为“货币”，并单击“减小小数位数”按钮取消小数位数，如图13-32所示。

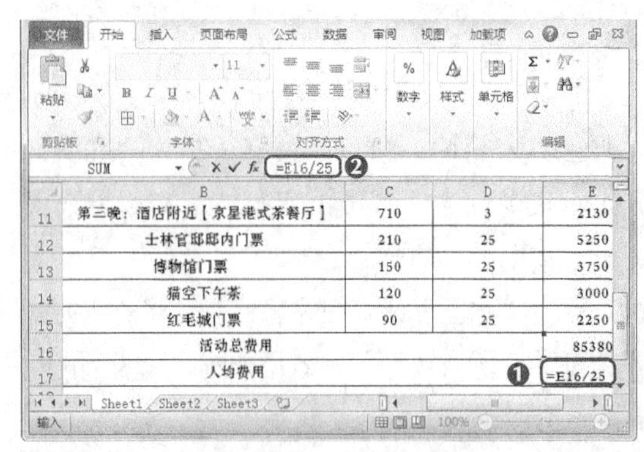

图13-31　计算人均费用

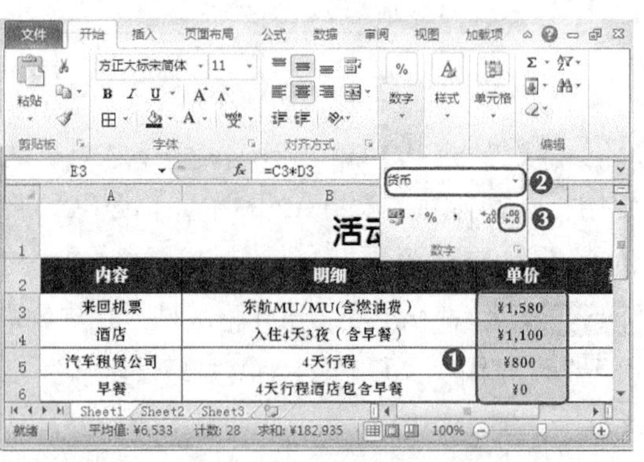

图13-32　设置货币格式

3. 分类汇总数据并制作图表

当完成数据的计算后，还可对计算后的数据进行分类汇总，其具体操作如下（微课：光盘\微课视频\第13章\分类汇总数据并制作图表.swf）。

STEP 1 选择带数据的单元格，在【数据】/【分级显示】中，单击“分类汇总”按钮，打开“分类汇总”对话框，如图13-33所示。

STEP 2 在“分类字段”栏下的下拉列表中选择“内容”选项，在“选定汇总项”栏下的列表框中单击选中“总价”复选框，单击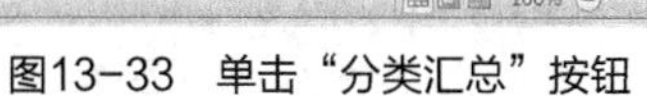按钮，完成汇总，如图13-34所示。

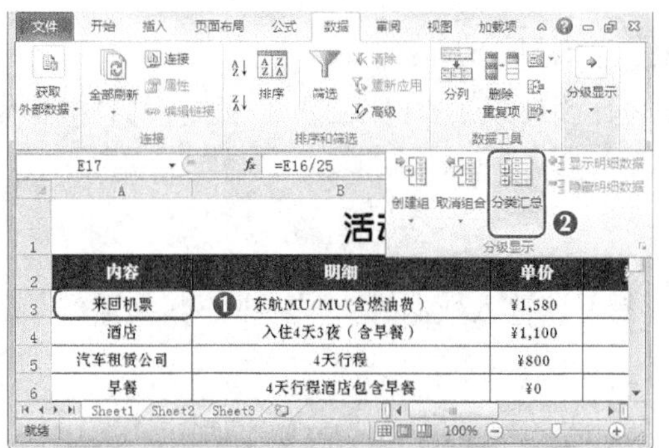
图13-33　单击“分类汇总”按钮

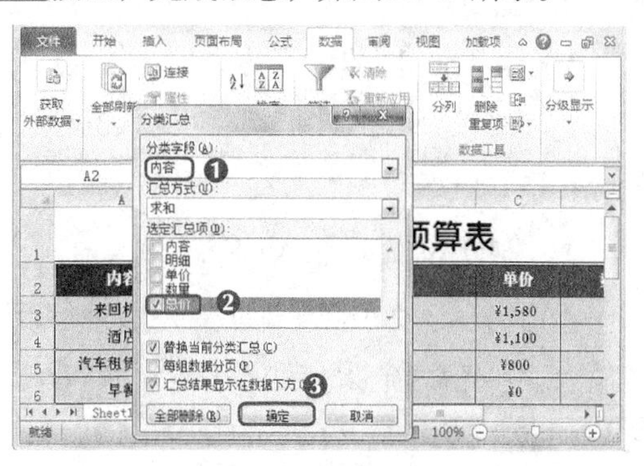
图13-34　选择汇总项

STEP 3 查看汇总项，按住【Ctrl】键依次选择汇总后的项目，并选择对应的汇总总价。在【插入】/【图表】组中单击“柱形图”按钮，在打开的下拉列表中选择“三维簇状柱形图”选项，如图13-35所示。

STEP 4 完成图表的插入后，选择插入后的图表，将其移动到适当位置，并在【设计】/【图表样式】组中单击“快速样式”按钮，在打开的下拉列表中选择“样式35”选项，如图13-36所示。

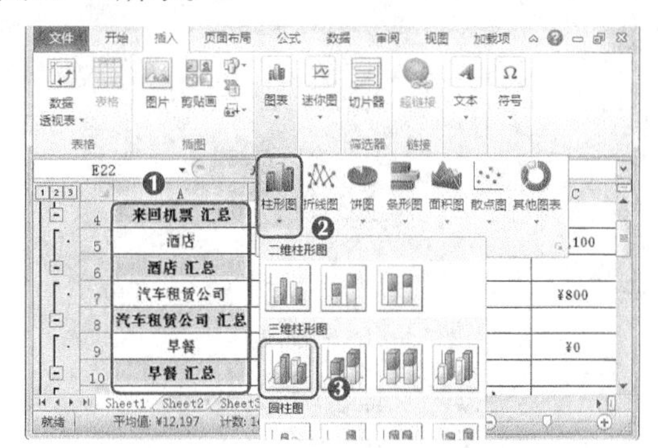
图13-35　选择柱形图样式

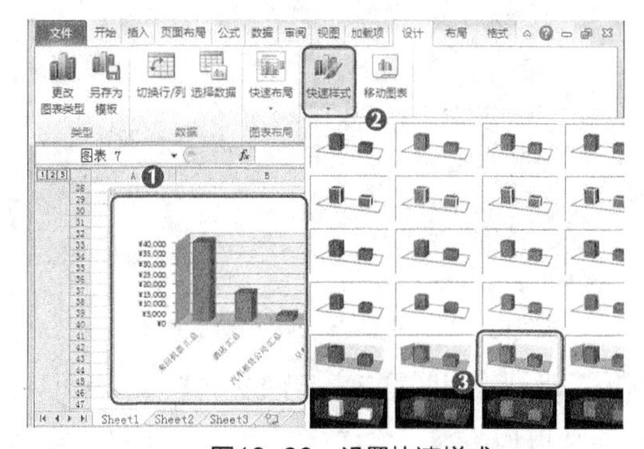
图13-36　设置快速样式

STEP 5 双击标题文本，在其中输入“预算汇总”，选择柱形图图形，并单击鼠标右键，在弹出的快捷菜单中选择“添加数据标签”命令，将数据显示出来，如图13-37所示。

STEP 6 选择图表，设置形状样式为“彩色轮廓-蓝色，强调颜色1”，如图13-38所示。

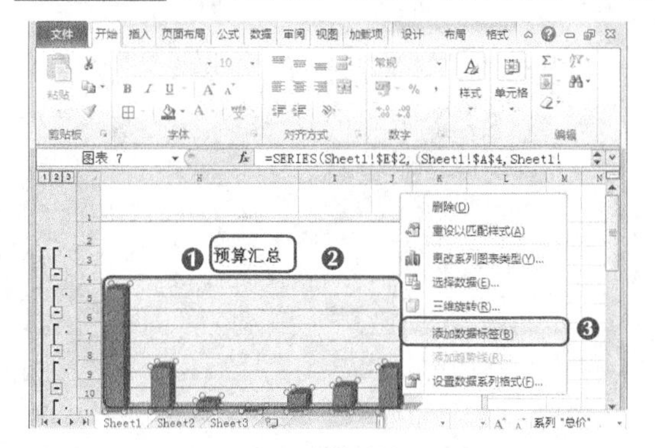
图13-38　添加数据标签

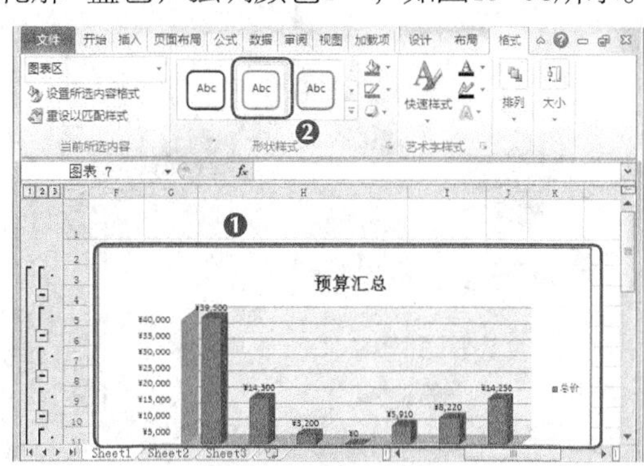
图13-38　设置形状

STEP 7 完成图表的创建，并对工作簿进行保存操作。

13.4.3 制作“活动与景点介绍”演示文稿

当完成预算后，即可对活动的状况和景点进行介绍，方便对员工进行讲解，其具体操作如下。

1. 制作母版并输入内容

重命名演示文稿后，即可对母版进行设置，使后期输入数据时更加方便，具体操作如下（微课：光盘\微课视频\第13章\制作母版并输入内容.swf）。

STEP 1 启动PowerPoint 2010，将其保存为“活动与景点介绍.pptx”演示文稿。并在【视图】/【母版视图】组中单击“幻灯片母版”按钮切换到母版视图，如图13-39所示。

STEP 2 选择【插入】/【图像】组，单击“图片”按钮，打开“插入图片”对话框，在其中按住【Ctrl】键分别选择需要插入的图片，完成后单击插入(S)按钮，将其插入幻灯片，如图13-40所示。

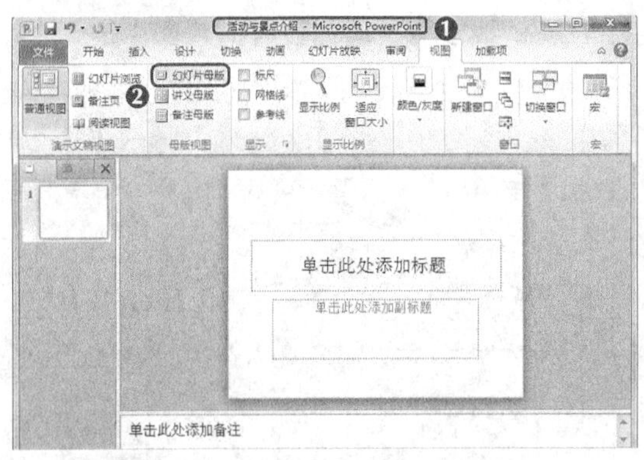

图13-39 单击“幻灯片母版”按钮

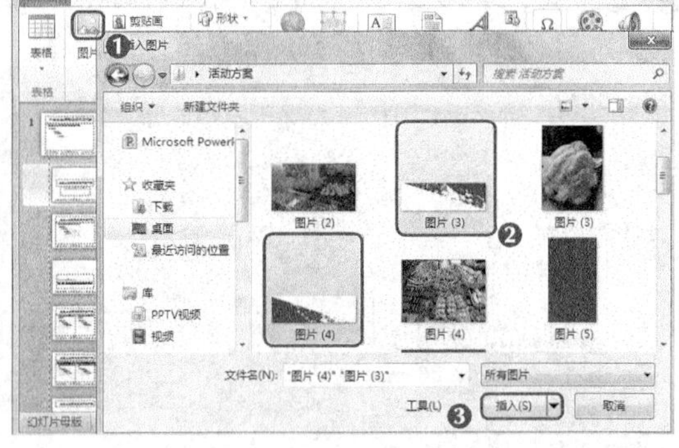

图13-40 插入图片

STEP 3 调整插入图片的位置，并使用相同的方法，在其他母版幻灯片中插入不同的图片使其更加美观，完成后单击“关闭母版视图”按钮，如图13-41所示。

STEP 4 返回普通视图，在【开始】/【幻灯片】组中单击“新建幻灯片”按钮右侧的下拉按钮，在打开的下拉列表中选择“节标题”选项，添加选择版式的幻灯片，如图13-42所示。

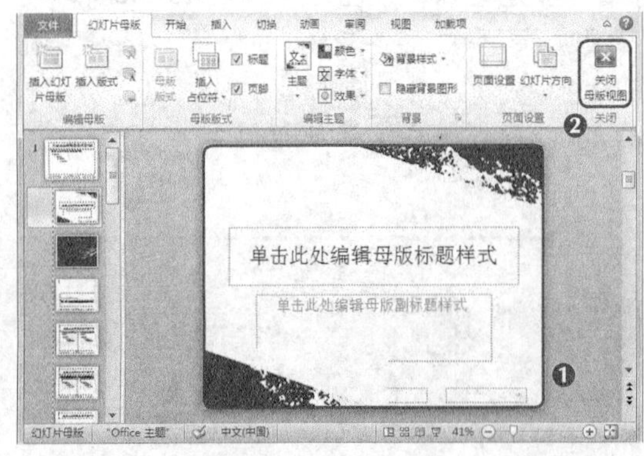

图13-41 关闭母版视图

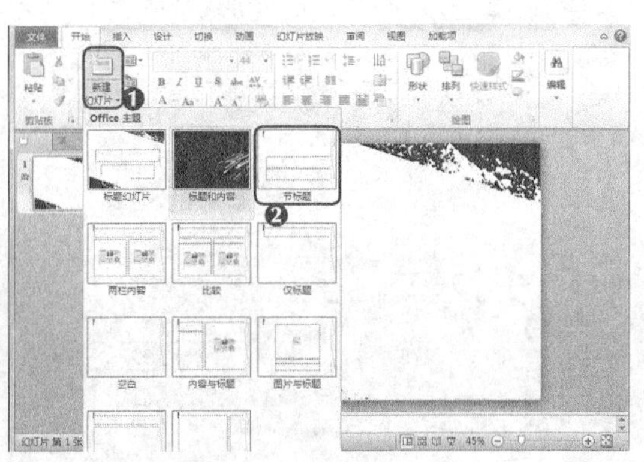

图13-42 新建幻灯片

STEP 5 使用相同的方法新建16张幻灯片，并对其应用不同的版式，如图13-43所示。

STEP 6 选择第1张幻灯片，在其中输入“2015年度活动与景点介绍”，并设置字体样式为“汉仪雪峰体简、54”，单击“文字阴影”按钮为文本添加阴影，再删除副标题文本框，如图13-44所示。

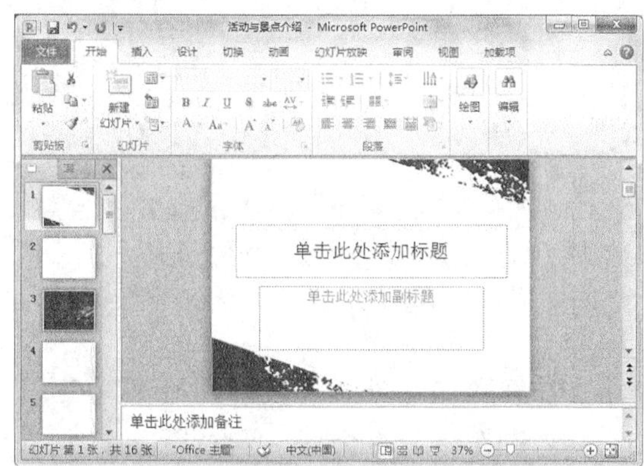

图13-43 新建幻灯片

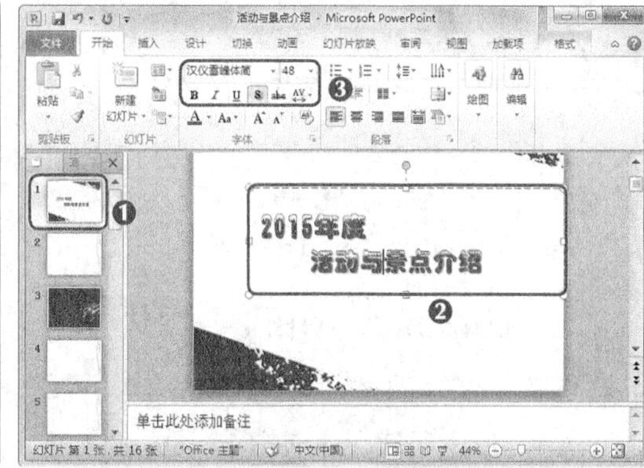

图13-44 输入并设置标题文字

STEP 7 选择第2张幻灯片，在【插入】/【图像】组中单击“图片”按钮，打开“插入图片”对话框，选择需要的图片，并单击 插入(S) 按钮，返回选择的幻灯片，拖曳图片到适当的位置，如图13-45所示。

STEP 8 选择图片，单击鼠标右键，在弹出的快捷菜单中选择【置于底层】/【置于底层】命令，将其置于底层并在右侧输入如图13-46所示文本，设置字体样式为“微软雅黑、32、加粗、字体颜色—白色”并调整文本框位置。

图13-45 插入图片

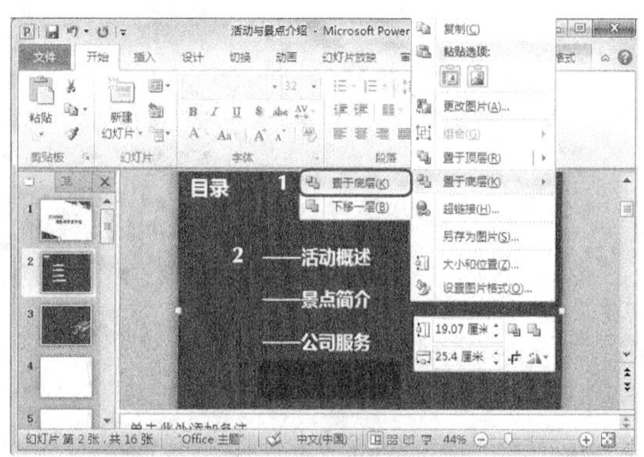

图13-46 设置叠放顺序

STEP 9 使用相同的方法输入其他幻灯片中的内容，设置标题字体样式为“汉仪雪峰体简、40”，并设置正文字体样式为“微软雅黑、20”，如图13-47所示。

STEP 10 当输入多个文本时，可设置相同的字体样式，当文本框显示不完时可按【Ctrl+C】和【Ctrl+V】组合键对前面的文本框进行复制粘贴，再在其中输入数据，如图13-48所示。

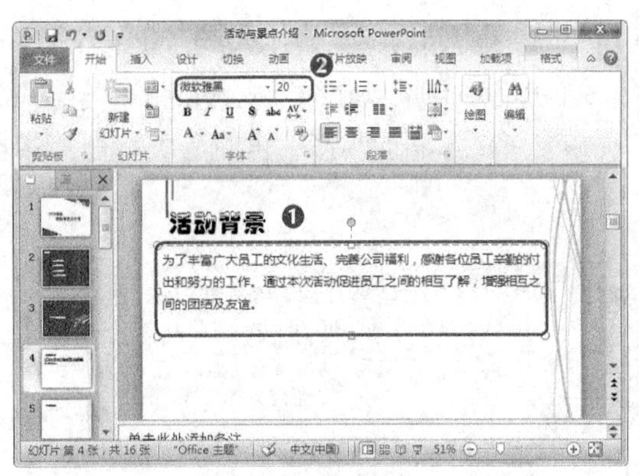

图13-47　输入其他文本

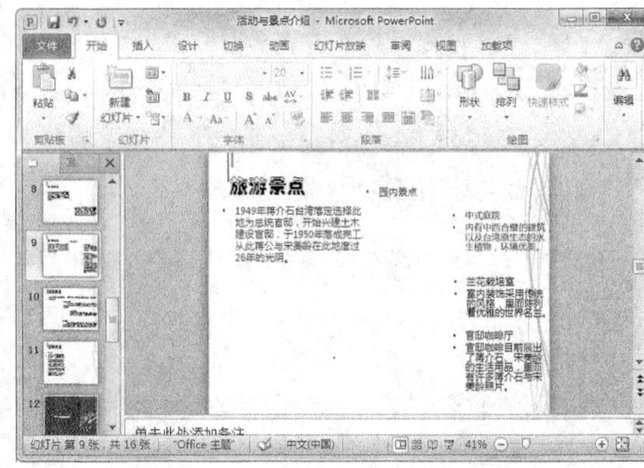

图13-48　在多个文本框输入文本

2．编辑SmartArt图形与图片

在制作演示文稿过程中，除了需要编辑母版并输入文本外，还需对特殊文字使用SmartArt图形进行表示，使其查看更加方便，其具体操作如下（微课：光盘\微课视频\第13章\编辑SmartArt图形与图片.swf）。

STEP 1 选择第5张幻灯片，在【插入】/【插图】组中，单击“SmartArt”按钮，打开“选择SmartArt图形”对话框，在中间列表中选择需要的图形样式，并单击 确定 按钮，如图13-49所示。

STEP 2 选择插入的SmartArt图形，单击左侧的按钮，展开“在此处键入文字”列表框，在其中输入需要的文本，若发现对应的列表框不够，可按【Enter】键添加对应的列表，如图13-50所示。

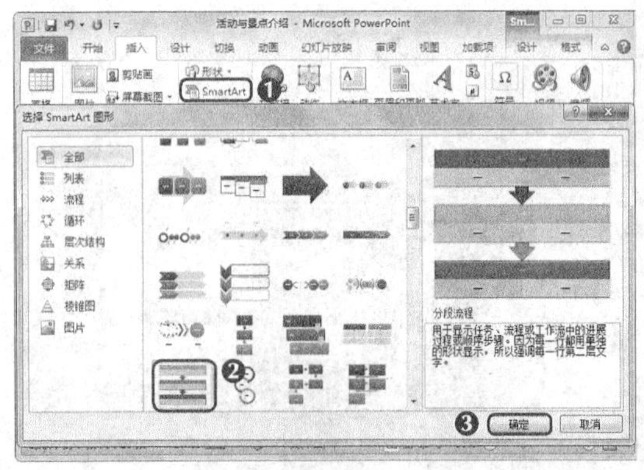

图13-49　输入文本

图13-50　选择SmartArt图形

STEP 3 保持图形的选择状态，在【设计】/【SmartArt样式】组中单击“更改颜色”按钮，在打开的下拉列表中选择“彩色”栏的第3个选项，单击该按钮右侧列表的下拉按钮，在打开的下拉列表中选择“优雅”选项，如图13-51所示。

STEP 4 选择第4张幻灯片，插入图片2，并在【格式】/【图片样式】组中单击“快速样式”按钮，在打开的下拉列表中选择“映像圆角矩形”选项，为该图片应用图片效果，如图13-52所示。

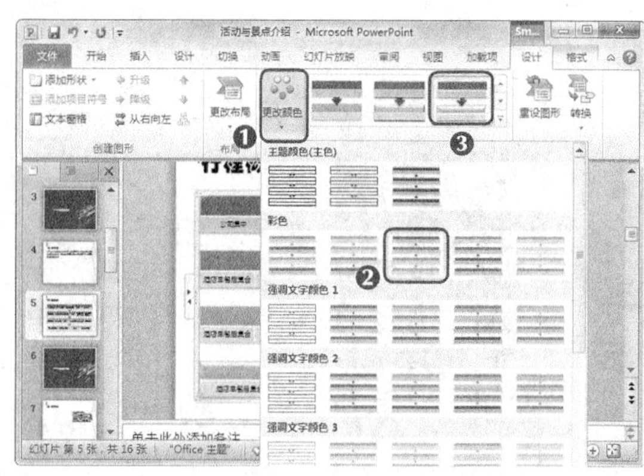
图13-51　更改颜色

图13-52　更改图片样式

STEP 5 使用相同的方法，插入其他图片并对其进行样式的设置使其更加美观，如图13-53所示。

STEP 6 选择第16张幻灯片，在【插入】/【图像】组中单击“剪贴画”按钮，打开“剪贴画”窗格，在其中选择需要插入的剪贴画，并单击右侧的下拉按钮，在打开的下拉列表中选择“插入”选项，插入剪贴画。将其移动到适当位置，如图13-54所示。

图13-53　插入其他图片

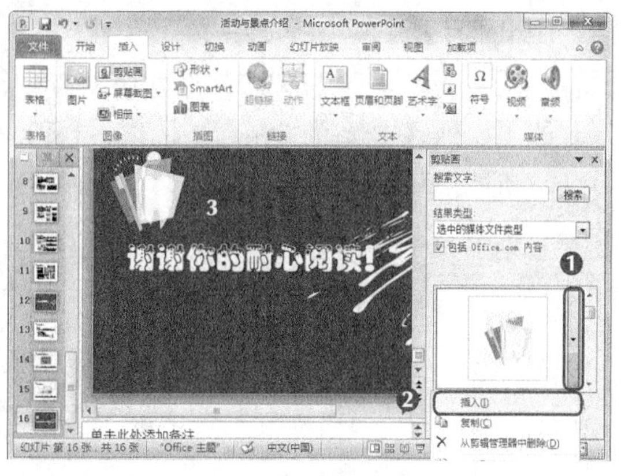
图13-54　插入剪贴画

3．创建超链接

完成演示文稿内容的创建后，下面将为幻灯片2中的目录文本添加超链接，同时还将在母版中创建圆角矩形并添加超链接，以便在放映时更好地控制放映过程，其具体操作如下（微课：光盘\微课视频\第13章\创建超链接.swf）。

STEP 1 选择第2张幻灯片，选择“——活动概述”文本，在【插入】/【链接】组中单击“超链接”按钮，打开“插入超链接”对话框，在其中选择“链接到”栏中的“本文档中的位置”选项，在右侧的列表框中选择“——活动概述”选项，单击确定按钮，如图13-55所示。

STEP 2 按相同方法为该幻灯片中的其他正文创建超链接，链接目标均为对应的幻灯片，选择链接文本，在【格式】/【艺术字样式】组中单击“快速样式”按钮，在打开的下拉列表中选择第2排第5个选项，如图13-56所示。

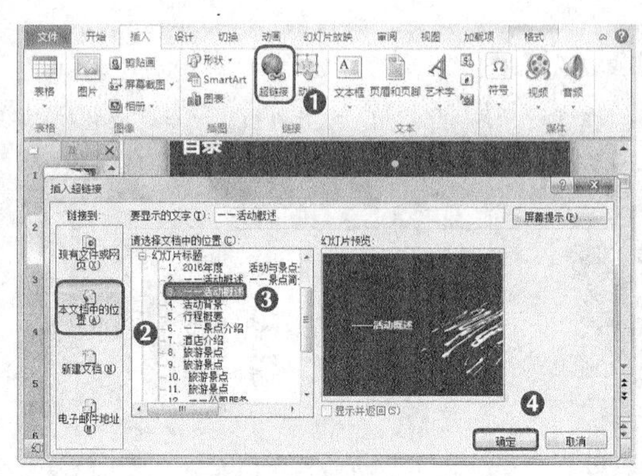

图13-55　选择链接文本

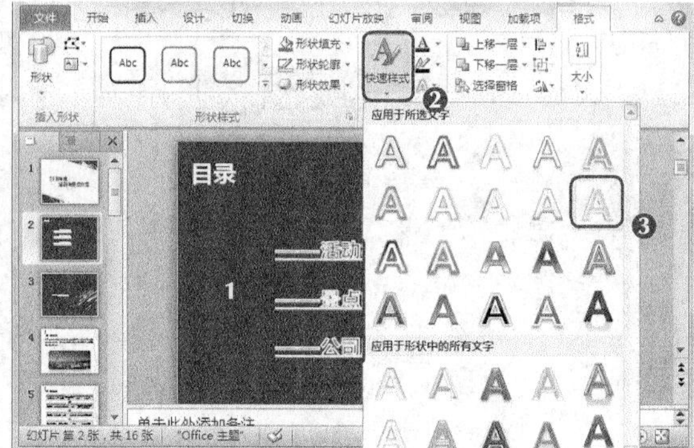

图13-56　设置艺术字样式

4．添加动画

一个完整的演示文稿，除了包括前面讲解的相关知识外，还需要在其中添加动画，使其展开更加方便，其具体操作如下（微课：光盘\微课视频\第13章\添加动画.swf）。

STEP 1 切换到第1张幻灯片，在【切换】/【切换到此幻灯片】组的“样式”下拉列表框中选择“棋盘”选项，将声音设置为“风铃”，持续时间设置为“2秒”，单击全部应用按钮，如图13-57所示。

STEP 2 选择幻灯片中的文本，在【动画】/【动画】组中单击“动画样式”按钮，在打开的下拉列表中选择“浮入”选项，将效果选项设置为“上浮”，动画开始方式设置为“上一动画之后”，持续时间设置为“2秒”，如图13-58所示。

图13-57　选择链接文本

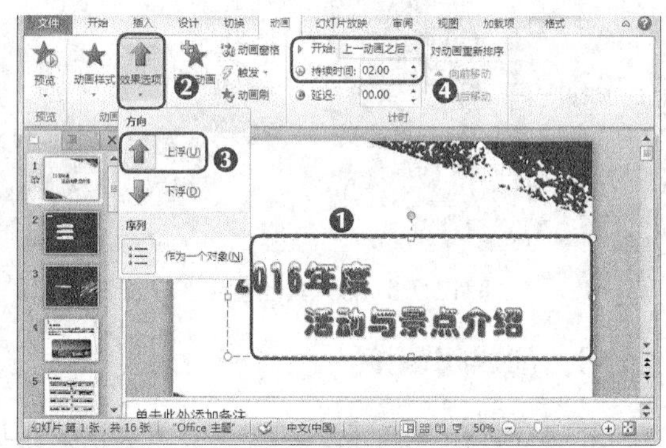

图13-58　创建其他链接

STEP 3 单独选择标题占位符，在“高级动画”组中双击动画刷按钮，为幻灯片3、6、12、16中的所有占位符，以及其他幻灯片中的标题占位符应用相同的动画效果，如图13-59所示。

STEP 4 使用相同的方法，选择第2张幻灯片，并选择其中的正文文本，在“样式”下拉列表框中选择“淡出”进入动画选项，将动画开始方式设置为“单击时”，持续时间为“2秒”，如图13-60所示。

STEP 5 使用相同的方法为其他幻灯片正文与图片添加“弹跳”进入动画，动画开始方式设置为“上一动画之后”，持续时间为“2秒”，完成后保存演示文稿。

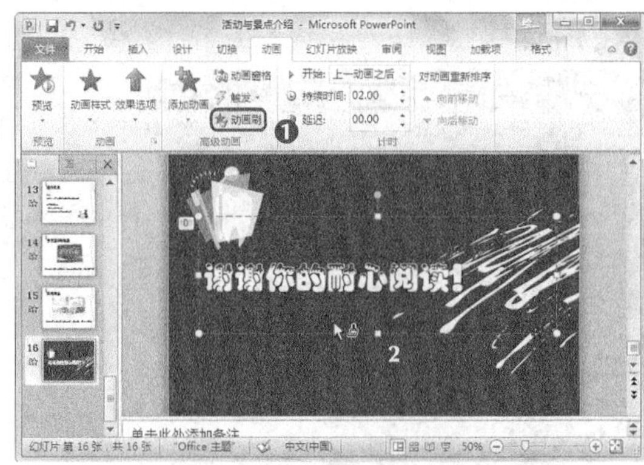

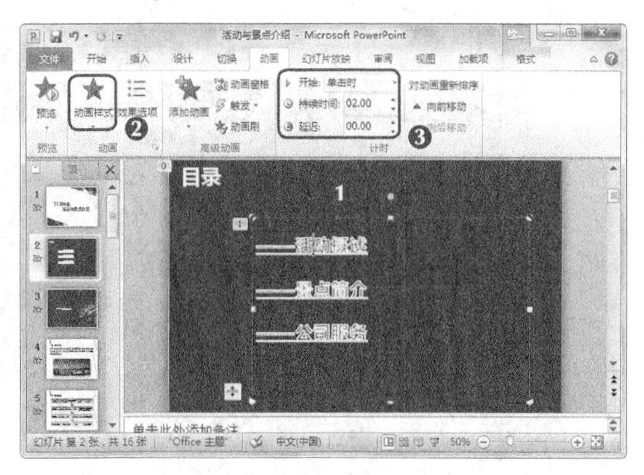

图13-59 使用动画刷

图13-60 设置淡出动画

13.5 实训——制作公司考勤管理

13.5.1 实训目标

本实训将制作“公司考勤管理制度.docx”文档和“员工考勤表.xlsx”工作簿，制作后的最终效果如图13-61和图13-62所示。

素材所在位置 光盘:\素材文件\第13章\实训\请假条.jpg

效果所在位置 光盘:\效果文件\第13章\实训\公司考勤管理制度.docx、员工出勤表.xlsx

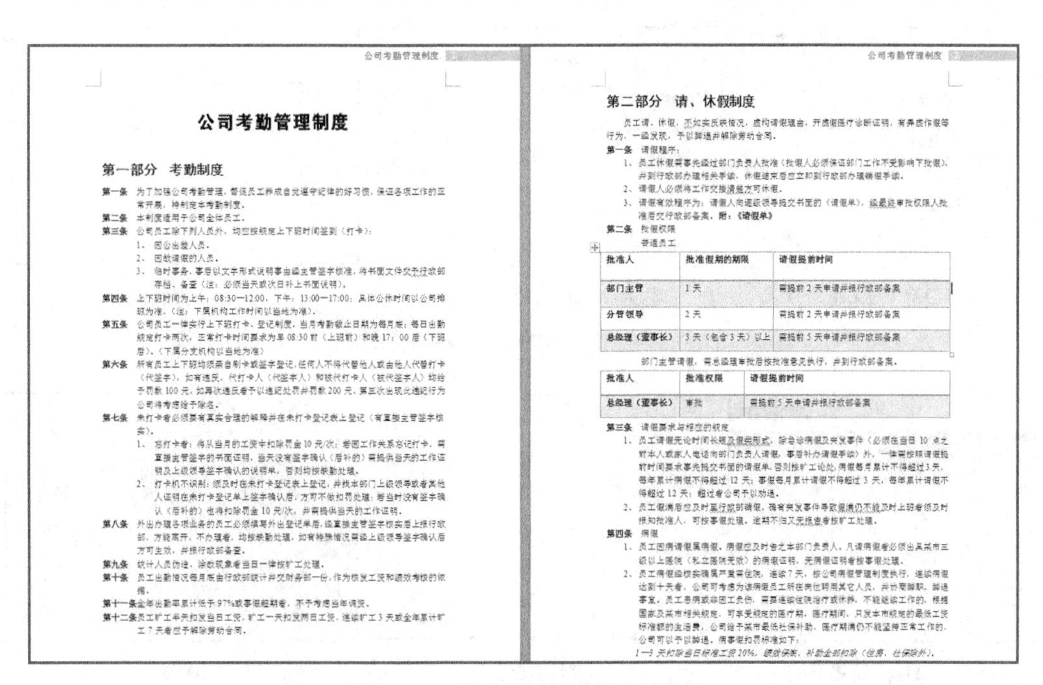

公司考勤管理制度

公司考勤管理制度

第一部分 考勤制度

第一条 为了加强公司考勤管理，督促员工养成自觉遵守纪律的好习惯，保证各项工作的正常开展，特制定本考勤制度。

第二条 本制度适用于公司全体员工。

第三条 公司员工除下列人员外，均应按规定上下班时间签到（打卡）：

1、因公出差人员。

2、因故请假的人员。

3、临时事务，事后以文字形式说明事由经主管签字核准，将书面文件交予行政部存档、备查（注：必须当天或次日补上书面说明）。

第四条 上下班时间为上午：08:30—12:00，下午：13:00—17:00；具体公休时间以公司排班为准。（注：下属机构工作时间以当地为准）。

第五条 公司员工一律实行上下班打卡、登记制度，当月考勤截止日期为每月底；每日出勤规定打卡两次，正常打卡时间要求为早 08:30 前（上班前）和晚 17：00 后（下班后）。（下属分支机构以当地为准）

第六条 所有员工上下班均须亲自刷卡或签字登记，任何人不得代替他人或由他人代替打卡（代签字），如有违反，代打卡人（代签字人）和被代打卡人（被代签字人）均给予罚款 100 元，如再次违反者予以通记处罚并罚款 200 元，第三次出现此违纪行为公司将考虑给予除名。

第七条 未打卡者必须要有真实合理的解释并在未打卡登记表上登记（有直接主管签字核实）。

1、忘打卡者：将从当月的工资中扣除罚金 10 元/次；若因工作关系忘记打卡，需直接主管签字的书面证明，当天没有签字确认（后补的）需提供当天的工作证明及上级领导签字确认的说明单，否则均按缺勤处理。

2、打卡机不识别：须及时在未打卡登记表上登记，并找本部门上级领导或者其他人证明在未打卡登记单上签字确认后，方可不做扣罚处理；若当时没有签字确认（后补的）也将扣除罚金 10 元/次，并需提供当天的工作证明。

第八条 外出办理各项业务的员工必须填写外出登记单后，经直接主管签字核实后上报行政部，方能离开，不办理者，均按缺勤处理，如有特殊情况需经上级领导签字确认后方可生效，并报行政部备查。

第九条 统计人员伪造、涂改现象者当日一律按旷工处理。

第十条 员工出勤情况每月底由行政部统计并交财务部一份，作为核发工资和绩效考核的依据。

第十一条全年出勤率累计低于 97%或事假超期者，不予考虑当年调资。

第十二条员工旷工半天扣发当日工资，旷工一天扣发两日工资，连续旷工 3 天或全年累计旷工 7 天者应予解除劳动合同。

公司考勤管理制度

第二部分 请、休假制度

员工请、休假，不如实反映情况，虚构请假理由，开虚假医疗诊断证明，有弄虚作假等行为，一经发现，予以辞退并解除劳动合同。

第一条 请假程序：

1、员工休假需事先经过部门负责人批准（批假人必须保证部门工作不受影响下批假），并到行政部办理相关手续，休假结束后应立即到行政部办理销假手续。

2、请假人必须将工作交接清楚方可休假。

3、请假有效程序为：请假人向递级领导提交书面的《请假单》，经最终审批权限人批准后交行政部备案。**附：《请假单》**

第二条 批假权限

普通员工

批准人	批准假期的期限	请假提前时间
部门主管	1 天	需提前 2 天申请并报行政部备案
分管领导	2 天	需提前 2 天申请并报行政部备案
总经理（董事长）	3 天（包含 3 天）以上	需提前 5 天申请并报行政部备案

部门主管请假，需总经理审批后按批准意见执行，并到行政部备案。

批准人	批准权限	请假提前时间
总经理（董事长）	审批	需提前 5 天申请并报行政部备案

第三条 请假要求与相应的规定

1、员工请假无论时间长短及假类形式，除急诊病假及突发事件（必须在当日 10 点之前本人或家人电话向部门负责人请假，事后补办请假手续）外，一律需按照请假提前时间要求事先提交书面的请假单，否则按旷工论处，病假每月累计不得超过 3 天，每年累计病假不得超过 12 天；事假每月累计请假不得超过 3 天，每年累计请假不得超过 12 天；超过者公司予以劝退。

2、员工假满后应及时至行政部销假，确有突发事件导致假满仍不能及时上班者须及时报知批准人，可按事假处理，逾期不归又无报告者按旷工处理。

第四条 病假

1、员工因病请假属病假，病假应及时告之本部门负责人，凡请病假者必须出具某市三级以上医院（私立医院无效）的病假证明，无病假证明者按事假处理。

2、员工病假经核实确属严重需住院，连续 7 天，按公司病假管理制度执行，连续病假达到十天者，公司可考虑为该病假员工所在岗位聘用其它人员，并协商辞职、辞退事宜。员工患病或非因工负伤，需要连续住院治疗或休养，不能继续工作的，根据国家及某市相关规定，可享受规定的医疗期，医疗期间，只发本市规定的最低工资标准额的生活费，公司给予某市最低社保补助，医疗期满仍不能坚持正常工作的，公司可以予以辞退。病事假扣罚标准如下：

1—5 天扣除当日标准工资 20%，绩效保险、补助全部扣除（住房、社保除外）。

图 13-61 公司考勤管理制度文档效果

A商贸有限公司员工考勤记录

迟到：	¥15 /次	早退：	¥15 /次	事假：	¥50 /次	病假：	¥10 /次	矿工：	¥100 /次	全勤：	¥200

编号	姓名	迟到	早退	事假	病假	矿工	合计
ASM01	左代	3	0	1	0	0	(¥95)
ASM02	王进	2	0	1	0	0	(¥80)
ASM03	杨柳书	0	0	0	0	0	¥200
ASM04	任小义	1	2	0	0	0	(¥45)
ASM05	刘诗琦	2	3	0	1	0	(¥85)
ASM06	袁中星	1	1	1	2	0	(¥100)
ASM07	邢小勤	0	1	0	0	0	(¥15)
ASM08	代敏浩	1	1	1	0	0	(¥80)
ASM09	陈晓龙	3	0	0	1	0	(¥55)
ASM10	杜春梅	4	0	0	0	0	(¥60)
ASM11	董弦韵	1	1	2	1	0	(¥140)
ASM12	白丽	1	1	1	0	0	(¥80)
ASM13	陈娟	0	1	0	0	1	(¥115)
ASM14	杨丽	0	0	0	0	0	¥200
ASM15	邓华	1	0	1	1	0	(¥75)
合计		20	11	8	6	1	(¥625)

矿工
矿工, 1
病假
事假, 8
事假
病假, 6
早退
早退, 11
迟到
迟到, 20
0
5
10
15
20
25

图 13-62　员工考勤表效果

13.5.2　专业背景

考勤是为维护企业的正常工作秩序，提高办事效率，严肃企业纪律，使员工自觉遵守工作时间和劳动纪律而制定的规则。不同企业和单位针对自身的情况，考勤管理制度也不同，普遍而言，考勤管理制度的主要内容包括：公司员工考勤管理制度、员工考勤与工作注意事项、员工出勤管理规定、员工打卡管理规定、员工出勤及奖励办法、员工考勤和休假管理办法、请假休假管理制度等。

13.5.3　操作思路

本实训主要讲解创建新的考勤管理制度文档的方法，然后对当月员工出勤情况的数据进行统计与分析。其操作思路如图13-63和图13-64所示。

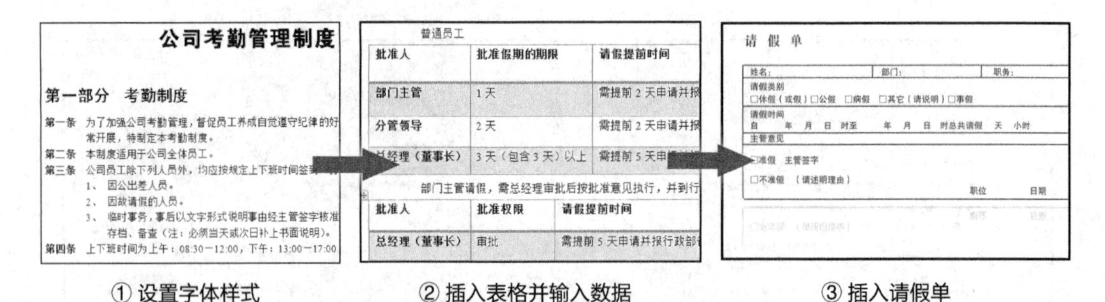

① 设置字体样式　② 插入表格并输入数据　③ 插入请假单

图13-63　公司考勤管理制度文档的制作思路

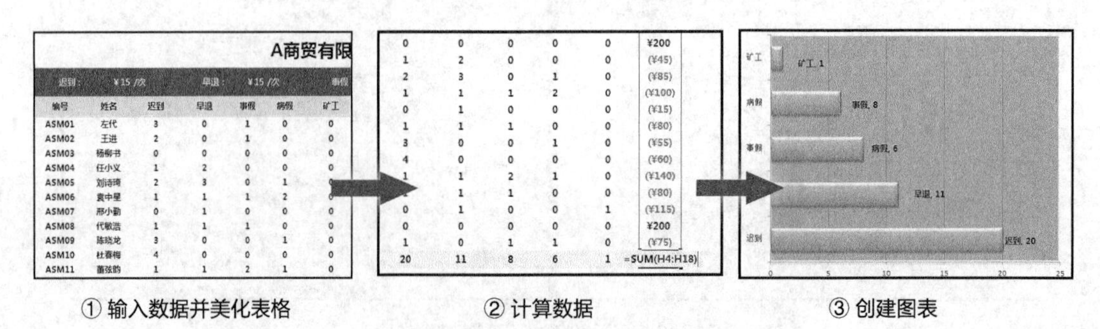

① 输入数据并美化表格　② 计算数据　③ 创建图表

图13-64　员工考勤表的制作思路

STEP 1 新建“公司考勤管理制度.docx”文档，对出错相同的数据进行查找和替换操作，并对字体进行美化设置。

STEP 2 选择正文部分文字并为其自定义编号，将“编号格式”设置为“第一条”样式。

STEP 3 插入表格，并在其中输入文本，再设置表格样式，完成后插入“请假条.jpg”图片并对图片进行样式的设置。

STEP 4 新建“员工出勤表.xlsx”工作簿，输入表格数据，并设置表格样式、对齐方式和填充颜色。

STEP 5 对员工出勤情况的数据进行计算，并使用嵌套函数对数据进行函数计算，主要使用了SUM、IF函数。

STEP 6 完成计算后，根据计算结果制作图表，其图表类型为“簇状条形图”，再在其中对图表样式进行设置。

13.6 常见疑难解析

问：带有大量图片的演示文稿通常都很大，打开和关闭都不方便，有没有方法让演示文稿的大小减小一些？

答：只需选择【文件】/【另存为】菜单命令，打开“另存为”对话框，单击 工具(L) 按钮，在打开的下拉列表中选择“压缩图片”选项，在打开的“压缩图片”对话框中设置压缩选项，然后单击 确定 按钮，返回“另存为”对话框再进行保存即可。

问：打印表格时，不想把其中的错误值也打印出来，该怎么操作？

答：打开“页面设置”对话框，单击“工作表”选项卡，在“打印”栏中的“错误单元格打印为”下拉列表框中选择“<空白>”选项，单击 确定 按钮即可。

13.7 习题

本章主要介绍了Word、Excel、PowerPoint的综合应用，通过本章的学习，可对3个软件的协同合作方式有一定的了解，下面将通过制作“工资申请报告”演示文稿和“研究报告”文档对所学知识进行巩固。

素材所在位置 **光盘:\素材文件\第13章\习题\工资申请报告.pptx**
效果所在位置 **光盘:\效果文件\第13章\习题\研究报告.docx、工资申请报告.pptx**

（1）可行性研究报告属于长文档范畴，在制作时最好使用样式对文档进行设置，可行性研究报告包括封面、目录、正文和附录等内容，编排好文档后，需提取文档目录并制作封面，其完成后的参考效果如图13-65所示。

- 新建Word文档，打开“样式”窗格，修改级别标题和正文的样式格式，编辑文本，为文本应用修改后的样式。

● 添加项目符号，设置文档页码，利用“下一页”分隔符在正文前插入空白页，提取目录，调整目录格式，插入封面，输入封面的主要内容，保存文档。

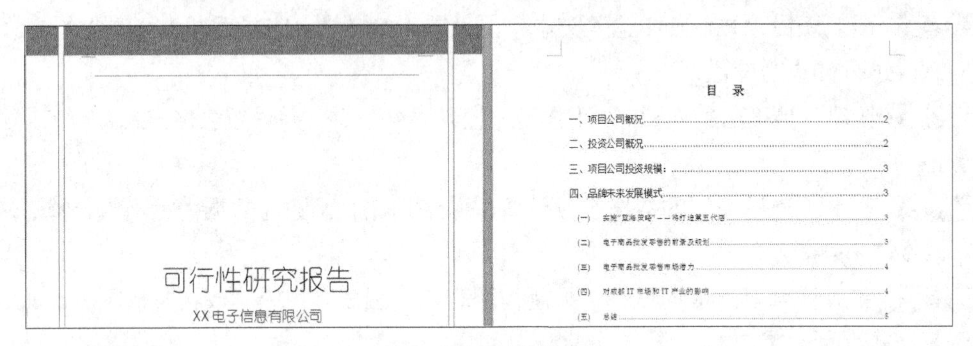

图13-65 研究报告效果

（2）通过3年时间的不断努力，分公司业务量已经远远超过总公司下达的业务指标，但是员工的工资水平却始终保持不变，这让员工们产生了不满情绪，为此分公司的总经理决定向总公司递交一份工资申请报告，其参考效果如图13-66所示。

● 工资申请报告是日常工作中常用的报告之一，在制作此类文稿时，可以从调整原因、调整原则和调整方案这3方面来进行描述。

● 本例的制作重点是在幻灯片母版视图中为标题幻灯片添加动画效果，然后在普通视图中制作6张幻灯片，包括输入文字、插入形状等。

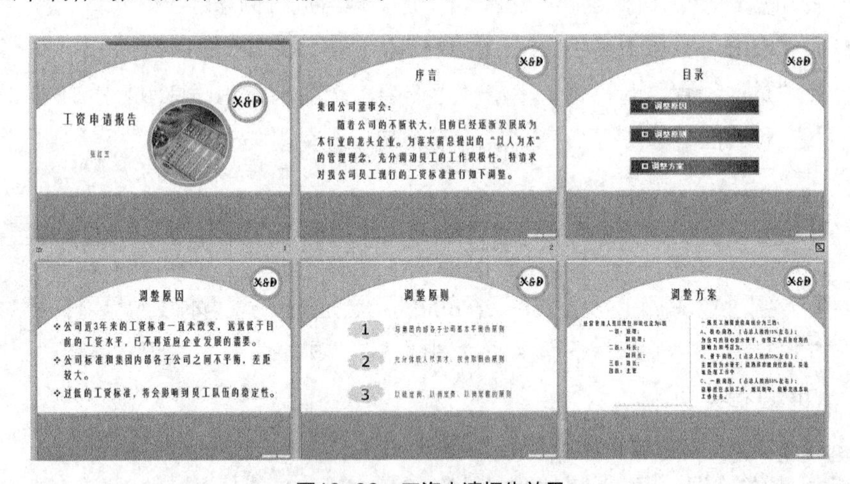

图13-66 工资申请报告效果

课后拓展知识

当制作一个Excel表格时，如果表格中数据较多，一旦向下滚屏，则上面标题行也跟着滚动，在处理数据时往往难以分清各列对应的数据标题，此时可选择要冻结行下面的一行，然后在【视图】/【窗口】组中单击“拆分”按钮，即可从所选择行和上一行中间进行拆分，滚动鼠标进行查看时，该行将不动，便于对该行单元格的查看。

附录　综合实训

为了培养学生独立完成工作任务的能力，提高就业综合素质和思维能力，加强教学的实践性，本附录精心挑选了4个综合实训，分别围绕“Word文档制作”“Excel表格制作”“PowerPoint演示文稿制作”“Word/Excel/PowerPoint综合使用”这4个主题展开。通过实训，学生可以进一步掌握综合应用Word、Excel、PowerPoint的相关知识。

实训1　用Word制作“招聘启事”文档

【实训目的】

通过实训掌握Word文档的输入、编辑、美化、排板，具体要求与实训目的如下。

- 灵活运用汉字输入法的特点进行文本的输入与修改操作。
- 熟练掌握文本的复制、移动、删除、插入、改写、查找、替换操作。
- 熟练掌握通过工具栏和对话框对文本与段落进行设置的方法，了解不同类型文档的规范化格式，如公文类文档的一般格式要求，长文档的段落格式设置等。
- 熟练掌握添加水印的方法，并掌握页面设置与打印输出文档的方法。

【实训步骤】

STEP 1 启动Word 2010，新建空白文档，然后将其保存。

STEP 2 输入文本，然后执行移动、复制、删除、查找与替换操作。

STEP 3 分别设置文本的字体、字号、字符颜色、对齐方式、段落缩进和行间距，并添加项目符号和编号。

STEP 4 添加页眉、边框和底纹与水印。

STEP 5 设置页眉大小，对文档进行打印操作，并对文档进行保存。

【实训参考效果】

本次实训的部分效果预览如附图1所示，相关素材及参考效果提供在本书配套光盘中。

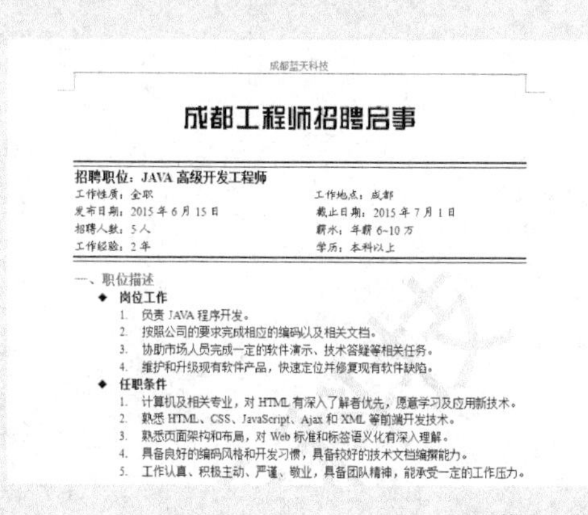

成都蓝天科技

成都工程师招聘启事

招聘职位：JAVA 高级开发工程师

工作性质：全职	工作地点：成都
发布日期：2015 年 6 月 15 日	截止日期：2015 年 7 月 1 日
招聘人数：5 人	薪水：年薪 6~10 万
工作经验：2 年	学历：本科以上

一、职位描述

◆ 岗位工作

1. 负责 JAVA 程序开发。
2. 按照公司的要求完成相应的编码以及相关文档。
3. 协助市场人员完成一定的软件演示、技术答疑等相关任务。
4. 维护和升级现有软件产品，快速定位并修复现有软件缺陷。

◆ 任职条件

1. 计算机及相关专业，对 HTML 有深入了解者优先，愿意学习及应用新技术。
2. 熟悉 HTML、CSS、JavaScript、Ajax 和 XML 等前端开发技术。
3. 熟悉页面架构和布局，对 Web 标准和标签语义化有深入理解。
4. 具备良好的编码风格和开发习惯，具备较好的技术文档编撰能力。
5. 工作认真、积极主动、严谨、敬业，具备团队精神，能承受一定的工作压力。

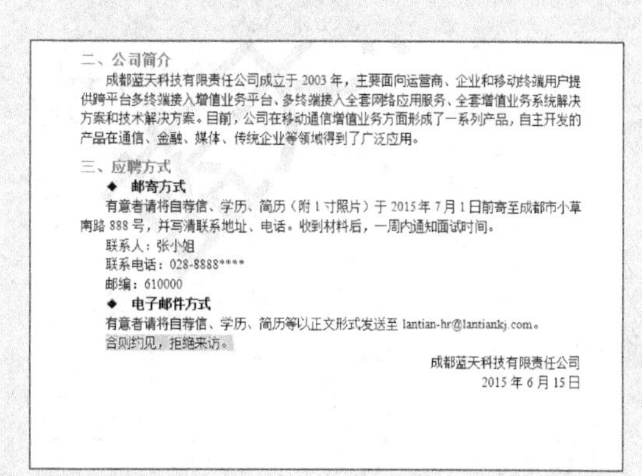

二、公司简介

成都蓝天科技有限责任公司成立于 2003 年，主要面向运营商、企业和移动终端用户提供跨平台多终端接入增值业务平台、多终端接入全套网络应用服务、全套增值业务系统解决方案和技术解决方案。目前，公司在移动通信增值业务方面形成了一系列产品，自主开发的产品在通信、金融、媒体、传统企业等领域得到了广泛应用。

三、应聘方式

◆ 邮寄方式

有意者请将自荐信、学历、简历（附 1 寸照片）于 2015 年 7 月 1 日前寄至成都市小草南路 888 号，并写清联系地址、电话。收到材料后，一周内通知面试时间。

联系人：张小姐

联系电话：028-8888****

邮编：610000

◆ 电子邮件方式

有意者请将自荐信、学历、简历等以正文形式发送至 lantian-hr@lantiankj.com。

合则约见，拒绝来访。

成都蓝天科技有限责任公司

2015 年 6 月 15 日

附图1 招聘启事文档效果

实训2 用Excel制作“业务提成”工作簿

【实训目的】

通过实训掌握Excel电子表格的制作与数据管理，具体要求及实训目的如下。

- 掌握Excel工作簿的新建、保存、打开，以及工作表的新建和删除等操作。
- 掌握表格数据的输入，快速输入相同数据和有规律数据、特殊格式数据以及公式等方法。
- 掌握运用不同的方法对工作表行、列、单元格格式进行设置，以及设置表格边框线与底纹的方法。
- 掌握利用公式与函数计算表格中的数据，并得到正确的数据结果的方法。
- 掌握表格中数据的排序、筛选、分类汇总管理操作。
- 掌握对表格中的部分数据创建图表的方法。

【实训步骤】

STEP 1 启动Excel 2010，新建表格并将其命名为“业务提成.xlsx”工作簿，将“Sheet1”工作表重命名为“销售部”。

STEP 2 选择“销售部”工作表，在其中输入所需文本，然后分别设置标题、表头和其他数据，调整单元格的列宽。

STEP 3 使用公式计算“小计”列的表格数据，然后对表格进行美化。

STEP 4 在“销售部”工作表中选择含有数据的单元格，对数量进行排序。

STEP 5 使用函数计算本月的工资合计。

STEP 6 在工作表中选择A3:A12、E3:E12单元格区域，然后插入图表，并进行美化操作。

STEP 7 完成后保存工作簿，并设置保护密码为“12345”。

【实训参考效果】

本实训的参考效果如附图2所示，相关素材及效果文件提供在本书配套光盘中。

员工业务提成表

姓名：	罗雪莹		基本工资：	2000
项目	销售数量	提成金额	单位	小计
卡	10	5	张	50
座机	5	5	台	25
手机	25	10	台	250
预存话费	50	5	户	250
新装套餐	10	5	户	50
新装宽带	15	10	户	150
新装电话	5	5	户	25
宽带续费	25	10	户	250
新装电话	20	5	户	100
本月工资合计：		¥3,150.00		

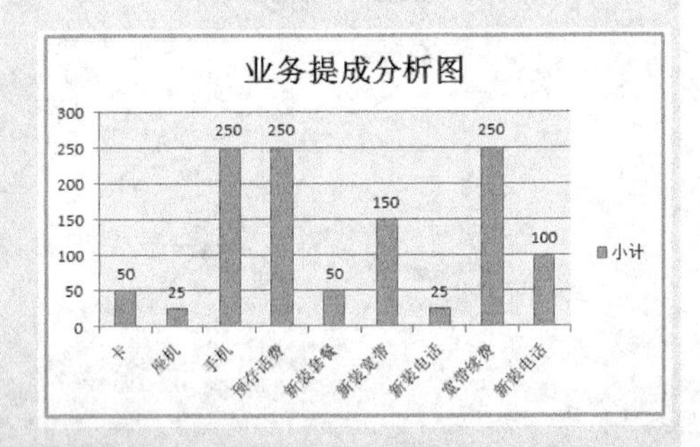

附图2 业务提成工作簿效果

实训3 用PowerPoint制作“礼仪培训”演示文稿

【实训目的】

通过实训掌握PowerPoint幻灯片的制作、美化、放映方法，具体要求及实训目的如下。

- 掌握用不同的方法实现幻灯片的新建、删除、复制、移动等操作。
- 掌握幻灯片内容的编辑，包括文本的添加与格式设置、图形的绘制与编辑、剪贴画的插入。
- 通过应用幻灯片模板、母版、配色方案来达到快速美化幻灯片的目的，了解不同场合演示文稿的配色方案。
- 掌握多媒体幻灯片的制作，插入声音并进行编辑。
- 掌握幻灯片的放映知识，了解在不同场合下放映幻灯片要注意的细节和需求，如怎样快速切换，并对幻灯片进行排练计时等。

【实训步骤】

STEP 1 创建演示文稿，在演示文稿中插入多张幻灯片，并设置幻灯片版式。

STEP 2 切换到母版视图，设置母版背景和文本格式。

STEP 3 在幻灯片中输入相应的文本内容，并进行格式的设置，并在不同的幻灯片中插入素材图片，并对图片进行编辑，在部分幻灯片中插入剪贴画等内容，丰富幻灯片内容。

STEP 4 为幻灯片中的对象添加自定义动画效果，再为幻灯片设置切换效果。

STEP 5 对设置的幻灯片进行放映的控制，并对其进行保存操作。

【实训参考效果】

本实训的演示文稿参考效果如附图3所示，相关素材及效果文件提供在本书配套光盘中。

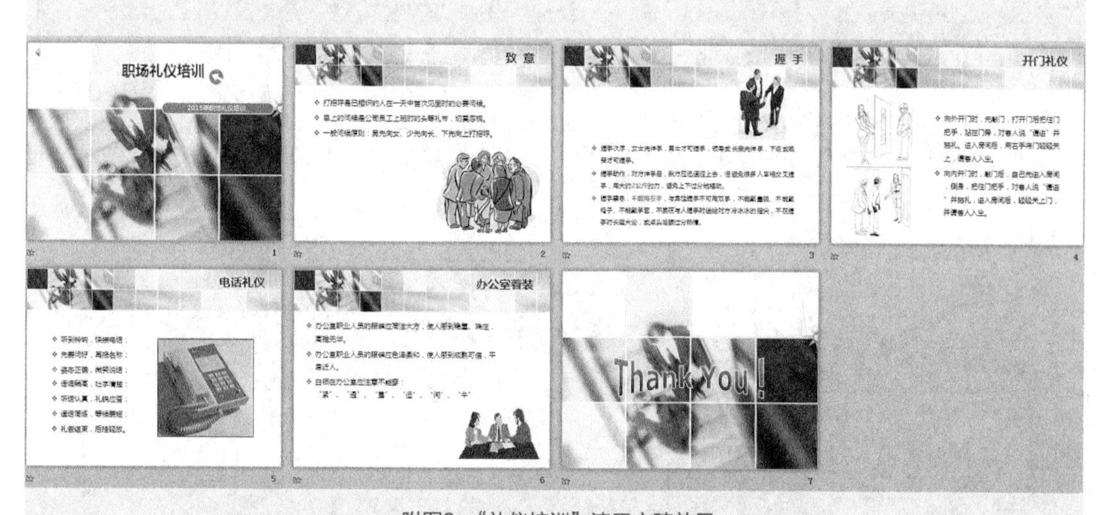

附图3 “礼仪培训”演示文稿效果

实训4 用Word/Excel/PowerPoint制作广告文案

【实训目的】

通过实训掌握Word、Excel、PowerPoint三大组件的各种操作，下面将使用这3个软件进行制作。

- 掌握Word文档的制作方法。
- 掌握Excel表格的制作方法。
- 掌握PowerPoint演示文稿的制作方法。

【实训步骤】

STEP 1 在Word 2010中创建“营销策划.docx”文档，并对文档输入和编辑文字，调整文档内容。

STEP 2 在Excel 2010中创建“广告预算费用.xlsx”工作簿，输入数据并使用公式和函数计算相关的数据，再美化表格。

STEP 3 在PowerPoint 2010中新建“洗面奶广告案例.pptx”演示文稿，并对母版进行设置，插入图片和艺术字美化演示文稿，完成后对其进行保存操作。

【实训参考效果】

本实训中“营销策划.docx”文档、“广告预算费用.xlsx”工作簿和“洗面奶广告案例”演示文稿的参考效果如附图4~附图6所示，相关素材及效果文件提供在本书配套光盘中。

最新产品营销策划

前　　言

肤颜是新兴的男性化妆品品牌，于 2008 年诞生。2011 年肤颜进行了重新定位，确立了健康时尚的品牌调性。肤颜的产品跨越了护肤、护发和香水三大领域，全心致力于为中国广大男性白领研发专业的护理产品。肤颜男士个人护理系列产品时刻在传达一种对待生活的时尚讯息，驰骋男性的生活空间，尽心提高男性的生活品质，不断坚定男性的理想目标，选择肤颜就是选择高品质的生活。

现代都市生活，不仅要求男人能够游刃有余的处理工作，拥有比肩他人的事业，而且要求男人能够关爱家庭，承担事业和家庭的双重责任。肤颜男士，面对生活，他们从容不迫，始终保持镇定自若，兼顾自身的同时，能够承担更多压力和责任，真正做到掌控生活的成熟男人。

为了满足市场需求，公司准备推出新产品——肤颜净透焕肤洁面乳。这是新

附图4 “营销策划”文档效果

News Paper	投放时间	版面	持续天数	单价	费用	备注（宽*高）
《×××报》	周一、二、三	普通版	30	7600	¥228,000	套红（8*6）
《××晨报》	周一、周三、周六、周日	特约	60	3600	¥216,000	彩色（9.8*2.5）
《××晚报》	周一、周二	半通栏	30	16000	¥480,000	黑白（7.6*12）
总计	¥924,000					

附图5 “广告预算费用”工作簿效果

附图6 “洗面奶广告案例”演示文稿效果